现代
电热设备

Xiandai Dianre Shebei

张培寅　邢国权　◎编著

镇　江

内 容 提 要

现代电热设备广泛运用于工农业生产、科研开发、航空航天、国防和日常生活中，是加热、电解、熔焊、合成、冶炼、热处理等生活、生产的重要装备之一。

本书注重现代电热设备的结构特点、主要技术参数、应用特性、运用场合、常用设计内容和方法的介绍，列举了设计计算实例。对电热设备的操作技术、维护和检测、安全技术要素作了必要的论述。就电热元件、控温和设备结构特点分别作了诠释。

本书具有先进、系统、完整、实用、可操作性强的特点，并附有大量实践应用案例，适合作为工科院校相关专业教学用书，对产品设计研发、生产制造、管理销售的人员也有较高的参考价值，也可作为相关企业设备选型指南。

图书在版编目(CIP)数据

现代电热设备 / 张培寅，邢国权编著. — 镇江：江苏大学出版社，2017.6(2019.8 重印)
ISBN 978-7-5684-0499-0

Ⅰ. ①现… Ⅱ. ①张… ②邢… Ⅲ. ①电热设备 Ⅳ. ①TM924

中国版本图书馆 CIP 数据核字(2017)第 132352 号

现代电热设备
Xiandai Dianre Shebei

编　著/张培寅　邢国权
责任编辑/杨海濒
出版发行/江苏大学出版社
地　址/江苏省镇江市梦溪园巷 30 号(邮编：212003)
电　话/0511-84446464(传真)
网　址/http://press.ujs.edu.cn
印　刷/虎彩印艺股份有限公司
开　本/787 mm×1 092 mm　1/16
印　张/18.5
字　数/462 千字
版　次/2017 年 6 月第 1 版　2019 年 8 月第 2 次印刷
书　号/ISBN 978-7-5684-0499-0
定　价/48.00 元

如有印装质量问题请与本社营销部联系(电话：0511-84440882)

前　言

加热设备广泛运用于工农业生产、科研开发、航空航天、国防和日常生活中，其热能主要来源于电力、燃气、燃油、焦煤、蒸汽等。而以电能为热源的加热设备则是当今社会最常见、使用最广泛、用量最大的加热设备和器具。

现代电热设备以现代材料技术和电器技术为核心，融合了机械、加工、计算机、自动控制等多领域、多学科方面的知识，具有很强的综合性。现代电热设备相较于传统加热设备具有温度高、加热快、热效率高、自动化程度高、污染少、绿色环保等特点。不仅大大拓展了传统热处理加工领域，提高了加工精度和质量，为社会和人们的日常生活提供了更加丰富精良的产品，提高了人们的生活品质，而且，降低了劳动强度，减少了对自然的破坏，保护了环境。未来，随着科学技术的进一步发展，尤其是材料科学如纳米技术、石墨烯技术，以及人工智能技术方面的不断突破，现代电热设备必将发展到一个新的更高的阶段。

《现代电热设备》在充分消化、吸收现有电热设备理论和应用技术的基础上，分八个章节系统地介绍了电热设备的分类和发展趋势、电热设备主要原材料、电热元件的设计与制造、温度与时间控制元件、电热设备典型的控制电路、电热设备（产品）使用安全技术标准、各种典型的电热设备及电热设备能耗改善研究等。在具体编写的过程中侧重于从实用性出发，力求理论与实际相结合，重点介绍电热设备所使用的材料、结构特点、工作原理、技术参数、适用场合、技术操作要点、运行与维护经验等，融入应用实例，突出技能和技巧，并遵循认知规律，循序渐进、深入浅出，注重知识的系统性和完整性，便于教学和指导实际操作。

本书适合冶金、材料、轻工、食品、家电、航空航天等相关专业师生作教学用书，也适合冶金、材料、电器、轻工、家电、食品、航空等生产企业相关从业人员及研发机构人员参考。在本书编写过程中，作者参阅了大量国内外同行的专著、论文和教材等，在此表示由衷的感谢。

另外，本书在编写过程中，得到了镇江市科技局，镇江市科学技术协会，镇江市生产力促进中心领导的关心和支持，在此也表示衷心的感谢。

由于作者水平有限，书中难免有不妥之处，恳请读者批评指正。

编　者

2017 年 4 月

目　　录

第1章　概　述

电热设备(electric heatings installation)是利用加热装置通电后将电能转换为热能的设备或器具。现代高能效比的电热设备及发热元件、控制显示元件的开发应用,已成为新世纪工业、农业、商业、日用家庭电器业诸领域的前沿风景。

1.1　电热设备的分类

1.1.1　按加热方法与加热速度分类

电热设备因加热原理、元件、调节控制方法不同,其热能增加形成温升速度不同,常见不同电热设备的加热方法与加热速度的比较分列如图 1-1 所示。

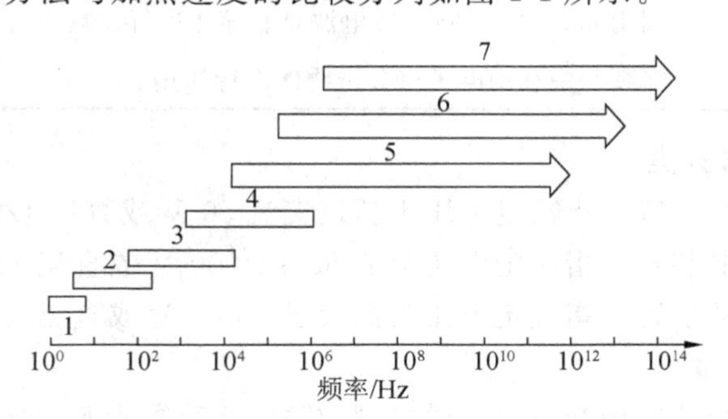

1—电阻炉加热;2—工频感应加热;3—高频感应加热;
4—超高频感应加热;5—电子束加热;6—激光束加热;7—离子束加热

图 1-1　加热方法与加热速度的比较

主要加热设备如下:

(1) 电阻式电热设备　这种电热设备是根据电流的热效应制成的,发热体是具有一定电阻值的金属导体或非金属导体。其产品有电炉、电灶、电熨斗、电暖器等。

(2) 远红外线式电热设备　远红外线式电热设备是在电流热效应基础上利用远红外线辐射元件辐射远红外线加热物体的设备。远红外加热是一项先进节能技术,已广泛地应用于食品加工和烘烤、取暖等方面。其产品有远红外线电暖器、远红外电烤炉、远红外理疗器等。

(3) 感应式电热设备　众所周知,导体在交变磁场之中会产生感应电流,并在导体内克服内阻流动而产生热能。这就是感应式电热设备的工作原理。电磁灶就是根据这一原理制成的电热炊具。

(4) 微波式电热设备　微波式电热设备是一种新的加热技术，是利用微波器件组成超高频振荡器，然后通过波导、天线辐射电磁波——微波来烹调食品的设备。这类电热器一般称为微波灶(炉)。用微波灶烹饪食品，要比一般电灶或燃料炉快4～12倍。

(5) 电弧式电热设备　电弧式电热设备是由电弧热产生高温，实现熔融、焊接、烧痕的设备。其产品有电刻机、电烫笔、电熔炉、电弧炉、电渣炉、埋弧炉、电焊机等。

(6) 高能束式电热设备　利用电离高能粒子束产生的持续高温气流或射线的电热设备，如气相沉积、离子辉光设备、激光机等。

以加热方式分类，电加热方法可归纳为表1-1。

表1-1　电加热方法的种类

种　类	加热方法
电弧加热	(1) 利用电极与炉料间的电弧直接熔化炉料，如电弧炼钢炉 (2) 利用电极与电极间的电弧间接熔化炉料，如炼钢电弧炉 (3) 利用电阻和电弧转化的热能综合熔化炉料，如矿热炉
感应加热	由置于交变磁场中导体内产生的涡流损失或磁滞损失进行加热，按结构分为有芯和无芯两种，按频率分别为工频、中频、高频3种
介质加热	利用交变电场中电介质的损失加热
电阻加热	(1) 给受热物体通电，利用焦耳效应产生的热量直接加热 (2) 热量通过辐射、传导、对流或反射间接给物体加热
红外线加热	利用300～300 000 Hz电波对非导体进行加热
电子束加热	在真空中利用电子束轰击物体进行加热

1.1.2　按电压带分类

(1) 第一电压带的装置　指额定电压不超过交流50 V或直流120 V的装置。

(2) 第二电压带的装置　指额定电压交流50～1 000 V或直流120～1 500 V的装置。

(3) 第三电压带的装置　指额定电压交流大于1 000 V或直流大于1 500 V的装置。

1.1.3　按频率分类

(1) 工频装置　指装置用交流公共供电网的频率。我国为50 Hz，美国为60 Hz。

$$f_{工频}=50\ \text{Hz}$$

(2) 低频装置　指装置工作频率低于工频。

$$f_{低频}<50\ \text{Hz}$$

(3) 中频装置　指装置工作频率高于工频，但低于或等于10 kHz。

$$50\ \text{Hz}<f_{中频}\leqslant 10\ \text{kHz}$$

(4) 高频装置　指装置工作频率高于10 kHz，但低于或等于300 MHz。

$$10\ \text{kHz}<f_{高频}\leqslant 300\ \text{MHz}$$

(5) 微波装置　指装置工作频率高于300 MHz，但低于或等于300 GHz。

$$300\ \text{MHz}<f_{微波}\leqslant 300\ \text{GHz}$$

1.1.4　按被加热物的形态分类

按被加热物的形态，电热设备可分为电加热设备、电熔炼设备、流态化电热设备。

1.1.5 按电源及用途分类

(1) 电源电能取自电力系统供电网络的重工业、轻工业、石油化工、食品、橡胶、塑料等工业用电热设备。

(2) 利用农用电源、自发电电源、可再生资源电能的育苗、孵化、热水等农业用电热器具、设施。

(3) 以民用电源或便携储能电源供电的调湿、调温、烹调、杀菌、理疗、美容等人或动物用电热器具、设备。

现代电热设备的分类见表 1-2。

表 1-2 现代电热设备的分类

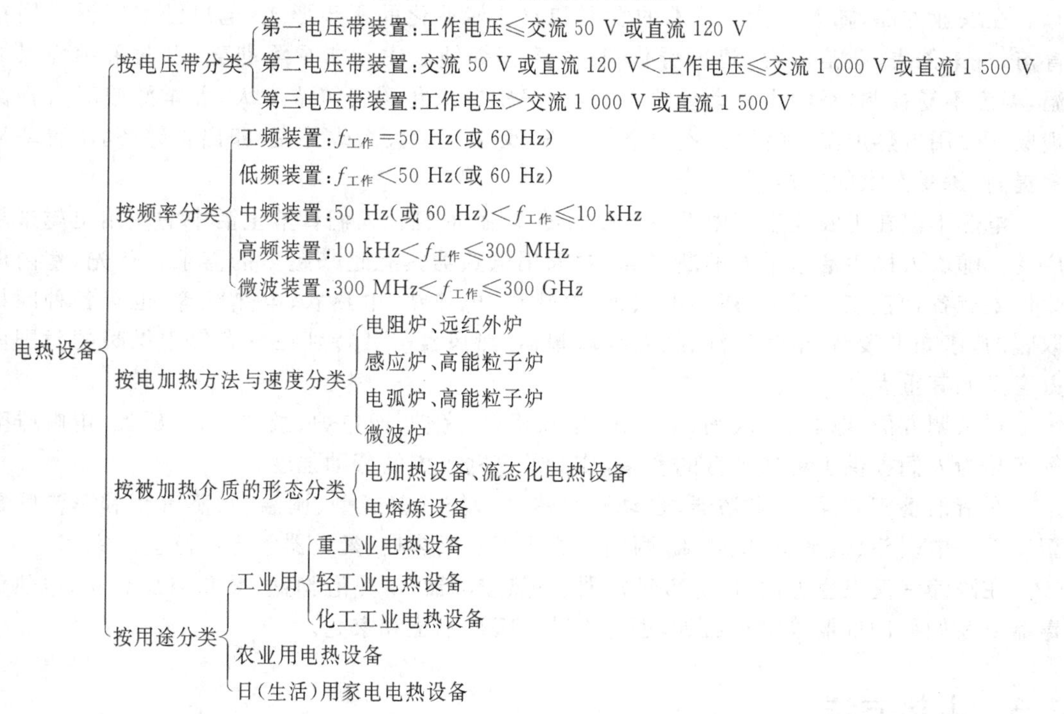

1.2 电热设备的应用

现代化建设中,广泛采用新技术、新工艺、新材料和新设备,在提高劳动生产率的同时,改进产品质量,降低产品成本,减轻劳动强度,实现生产过程的机械化、自动化、智能化是一个非常重要的方向。将电能直接应用于生产工艺的所谓电工艺,是一个已逐步被普及的新技术、新工艺。目前,在工农业生产中应用的电工艺,包括各种电热、电化学、电脉冲、电腐蚀等加工方法,其中电热工艺应用最早、最广泛。

在重工业中,金属热处理应用电热的方法能保证金属结构件加热均匀,加热温度极为准确,从而大大提高了热处理的质量。此外,电热设备容易制成密闭式,能在其中保持所需要的气体或真空。借助于电热方法,还可对工件的某一部分或表面进行局部加热。因此,在机械制造及金属冶炼中,出现越来越多的专用热处理设备。尤其在铸造行业中,随着技术的改进，形状复杂、薄壁、少切削或无切削的铸造越来越多，这样可以大大降低材料的消耗和工时定额，从而获得低廉的成本。但是，为了使金属液体很快地注满模腔，保持金属液体热量而又使其具有良好的流动性，模具常被做成带有电热装置的铸模。

在轻工业，如食品、木材、纸张、棉毛织品、印染等加热干燥工艺中，电热成了一项不可缺少的新工艺。无论是在老的橡胶硫化工艺中，还是在新发展的塑料工业中，模压和注塑都离不开电热，特别是在较复杂的产品或一模多件的工艺中，模具各部分均匀加热起着关键的作用。

在石油化工，如原油输送管线的伴热、油罐加热保温、油漆涂层的干燥等方面采用电热后，使工程投资减少，运行成本降低，工程质量也得到了保证。

在农业方面，随着现代化技术的发展和农业专业化的逐步形成，电热已被广泛应用在育苗、蚕桑催青、鱼苗培育、鸡场孵化、良种培育等领域中。如蚕桑催青，以前采用烧煤加温，温度不易控制，蚕卵出青率参差不齐，蚕房中二氧化碳气体浓度大，养蚕姑娘时有昏倒现象。改用电热加温、加湿后，室内空气新鲜，劳动环境大大改善，蚕卵出青整齐，出青率显著提高，深受蚕农的欢迎。

电热不但在工农业生产中发挥了巨大的作用，而且在人们日常生活中的使用也越来越广泛。随着人民生活水平的不断提高，对家用电热器具有越来越多的需求。首先，室内取暖保温有各种直接取暖的，诸如电热被、电热毯、电热垫、电热衣、电热鞋等；也有各种间接取暖的，诸如电暖器、电热油汀、红外线取暖器、热风器等。特别在没有集中供暖的我国南方意义尤其重大。

在烹调方面，电灶、电饭锅、电炖锅、电火锅、电烤炉、面包炉、微波炉、电磁灶、电咖啡壶等产品为人们提供了更加丰富的食品，减少了家庭主妇的劳动强度。

在清洁整容方面，电淋浴器、自动沸水器、电熨斗(普通型、调温型、蒸汽型和蒸汽喷雾型)、无线电熨斗、熨平机、电吹风、两用电熨斗以及电热梳、烫发器等已广泛进入家庭。

在医疗保健卫生方面，电热敷理疗器、高热按摩器、电热泡脚盆、桑拿浴加热器、电热消毒器以及妇科冲洗器等电热器具，也纷纷进入医疗单位和家庭。

1.3 电热方法

1.3.1 电热设备的特点

电能热源设备与其他形式能源的加热比较，具有如下优点：

(1) 电加热清洁卫生，无烟灰、油污和环境污染。

(2) 热效率高。煤的热效率为12%～20%，液体燃料的热效率为20%～40%，气体燃料的热效率为50%～60%，蒸汽的热效率为45%～60%，而电能的热效率为50%～95%。

(3) 电热方法可以在极小的范围内集中产生大量热能，因而可以高速加热并达到预定的温度。

(4) 电热功率可以方便地调节，因而易于调节温度，容易实现自动化控制。

(5) 热惯性小，温度控制精度高，加热效果好。

(6) 不需要环境气氛条件，不像燃料燃烧时需要借助于氧气，因此，被加热物不易氧化。

(7) 电热产品、电热设备结构紧凑,便于维修,可大大改善操作者的劳动条件。

(8) 虽然一次性投资较大,但维修费用少。

(9) 被加热物品在加热区可方便地实现移动机械化和自动化,为电热用于流水线、自动线中创造了极为有利的条件。

1.3.2 供电条件

(1) 电加热的一般负荷等级　在电加热装置中,当主电源突然停电时,一般不致引起重大设备损坏及人身伤亡,但会增加电能损耗、减少产量或造成废品,因此,除事故停电在经济上造成重大损失的大型电加热设备属于一级负荷外,其他可根据用途和容量的不同作为二级或三级负荷。例如,一般的电弧炉属于二级负荷;供修理及辅助用的电弧炉属于三级负荷;设置在生产线上的感应电炉、介质加热炉、电阻炉属于二级负荷,其他则为三级负荷。电加热装置的辅助设备,如冷却水泵、炉体辅助机械等,则根据停电所造成的损失和影响程度来定其负荷等级。

(2) 供电条件　多台单相电热装置应均匀地接在三相电路上。如容量较大,且不能均匀分布时,则应检验电路中连续运行时负序电流 I_2 与额定电流 I_e 的比值,并采取相应平衡措施。对于功率因数低的电加热设备,如感应电炉,则应采取补偿措施。

1.3.3 安装和布置

电加热设备所需的变压器或变流装置等与电炉或感应加热器的距离应尽量短,以减少阻抗和便于维修。大电流导线缩短后还可节约大量电能,减少电压降和提高电加热设备输出功率。在大电流母线附近,应尽量避免有铁磁物质,以免发热。导体的支架、保护遮板和紧固件等结构和材料的选择,应考虑避免在频率较高或电流较大时感应产生热量。高、中频及工频大电流导体截面的选择和布置,应尽量减少由于集肤效应和邻近效应所引起的导体中电流不均匀分布而增加的阻抗。

继电保护装置、测量仪表、控制电器等的安装位置应便于监视、操作和检修,并应尽量避免热、湿、撞击和聚集灰尘。

1.3.4 控制和联锁

必须设置电炉辅助机械的顺序操作、操作开关之间及操作开关与电炉辅助机械之间的联锁,设置 1 000 V 以上配电装置与电炉操作开关的联锁,以及当电压切除时才能打开内有带电体的保护门的联锁等,以满足机械和电气设备安全操作及其操作程序的要求。

1.4 电热设备的发展趋势

当今世界,电热设备的市场竞争主要是工业设计的竞争,而时尚的外观设计又是工业设计的重要内容。现代电热设备外观时尚性设计的总趋势如下:

(1) 美观、大方、简洁、整齐,便于清洁,便于使用。

(2) 突出金属饰件,又不过分显露。

(3) 色泽庄重、优雅,如黑、灰、深蓝色、琥珀色,不宜鲜艳,不要发亮,但妇女用品多用红、绿、白、奶油、粉红等流行化妆色。一家企业生产的几种产品的整体色调要尽可能一致。

(4) 轮廓外形为圆角,不要是棱角或直角。

(5) 整体设计协调紧凑,具有艺术性,且放置灵活,数模控制、数字化显示以体现个性。

(6) 内藏式、无线化、组合多功能化和触摸式控制装置,不同地点的安放也影响着外观造型及使用,如微波炉装在橱柜下,洗碗机放在水池下面等。

电热设备技术设计的总趋势如下:

(1) 在开发的电热设备产品中引入尖端技术和新技术,如微电脑技术的应用、传感技术的应用、远红外技术的应用、模糊逻辑控制和神经模糊逻辑控制的应用、远程控制技术的应用、移动互联技术的应用、电声技术的应用、多媒体技术的应用等。

(2) 电热设备产品的组合化和多功能化。

(3) 电热设备产品的智能化和无害化。

(4) 电热设备产品的节能与新能源、多能源化。

(5) 电热设备产品的人性化。

(6) 电热设备产品的无绳化。

(7) 电热设备的工艺生产线上伴侣化。

(8) 电热设备的电子化和机电一体化。

(9) 电热设备的高、低档两极分化。

(10) 电热设备自配套成组化。

(11) 电热设备采用新型基础元、部件。例如,金属管状电热元件(包括非均匀管表面负荷的金属管状电热元件)及翅片式金属管状电热元件、石英辐射管状电热元件、陶瓷包敷式电热元件、带状电热元件、薄膜型电热元件、电热板、PTC 电热元件、多孔玻璃态碳电热元件、硅钼棒电热元件、碳化硅电热元件、陶瓷电热膜电热元件、PP 混合物线状电热元件、自动调节电热元件、微电热(DZR)部件、热双金属片控温元件、磁性控温元件、热敏电阻控温元件、热电偶控温元件、形状记忆控温元件、温包式控温元件、超温保护元件、机械发条式时控元件、电动式时控元件、电子式时控元件、温度传感元件、湿度传感元件、温热传感元件、压力传感元件、气体传感元件、重量传感元件等。

(12) 电热设备采用新型材料。由于原材料成本在家电产品中占比很大,一般在 50%～60%,有些产品可达 70%,因此,世界各国都尽量采用新型的、性能相当但价格更低的新材料(金属材料、无机非金属材料、高分子材料、复合材料),或采用电子计算机辅助设计,以减少零件个数及材料用量,作为降低成本的主要手段。

手段一,传统金属材料向薄型化的结构钢板、预涂钢板、压花钢板、低噪声减震钢板(两张钢板夹以薄层树脂而成)、不锈钢板等新型材料方向发展。

手段二,在塑料材料方面,加强对工程塑料的研究,改性塑料和特殊功能塑料的用量在不断增加。ABS 塑料用量明显下降,取而代之的是 PS(聚苯烯)。另外,PE(聚乙烯)、PP(聚丙烯)、PVC(聚氯乙烯)、TPX 塑料、不饱和聚酯和聚砜等塑料用量比重较大。

手段三,玻璃材料主要采用新型高效节能复合玻璃陶瓷——高强度、低膨胀微晶陶瓷玻璃系列产品和新型耐高温(可抗＞800 ℃高温)、不透明的纤维加固玻璃,此类玻璃可以在其上拧螺丝和钉铁钉,强度比硬铅高 2 倍,在电热设备上应用较多。

第 2 章　电热设备常用原材料

电热设备的主要材料是发热材料。常用的发热材料按材质不同分为金属、非金属和半导体三大类;按结构不同可分为单一电热材料和复合电热材料两大类。这些发热材料的共同特点是通电后发热,但表面带电,因此,虽能形成独立的电热元件,却不能独立使用,需设置附加安全防护结构,以确保安全。

2.1　金属电热材料及特性

2.1.1　电阻式电热元件的材料及其性能

电阻式电热元件中的电热材料是制成电热器的关键。材料性能的优劣,直接影响电热器的质量。电热材料除了应具备一般的力学、物理性能外,必须具有电和热等方面的特殊性能,如较高的电阻率,较小的电阻温度系数,抗氧化、耐腐蚀性好,耐高温,良好的加工性能(见表 2-1)。

我国的电热材料已形成了完整的体系,镍铬合金、铁铬铝合金、钼、钨、钽等成批生产的常用金属电热材料的种类及特性见表 2-1。其中使用纯金属及非金属材料的工作温度虽高于合金型材料,但纯金属材料大部分需要在保护环境中使用,以防止氧化。纯金属与非金属材料的电阻温度系数大、电阻率低,使用时还需配以低电压、大电流的调压装置,从而导致设备增大,使用受到局限。合金材料优于前者,使用简便。铁铬铝系电热合金材料的工作温度可达 1 400℃,足以满足电热器的需要。

高熔点金属钼、钨、钽制成的电热元件,有丝材、带材和板材等形式。为了固定电热元件,需采用耐火材料和绝缘材料。当电热元件和耐火材料、绝缘材料接触时,在一定条件下(指温度、压力)会发生化学作用,形成低熔点合金,使电热元件寿命急剧缩短。钼在氧化性气氛中会生成氧化钼,氧化钼极易升华,在渗碳性气氛中会产生碳化物,使电阻率增加,甚至造成电热元件断裂。用这类材料制成的电热元件在真空中使用时,随着使用温度与真空度的提高会严重蒸发。钼在 1 800 ℃、钽在 2 200 ℃、钨在 2 400 ℃以上使用时,蒸发更为迅速。为了抑制蒸发,在炉内可通入一定压力的惰性气体或高纯氮气。如在惰性气体中使用,则其使用温度均能相应地提高。

表 2-1 常用金属电热材料的物理与力学性能

性 能	材 料					
	铁铬铝合金				镍铬合金	
	1Cr13Al4	0Cr25Al5	0Cr13Al6Mo2	0Cr27Al7Mo2	Cr15Ni60	Cr20Ni80
密度/(g/cm^3)	7.4	7.1	7.2	7.1	8.2	8.4
线胀系数(20～1 000 ℃)/(10^{-6}℃$^{-1}$)	15.4	16	15.6	16.6	13	14
比热容/[cal①/(g·℃)]	0.117	0.118	0.118	0.118	0.110	0.105
热导率/[kcal/(m·h·℃)]	12.6	11.0	11.7	10.8	10.8	14.4
熔点约值/℃	1 450	1 500	1 500	1 520	1 390	1 400
抗张强度/(kg/mm^2)	60～75	65～80	70～85	70～80	65～80	65～80
伸长率/%	≥12	≥12	≥12	≥10	≥20	≥20
反复弯曲次数②	≥5	≥5	≥5	≥5		
电阻率/($\Omega\cdot mm^2/m$)	1.26±0.08	1.40±0.10	1.40±0.10	1.50±0.10	1.12±0.05	1.09±0.05

注:① 1cal=4.18 J,全书同;

② 反复弯曲次数按 GB/T 238－2013“金属材料 线材 反复弯曲试验法”进行测定。

2.1.2 导体的电阻率与温度系数

导体具有电阻,导体的电阻 R 与它的长度 l 成正比,与它的横截面积 S 成反比。用数学式表示为

$$R=\rho\frac{l}{S} \tag{2-1}$$

式中,ρ 叫为导体材料的电阻率,它的大小决定于导体材料的性质。如果 R 的单位是 Ω,l 的单位是 m,S 的单位是 mm^2,则 ρ 的单位为 $\Omega\cdot mm^2/m$。它在数值上等于长度为 1 m、横截面积为 1 mm^2 的导体的电阻值。

不同的材料,电阻率的数值不同;同一材料,在不同的温度下电阻率也不一样。表 2-1 中列出一些材料在 20℃时的电阻率数值,一般用 ρ_{20} 表示。

合金电热材料的电阻值 R 与电阻率 ρ 成正比。由于电阻值的变化直接影响发热功率 P 和发热量 Q 的大小,因此电阻率的变化成为合金电热材料的一个主要技术指标。正常使用过程中,电阻值随着温度变化,电阻率也随温度变化,这个变化数值叫作电阻温度系数。

具有正值的电阻温度系数,其值越小,即说明合金电热元件随着工作温度的升高电阻变化越小,电功率的变化也越小,这样容易得到较平稳的工作温度。

在工作温度下的电阻率 ρ_t 与 20℃时的电阻率 ρ_{20} 之比称为电阻率修正系数 C_t,即为电阻温度系数

$$C_t=\frac{\rho_t}{\rho_{20}} \tag{2-2}$$

常用的合金电热材料电阻率修正系数与温度的关系见图 2-1、图 2-2 和表 2-2。

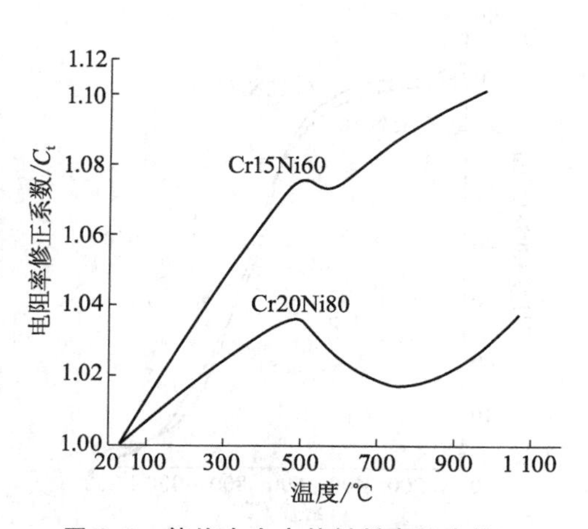

图 2-1　镍铬合金电热材料电阻率修正系数 C_t 与温度的关系曲线

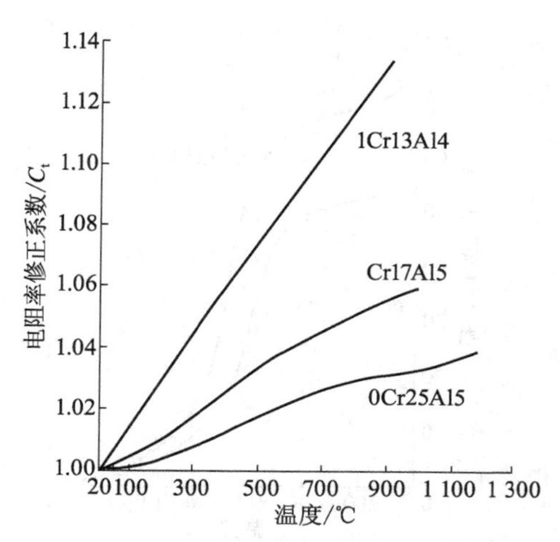

图 2-2　铁铬铝合金电热材料电阻率修正系数 C_t 与温度的关系曲线

表 2-2　合金电热材料在不同温度下电阻率修正系数 C_t

温度/℃	20	100	200	300	400	500	600	700	800	900	1 000	1 100	1 200
Cr20Ni80	1.000	1.006	1.016	1.024	1.031	1.035	1.026	1.019	1.017	1.021	1.028	1.038	—
Cr15Ni60	1.000	1.013	1.029	1.046	1.062	1.074	1.073	1,083	1.089	1.097	1.105	—	—
1Cr13Al4	1.000	1.015	1.029	1.044	1.059	1.074	1.089	1.104	1.12	1.134	—	—	—
0Cr13Al6Mo2	1.000	1.001	1.003	1.007	1.014	1.028	1.048	1.053	1.057	1.060	1.063	1.066	1.069
0Cr25Al5	1.000	1.002	1.005	1.008	1.013	1.017	1.022	1.026	1.029	1.031	1.034	1.036	1.040
0Cr27Al7Mo2	1.000	0.997	0.994	0.992	0.992	0.992	0.992	0.992	0.992	0.992	0.992	0.992	0.992

例如，一个电烤箱以 Cr15Ni60 电热丝绕制，20 ℃时测得其电阻为 16 Ω，试求在 900 ℃时的电阻值。若将电热丝接到 220V 电源上，在 900 ℃的温度下工作 10 min 发出多少热量？

解：由表 2-2 查得 $C_{900}=1.097$，而 $R_{20}=16\ \Omega$，利用公式 $C_t=\rho_t/\rho_{20}$，得

$$R_{900}=C_{900}R_{20}=1.097\times16=17.55\ \Omega$$

所以

$$Q=3\ 600\times\frac{220^2}{17.55}\times\frac{10}{60}=1\ 654\ 700\ \text{J}$$

2.1.3　脆性和高温强度

镍铬合金电热材料经高温使用冷却后，如果没有发生过热状态，则仍然是较软的。铁铬铝合金电热材料经高温使用冷却后，则因晶粒长大而变脆。温度越高，时间越长，冷却后脆化越严重。断面尺寸越大越明显，一折即断，而断面尺寸较小的合金电热材料在相同条件下稍好一些。因此，已经过高温使用的铁铬铝合金电热材料，在冷却后不能拉伸和折弯，修理时要轻拿轻放，若要拉直或弯曲，可用喷灯加热到暗樱红色再进行操作。

一切金属及其合金的强度均随温度的增加而降低，镍铬合金和铁铬铝合金也不例外，图 2-3 和图 2-4 表示合金的温度与强度的关系。在设计时，必须考虑到这一因素，以免在工作温度下由于支撑、安装不当或其本身自重而引起变形、倒塌、短路等现象。

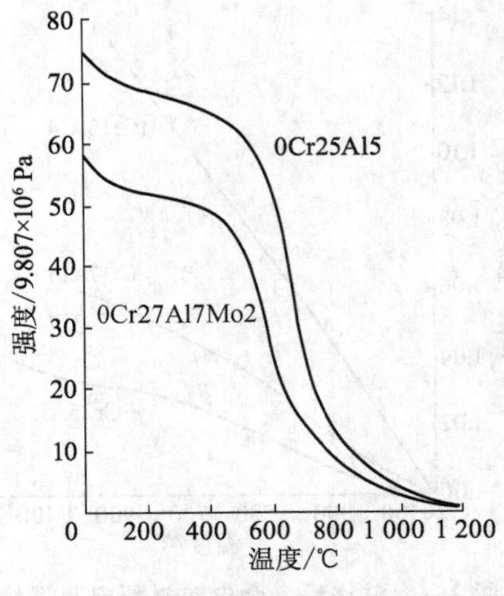

图 2-3 铁铬铝合金温度与强度的关系

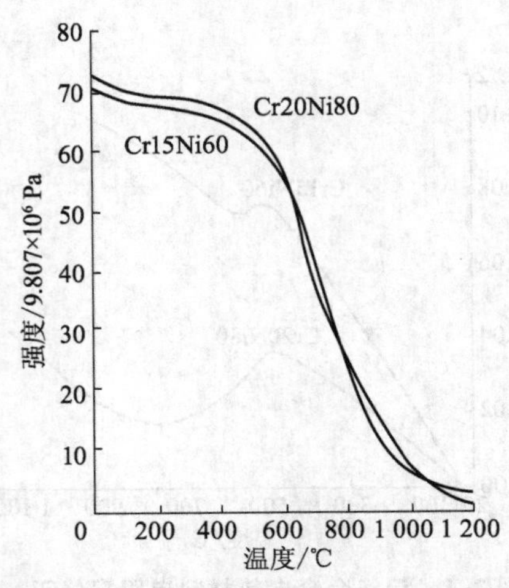

图 2-4 镍铬合金温度与强度的关系

2.1.4 合金电热元件最高使用温度

合金电热元件最高温度是指元件在干燥空气中允许的本身表面温度，并不是指被加热物质的温度或电热元件周围介质的温度，因为电热元件本身表面温度一般比它周围介质温度或被加热物体温度要高 100℃以上。

在使用过程中，合金电热元件表面温度越高则高温强度越低，容易发生倒塌现象，从而造成短路而烧毁。表面温度过高还会产生合金组织结构的破坏，发生熔结现象而终止寿命。

合金电热元件在保证比较满意的寿命前提下所允许的最高使用温度不仅与合金牌号有关，往往还与电热器具的构造、电热元件的形状、断面大小、表面负荷、周围介质、散热情况等有着密切的关系。在一般情况下，电热元件的最高工作温度决定于合金牌号和元件的截面尺寸。表 2-3 列出了常用合金电热元件的最高使用温度的经验数值。

表 2-3 合金电热材料最高使用温度

合金牌号	规格/mm	最高使用温度及极限温度/℃	
Cr20Ni80	ϕ0.15～0.40	900～950	1 000
	ϕ0.41～0.95	950～1 000	1 050
	ϕ1.0～3.0	1 000～1 050	1 100
	ϕ>3;a>1.5	1 050～1 100	1 150
Cr15Ni60	ϕ0.15～0.40	900～920	950
	ϕ0.41～0.95	925～950	975
	ϕ1.0～3.0	950～975	1 000
	ϕ>3;a>1.5	975～1 000	1 050

续表

合金牌号	规格/mm	最高使用温度及极限温度/℃	
1Cr13Al4	ϕ0.15～0.40	750～775	900
	ϕ0.41～0.95	775～800	1 000
	ϕ1.0～3.0	800～825	1 050
	$\phi>3;a>1.5$	825～850	1 100
0Cr13Al6Mo2	ϕ0.15～0.40	1 000～1 050	1 150
	ϕ0.41～0.95	1 050～1 100	1 200
	ϕ1.0～3.0	1 100～1 150	1 250
	$\phi>3;a>1.5$	1 150～1 200	1 300
0Cr25Al5	ϕ0.15～0.40	925～1 000	1 100
	ϕ0.41～0.95	1 000～1 075	1 150
	ϕ1.0～3.0	1 075～1 150	1 250
	$\phi>3;a>1.5$	1 150～1 200	1 300
0Cr27Al7Mo2	ϕ0.15～0.40	1 100～1 150	1 250
	ϕ0.41～0.95	1 150～1 200	1 300
	ϕ1.0～3.0	1 200～1 250	1 350
	$\phi>3;a>1.5$	1 250～1 300	1 400

注：表中 ϕ 为圆丝直径，a 为扁丝厚度。

2.1.5　表面负荷

表面负荷是指电热合金元件表面上单位面积所负荷的功率数（W/cm^2）。表面负荷的选择与材质、规格、敞露与封闭的程度、构造、工作温度、加热介质、介质温度、传热方式、支托件的材料及开关频率等有密切关系。在相同工作条件下，选用较大的表面负荷则意味着使用较少的合金材料，元件的表面温度较高，但使用寿命较短。反之，如选用较小的表面负荷，则可降低材料的表面温度，延长元件寿命，却需要增大材料用量。因此，正确地选择表面负荷既能节约电热合金材料，还能保证较长的使用寿命。图 2-5 和图 2-6 是合金电热元件作为独立使用的单一电热元件情况下，按元件材料、使用的元件表面温度和工作状况来选取元件表面负荷的曲线图。

图中阴影的上限线表示一个最高表面负荷值，它适用于敞露型的结构。封闭型的电热元件或要求较长工作寿命的电热元件，一般选择较低的表面负荷数值，或者有时低于阴影的下限线。

图 2-5 和图 2-6 是针对圆丝所作的曲线。扁丝可以比圆丝合金电热元件承受的表面负荷高一些，最高可以增加 50%，但这不能一概而论，还要考虑合金电热元件的构造和其他因素。

当合金电热材料作为复合电热元件或在某些特殊情况下，它的表面负荷会有所不同，此时图 2-5 和图 2-6 不再适用。

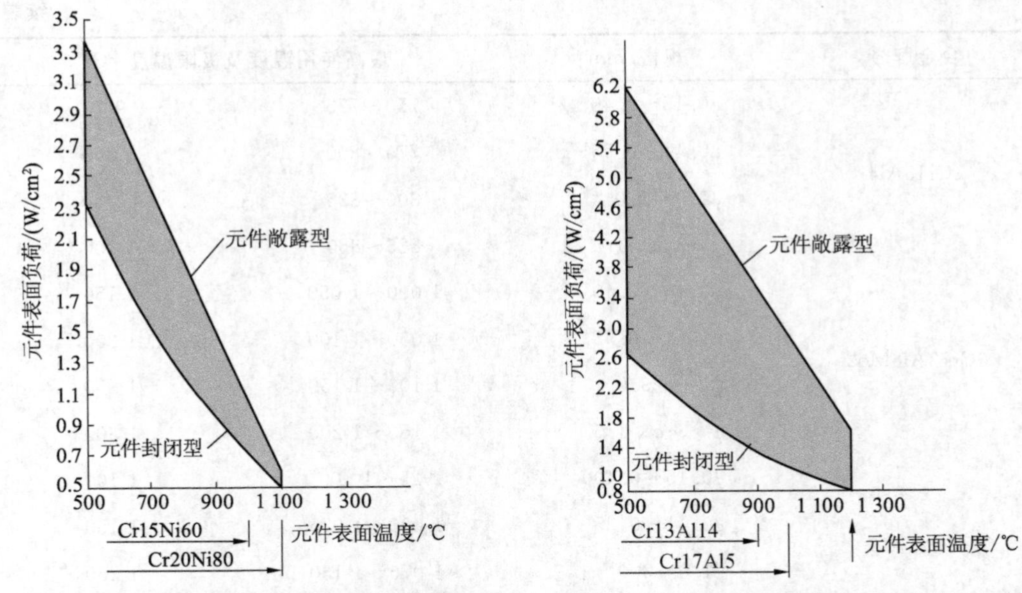

图 2-5　镍铬合金电热材料表面负荷曲线图　　**图 2-6　铁铬铝合金电热材料表面负荷曲线图**

表 2-4 为特殊情况下家用电热器具中合金电热材料表面负荷的经验数据。

表 2-4　家用电热器具中合金电热材料表面负荷数据

器具名称	结构形式		表面负荷/(W/cm²)	器具名称	结构形式	表面负荷/(W/cm²)
日用电炉	开启式		4～8	电烙铁	外热式	4～8
	封闭式	不带控温	8～15		内热式	6～10
		带控温	1.5～25	电饭锅	铸铝管状元件带控温	10～20
电熨斗	云母骨架		5～8	电热水器	电热丝直接浸在水中	30～40
	管状元件带控温		20～30		管状元件	10～20

表 2-5 至表 2-7 分别为常用合金电热材料的化学成分、物理参数、用途简表。

表 2-5　常用合金电热元件材料的化学成分

合金牌号	化学成分/%									
	硅 Si	铬 Cr	镍 Ni	铝 Al	钼 Mo	铁 Fe	碳 C ≤	锰 Mn ≤	硫 S ≤	磷 P ≤
Cr20Ni80	0.4～1.6	20～23	余	≤0.5	—	≤1.0	0.10	0.7	0.025	0.030
Cr15Ni60	0.4～1.6	15～18	55～61	≤0.5	—	余	0.10	1.5	0.025	0.030
1Cr13Al4	≤1.0	12～16	≤0.6	3.5～5.5	—	余	0.12	0.7	0.025	0.030
0Cr13Al6Mo2	≤1.0	12.5～14	≤0.6	5～7	1.5～2.5	余	0.06	0.7	0.025	0.030
0Cr25Al5	≤0.6	23～27		4.5～6.5	—	余	0.06	0.7	0.025	0.030
0Cr27Al7Mo2	≤0.4	26.5～27.8	≤0.6	6～7	1.8～2.2	余	0.05	0.2	0.025	0.030

注：为了改善合金性能，允许在上述合金中添加适量的钛、钴、铌及稀土元素。

表 2-6 常用合金电热材料的物理参数

合金牌号	20℃时电阻率 ρ'/($10^{-6}\Omega \cdot m$)	密度 ρ/10^{-3} (kg/m^3)	比热容 c/[J/(kg·K)]	线胀系数 α (20～1000℃)/10^{-6}℃$^{-1}$	热导率 λ/[W/(m·K)]	熔点 t/℃	抗张强度 S/MPa	伸长率 δ_{10}/%
Cr20Ni80	1.09±0.05	8.4	448	14.0	1 005	1 400	637～785	≥20
Cr15Ni60	1.12±0.05	8.2	461	13.0	754	1 390	637～785	≥20
1Cr13Al4	1.26±0.08	7.4	490	15.4	879	1 450	588～736	≥12
0Cr13Al6Mo2	1.4±0.10	7.2	494	15.6	816	1 500	686～834	≥12
0Cr25Al5	1.4±0.10	7.1	494	16	766	1 500	637～785	≥12
0Cr27Al7Mo2	1.5±0.10	7.1	494	16	754	1 520	686～785	≥10

表 2-7 常用合金电热材料的特性和用途

合金牌号	特 性	用 途
Cr20Ni80	奥氏体组织，基本无磁性；电阻率较高，加工性能好，可拉成很细的丝；高温强度较好，用后不变脆	1 100℃以下，有振动或移动的电热器具中
Cr15Ni60	耐热性比 Cr20Ni80 略低，其他性能与 Cr20Ni80 相同	1 000℃以下电热器具
1Cr13Al14	铁素体组织，有磁性；抗氧化性能比镍铬好；电阻率比镍铬高；不用镍，价较廉；高温强度低，且用后变脆；加工性能稍差	850℃以下电热器具
Cr13Al6Mo2 0Cr25Al5		1 200℃以下电热器具
0Cr27Al7Mo2	具有负的电阻温度系数，电阻随温度变化较稳定，有磁性；抗氧化性能好，耐高温，电阻率高；用后变脆，加工性能稍差	1 300℃以下电热器具和适用固定无振动的场合

表 2-8 和表 2-9 分别为主要金属电热元件的理化性能、电阻率简表。

表 2-8 主要金属电热元件的理化性能

材 质		Cr20Ni80	Cr15Ni60	1Cr13Al4	0Cr13Al6Mo2	0Cr25Al5	0Cr27Al7Mo2	钼	钨	钽	铂
主要成分	Si	0.4～0.6	0.4～1.6	≤1.0	≤1.0	≤0.6	≤0.4				
	Cr	20～23	15～18	12～16	12.5～14	23～27	26.5～27.8				
	Ni		55～56	0.6	≤0.6	—	≤0.6				
	Al	≤0.5	≤0.5	3.5～5.5	5～7	4.5～6.5	6～7				
	Mo	—	—	—	1.5～2.5	—	1.8～2.2				
电阻温度系数/(10^{-5}℃$^{-1}$)		8.5	14	15	8	5	−0.65	5.5	5.5		
容重/(g/cm^2)		8.4	8.15	7.4	7.4	7.1	7.1	10.2	19.34	16.6	21.46
线胀系数/(10^{-6}℃$^{-1}$)		14.0	13.0	16.5	14.4	15.0	14.6	5.1	4.3	6.5	8.95
热导率/[kcal/(m·h·℃)]		14.4	10.8	14.4	14.5	14.4	13,1	57.2	88	72	60
比热容/[cal/(g·℃)]		0.105	0.11	0.15	0.15	0.15	0.16	0.063	0.034	0.033	0.0316
熔点/℃		1 400	1 390	1 450	1 550	1 500	1 570	2 622	3 382	2 996	1 770
断面收缩率/%		60～70	60～75	65～75	65～70	70～75	65				
硬度(HB)		130～150	130～150	200～260	180～210	200～260	210～240				
组织		奥氏体	奥氏体	铁素体	铁素体	铁素体	铁素体				

表 2-9　20℃时主要金属电热元件的电阻率

金属材质	金属丝直径/mm	电阻率/(Ω·mm²/m)	金属带厚度/mm	电阻率/(Ω·mm²/m)
Cr20Ni80	0.2～0.5	1.07±0.5	0.8～2.0	1.10±0.05
	0.5～3.0	1.09±0.05	2.0～3.0	1.12±0.05
	≥3.0	1.12±0.05	≥3.0	1.14±0.05
Cr15Ni60	0.2～0.5	1.11±0.05	0.8～2.0	1.11±0.05
	>0.5	1.12±0.05	2.0～3.0	1.13±0.05
			≥3.0	1.15±0.05
1Cr13Al4	≥0.2	1.26±0.08	≥0.2	1.26±0.08
0Cr13Al6Mo2		1.4±0.01		1.4±0.10
0Cr25Al5		1.4±0.1		1.4±0.10
0Cr27Al7Mo2		1.5±0.1		1.5±0.10

注:本表来自 GB/T1234—2012 高电阻电热合金。

2.1.6　合金电热材料的化学特性

(1) 预先氧化处理　元件在使用中,若被加热物体不会散发出对合金电热材料不利的气体,可不必进行预先氧化处理;如果散发出对合金电热材料不利的气体,最好进行预先氧化处理或交替地进行氧化处理,使合金电热材料表面呈浅灰色,主要成分是氧化铝。纯镍铬电热合金的氧化膜呈墨绿色,主要成分是氧化铬。这种纯的氧化膜的组织致密而且熔点很高,它紧密地附着在合金电热材料的基体上,起到保护作用。

合金电热元件表面生成的氧化膜与合金电热元件基体的线胀系数不完全一致,急剧地升温或冷却都会使致密的氧化膜产生裂纹以至脱落,而起不到应有的保护作用。

预先氧化处理是将安装完毕的合金电热元件在干燥过的电阻炉内通电加热,使合金电热材料表面温度低于其最高使用温度 100～200 ℃,保温 7～10 h,然后随炉缓慢冷却即可,如 0Cr25Al5 合金电热元件可在 105 ℃进行。

(2) 炉内气氛　炉内气氛对合金电热材料是否有利,是有关电热合金材料使用寿命的极为重要的因素。

① 干燥空气和纯氧。铁铬铝和镍铬合金电热材料在干燥空气中使用最能抗氧化;纯氧对它们没有害处。

② 含硫气体。某些气体中常常有含硫的杂质,还有筑炉用的某些材料及被加热工件带入炉内的油等也产生硫的污染。在镍铬合金电热元件中,镍含量越高则越亲硫。在高温和含硫的气氛中使用,元件表面通过生成硫化物产生熔融区,硫通过这个熔融区更多地渗入合金内部。因为熔融区抵抗硫及其化合物侵蚀的能力很弱,奥氏体晶界逐渐被硫化物占据,直到最后生成低熔点相。

③ 氮气。铁铬合金电热元件直接暴露在氮气中使用,其寿命比在空气中使用要短,这是因为铁铬合金中主要的元素铬和铝与氮的亲和力很强,正如镍与硫的亲和力很强一样。高温时在饱和的氮气中使用,氧化膜保护层被破坏而生成氧化物,同时还使合金内部的铝分离出来,生成氮化物。

④ CO 和 CO_2。在含碳气氛中,镍铬和铁铬铝合金电热元件如果使用温度不高,元件表面上纯的氧化膜保护层在一段时间内是能够阻止碳化的。随着使用温度的升高,在某一

温度范围内，镍铬元件的稳定性突然下降，铁铬铝元件的稳定性虽然也下降，但不是突然的。稳定性下降的现象说明元件表面纯氧化膜保护层逐渐遭到破坏，碳渗入生成了某些碳化物。不管这些碳化物是沉淀在晶界上，还是沉淀在晶体内部，都是有害的。由于这些碳化物的共晶熔点比较低，如果继续使用，元件有可能被熔断；即使尚未熔断，碳化或再氧化也会交替进行，使沉淀在晶体内部的碳化物变为氧化物（如一氧化碳）逸出，元件基体的紧密组织因遭到破坏而产生裂缝。若在元件表面涂覆对元件无损害的高温无机涂层，使之牢固地黏附在元件表面上，起到比元件本身生成的纯氧化膜保护层更为有效的保护作用，则可阻止材料的碳化。

（3）盐类和搪瓷　铁铬铝和镍铬合金电热材料如果直接接触碱金属的盐类、卤族盐类、硝酸盐、硅酸盐、硼酸盐和碳酸盐等是有害的，因为这些盐类在不同程度上干扰元件表面氧化膜保护层的生成。铁铬铝电热合金在常态时接触水溶性盐类（如食盐），也能引起腐蚀。

搪瓷常含有害的化合物，它们通过蒸汽和飞溅腐蚀合金电热元件，影响元件的正常使用寿命。

（4）金属和金属氧化物　某些熔化的金属及其金属蒸汽，如铜、锌、锡和铅等，能够破坏合金电热材料表面的氧化膜，严重地侵蚀合金电热材料。

合金电热元件与一系列重金属氧化物直接接触都是不利的，因为它们之间能生成低熔点的氧化混合物，俗称“灾难性的氧化”。

（5）耐火材料　一般情况下，合金电热材料在电热器内避免不了与耐火材料接触，因此，在选择耐火材料的时候，不仅要考虑它的耐温性能，而且要考虑它的化学成分在某一温度使用时与电热合金有无化学反应。特别是在高温下使用时，这一点更为重要。如果只注意前者而忽视后者，那么合金电热材料在使用过程中氧化膜有可能被破坏，元件表面受到腐蚀，严重地影响合金电热材料的正常使用寿命。对于那些封闭性的合金电热元件，一是缺氧的缘故不能生成足够纯的氧化膜；二是元件产生的热量不能及时散发出来，温度逐渐升高；三是材料表面接触耐火材料面积较大。由于这3个主要原因，一旦耐火材料选用不当，便加剧了这一破坏过程。

铁铬铝合金电热材料在低温使用时，可以采用黏土质搁丝砖。工作温度≤1 150 ℃时，应采用高铝质搁丝砖。更高的使用温度应当选用较纯的氧化铝制品。

一般情况下，镍铬合金电热材料不受上述材料的限制，采用黏土质的搁丝砖即可。

合金电热材料在高温使用及与绝缘物如石棉、矿渣棉、水玻璃等直接接触都是有害的；掉落在元件上的氧化铁皮也应及时清除，以免影响元件的正常使用寿命。

在电热元件安装完毕并正式使用前，要充分进行烘烤，以彻底除去水分。水不仅会腐蚀电热元件，而且会影响加热工件的质量。

2.2　非金属电热材料

非金属电热材料有碳化硅、二硅化钼、石墨等。在许多场合，由于非金属电热材料具有电阻温度特性、高温特性等独特性能，所以占据了非常重要的地位。目前应用较广的有硅钼棒、碳化硅、PTC电热元件、石墨制品等。

2.2.1 硅钼棒

硅钼棒电热元件在国际上又称为"超级康太尔"电热元件，是瑞典康太尔公司1957年研制成功的一种耐高温电热元件，它可在1 600 ℃高温下长期工作。

硅钼棒电热元件属于非金属电热元件，主要的原料是二硅化钼和二氧化硅，用粉末冶金法制成，在结构上属于"金属陶瓷"。它容易变形，能适合专用电热器具的需要。由于本身发热温度高，因此，在最初几小时使用中，这种电热元件受到一种"自己烧结"的作用，从而增加了硬度和强度，使力学和电性能稳定。在最初氧化以后，不再受老化作用，因此，寿命也较长。硅钼棒电热元件已形成了一个独立的电热元件系列，广泛应用于冶金、化工、硅酸盐等部门的高温电炉中作加热元件。

硅钼棒加热元件的电阻值随着温度的上升而增大。在开始升温时，由于元件电阻值很小，要消耗很大的电流，因此，应采用更低的电压。随着温度的升高，硅钼棒加热元件的电阻值增大，因此，在一恒定的电压下功率随温度的上升而下降。在一定温度下，硅钼棒加热元件的电阻值为一常量，不会随使用时间而发生变化，因此，在同一炉体中新老元件可以同时连接使用。当元件在400～800 ℃温度范围内长期使用时，会破坏元件表面的石英玻璃层而使元件发生低温氧化，因而不能在此温度内长期使用。

硅钼棒电热元件外观呈U或W形，如图2-7所示，其在有关气氛中的最高使用温度见表2-10。

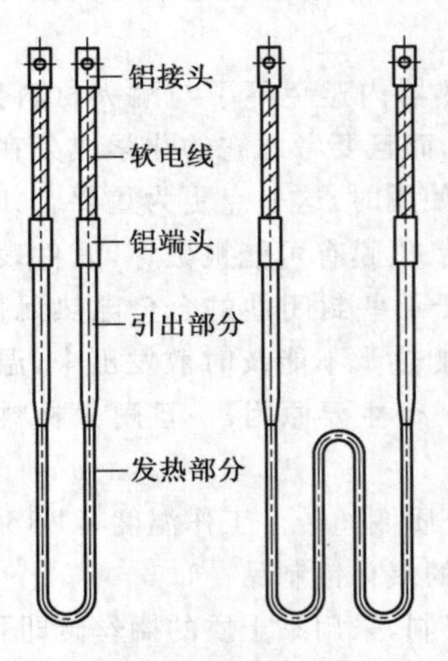

图2-7 硅钼棒形状

表2-10 硅钼棒加热元件在各种气氛中的最高使用温度

炉内气氛	元件最高使用温度/℃
空气	1 700
氮气	1 500
惰性气体(氦、氖、氩)	1 650
二氧化氮	1 700
一氧化碳	1 500
二氧化碳	1 700
二氧化硫	1 600
氢气	1 400湿氢 1 350干氢
真空	1 100(10^{-5}) 1 350(10^{-2})

(1) 性能特点

① 物理力学性能。

硬度：在20℃时为1 200 HV。

密度：5.3～5.5 g/cm^3。

熔点：约2 030 ℃。

电阻率：20 ℃时为0.25～10^{-6} Ω·m。

伸长率：4%～5%。

抗弯强度：245～343 MPa(在20 ℃时)。

裂断强度：在1 550 ℃时为0.98 MPa。

硅钼棒的力学性能在一定情况下具有玻璃特性。在室温时，这种元件硬而脆，有较高的抗弯和抗张强度，但它的抗冲击强度却很低。因此，当硅钼棒电热元件在 1 100 ℃温度以下使用时，不应使它承受任何较大的抗弯和抗击应力。在 1 350 ℃以上时，它有很好的延展性。在更高温度下，它能弯折或卷绕成所需要的形状，但已经用过的电热元件不能再这样处理。

硅钼棒电热元件一经高温后，表面有 SiO_2 析出，形成一层完整的保护膜，它有良好的抗氧化性能，所以无老化现象。硅钼棒电热元件不宜在 800 ℃以下长期使用，因为在这种工作状态下不能形成较好的氧化膜保护层，所以仅适于在高温电热器具中使用。

② 电阻温度系数。硅钼棒电热元件的电阻率 ρ 随温度升高而急速增加，因此，在恒定电压下功率消耗会随温度的升高而降低。这一性能既有助于使电热器具迅速达到所需要的高温，又能防止元件因过热而损坏。图 2-8 为硅钼棒电热元件的电阻率与温度的关系曲线图。硅钼棒电热元件的电阻平均温度系数在 20～1 600 ℃范围内为 0.004 8 $℃^{-1}$。不同温度下的电阻率的修正系数 C_t，见表 2-11。

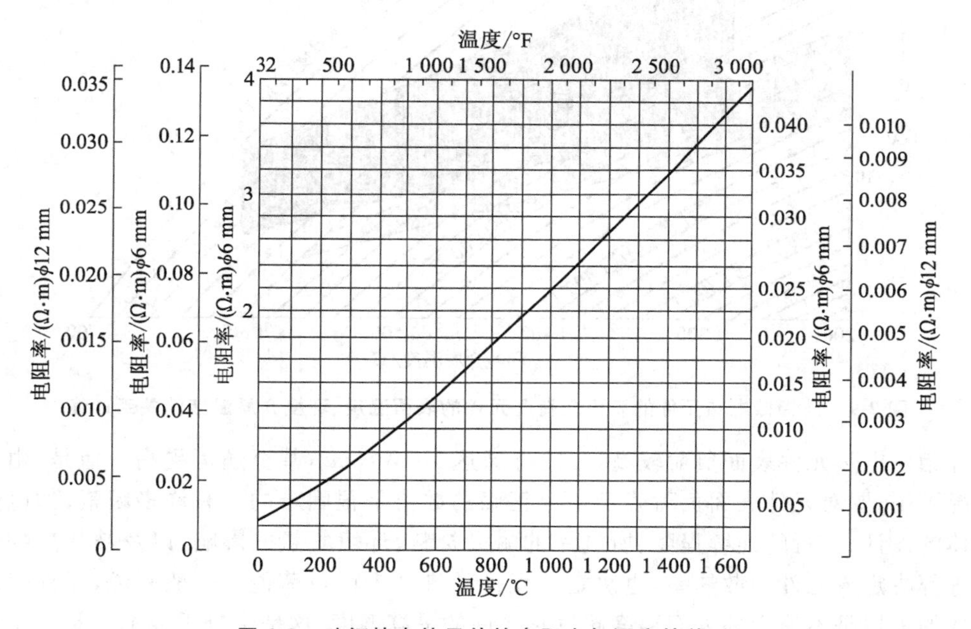

图 2-8　硅钼棒电热元件的电阻率与温度的关系

表 2-11　硅钼棒电热元件在不同温度下的电阻率修正系数 C_t

温度/℃	20	100	200	300	400	500	600	700	800
$C_t=\rho_t/\rho_{20}$	1.00	1.40	2.00	2.60	3.32	4.08	4.96	5.84	6.80
温度/℃	900	1 000	1 100	1 200	1 300	1 400	1 500	1 600	1 700
$C_t=\rho_t/\rho_{20}$	7.76	8.80	9.76	10.80	11.84	12.84	13.92	14.92	16.00

(2) 形状尺寸和规格　硅钼棒电热元件制成形后，具有一定的发热段，发热部分直径较细，两端引电部分较粗，端部直径一般是发热部分直径的 2 倍，这样可避免接线部分温度过高而烧毁。硅钼棒电热元件不宜设计、制造成过分细而长的形状，以防断裂。

(3) 温度和表面负荷　硅钼棒电热元件表面工作温度与元件的寿命有着密切的关系。在高温状态下，往往有元件破裂的危险，因此，元件表面工作温度在低于最高允许温度的情况下使用寿命长。硅钼棒电热元件常用的表面工作温度一般在 1 500～1 600 ℃之间，它的最高表面工作温度为 1 700 ℃。

图 2-9 是硅钼棒电热元件的表面负荷同元件的表面温度与环境介质温度的关系图。图中大块阴影相当于元件在垂直位置下的选用范围。在一般情况下，将操作点选在阴影区的中心线上。例如图中的 O 点，相当于炉内温度为 1 500 ℃、表面负荷为 12 W/cm^2、元件表面温度为 1 625 ℃。

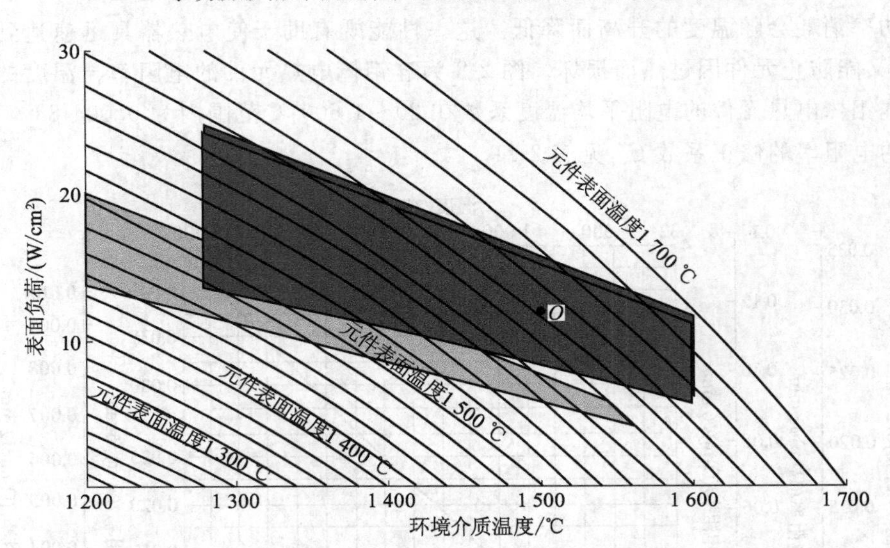

图 2-9 硅钼棒电热元件的表面负荷同元件的表面温度、环境介质温度的关系曲线

硅钼棒电热元件表面负荷较高，一般可高达 10 W/cm^2，甚至还可更高。但是，由于工作状况不同，要对元件表面负荷确定一个正确的数值是很困难的。有许多因素，如电热器具整体的设计、运行的连续程度、所选用的耐火材料、环境气氛的影响，以及被加热物料的性质等都决定着元件的散热率，也决定着元件的最高表面负荷值。一般来说，元件表面负荷选择的依据是不使元件表面温度超过它允许的最高温度，这是十分重要的。举一个明显的例子来说明外界的环境对负荷影响的重要性：若一个元件在 1 500℃下自由悬挂在空气中，它的负荷可高达 40～50 W/cm^2；而一个在同一温度下的发热元件在密闭的炉腔中，其负荷就不应大于 10 W/cm^2。

硅钼棒在真空炉（环境）中使用时，真空度与可使用温度条件如图 2-10 所示。

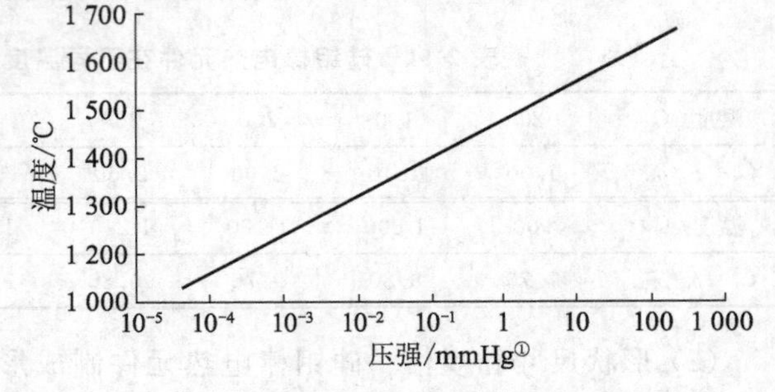

图 2-10 在真空中使用硅钼棒电热元件的温度极限

① 1 mmHg≈133 Pa。全书同。

(4) 技术参数和使用方法　利用图 2-9 在按所需要的温度选定负荷后,就可利用表 2-12 单支硅钼棒电热元件进行有关技术参数的计算。

表 2-12　单支硅钼棒元件外形尺寸

产品规格	长 l/mm	a/mm	b/mm	d/mm
ϕ6/13	≤300	40,50	13	6
	>300	50		
ϕ9/18	≤300	40,50,60	18	9
	>300	50,60		

现将 $\phi 6/13$ mm($a=50$ mm)和 $\phi 9/18$ mm($a=60$ mm)两种类型硅钼棒的各种长度规格的元件在操作点 O 时的技术参数进行如下计算。

① 按照电功率和负荷的定义提出下面公式:

$$P=I^2R=\omega A \tag{2-3}$$

式中,P 为电热元件所消耗的功率,W;I 为通过电热元件的电流,A;R 为元件的电阻,Ω;ω 为元件表面负荷,W/cm²;A 为元件表面积,cm²。

从式(2-3)中可得出每支电热元件的发热段功率 P_R

$$P_R=I^2\rho_R\frac{4L}{\pi d^2}=\omega\pi dl\times 10^4 \tag{2-4}$$

$$I=157\sqrt{\frac{d^3\omega}{\rho_R}}$$

式中,d 为元件发热段直径,m;ρ_R 为发热段在工作温度下的电阻率,Ω·m。

从本节性能特点可知 $\rho_{20}=0.25\times10^{-6}$ Ω·m,从表 2-11 中查出 $C_t=1.00$。

$$\rho_R=C_t\rho_{20}=1.00\times0.25\times10^{-6}=0.25\times10^{-6}\ \Omega\cdot m$$

将 $d=0.006$ m,$\omega=12$ W/cm²,$\rho_R=0.25\times10^{-6}$ Ω·m 代入式(2-4),求得 $I=8.55$ A。同样,将 $d=0.009$ m 代入式(2-4),求得 $I=12.825$ A。

② 假定元件的接线端平均温度为 800 ℃,从表 2-11 中查出 $C_t=6.80$,所以接线两端处的电阻率 $\rho_t=C_t\rho_{20}=6.80\times0.25\times10^{-6}=1.70\times10^{-6}$ Ω·m。

③ 用表 2-13 中的公式算出每支电热元件的 r_1,U_1 和 P_1 值。

表 2-13　硅钼棒电热元件发热段、接线段及每支电热元件参数计算公式

物理量	发热段	接线段	每支电热元件
电阻 r_1	$r_R=3.80\times\frac{4L}{1\,000\pi d^2}$	$r_L=1.70\times\frac{2\times4L}{1\,000\pi d^2}$	$r_1=r_R+r_L$
电压 U_1	$U_R=Ir_R$	$U_L=Ir_L$	$U_1=U_R+U_L$
功率 P_1	$P_R=IU_R$	$P_L=IU_L$	$P_1=P_R+P_L$

(5) 选购和使用　选用硅钼棒电热元件时,可根据电热器具总体设计的要求和实际尺寸,从表 2-14 或表 2-15 中选定合适的规格,包括 L_1,L_2,d 和 a,并把所需电热装置的总功率除以选定规格的每支功率 P_1,算出元件支数 Z(在三相电路中,须把 Z 凑成 3 的整倍数)。对于图 2-9 中阴影范围内的其他操作点,也可用上面同样方法计算。

表 2-14　ϕ 6/13 硅钼棒产品规格及技术数据(d=6 mm,c=13 mm,a=50 mm)

L_2/mm	L_1/mm L/mm r_L/Ω, r_R/Ω U_L/V, U_R/V P_L/W, P_R/W	150	200	250	300	350	400	450	500	550	600	650	700	750	800	850	900	950	1 000
		323	423	523	623	723	823	923	1 023	1 123	1 223	1 323	1 423	1 523	1 623	1 723	1 823	1 923	2 023
		0.044 5.7 740	0.057 7.4 960	0.071 9.2 1 200	0.084 10.9 1 420	0.098 12.7 1 650	0.111 14.4 1 870	0.125 16.2 2 110	0.138 17.9 2 330	0.152 19.8 2 570	0.165 21.5 2 800	0.179 23.3 3 030	0.192 25.0 3 250	0.206 26.8 3 480	0.219 28.5 3 700	0.233 30.3 3 940	0.246 32.0 4 160	0.260 33.8 4 390	0.273 35.5 4 620
150	0.004 0.5 70	0.048 6.2 810	0.061 7.9 1 230	0.075 9.7 1 270	0.088 11.4 1 490	0.102 13.2 1 720	0.115 14.9 940	0.129 16.7 2 180	变压器设计:其输出电压应按表内数值增加20%;输出电流增加40%。										
200	0.005 0.7 90	0.049 6.4 830	0.062 8.1 1 050	0.076 9.9 1 290	0.89 11.6 1 510	0.103 13.4 1 740	0.116 15.1 1 960	0.130 16.9 2 200	0.143 18.6 2 420	0.157 20.5 2 660	0.170 22.2 2 890	0.184 24.0 3 120	0.197 25.7 3 340						
250	0.006 0.8 110	0.050 6.5 850	0.063 8.2 1 070	0.077 10.0 1 310	0.090 11.7 1 530	0.104 13.5 1 760	0.117 15.2 1 980	0.131 17.0 2 220	0.144 18.7 2 440	0.158 20.6 2 680	0.171 22.3 2 910	0.185 24.1 3 140	0.198 25.8 3 360	0.212 27.6 3 590	0.225 29.3 3 810	0.239 31.1 4 050	0.252 32.8 4 270	0.266 34.6 4 500	0.279 36.3 4 730
300	0.008 1.0 130	0.052 6.7 870	0.065 8.4 1 090	0.079 10.2 1 330	0.092 11.9 1 550	0.106 13.7 1 780	0.119 15.4 2 000	0.133 17.2 2 240	0.146 18.9 2 460	0.159 20.8 2 700	0.173 22.5 2 930	0.187 24.3 3 160	0.200 26.0 3 380	0.214 27.8 3 610	0.227 29.5 3 830	0.241 31.3 4 070	0.254 33.0 4 290	0.268 34.8 4 520	0.281 36.5 4 750
350	0.009 1.2 160	0.053 6.9 900	0.066 8.6 1 120	0.080 10.4 1 360	0.093 12.1 1 580	0.107 13.9 1 810	0.120 15.6 2 030	0.134 17.4 2 270	0.147 19.1 2 490	0.160 21.0 2 730	0.174 22.7 2 960	0.188 24.5 3 190	0.201 26.2 3 410	0.215 28.0 3 640	0.228 29.7 3 860	0.242 31.5 4 100	0.255 33.2 4 320	0.269 35.0 4 550	0.282 36.7 4 780
400	0.010 1.3 170	0.054 7.0 910	0.067 8.7 1 130	0.081 10.5 1 370	0.094 12.2 1 590	0.108 14.0 1 820	0.121 15.7 2 040	0.135 17.5 2 280	0.148 19.2 2 500	0.161 21.1 2 740	0.175 22.8 2 970	0.189 24.6 3 200	0.202 26.3 3 420	0.216 28.1 3 650	0.229 29.8 3 870	0.243 31.6 4 110	0.256 33.3 4 330	0.270 35.1 4 560	0.283 36.8 4 790
450	0.012 1.6 210		0.069 9.0 1 170	0.083 10.8 1 410	0.096 12.5 1 630	0.110 14.3 1 860	0.123 16.0 2 080	0.137 17.8 2 320	0.150 19.5 2 540	0.163 21.4 2 780	0.177 23.1 3 010	0.191 24.9 3 240	0.204 26.6 3 460	0.218 28.4 3 690	0.231 30.1 3 910	0.245 31.9 4 150	0.258 33.6 4 370	0.272 35.4 4 600	0.285 37.1 4 830
500	0.013 1.7 220		0.070 9.1 1 180	0.084 10.9 1 420	0.097 12.6 1 640	0.111 14.4 1 870	0.124 16.1 2 090	0.138 17.9 2 330	0.151 19.6 25 50	0.164 21.5 2 790	0.178 23.2 3 020	0.192 25.0 3 250	0.205 26.7 3 470	0.219 28.5 3 700	0.232 30.2 3 920	0.246 32.0 4 160	0.259 33.7 4 380	0.273 35.5 4 610	0.286 37.2 4 840
550	0.014 1.8 230			0.085 11.0 1 430	0.098 12.7 1 650	0.112 14.5 1 880	0.125 16.2 2 100	0.139 18.0 2 340	0.152 19.7 2 560	0.165 21.6 2 800	0.179 23.3 3 030	0.193 25.1 3 260	0.206 26.8 3 480	0.220 28.6 3 710	0.233 30.2 3 930	0.247 32.1 4 170	0.260 33.8 4 390	0.274 35.6 4 620	0.287 37.3 4 850
600	0.015 2.0 260			0.086 11.2 1 460	0.099 12.9 1 680	0.113 14.7 1 910	0.126 16.4 2 130	0.140 18.2 2 370	0.153 19.9 2 590	0.166 21.8 2 830	0.180 23.5 3 060	0.194 25.3 3 290	0.207 27.0 3 510	0.221 28.8 3 740	0.234 30.5 39 60	0.248 32.3 4 200	0.261 34.0 4 420	0.275 35.8 4 650	0.288 37.5 4 880
650	0.017 2.2 290	炉温 T=1 500℃ 表面负荷 W=12W/cm² 元件热端温度 T_R=1 625℃ 元件冷端温度 T_L=800℃ 电流 I=130A			0.101 13.1 1 710	0.115 14.9 1 940	0.128 16.6 2 160	0.142 18.4 2 400	0.155 20.1 2 620	0.168 22.0 2 860	0.182 23.7 3 090	0.196 25.5 3 320	0.209 27.2 3 540	0.223 29.0 3 770	0.236 30.7 2 990	0.250 32.5 4 230	0.263 34.2 4 450	0.277 36.0 4 680	0.290 37.7 4 910
700	0.018 2.3 300				0.102 13.2 1 720	0.116 15.0 1 950	0.129 16.7 2 170	0.143 18.5 2 410	0.156 20.2 2 630	0.169 22.1 2 870	0.183 23.8 3 100	0.197 25.6 3 330	0.210 27.3 3 550	0.224 29.1 3 780	0.237 30.8 4 000	0.251 32.6 4 240	0.264 34.3 4 460	0.278 36.1 4 690	0.291 37.8 4 920
750	0.019 2.5 330						0.130 16.9 2 200	0.144 18.7 2 440	0.157 20.4 2 660	0.170 22.3 2 900	0.184 24.0 3 130	0.198 25.8 3 360	0.211 27.5 3 580	0.225 29.3 3 810	0.238 31.0 4 030	0.252 32.8 4 270	0.265 34.5 4 490	0.279 36.3 4 720	0.292 38.0 4 950
800	0.020 2.6 340						0.131 17.0 2 210	0.145 18.8 2 450	0.158 20.5 2 670	0.172 22.4 2 910	0.185 24.1 3 140	0.199 25.9 3 370	0.212 27.6 3 590	0.226 29.4 3 820	239 31.1 4 040	253 32.9 4 280	0.266 34.6 4 500	0.280 36.4 4 730	0.293 38.1 4 960

表 2-15　ϕ 9/18 硅钼棒产品规格及技术数据(d=6 mm,c=13 mm,a=50 mm)

L_2/mm	L_1/mm	150	200	250	300	350	400	450	500	550	600	650	700	750	800	850	900	950	1000
	L/mm	325	425	525	625	725	825	925	1 025	1 125	1 225	1 325	1 425	1 525	1 625	1 725	1 825	1 925	2 025
	r_R/Ω U_R/V P_R/W (r_L/Ω, U_L/V, P_L/W)	0.0194 4.6 1 090	0.025 4 6.0 1 430	0.031 4 7.5 1 790	0.037 4 8.9 2120	0.043 3 10.3 2 450	0.049 3 11.7 2 780	0.055 3 13.2 3 140	0.061 3 14.6 3 470	0.067 2 16.0 3 810	0.073 2 17.4 4 140	0.079 2 18.8 4 470	0.085 2 20.3 4 830	0.091 1 21.7 5 160	0.097 1 23.1 5 500	0.103 1 24.5 5 830	0.109 1 26.0 6 190	0.115 0 27.4 6 520	0.121 0 28.8 6 850
150	0.002 0 0.5 120	0.021 4 5.1 1 210	0.027 4 6.5 1 550	0.033 4 8.0 1 910	0.039 4 9.4 2 240	0.045 3 10.8 2 560	0.051 3 12.2 2 900	0.057 3 13.7 3 260	0.063 3 15.1 3 590										
200	0.002 7 0.6 140	0.022 5.2 1 230	0.028 6.6 1 570	0.034 1 8.1 1 930	0.040 1 9.5 2 260	0.046 0 10.9 2 590	0.052 0 12.3 2 920	0.058 0 13.8 3 280	0.064 0 15.2 3 610										
250	0.003 3 0.8 190	0.022 7 5.4 1 280	0.028 7 6.8 1 620	0.034 7 8.3 1 980	0.040 7 9.7 2 310	0.046 6 11.1 2 640	0.052 6 12.5 2 970	0.058 6 14.0 3 330	0.064 6 15.4 3 660	0.070 5 16.8 4 000	0.076 5 18.2 4 330	0.082 5 19.6 4 660	0.088 5 21.1 5 020	0.094 4 22.5 5 350	0.100 4 23.9 5 690				
300	0.004 0 1.0 240	0.023 4 5.6 1 330	0.029 4 7.0 1 670	0.035 4 8.5 2 030	0.041 4 9.9 2 360	0.047 3 11.3 2 690	0.053 3 12.7 3 020	0.059 3 14.2 3 380	0.065 3 15.6 3 710	0.071 2 17.0 4 050	0.077 2 18.4 4 380	0.083 2 19.8 4 710	0.089 2 21.3 5 070	0.095 1 22.7 5 400	0.101 1 24.1 5 740	0.107 1 25.5 6 070	0.113 1 27.0 6 430	0.119 0 28.4 6 760	0.125 0 29.8 7 090
350	0.004 7 1.1 260		0.030 1 7.1 1 690	0.036 18.6 2 050	0.042 1 10.0 2 380	0.048 0 11.4 2 710	0.054 0 12.8 3 040	0.060 0 14.3 3 400	0.066 0 15.7 3 730	0.071 9 17.1 4 070	0.077 9 18.5 4 400	0.083 9 19.9 4 730	0.089 9 21.4 5 090	0.095 8 22.8 5 420	0.101 8 24.2 5 760	0.107 8 25.6 6 090	0.113 8 27.1 6 450	0.119 7 28.5 6 780	0.125 7 29.9 7 110
400	0.005 3 1.3 310		0.030 7 7.3 1 740	0.036 7 8.8 2 100	0.042 7 10.2 2 430	0.048 6 11.6 2 760	0.054 6 13.0 3 090	0.060 6 14.5 3 450	0.066 6 15.9 3 780	0.072 5 17.3 4 120	0.078 5 18.7 4 450	0.084 5 20.1 4 780	0.090 5 21.6 5 140	0.096 4 23.0 5 470	0.102 4 24.4 5 810	0.108 4 25.8 6 140	0.114 4 27.3 6 500	0.120 3 28.7 6 830	0.126 3 30.1 7 160
450	0.006 0 1.4 330			0.037 4 8.9 2 120	0.043 4 10.3 2 450	0.049 3 11.7 2 780	0.055 3 13.1 3 110	0.061 3 14.6 3 470	0.067 3 16.0 3 800	0.073 2 17.4 4 140	0.079 2 18.8 4 470	0.085 2 20.2 4 800	0.091 2 21.7 5 160	0.097 1 23.1 5 490	0.103 1 24.5 5 830	0.109 1 25.9 6 160	0.115 1 27.4 6 520	0.121 0 28.8 6 850	0.127 0 30.2 7 180
500	0.006 7 1.6 380			0.038 1 9.1 2 170	0.044 1 10.5 2 500	0.050 0 11.9 2 830	0.056 0 13.3 3 160	0.062 0 14.8 3 520	0.068 0 16.2 3 850	0.073 9 17.6 4 190	0.079 9 19.0 4 520	0.085 9 20.4 4 850	0.091 9 21.9 5 210	0.097 8 23.3 5 540	0.103 8 24.7 5 880	0.109 8 26.1 6 210	0.115 8 27.6 6 570	0.121 7 29.0 6 900	0.127 7 30.4 7 230
550	0.007 4 1.8 430				0.044 8 10.7 2 550	0.050 7 12.1 2 880	0.056 7 13.5 3 210	0.062 7 15.0 3 570	0.068 7 16.4 3 900	0.074 6 17.8 4 240	0.080 6 19.2 4 570	0.086 6 20.6 4 900	0.092 6 22.1 5 260	0.098 5 23.5 5 590	0.104 5 24.9 5 930	0.110 5 26.3 6 260	0.116 5 27.8 6 620	0.122 4 29.2 6 950	0.128 4 30.6 7 280
600	0.008 0 1.9 450				0.045 4 10.8 2 570	0.051 3 12.2 2 900	0.057 3 13.6 3 230	0.063 3 15.1 3 490	0.069 3 16.5 3 920	0.075 2 17.9 4 260	0.081 2 19.3 4 590	0.087 2 20.7 4 920	0.093 2 22.2 5 280	0.099 1 23.6 5 610	0.105 1 25.0 5 950	0.111 1 26.4 6 280	0.117 1 27.9 6 640	0.123 0 29.3 6 970	0.129 0 30.7 7 300
650	0.008 7 2.1 500				0.046 1 11.0 2 620	0.052 0 12.4 2 950	0.058 0 13.8 3 280	0.064 0 15.3 3 640	0.070 0 16.7 3 970	0.075 9 18.1 4 310	0.081 9 19.5 4 640	0.087 9 20.9 4 970	0.093 9 22.4 5 330	0.099 8 23.8 5 660	0.105 8 25.2 6 000	0.111 8 26.6 6 330	0.117 8 28.1 6 690	0.123 7 29.5 7 020	0.129 7 30.9 7 350
700	0.009 4 2.2 520				0.046 7 11.1 2 640	0.052 6 12.5 2 970	0.058 6 13.9 3 300	0.064 6 15.4 3 660	0.070 6 16.8 3 990	0.076 5 18.2 4 330	0.082 5 19.6 4 660	0.088 5 21.0 4 990	0.094 5 22.5 5 350	0.100 4 23.9 5 680	0.106 4 25.3 6 020	0.112 4 26.7 6 350	0.118 4 28.2 6 710	0.124 3 29.6 7 040	0.130 3 31.0 7 370
750	0.010 0 2.4 570				0.047 4 11.3 2 690	0.053 3 12.7 3 020	0.059 3 14.1 3 350	0.065 3 15.6 3 710	0.071 3 17.0 4 040	0.077 2 18.4 4 380	0.083 2 19.8 4 710	0.089 2 21.2 5 040	0.095 2 22.7 5 400	0.101 1 24.1 5 730	0.107 1 25.5 6 070	0.113 1 26.9 6 400	0.119 1 28.4 6 760	0.125 0 29.8 7 090	0.133 0 31.2 7 420
800	0.010 7 2.5 600					0.054 0 12.8 3 050	0.060 0 14.2 3 380	0.066 0 15.7 3 740	0.072 0 17. 1 4 070	0.077 9 18.5 4 410	0.083 9 19.9 4 740	0.089 9 21.3 5 070	0.095 9 22.8 5 430	0.101 8 24.2 5 760	0.107 8 25.6 6 100	0.113 8 27.0 6 430	0.119 8 28.5 6 790	0.125 7 29.9 7 120	0.131 7 31.3 7 450

变压器设计：其输出电压应按表内数值增加 20%；输出电流增加 40%。

炉温 T=1 625℃
表面负荷 W=12W/cm^2
元件热端温度
T_R=1 625℃
元件冷端温度
T_L=800℃
电流 I=238A

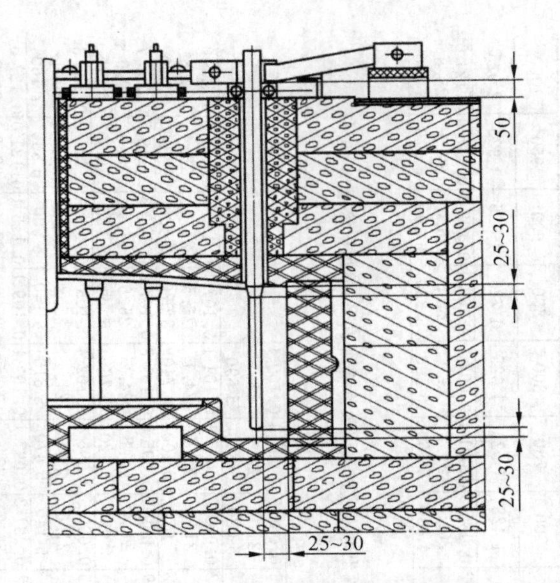

图 2-11 U形硅钼棒电热元件在炉内垂直吊挂时的位置

在使用硅钼棒作为电热装置的电热元件时,必须注意下列4点(见图2-11和图2-12)。

① 供电电源。一个装有多个硅钼棒电热元件的电热装置可以直接接在网络上,但是由于元件的电阻值在初始冷态或低温阶段是很低的,所以当元件开始通电时,会遇到大量电流的电流浪涌,因此通常需要一个约等于额定电压1/3的开始电压。在施加额定电压以前,把低的开始电压维持适当的时间,待升温后再施加额定电压,回避电流浪涌。若电热元件处在不稳定的工况,最好通过调压变压器供电,以便随时或自动调准电压,调节量程约为额定值的±10%。

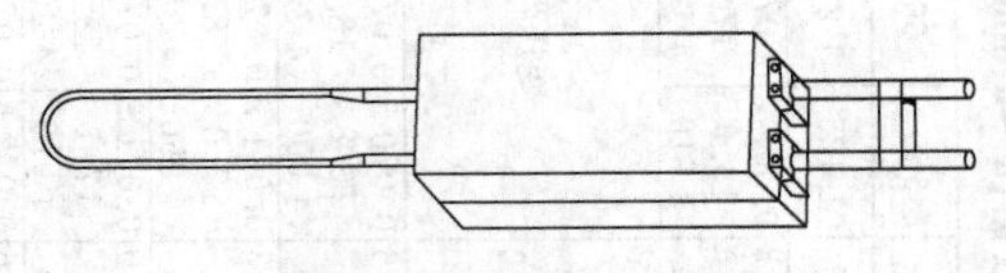

图 2-12 硅钼棒安装接线示意图

硅钼棒电热元件的电流强度较高,因此,在供电线与元件间必须有良好的接触,以避免接线端由于接触电阻增加发热而烧毁接线。为此,最好在运行数小时以后,把电源线接头拧紧一下,因为它们有可能由于热膨胀而松展。

由于硅钼棒电热元件有冷脆性,所以在安装时需小心操作,以防断裂。

② 元件的寿命。硅钼棒电热元件的使用寿命首先决定于运行工况,如运行的间歇、元件温度、表面负荷、环境气氛、元件支架所用材料及冷却情况等。在连续使用的情况下要比断续使用的情况下寿命长得多,因为在冷却过程中损坏的危险性最大。因此,在可能的情况下,当电热装置停止工作时间不长时,应当使它维持一个不太低的温度(如100℃),给以额定电压的半值来保持装置处于热状态。

③ 环境气氛的影响。硅钼棒电热元件被用在氧化气氛如空气、氧、水汽或二氧化碳中时,元件的寿命最长。

在还原气体如一氧化碳、分裂氨气和碳氢化合物中,也能得到良好结果。若发热元件预先在空气中氧化过几小时后,由于氧化层在冷却时容易剥落,所以在还原气氛的环境中,使用前必须把元件重新氧化一次。

纯粹的干氢气会与元件的表面层起反应,使元件发生缓慢的侵蚀。但是,若在氢气中加入少量含氧的气体(如水汽),可使元件抵抗氢气的侵蚀。

硫和它的化合物、与硅或二氧化硅易起作用的金属和珐琅质、易熔化合物或硅酸盐等物质对硅钼棒电热元件都有较大的危害,不允许与之接触。

④ 总体设计。使用硅钼棒电热元件的电热器具,在总体结构设计中必须保证电热元件能自由胀缩而不受拘束。同时要防止在高温情况下,由于元件表面的氧化层——二氧化硅软化而与装置上的结构件(如炉衬)黏结,使得元件在冷却时发生断裂。为了使元件能自

由伸缩，而且，防止在最高温度下元件与结构黏结，元件最好悬直装置。

装置支托硅钼棒电热元件的材料要用具有下列成分的硅线石：

Al_2O_3　　60%～70%；

SiO_2　　30%～40%；

Fe_2O_3　　不大于1%。

这种 SiO_2 含量较高及含碳化硅的砖对硅钼棒电热元件无有害影响。

2.2.2　碳化硅棒

碳化硅电热元件是以焦炭与石英砂做原料，经焙烧后得碳化硅生料，再加沥青、焦油等黏结剂，经挤压加工成形，然后在高温下烧制而成。碳化硅的含量可达 97%～98%。碳化硅棒两端加粗是为减少该段电阻，使其少发热，以便连接。中间细棒为加热段，位于炉膛内，作为发热元件。碳化硅棒在氧化性气氛中，可在 1 350 ℃高温下长期工作，其最高工作温度达 1 500 ℃。碳化硅电热元件的性能见表 2-16。

表 2-16　碳化硅电热元件的性能

项目	密度/ (g/cm³)	电阻率 (1 400℃)/ (Ω·m²/m)	热导率/ [W/(m·℃)]	线胀系数 (20～1 500℃)/ (10^{-6}℃$^{-1}$)	比热容/ [J/(g·℃)]	抗张强度/ MPa	最高工作温度/ ℃
数据	3.1～3.2	约 1 000	23.2	5	0.71	39.2～49	1 500

碳化硅棒的电阻温度系数很大，800 ℃时电阻率最小，低于 800 ℃电阻温度系数为负值，高于 800 ℃为正值。碳化硅棒使用 60～80 h 后，电阻会自行增加 15%～20%，以后就增加得很少了，这种现象称为“老化”。由于电阻温度系数很大且有“老化”现象，因此碳化硅棒必须配备调压器，才能稳定炉子的功率。因有“老化”现象，所以新、旧碳化硅棒不能混合使用。

碳化硅棒很脆，安装时应尽量小心，使用时更不得碰撞。此外，要防止碱、碱＋金属、金属氧化物、氢气和水蒸气的腐蚀。在水分多的空气中使用时，寿命会急剧缩短。

硅碳棒制品外形见图 2-13。

除了表 2-17 所列硅碳棒以外，还生产硅碳管、螺纹硅碳棒及螺纹硅碳管等电热元件，具体可参阅有关样本。

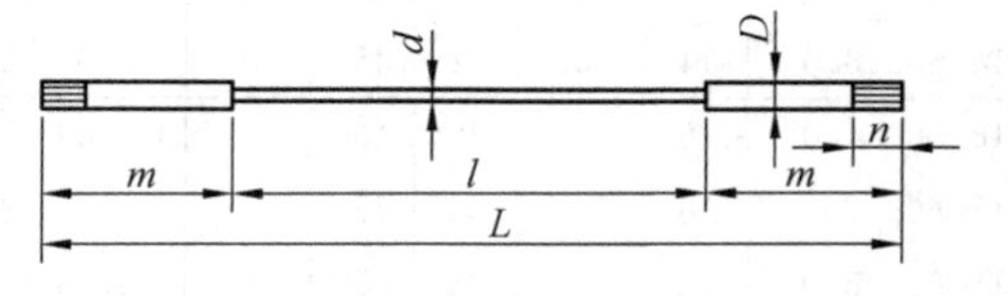

图 2-13　硅碳棒制品之外形

(1) 硅碳棒是碳化硅之再结晶制品，具有良好的化学稳定性。硅碳棒在空气、氦、氩气氛中使用温度可以高达 1 500 ℃(短期)和 1 450 ℃(长期)。在还原性气氛如氢、分解氨中则为 1 370 ℃，水蒸气对其有强烈的氧化影响。硅碳棒在高温下使用，抗急冷急热性优良，不变形，具有足够的机械强度。线胀系数不大于 5×10^{-6}℃$^{-1}$，比热容 0.17 kcal/(kg·℃)。硅碳棒具有很大的电阻率，其值为 1 000～2 000 Ω·mm²/m。电阻温度系数在(20～800±50)℃时为负值，800～1 400 ℃时为正值。采用硅碳棒作电热元件的炉子，其尺寸受到硅碳棒规格的限制，热短路损失较大，电阻误差较大，使用前要对硅碳棒进行选择搭配。

(2) 形状尺寸和规格　碳化硅电热元件按其形状分，有棒形、管形、等直径型、单端接线式的双螺纹型、两端接线式的单螺纹型、E 型等各种特殊规格。其中以棒形和单螺纹管形使用较多，其外形尺寸规格和有关技术参数见表 2-17 至表 2-19。

表 2-17　硅碳棒尺寸规格、每支电阻值及允许负荷

规格 $d/l/l_2$	各部尺寸/mm						发热部表面积 πdl/cm^2	1400℃时电阻/Ω (±10%)	下列炉温时每支元件的允许负荷/W (元件温度=1 450℃)			
	发热部		接线端		喷铝长度 l_3	全长 l_T						
	直径 d	长度 Z	直径 D	长度 l_2					1100℃ (ω=26.3)	1200℃ (ω=20.5)	1300℃ (ω=13.47)	1400℃ (ω=4.91)
6/60/75	6	60	12	75	25	210	11.31	2.2	297	232	152.3	55.5
6/100/130	6	100	12	130	25	360	18.85	3.5	496	386	254	92.6
8/100/85	8	100	14	85	30	270	25.1	2.4	660	515	338	123.2
8/100/130	8	100	14	130	30	360	25.1	2.4	660	515	338	123.2
8/150/85	8	150	14	85	30	320	37.7	3.6	992	773	508	185.1
8/150/150	8	150	14	150	30	450	37.7	3.6	992	773	508	185.1
8/180/60	8	180	14	60	30	300	45.2	4.4	1 189	927	609	222
8/180/150	8	180	14	150	30	480	45.2	4.4	1 189	927	609	222
8/200/85	8	200	14	85	30	370	50.3	4.8	1 323	1 031	678	247
8/200/150	8	200	14	150	30	500	50.3	4.8	1 323	1 031	678	247
8/250/100	8	250	14	100	30	450	62.8	6.2	1 652	1 287	846	308
8/250/150	8	250	14	150	30	550	62.8	6.2	1 652	1 287	846	308
8/300/85	8	300	14	85	30	470	75.4	7.4	1 983	1 546	1 016	370
8/400/85	8	400	14	85	30	570	100.5	10	2 640	2 060	1 354	493
12/100/200	12	100	18	200	35	500	37.7	1.1	992	773	508	185.1
12/150/200	12	150	18	200	35	500	56.6	1.7	1 486	1 158	761	277
12/200/200	12	200	18	200	35	600	75.4	2.2	1 983	1 546	1 016	370
12/250/200	12	250	18	200	35	650	94.2	2.8	2 480	1 931	1 269	463
12/300/200	12	300	18	200	35	700	113.1	3.4	2 970	2 320	1 523	555
12/300/250	12	300	18	250	35	800	113.1	3.4	2 970	2 320	1 523	555
14/200/250	14	200	22	250	40	700	88	1.8	2 310	1 804	1 185	432
14/600/350	14	600	22	350	40	1 300	264	5.2	6 940	5 410	3 560	1 296
18/500/400	18	500	28	400	50	1 300	283	2.7	7 440	5 800	3 810	1 390
18/600/250	18	600	28	250	50	1 100	339	3.4	8 920	6 950	4 570	1 664
18/600/350	18	600	28	350	50	1 300	339	3.4	8 920	6 950	4 570	1 664
18/600/400	18	600	28	400	50	1 400	339	3.4	8 920	6 950	4 570	1 664
18/800/250	18	800	28	250	50	1 300	452	4.6	11 890	9 270	6 090	2 220
18/800/350	18	800	28	350	50	1 500	452	4.6	11 890	9 270	6 090	2 220
25/300/400	25	300	38	400	70	1 100	236	1.0	6 210	4 840	3 180	1 159
25/400/400	25	400	38	400	70	1 200	314	1.3	8 260	6 440	4 230	1 542
25/600/500	25	600	38	500	70	1 600	471	2.0	12 390	9 660	6 340	2 310
25/800/500	25	800	38	500	70	1 800	628	2.6	16 520	12 870	8 460	3 080
30/2 000/650	30	2 000	45	650	100	3 300	1 885	3.4	49 600	38 600	25 400	9 260
40/2 000/500	40	2 000	60	500	100	3 000	2 510	2.8	66 000	51 500	33 800	12 320
40/2 000/650	40	2 000	60	650	100	3 000	2 510	2.8	66 000	51 500	33 800	12 320

注：d—发热部直径，mm；D—接线端直径，mm；l—发热部长度，mm；l_2—接线端长度，mm；l_3—喷铝部长度，mm；l_T—元件总长度，mm。

表 2-18　二硅化钼电热元件的规格及参数

元件冷端长度 L_2/mm	元件发热端长度 L_1/mm																	
	150	180	200	220	250	300	315	350	400	450	500	550	600	650	700	800	900	1 000
	元件的热电阻 R/Ω 和工作电压 U/V																	
140	0.045 6.5	0.049 7	0.054 7.7	0.060 8.4	0.066 9.4	0.070 10.0	0.082 11.5	0.094 13.2	0.102 14.4									
160	0.045 6.5	0.050 7.1	0.055 7.8	0.060 8.4	0.066 9.5	0.071 10.2	0.082 11.5	0.094 13.2	0.103 14.5									
180	0.046 6.6	0.050 7.1	0.055 7.8	0.061 8.5	0.068 9.6	0.073 10.4	0.083 11.7	0.095 13.4	0.104 14.6									
200	0.046 6.6	0.051 7.2	0.056 8.0	0.062 8.7	0.068 9.6	0.074 10.6	0.084 11.8	0.096 13.5	0.105 14.7	0.117 16.4	0.128 18.0							
230	0.047 6.8	0.052 7.4	0.056 8.0	0.062 8.7	0.069 9.8	0.075 10.6	0.085 12.0	0.097 13.6	0.106 14.8	0.118 16.4	0.129 18.1	0.142 19.9	0.147 20.8					
250	0.048 6.9	0.053 7.5	0.057 8.1	0.063 8.8	0.070 10.0	0.076 10.7	0.086 12.2	0.097 13.7	0.107 14.9	0.119 16.6	0.130 18.1	0.143 20.1	0.148 21.0	0.168 23.5	0.176 24.7			
280	0.049 7.0	0.054 7.6	0.058 8.2	0.064 8.9	0.071 10.2	0.077 10.7	0.087 12.4	0.098 13.8	0.108 15.1	0.120 16.8	0.131 18.2	0.144 20.4	0.149 21.1	0.169 23.6	0.178 24.9	0.202 28.2	0.226 31.6	0.253 35.4
300	0.050 7.1	0.054 7.7	0.059 8.4	0.065 9.1	0.072 10.3	0.078 10.8	0.088 12.5	0.099 13.9	0.108 15.3	0.121 16.9	0.131 18.3	0.145 20.5	0.150 21.3	0.171 24.0	0.179 25.0	0.203 28.4	0.227 31.8	0.254 35.4
315				0.066 9.3	0.073 10.4	0.079 10.9	0.089 12.6	0.100 14.0	0.109 15.4	0.123 17. 1	0.132 18.3	0.146 20.6	0.152 21.5	0.173 24.2	0.181 25.3	0.204 28.6	0.228 31.8	0.255 35.8
350					0.074 10.6	0.080 11.0	0.093 12.8	0.101 14.1	0.110 15.4	0.125 17.5	0.133 18.5	0.147 20.8	0.154 21.5	0.174 24.3	0.182 25.5	0.205 28.6	0.229 32.1	0.256 35.8
400							0.094 13.2	0.102 14.2	0.111 15.5	0.126 17.6	0.135 18.9	0.148 21.0	0.156 21.8	0.175 24.6	0.183 25.6	0.207 29.0	0.231 32.2	0.258 36.0
450							0.095 13.4	0.103 14.3	0.112 15.7	0.127 17.8	0.136 19.2	0.149 21.1	0.159 22.0	0.176 24.7	0.185 25.8	0.208 29.0	0.235 32.5	0.260 36.5
500								0.104 14.4	0.113 15.9	0.128 18.0	0.138 19.4	0.150 21.3	0.160 22.4	0.178 24.9	0.187 26.1	0.210 29.3	0.234 32.8	0.261 36.5
550											0.139 19.7	0.152 21.4	0.161 22.5	0.179 25.0	0.188 26.3	0.212 29.7	0.236 33.0	0.263 36.8
600												0.154 21.5	0.162 22.6	0.181 25.3	0.190 26.6	0.214 30.0	0.238 33.2	0.265 37.2
650												0.156 21.8	0.163 22.8	0.183 25.6	0.192 26.8	0.215 30.0	0.242 33.6	0.267 37.2
700													0.164 23.0	0.184 25.7	0.193 27.0	0.216 30.6	0.241 33.6	0.268 37.5
750													0.165 23.2	0.185 25.8	0.194 27.2	0.217 30.6	0.244 34.0	0.269 37.8
800													0.168 23.5	0.186 26.0	0.199 27.9	0.220 30.7	0.245 34.4	0.270 38.0

注：1. 表中数据按炉温为 1 500 ℃，电流为 136 A，元件单位表面功率为 15 W/cm^2 得出。

2. 表格中数据上排为热电阻，下排为工作电压。

表 2-19　单螺纹硅碳管尺寸规格、每支电阻值及允许负荷

规格 $D/d\times l/l_2$	各部尺寸/mm							1 400℃时电阻/Ω	下列炉温时每支元件的允许负荷/W（元件温度=1450℃）			
	直径		螺丝带长 l	接线端长度 l_2	喷铝长度 l_3	全长 l_T	发热部表面积 πdl/cm²		1 100℃（ω=26.3）	1 200℃（ω=20.5）	1 300℃（ω=13.47）	1 400℃（ω=4.91）
	外径 D	内径 d										
40/30×200/100	40	30	200	100	30	400	251	3～6	6 600	5 150	3 380	1 232
40/30×300/100	40	30	300	100	30	500	377	5～8	9 920	7 730	5 080	1 851
40/30×400/100	40	30	400	100	30	600	503	7～10	13 330	10 310	6 780	2 470
50/40×300/100	50	40	300	100	35	500	471	4～7	12 390	9 660	6 340	2 310
50/40×400/100	50	40	400	100	35	600	628	6～9	16 520	12 870	8 460	3 080
50/40×500/100	50	40	500	100	35	700	785	8～11	20 600	16 090	10 570	3 850
60/50×400/100	60	50	400	100	40	600	754	5～7	19 830	15 460	10 160	3 700
60/50×500/100	60	50	500	100	40	700	942	7～10	24 800	19 310	12 690	4 630
60/50×600/100	60	50	600	100	40	800	1131	9～12	29 700	23 200	15 230	5 550
70/60×500/100	70	60	500	100	45	700	1100	7～10	28 900	22 600	14 820	5 400
70/60×600/100	70	60	600	100	45	800	1 319	8～11	34 700	27 000	17 770	6 480
70/60×700/100	70	60	700	100	45	900	1 539	9～12	40 500	31 500	20 700	7 560
80/70×600/100	80	70	600	100	50	800	1 508	7～10	39 700	30 900	20 300	7 400
80/70×700/100	80	70	700	100	50	900	1 759	8～11	46 300	36 100	23 700	8 640
80/70×800/100	80	70	800	100	50	1000	2 010	9～12	52 900	41 200	27 100	9 870
90/80×600/100	90	80	600	100	55	800	1 696	7～10	44 600	34 800	22 800	8 330
90/80×700/100	90	80	700	100	55	900	1979	8～11	52 000	40 600	26 700	9 720
90/80×800/100	90	80	800	100	55	1000	2 260	9～12	59 400	46 300	30 400	11 100
100/90×600/100	100	90	600	100	60	800	1 885	7～10	49 600	38 600	25 400	9 260
100/90×700/100	100	90	700	100	60	900	2 200	8～11	57 900	45 100	29 600	10 800
100/90×800/100	100	90	800	100	60	1 000	2 510	9～12	66 000	51 500	33 800	12 320

规格 $d/l/l_1$	工作部分尺寸/mm		加粗部分尺寸/mm		1 400℃时电阻±10%/Ω	在不同炉温时每支硅碳棒的功率和电压、电流 $\left(\frac{P}{U/I}\right)$			
	直径	长度	直径	长度 l_1		1 100℃	1 200℃	1 300℃	1 400℃
6/60/75	6	60	12	75	2.2	$\frac{240}{23/10.5}$	$\frac{160}{19/8.5}$	$\frac{115}{16/7.2}$	$\frac{70}{12.5/5.6}$
8/200/85	8	200	14	85	5.0	$\frac{1\ 050}{71/14.8}$	$\frac{700}{58/12.1}$	$\frac{500}{49/10.2}$	$\frac{300}{38/7.9}$
12/200/200	12	200	18	200	2.2	$\frac{1\ 580}{59/26.8}$	$\frac{1\ 050}{48/21.8}$	$\frac{755}{41/18.5}$	$\frac{450}{31.5/14.3}$
14/400/350	14	400	22	350	3.5	$\frac{3\ 680}{113/32.5}$	$\frac{2\ 450}{93/26.4}$	$\frac{1\ 750}{78/22.5}$	$\frac{1\ 060}{61/17.4}$
18/250/250	18	250	28	250	1.3	$\frac{2\ 960}{62/47.8}$	$\frac{1\ 970}{51/38.8}$	$\frac{1\ 410}{43/32.8}$	$\frac{840}{33/25.5}$
18/500/250	18	500	28	250	2.7	$\frac{5\ 960}{127/47.0}$	$\frac{3\ 840}{102/37.6}$	$\frac{2\ 860}{88/32.6}$	$\frac{1\ 700}{68/25.1}$
18/800/250	18	800	28	250	4.6	$\frac{9\ 450}{209/45.4}$	$\frac{6\ 300}{170/37.0}$	$\frac{4\ 500}{144/31.3}$	$\frac{2\ 700}{111/24.3}$

注：1. d—硅碳管内径，mm；D—硅碳管外径，mm；l—螺丝带长度，mm；l_2—接线端长度，mm；l_3—喷铝部长度，mm；l_T—元件总长度，mm。

2. 因硅碳管内部散热条件比外部差得多，所以仅以其外表面作为发热部面积。

(3) 温度和表面负荷　碳化硅电热元件的表面负荷 ω 值(W/cm^2)可用下式计算：

$$\omega=C\left[\left(\frac{T_1}{1\ 000}\right)^4-\left(\frac{T_2}{1\ 000}\right)^4\right]\times 10^{12} \tag{2-5}$$

式中，T_1 为电热元件的绝对温度，K；T_2 为炉内绝对温度，K；C 为碳化硅的辐射系数，$5\times 10^{-8}\ W/(m^2\cdot K^4)$。

一般把所需炉温 t_2 加上温差 50～100 ℃作为元件温度 t_1，分别换算成各自的绝对温度后，代入式(2-5)，就可算出表面负荷的选用值。

(4) 计算

① 根据所需总功率 P 和元件表面负荷 ω，即可用下式算出碳化硅电热元件的发热部总面积

$$A=\frac{P}{\omega} \tag{2-6}$$

② 元件支数

$$Z=\frac{S}{\pi dl}(\text{棒})$$

或

$$Z=\frac{S}{\pi Dl}(\text{管})$$

在三相电器中，须把 Z 凑成 3 的倍数。

③ 支数确定以后，再用下式算出每支元件功率

$$P_1=\frac{P}{Z}$$

根据每支元件发热部表面积 πdl(棒)或 πDl(管)，求得各种规格的元件在不同炉温下每支元件的允许负荷。

④ 每支元件的表面负荷。不同温度下每支元件的允许负荷，其温度规定为 1 450 ℃。从表 2-20 或图 2-14 中查得炉温在 1 100 ℃，1 200 ℃，1 300 ℃和 1 400 ℃时的表面负荷分别为 26.3，20.5，13.47 和 4.91 W/cm^2，把它们分别乘以每支元件发热部分的表面积，即为每支元件在不同温度下允许的表面负荷。

碳化硅电热元件服役负荷能力见表 2-20。

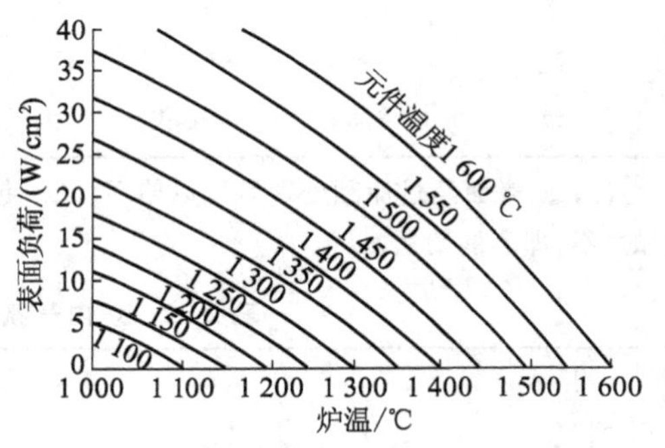

图 2-14　碳化硅电热元件表面负荷和炉内温度的关系

(5) 炉内气氛的影响　选择电热元件材料除了要考虑使用温度以外，还必须考虑炉内气氛对电热体寿命的影响，在适应的气氛中工作的电热体寿命可以大大延长，而在不适应的气氛中，电热体的寿命将会显著缩短，甚至完全不能使用。各种材料在不同气氛下对使用温度的影响见表 2-21 至表 2-23。

表 2-20　碳化硅电热元件在不同元件温度和炉温下的表面负荷　W/cm²

元件温度/℃	炉温/℃											
	1 000	1 050	1 100	1 150	1 200	1 250	1 300	1 350	1 400	1 450	1 500	1 550
1 100	4.63	2.45										
1 150	7.37	5.19	2.74									
1 200	10.41	8.23	5.78	3.04								
1 250	13.77	11.60	9.15	6.41	3.37							
1 300	17.47	15.29	12.84	10.1	1.06	3.70						
1 350	21.6	19.38	16.93	14.19	11.15	7.78	4.09					
1 400	26.0	23.9	21.4	18.67	15.63	12.26	8.57	4.48				
1 450	30.9	28.8	26.3	23.6	20.5	17.17	13.47	9.39	4.91			
1 500	36.2	34.1	31.7	28.9	25.9	22.5	18.82	14.73	10.26	5.35		
1 550	42.1	39.9	37.5	34.7	31.7	28.3	24.6	20.5	16.05	11.15	5.80	
1 600	48.4	46.2	48.8	41,0	38.0	34.6	30,9	26,8	22.4	17.46	12.11	6.32

表 2-21　炉内气氛对金属电热元件使用温度的影响　℃

电热体材质	空气	还原性气体、氢或分解氨	含15%氢的放热性气体	渗碳气体	含硫的氧化性和还原性气体	含铝锌的还原性气体	一氧化碳吸热性气体	真空
Cr20Ni80	<1 100	<1 120	<1 100	不①	不	不	<1 000	1 100
Cr15Ni60	<1 010	<1 010	<1 010	不	不	不	<930	
0Cr25Al5	<1 150	<1 150	不②	不①	氧化性气体可以	不	不	
钼	不③	<1 650	不	不	不	不	不	<1 650
铂	<1400	不	不	不	不	不	不	
钽	不	不	不	不	不	不	不	<2 480
钨	不	<2 480	不	不	不	不	不	<1 650

注：① 表面经过涂釉处理后可以使用。② 使用前需经氧化处理。③ 表面镀二硅化钼后可以使用，其余的“不”即不能使用。

表 2-22　炉内气氛对硅碳棒使用温度的影响

空气	H_2O	H_2	N_2	NH_3	放热性气体 CO 20% H_2 30% N_2 50%	S生成物	真空
1 450℃使用良好	不能用	<1 300 ℃	<1 300 ℃	<1 300 ℃	<1 350 ℃	<1 200 ℃	不能用

表 2-23　炉内气氛对二硅化钼元件使用温度的影响

炉内气氛	惰性气体 He, Ne, Ar	O_2	N_2	NO_2	CO	CO_2	H_2(露点 10℃)	H_2	SO_2
元件最高温度/℃	1 650	1 700	1 500	1 700	1 500	1 700	1 400	1 350	1 600

2.2.3　多孔玻璃态碳

多孔玻璃态碳电热元件是国际上最新出现的一种非金属电热元件，其结构如图 2-15 所示。

多孔玻璃态碳电热元件按不同的用途制成一定形状，并在两端镀上一层薄的金属覆盖层，再把导线用锡焊接在金属涂覆层上，两端用顶盖保护。

多孔玻璃态碳电热元件的主要特点如下：

① 坚固。多孔玻璃态碳电热元件的机械强度比其他一些非金属电热元件的强度大，能自己形成结构件，应用时不需添加耐热的绝缘骨架作支撑，能自承。

② 传热性好，传热面积大，因此，耗电少，热效率高。

③ 热惯性小。升温和冷却都非常迅速，便于温度精确控制。

④ 对电磁能有很高的吸附性。可利用太阳能、微波或任何发热体的辐射热，不通电就能发热。

图 2-16 是多孔玻璃态碳做成的薄板螺旋形电热元件应用在电吹风中的情况。

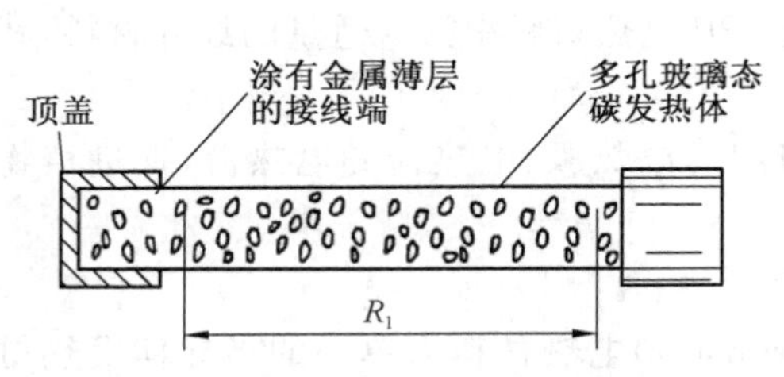

图 2-15　多孔玻璃态碳电热元件

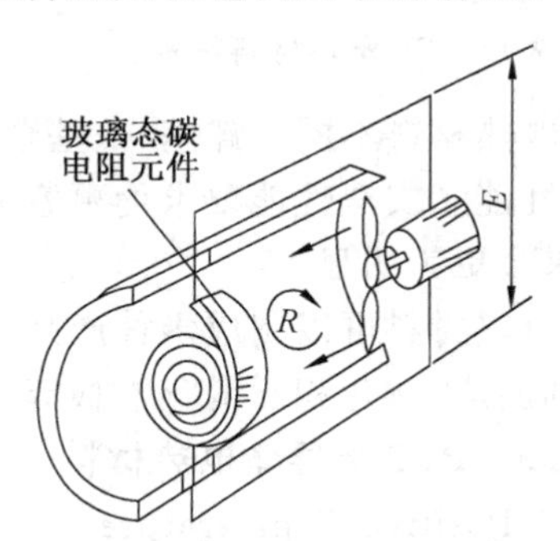

图 2-16　玻璃态碳电热元件在电吹风中的应用

2.2.4　PP 型电热材料

PP 型电热材料是由聚丙烯塑料和石墨按一定配比，经过研磨、热混、筛选和封装等生产工艺加工而成的。这种电热材料无须使用控温装置即可自动恒温，已被广泛应用于低温要求的场合。PP 电热材料的自动控温原理如图 2-17 所示。

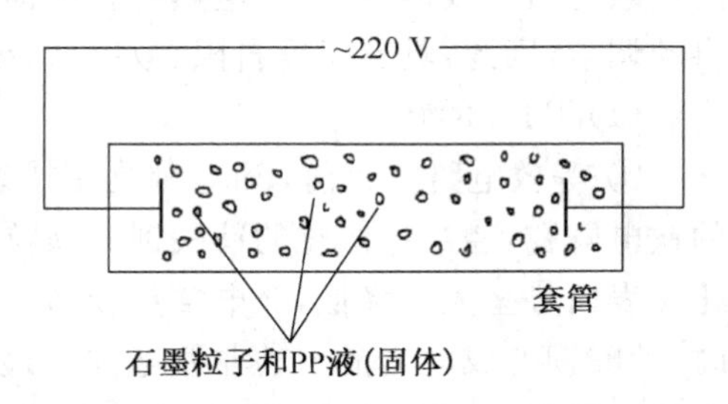

图 2-17　PP 电热材料的自动控温原理

当在 PP 套管两端施加 220 V 额定电压后，由于分布在 PP 中石墨粒的导电作用产生焦耳热，温度迅速升高；随着温度升高，管中 PP 颗粒开始膨胀，石墨颗粒间的距离加大，因此接触电阻增大，使通过的电流降低，从而抑制温度进一步上升，达到自动恒温的目的。

PP 塑料固有热特性如图 2-18 所示。这种电热材料的工作温度只有设置在热恢复温度范围内才有效和可靠，一旦温度超过软化点，PP 颗粒便会黏结成块，发生永久变形，轻则使工作温度降低，重则阻断电路。

为改变其工作温度，可调整材料中 PP 塑料和石墨的配比，PP 含量越高则工作温度越低，反之亦然。材料表面温度、工作电流与时间的关系曲线如图 2-19 所示。一般表面工作温度应控制在 100 ℃以下，以确保工作安全可靠。

如这种电热材料的外套为软管，在其受挤压、扭曲等外力作用时，发热功率会明显变化。工作温度上升主要是受外力作用导致内部结构的接触电阻降低所致，因此，在实际应用时，应特别注意材料的这一特性。

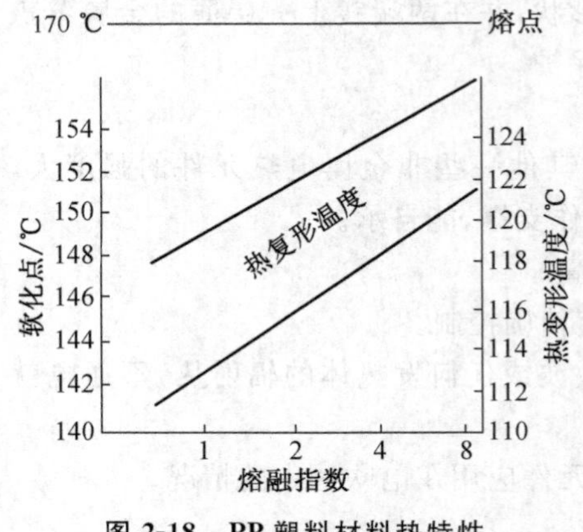

图 2-18　PP 塑料材料热特性

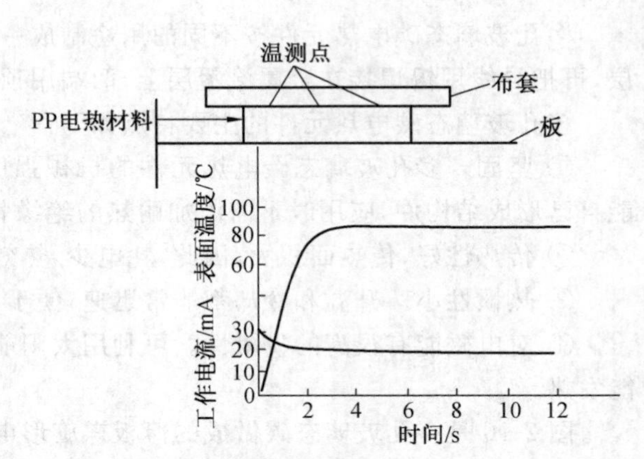

图 2-19　表面温度、工作电流与时间关系

PP 电热材料不同于镍基、铁基合金电热材料，其生产工艺特别简单，成本低廉，自动恒温，力学性能和安全性能要求均更容易达到。如在 PP 电热材料中掺入适量的红外材料，其节能效果会更为明显。

PP 电热材料可以制成多种产品，如取暖健身用的电热服、电热椅和电热褥，促进植物发芽用的温床，融化积雪的化雪板等。

2.2.5　PTC 半导体电热材料

PTC(Positive Temperature Coefficient Thermistor)电热材料为单一的半导体发热材料，属于钛酸钡($BaTiO_3$)系列的化合物，并掺杂微量的稀土元素，可以作为有正温度系数的热敏电阻。成形的 PTC 电热材料两面接通电源就可获得额定的发热温度，且其功率可自动调节，因此，具有温度自限、效率高、无明火、安全可靠等特点。

(1) PTC 的特性

① 等效电路。目前，PTC 都是用掺杂的多晶钛酸钡陶瓷制成的。钛酸钡陶瓷是著名的铁电陶瓷，经半导体化的钛酸钡晶钡粒是四方晶型的铁电体，当低于居里温度时，自发极化使表面势垒大大降低，介电常数较高，电子易于运动，使电阻率降低。温度高于居里温度时，钛酸钡变成立方晶型的非铁电体，自发极化消失，介电常数迅速降低，势垒高度陡增而阻碍电子运动，使电阻率陡增，此过程即为通常所说的 PTC 效应。

PTC 多晶结构示意图如图 2-20 所示。一个 PTC 可用图 2-21 所示的等效电路来表示，它由晶粒电阻 R_G、晶界电阻 R_B 及晶界电容 C_B 组成。

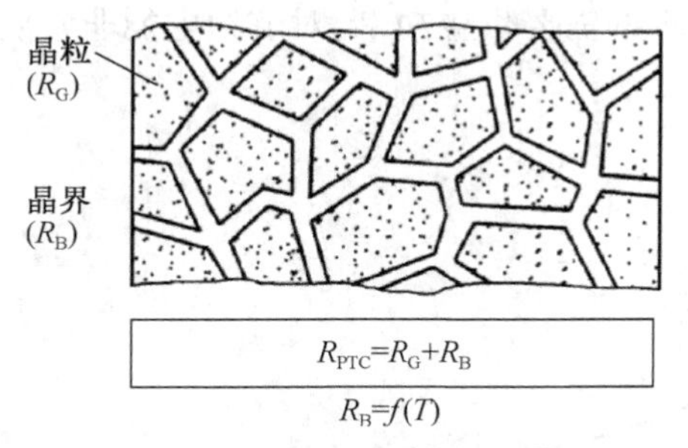

图 2-20　PTC 多晶结构示意图

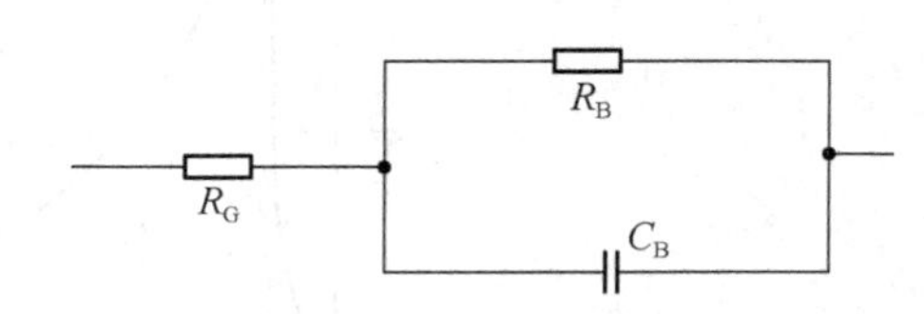

图 2-21　PTC 的等效电路

② 三个特性、三个效应和有关参数。电阻温度特性($R-T$ 特性)是 PTC 元件的最基本特性。它的电阻与温度关系曲线如图 2-22 所示,这一曲线是在直流低压下测得的。其自身发热应小到可以忽略。

从图 2-22 中可以看出,PTC 电热元件的电阻值开始时随着温度的升高而下降,呈现负温度系数 NTC 特性,这时的电阻为 $10\sim10^3$ Ω 左右,变化率并不大。但当达到某一温度范围时,即图中 T_s 附近,电阻会发生突变,电阻急剧上升,增加的倍数可达 $10^3\sim10^5$ 倍以上,具有很大的正温度系数 NTC 特性。T_s 称作开关温度,R_s 为 T_s 时的电阻。T_P 是电阻值急剧增加结束时的温度,此后阻值随温度而增加的趋向渐缓,达到最大值后,开始下降。R_P 是 T_P 时的电阻值,T_P 是使用温度的上限。PTC 电热元件允许施加的最大工作电压 U_{max} 应以 PTC 元件温升不超过 T_P 为准。在实际使用时,为保证 PTC 元件能长期可靠地工作,其工作温度应低于 T_P,其工作电压应远低于理论上允许的 U_{max}。

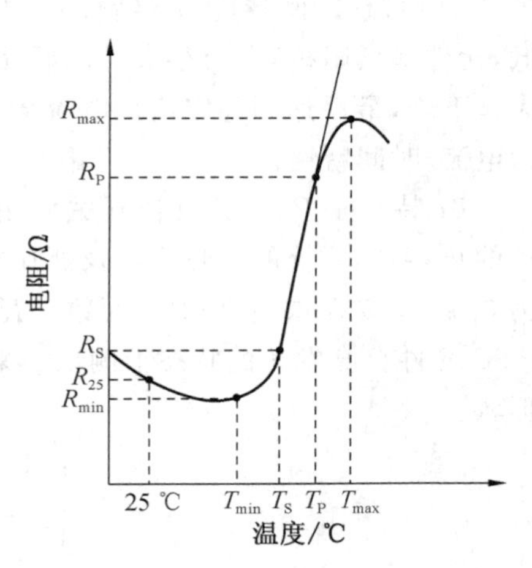

图 2-22　PTC 元件的电阻-温度(R-T)特性

为适应不同用途的电热产品对恒温范围要求的不同,可以通过在其基本组分中添加不同的杂质,用其他的镧族(La)元素来置换钛酸钡($BaTiO_3$)中的钡,把 PTC 电热元件的居里点移向高温侧或低温侧。例如,掺杂锡(Sn)、锶(Sr)、锆(Zr)可使居里点向低温侧移动,而添加铅(Pb)则可使居里点向高温侧移动。利用这种温度点可变性,可以将居里点控制在 100～350 ℃范围内。

③ 电流、电压特性($I-U$ 特性)。当 PTC 电热元件接通电源电压后,电流将随电压的增加而迅速增加。当达到居里点温度后,电流达到最大值,电热元件进入 PTC 区域。如果电压继续增加,电流反而减少,如图 2-23 所示,此时元件达到最高工作温度,PTC 电热元件所消耗的功率为

$$P=UI=D(T_1-T_2) \tag{2-7}$$

式中,T_1 为元件表面最高工作温度;T_2 为被加热介质温度;D 为放热系数。

从式(2-7)中可以看出,PTC 电热材料随外部环境条件变化能改变自身的发热功率;也就是说,当环境温度较低、吸热较多、材料散热好的情况下,其本身功率就大,反之则小。这

个特性对电热元件极为重要，它意味着可以按外界的需要供应功率，对节约电能非常明显。

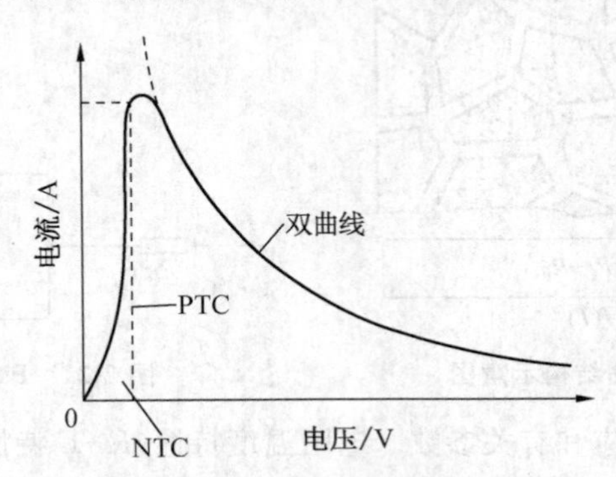

图 2-23　PTC 元件的电流-电压(I-U)特性

④ 电流-时间特性(I-t 特性)。如图 2-24 所示，PTC 电热元件在开始施加电压时，温度低，元件呈低阻抗，电流很大。以后元件本身发热进入 PTC 特性区域，阻抗急剧上升，电流大幅下降，最后达到稳定值。电流从开始到最后稳定所表现出来的电流与时间的关系，称为电流-时间特性。

I-t 特性是 PTC 元件作开关使用时的重要特性。电流变化过程的长短，是由 PTC 元件的热容量、系统的散热系数及所施加的电压大小决定的。一般 t_m 为数秒至十数秒；I_{max} 为 0.1～1.5 A 或更高；P_{max} 为数十瓦至数百瓦。这里需要指出，电流-时间特性曲线是在 PTC 元件自身发热的状态下测试出来的。所有对发热有影响的因素都会改变特性曲线的形状。

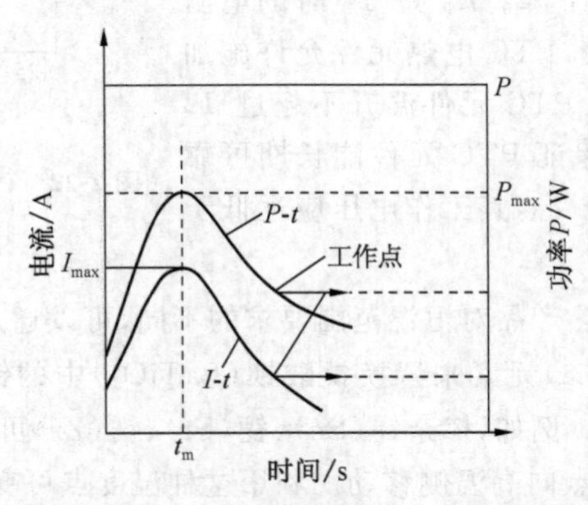

图 2-24　PTC 元件的电流-时间(I-t)特性

⑤ 电容效应。以 PTC 的等效电路来说，C_B 对 PTC 特性的影响称为电容效应。由于 C_B 的旁路作用，在交流电压下工作的 PTC 特性比直流差，并在工作频率达 1 kHz 时，PTC 特性明显恶化。PTC 最适宜在直流或 50 Hz 工频下使用。如要在几千赫兹下使用，设计时必须考虑 C_B 的影响。频率超过 100 kHz，几乎失去 PTC 特性变成普通电阻。

⑥ 电压效应。PTC 特性随电压(电场强度)的变化称为电压效应，如图 2-22，示出了在直流低电压下的 R-T 特性。随着电场强度的加大，正特性段的斜率明显变小，最大电阻值显著减小，这是外加电场影响晶粒表面势垒高度引起的。在强电场下，PTC 的 R-T 特性较难测量。为了克服瓷片自身发热，测试时要用脉冲电压，但由于 C_B 的影响，特性的高温段

(高阻段)难以测准。一般家用电器中,PTC 是在 220 V 下工作的,因此,如何评价 PTC 的电压效应是实际使用中的一个重要问题。本书介绍一种方法供参考:先测 R-T 特性,求得 $\psi=R_{max}/R_{min}$,再测 U-I 特性,求得 $\psi_E=U_b/U_s$,两者之比 $\eta=\psi_E/\psi$ 可用来评价电压效应的大小,η 越小,电压效应越大。电压效应是 PTC 在市电电压使用的一大障碍,必须尽量减小。

在 PTC 范围内,$R_B \gg R_G$,电压大部分降在晶界,欲减小电压效应,必须细化晶粒以增加晶界数。作为使用者,在设计产品时应尽可能使电压沿加压方向均匀分布,以免局部电场强度过高。此外,瓷片厚度要适当。

在 50 Hz 交流电源中使用时,要考虑电压峰值的影响。同一 PTC 瓷片,在直流下使用耐压要高出 30% 左右。由图 2-25 可知,两者的 U-I 特性不同,直流电压下热失控电压较高。

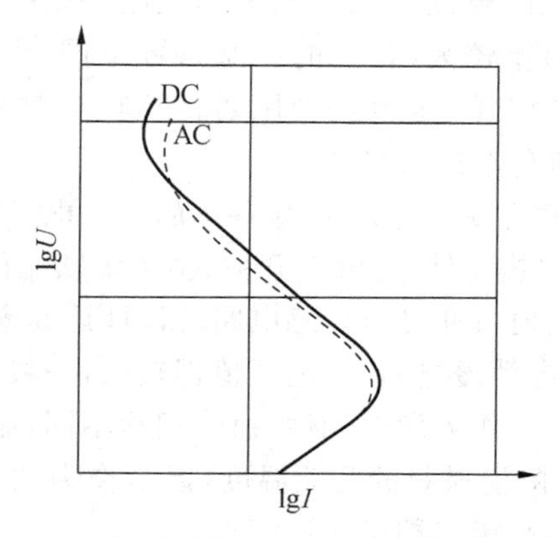

图 2-25　交、直流电压下 PTC 元件的 U-I 特性

⑦ 压缩效应。PTC 在电流流过时自身会发热。由于瓷片的导热性较差,中间部分的温度较高。根据 R-T 特性,中间部分的电阻值比外围部分大得多,因此沿电流方向的电阻值分布不均匀,电阻大的地方电压降也大,因此,加剧了温度分布的不均匀性,电压降进一步被压缩在中间狭小部分。这一过程将延续到高温梯度下建立热平衡为止。压缩效应如图 2-26 所示,图中展示了它们在瓷片厚度方向分布的情况。通常把这一现象称为压缩效应。

压缩效应电压分布不均匀,大部分电压降在一薄层上,加上电压效应的影响,PTC 易于产生局部过热而被击穿烧毁。

压缩效应极易产生,只要瓷片沿电流方向的温度不相同,就会产生压缩效应。瓷片太厚、晶粒不均匀、气孔分布不均匀等都是导致产生压缩效应的因素。设计产品时,应避免由于热传导不均匀而加剧压缩效应。压缩效应给 PTC 在强电场下使用带来困难,而增加瓷片厚度并不能按相应比例提高 PTC 的耐压。

⑧ 线胀系数。PTC 半导体陶瓷在居里点发生晶相转变,许多特性在此刻发生突变,线胀系数在居里点附近也发生急剧变化,如图 2-27 所示。

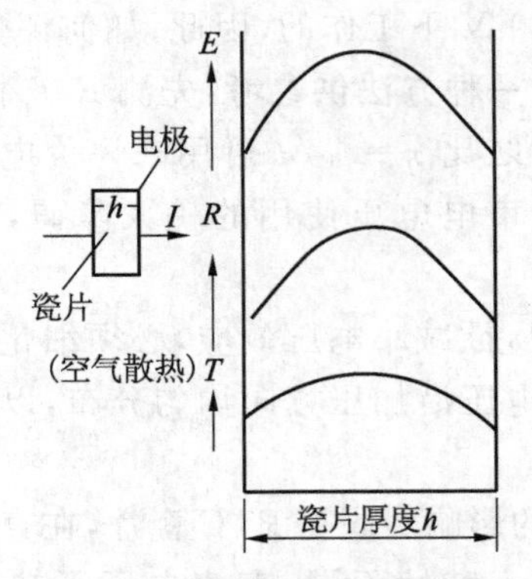

图 2-26 **PTC 元件的压缩效应**

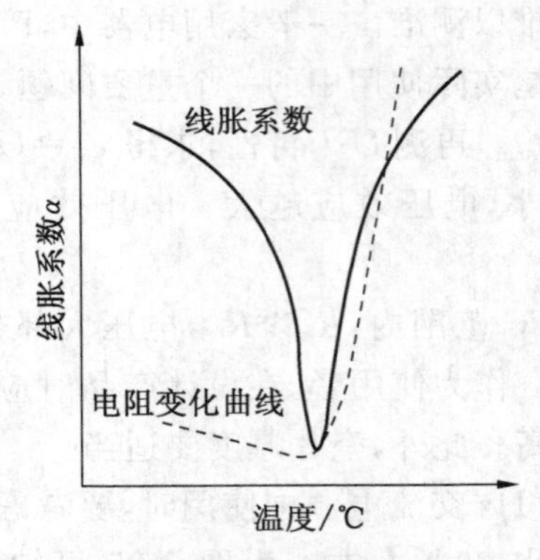

图 2-27 **PTC 元件的线胀系数**

在通电瞬间,PTC 冷态电阻较低,起始电流很大,温升很快。由于 PTC 陶瓷导热不好,加之内部不均匀,瓷片内部温差较大,各处的线胀系数不同,瓷片容易开裂。有时裂缝很小,肉眼看不见,但会大大缩短 PTC 瓷片的使用期。PTC 与散热板组装时要注意两者的线胀系数不要相差太大,尽量避免单向散热。

⑨ 常温电阻 R_{25}。常温电阻 R_{25} 是 PTC 最基本的一个电参数,应根据用途确定它的数值。PTC 有三种基本用途:加热元件、无触点开关、温度敏感元件。作为温度敏感元件,R_{25} 是传感电路中的基准阻值,其值可通过对传感电路的设计计算来确定。作为无触点开关元件,如冰箱压缩机启动器、彩电消磁电阻等,电阻值都较低,一般从十几欧到几十欧,因机型而异,以便获得大的起始电流。作为发热元件,由于用途不同,需具体设计。

PTC 的发热温度取决于陶瓷材料的开关温度,但是作为加热器的工作温度,则取决于电功率与热功率的最终平衡,平衡点即工作温度点。

一般在满足发热要求的前提下,R_{25} 可选得大一些,因为 R_{25} 太小,浪涌电流大,PTC 温升过快,瓷片容易开裂。另外,在散热条件恶化时,R_{25} 小的 PTC 较易发生击穿,从图 2-27 可以看出,由 R_{25} 的变化引起的 PTC 发热温度的变化值可用下式近似计算:

$$\Delta T \approx \Delta R_{25}/R_{25}(1/\alpha)$$

式中,ΔT 为 PTC 发热温度的变化值;$\Delta R_{25}/R_{25}$ 是常温电阻的相对变化值;α 是 PTC 的温度系数。

⑩ 散热条件。从图 2-28 中可以看出不同散热条件下的热功率曲线。散热系数 C 减小,曲线下移,平衡点温度提高。PTC 加热器的工作温度并不等于 PTC 瓷片的开关温度,它与加热器的散热条件有关。

C 不能过小,不要使瓷片在额定电压下的发热温度达到 T_P 值,否则在不利条件下,瓷片易发生热失控击穿。所谓不利条件是指:第一,电源电压升高;第二,环境温度升高;第三,长时间使用后瓷片老化,热失控电压降低;第四,瓷片的 R_{25} 处于下限值。

一般情况下,C 可适当大些。如果对加热器的自控温性能要求较高(如恒温槽),则 C 应小些,使 PTC 的工作温度比 T_S 高 20 ℃左右,因此时 α 较大。某些用途如彩电消磁电阻、压缩机启动器、限流元件等,对 C 的选择主要不是考虑对温度的影响,而是对其工作特性的影响。

⑪ 环境温度。图 2-29 示出了不同环境温度下的热功率曲线。由图可知,环境温度越高,工作温度就越高。当环境温度超过 PTC 的 T_{max} 时,PTC 便会失去其特性,瓷片很快被

击穿。测试不同环境温度下的 U-I 曲线可知，环境温度升高，PTC 瓷片的热失控电压降低。由多片 PTC 瓷片密集组成的加热器，各瓷片互相加热，每片周围形成局部高温环境，易于发生热击穿。

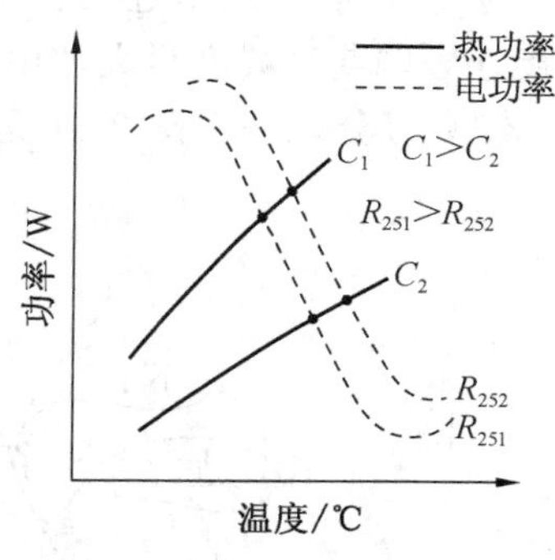

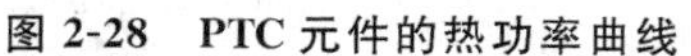
图 2-28　PTC 元件的热功率曲线

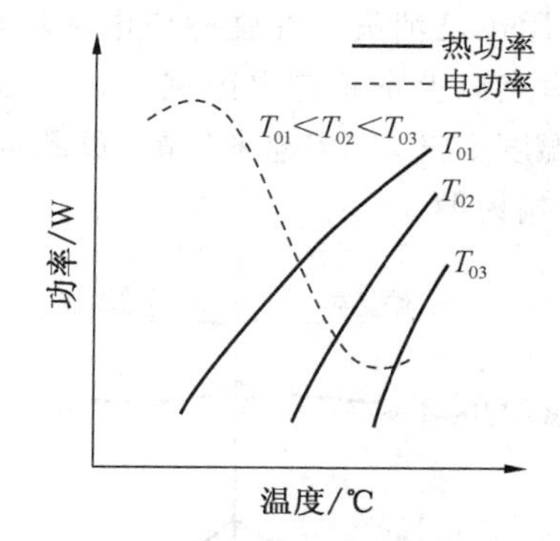

图 2-29　不同环境温度下的热功率曲线

瓷片的耐压设计应留有较大余量，片间距离不要过小，各片的 T_s 不要相差太大。

⑫ 瓷片尺寸。PTC 陶瓷的电阻率确定后，可通过改变瓷片的尺寸来满足对 R_{25} 的要求，但调节范围不大。瓷片的厚度必须符合耐压要求。需指出，瓷片总耐压不等于瓷片厚度与每单位厚度耐压之积。PTC 的热失控电压 V_b 与厚度 h 有如下关系：

$$V_b \propto h^{0.81}$$

在 220 V 下使用时 PTC 的厚度不要小于 3 mm，在直流低压下使用时厚度在 1 mm 左右便足够了。

瓷片的体积越大，热容量越大。在某些利用 I-T 特性的器件中，其体积应根据开关时的恢复时间来确定。

PTC 作敏感元件时，体积应尽可能小，以提高响应速度。

PTC 的面积不易过大，其主平面形状最好是圆形，应尽可能避免采用长方形。

(2) 只能在净空气环境下服役　空气中的尘埃有时含有导电粒子，应尽可能避免尘埃落在 PTC 上面，尤其在含电粒子多的地方更要注意防尘，否则会引起电击穿。还需指出，PTC 不要在真空或还原气氛中工作，以免逐渐失去特性。

(3) PTC 热-电特性的机理　PTC 电热元件在 T_0 居里点温度以下范围与一般热敏电阻有相似的性能，即电阻值随温度的上升而减小。一般情况下的热敏电阻，移动电荷的数量在高温下会增多，在低温下多处于“冬眠状态”，所以，温度越高越有活力，移动电荷越多，即电阻减小。

PTC 电热元件的特性是在居里点附近显示出来的。这种特性最初推测是与强感应电体移相有关，后来在试验中由于微量杂质混入转移了居里点，阻抗显示异常，温度也开始了相应的转移。从这些现象来看，可以认为 PTC 特性从根本上来说是由粒场产生的，是由于强感应电转化到常感应电的移相而出现的。强感应电的特殊表现是存在自发极化。极化是根据电场颠倒，极化和电场之间有滞后现象，以及在一般情况下感应电功率高等。这些特殊性达到居里点时消失，感应电功率按照居里-韦斯定律逐渐消失。对于阻抗异常，按粒场说法是在结晶粒场上有一座妨碍电子移动的电位“山”(壁垒)，电子要越过这座电位“山”，从一个结晶场进入另一个结晶场，这里使用了一种形象的解释说法，即在强感应电区域内这座电位“山”还不算太高，电子可以很容易越过，可是当到达居里点时电位“山”就立即增高，想要越过则非常困难。这种解释就是阻力骤增说，如图 2-30 所示。至于所说达到居里点时“山”就增高，是以居里点作为分界线，到达后感应电功率急骤减少的缘故，同时自发极化作用也已消失。在强感应电区域电位“山”低，不难越过；在居里点附近“山”急骤增高；在居里点以上常感应电区域“山”相当高，越过困难。接近居里点时坡度很大，“山”道陡峭，随着温度上升，“山”越来越高，负载电荷越过高“山”的仅有万分之一。图 2-31 是 PTC 特性的比喻说明。

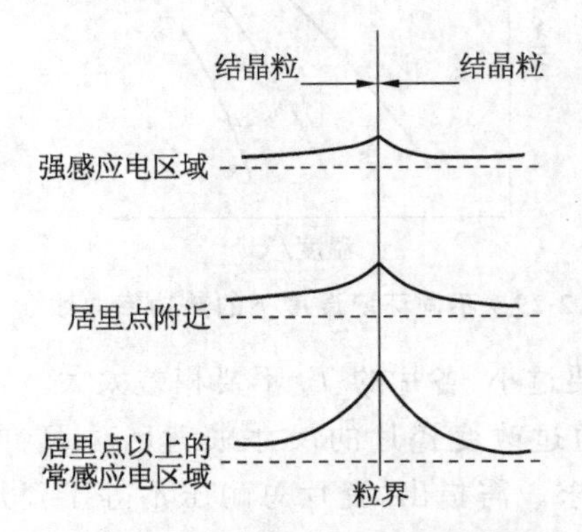

图 2-30　PTC 特性(阻抗异常现象的说明)

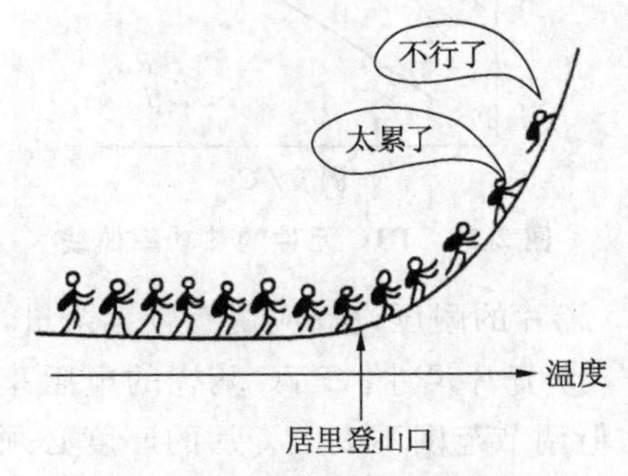

图 2-31　PTC 特性的比喻说明

(4) PTC 电热元件的结构形式

① 圆盘式 PTC 电热元件。圆盘式 PTC 电热元件外表呈圆盘形，通过元件表面发热，以传导的方式将物体加热。最初这种元件只适用于小型、小功率电热器具，后来研制出带有散热片的大发热量元件。目前，圆盘式 PTC 电热元件常用的有三种形式：一种是元件的两个表面均装有电极，用引线连接，并用树脂膜压出支撑；另一种是元件的两个表面均装有氧化铝陶瓷片，周围用硅橡胶绝缘，并装有引线端子；还有一种是两面装有梳形电极，元件厚度较薄。

圆盘式 PTC 电热元件是最早的一种形式，适用于暖足器、保温锅、驱蚊器等产品。

② 蜂窝式 PTC 电热元件。蜂窝式 PTC 电热元件是空气传热的、发热量较大的发热体。发热元件有圆形和方形两种。一般圆形的直径为 30～60 mm，厚度为 3.5～10 mm，其结构相当于圆盘式电热元件上开有大量的六角形或其他形状的通孔，通孔密度为 40～80 孔/cm^2，格子壁厚为 0.2～0.3 mm。元件的边缘装有一个或几个铝喷镀电极。加热工作时，采用强制通风方式进行热交换，热输出量可通过控制通风量来调节。实际使用中常把 2～5 个电热元件组装成一个部件，这样发热功率可达 300～1 200 W。蜂窝式 PTC 电热元件适用于风量大、体积小的大容量空气加热装置，如电暖风器、被褥干燥机、电热梳、烘发机等。

③ 口琴式 PTC 电热元件。口琴式 PTC 电热元件也是一种空气加热装置用的发热元件，种类、形状和尺寸很多。基本结构是将 20～40 个薄长形发热元件按口琴状并排组装，由金属电极板固定和电气连接，组装成一个口琴形发热器。其特点是调节发热量不需改变外形尺寸，仅改变组装元件的片数就可获得不同的发热量。空气通过薄片元件的间隙时，与元件进行热交换，可获得较大的热量。

这种电热元件具有压力损耗小、耐电压及安装调节简便等优点，应用极为广泛，如用在四季型空调暖房机、干燥机、除湿器等产品中。

④ 带式 PTC 电热元件。带式 PTC 电热元件结构如图 2-32 所示。在带形中心平行安置着两条母线(电极)，两母线周围是 PTC 材料制成的芯料。芯料外敷一层聚氨基甲酸酯和一层聚烯烃网作为电绝缘体，具有很好的热辐射性能。最外面为增大强度包覆有金属铠装材料，如钢丝网、铜或不锈钢等。

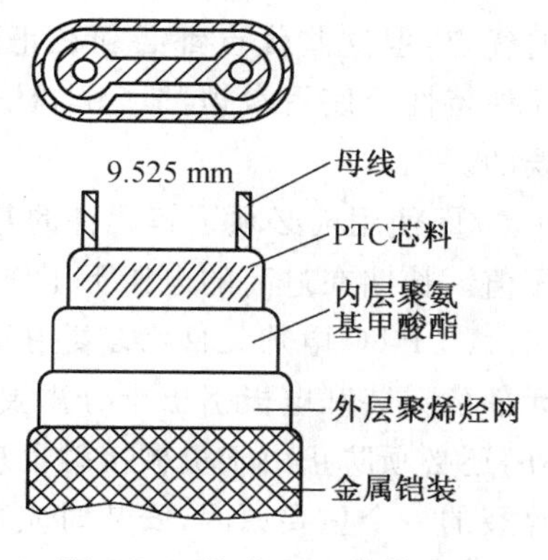

图 2-32　带式 PTC 电热元件

这类元件里的 PTC 材料及外层的聚合物可一起拉延。也可用这种材料制成片状元件。

PTC 电热元件除上述几种外，还有箔式、圆索式等。

(5) PTC 电热元件的主要优点　PTC 电热元件之所以能作为一种新型电热元件得到迅速发展和广泛的应用，主要是它有如下独特的优点。

① PTC 元件是一种两端式的固体元件，利用陶瓷技术可制成不同形状、结构及各种外形尺寸，并可根据不同需要确定使用的元件数量，在工作系统的有限空间内，进行合理排布，这就很容易克服组装及绝缘方面的技术困难。

② 定温发热。整个工作系统(包括发热元件、散热机构、工作电压及环境温度)确定后，工作温度接近恒定。

③ 限温发热。整个工作系统确定后，系统的最高发热温度将是限定的，因而具有一定的安全性。图 2-33 为某种 PTC 电热元件与电热丝在热风机中的工作状态对比。

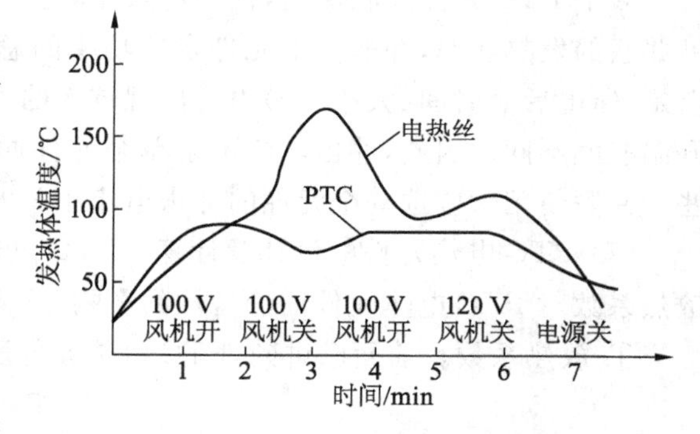

图 2-33　PTC 电热元件与电热丝在热风机中的工作状态对比

PTC 加热器的 $P_{有风}/P_{无风}$ 比值大(非强化传热结构的比值一般在 10 左右，强化传热结构的比值约为 4)。无风时，功率、发热体温度下降。在异常状态下，使用 PTC 电热元件更为安全。

④ 能自动进行温度补偿。当各种外界因素导致系统温度大幅度波动时，PTC 加热器依赖材料本身的物性变化，能迅速调整发热功率，自动进行温度正、负补偿，维持恒温工作。

⑤ 能适应较宽的电压波动。如使用 220V 电压，当电压波动±20%时，仍能保持恒温。

⑥ 安全性好。目前各种 PTC 元件最高表面温度均低于 400℃，发热时无明火，不易引起燃烧。

⑦ 不氧化，使用寿命长。

PTC 元件由于具备上述诸多优点，因此得到广泛应用。它特别适用于温度低、功率小的场合。通过选用不同的 PTC 材料和元件，设计不同的热系统，工作温度可从数十摄氏度到 300℃以上，功率可从数瓦到数千瓦不等。目前 PTC 元件已广泛应用于家用电器及一些工业发热设备中，作为发热体、恒温器或开关元件。

(6) PTC 电热元件在电热设备中使用的注意事项　PTC 电热元件虽然具有很多独特

的优点，但这些优点都必须在正确的使用条件下才能充分发挥。有些使用者缺乏对PTC元件特性及使用常识的了解，认为随便夹装和电连接都能获得满意的效果，这显然是错误的。

① 使用前必须了解元件的基本特性，尤其是耐压强度、最大承受电压，以确定工作电压值。长期在过高的电压下工作，会导致电击穿或热击穿，或加速元件材料性能老化。

② PTC电热元件大多数在强电场下工作，元件表面温度多在250～350℃之间，因此，元件的夹装和电极引出十分重要。除防止电接触不良、短路或电场分布不均、避免电击穿外，还必须防止由于机械接触不良而引起的局部过热而击穿。夹装状态不良是导致陶瓷片碎裂的一个重要原因，安装时应特别注意。

③ 在多数应用中，采取多个PTC元件连接或与其他元件混合连接。由于这种元件属于非精加工类产品，不同批量甚至同一批量的产品，各种特性也难以一致，多个PTC元件串联使用时，元件的温升速度不同，电压降分布迅速变化，并产生恶性循环，压降越大，温升越高的元件越有可能发生击穿。击穿现象会连锁发生，这一点必须予以充分注意。

单个PTC元件与其他元件串联，电压降分布变化与多个PTC元件串联使用时相同，因此，串联使用时，必须十分慎重。除非对元件经过严格挑选，否则希望通过串联获得更高容许电压或更大耗散功率是难以实现的。

多个PTC元件并联使用，在一定限度内能够增大系统的功率。但系统确定后，多个元件并联的发热功率，并非单个元件发热功率的总和，而是比其小得多。多个元件并联的缺点是，通电后短时间(大约5 s)内将出现较大的冲击电流。不过由于元件的离散性，各自的升温速度不同。因此，冲击电流不是单个元件冲击电流的叠加，而是一般要比叠加之和小些。并联使用时应选单个元件的冲击电流小些的。

(7) PTC电热元件的设计及计算　PTC电热元件的设计及计算主要在于掌握构造和散热系数对PTC电热元件的静特性的影响，从而掌握它的工作温度和电阻效应。

① 放热系数。前面已讲到，PTC电热元件所放出的热能P(W)由下式计算

$$P=D(T_1-T_2) \tag{2-8}$$

式中，D为放热系数，W/℃。但放热系数D将受到元件表面环境空气流动速度即风速的影响。此时，D按下式计算

$$D=D_0(1+hv^{1/2}) \tag{2-9}$$

式中，v为风速，m/s；D_0为风速为零时的放热系数，它与元件的有效表面积有很大关系。有效表面积与D_0的关系如图2-34所示。h为决定于PTC电热元件形状的常数，对于蜂窝式及口琴式电热元件，当$v=0$时，不会引起元件内部对流现象，因此，其有效表面积不包括元件内表面。

如果T_1-T_2为一定值，式(2-8)可改写为

$$P=P_0(1+hv^{1/2})$$

式中，P_0为$v=0$时的值。

图2-34和图2-35显示了带散热片的圆盘式元件及蜂窝式元件的风量或风速与发热功率的关系。这类具有通风装置的PTC元件的有效表面积大于蜂窝式等其他元件在无风时的有效散热面积，因此，前者的放热系数大。

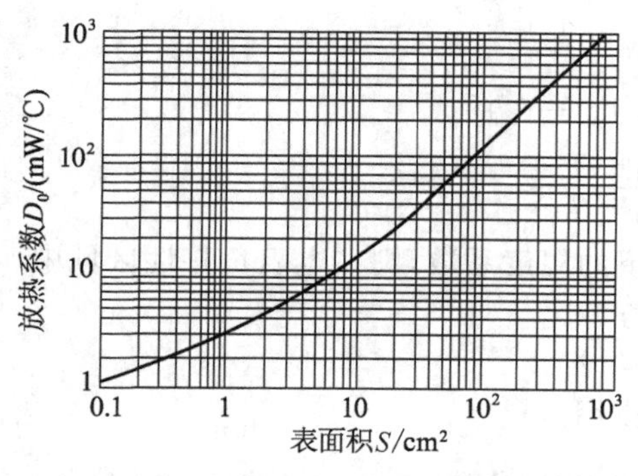

图 2-34　有效表面积与放热系数的关系

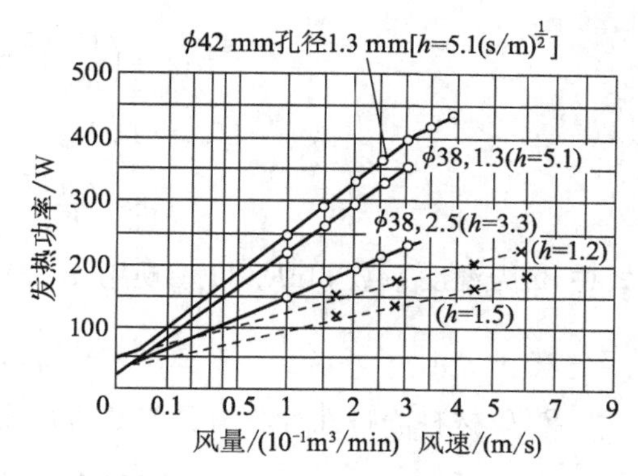

图 2-35　各种形状 PTC 元件的风量、风速与发热功率的关系

由于 PTC 的热传导性能并不很理想，因此，通过吹风或用散热片强制放热时，造成 PTC 内部较强的温度梯度，这将大大改善它的热能输出功率，这从式(2-9)中也能看出。但是，送风机的输入功率与风速的 3 次方成比例，所以，从经济指标和噪声方面考虑都要求适当地控制风速的大小。

② 线胀系数。在 PTC 电热元件的结构设计中必须考虑 PTC 元件的线胀系数。特别是当在 PTC 元件上安装发热板时，如果 PTC 元件与发热板的线胀系数相差很大，就会引起 PTC 元件内部热应力而造成断裂。图 2-36 表示 PTC 元件的线胀系数与温度的关系。从图中可以看出，它的线胀系数在 T_0 附近急剧变化，设计时，一般单块 PTC 元件不要设计成大面积，而是采用多块小面积元件的组合。

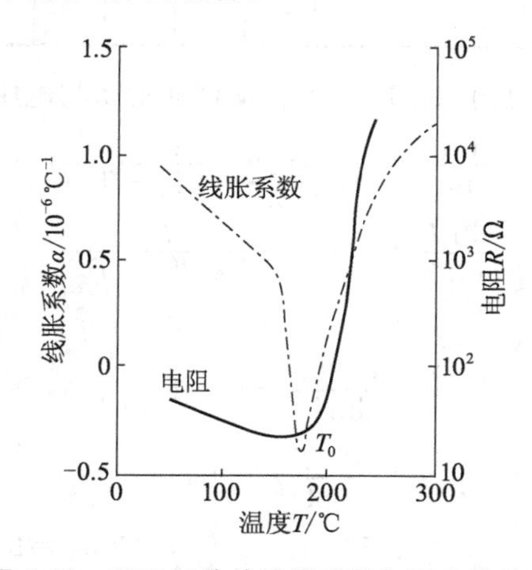

图 2-36　PTC 元件的线胀系数与温度的关系

③ 静特性计算(电流-电压特性计算)。当 PTC 电热元件通电加热时，会出现电流极大值、电阻负特性及随之而来的复杂现象。如当 $D=1$ W/℃时，在具有基准特性的 PTC 元件上施加外压，使它自身发热。此时理论计算所得的电流-电压关系如图示 2-37 所示。

实际上，由于存在电阻非线性效应，在高电压区的电流-电压特性发生收缩，最大电流值 I_m 及与此对应的功率 P_m、电压 U_m、静特性斜角 ε 可按下式计算。

$$P_m=D(T_m-T_2)\approx D(T_c-T_2)$$

$$I_{\mathrm{m}}=\left(\frac{P_{\mathrm{m}}}{R_{\mathrm{m}}}\right)^{\frac{1}{2}}\propto\left[\frac{D}{R_{20}}(T_{\mathrm{m}}-T_{2}\right]^{1/2}$$

$$U_{\mathrm{m}}=(P_{\mathrm{m}}R_{\mathrm{m}})^{1/2}\propto[DR_{20}(T_{\mathrm{m}}-T_{2})]^{1/2}$$

$$\varepsilon\approx\frac{\mathrm{d}\ln U}{\mathrm{d}\ln I}=\frac{1+a(T_{1}-T_{2})}{1-a(T_{1}-T_{2})}$$

式中，a 为温度系数 $\mathrm{d}\ln R/\mathrm{d}T$。现用 a_{M} 表示 T_{c} 以下的温度系数，则在电阻负特性区域中

$$\varepsilon\approx\frac{1+a_{\mathrm{M}}(T_{\mathrm{c}}-T_{2})}{1-a_{\mathrm{M}}(T_{\mathrm{c}}-T_{2})}$$

PTC 材料静特性计算有关参数可从表 2-24 中查用。

表 2-24　PTC 材料静特性计算有关参数

($R_{20}=36.5\ \Omega$，$T_{\mathrm{c}}=175\ ℃$，$D=1\ \mathrm{W/℃}$)

T_2/℃	T_1，R	功率 P/W															
		5	10	20	50	100	120	130	140	150	160	170	180	190	200	210	220
−10	T_1/℃	−5	0	10	40	90	110	120	130	140	150	160	170	180	190	200	210
	R/Ω	46	43	39	30.2	21	18.9	18	17	16.7	16.4	17.2	21	39	200	1250	5200
20	T_1/℃	25	30	40	70	120	140	150	160	170	180	190	200	210			
	R/Ω	34.5	33	30.2	24	18	16.7	16.7	17.2	21	39	200	1250	5200			
50	T_1/℃	55	60	70	100	150	170	180	190	200	210						
	R/Ω	27	26	24	19.8	16.7	21	39	200	1250	5200						
8	T_1/℃	85	90	100	130	180	200	210									
	R/Ω	21.5	21	19.8	17	39	1250	5200									

当 $a_{\mathrm{M}}>20\%$时，ε 的值接近于 1。PTC 元件的消耗功率与电压及电流的关系式如下：

$$\frac{\mathrm{d}\ln P}{\mathrm{d}\ln I}=\varepsilon+1=\frac{2}{1-a(T_{1}-T_{2})}\tag{2-10}$$

$$\frac{\mathrm{d}\ln P}{\mathrm{d}\ln I}=\frac{\varepsilon+1}{\varepsilon}=\frac{2}{1+a(T_{1}-T_{2})}$$

当 $\varepsilon=-1.1$ 时

$$\frac{\mathrm{d}\ln P}{\mathrm{d}\ln I}=-0.01$$

$$\frac{\mathrm{d}\ln P}{\mathrm{d}\ln U}=0.09$$

$$T_{2}=20℃,T_{\mathrm{c}}=175℃,a=0.9\%/℃,a_{\mathrm{M}}=20\%/℃$$

④ PTC 电热元件的工作温度。由于 PTC 电热元件在 T_{c} 点以上工作时电阻剧增，因此，当它在负阻特性区工作时，其工作温度保持在稍高于 T_{c} 的恒定温度上，而且几乎不受外加电压 U、常温电阻 R_{20}、放热系数 D 及环境温度 T_2 的影响。

现以图 2-37 中 $R_{20}=36.5\ \Omega$，$D=1\mathrm{W/℃}$的情况为例，进一步说明它们的特性。

当 U 值为 100 V，140 V 时，其相应的电阻为 62 Ω，116 Ω，而消耗功率 P 分别等于 165 W，168 W。

根据电阻值，由图确定对应的 PTC 工作温度为 185 ℃，188 ℃。

当 $D=1\ \mathrm{W/℃}$，$T_2=20\ ℃$时，计算出 T_1，可得同样的工作温度。

当 U 增加 40%时，P 仅增加 2%，T_1 增加 3℃。另外，从式(2-10)还可以导出下列关系式

$$\frac{\mathrm{d}T}{\mathrm{dln}U}=\frac{\mathrm{dln}P}{\mathrm{dln}U}\times\frac{d\left(\frac{P}{D}+T_2\right)}{\mathrm{dln}P}=\frac{2}{1+a(T_1-T_2)}\times\frac{P}{D}=\frac{2(T_1-T_2)}{1+a(T_1-T_2)} \tag{2-11}$$

图 2-37 表示以 a 为参数的式(2-11)的关系曲线。

从图 2-38 的虚线中可知，在电阻负特性区域中，确定的 U 值所对应的 R 及 P 值几乎不变化。例如，$U=100$ V，R_{20} 从 12.2 Ω 改变到36.5 Ω时，R 值则从 57 Ω 改变到 62 Ω。相应地，T_1 值改变也很小，从 183 ℃改变到 187 ℃。

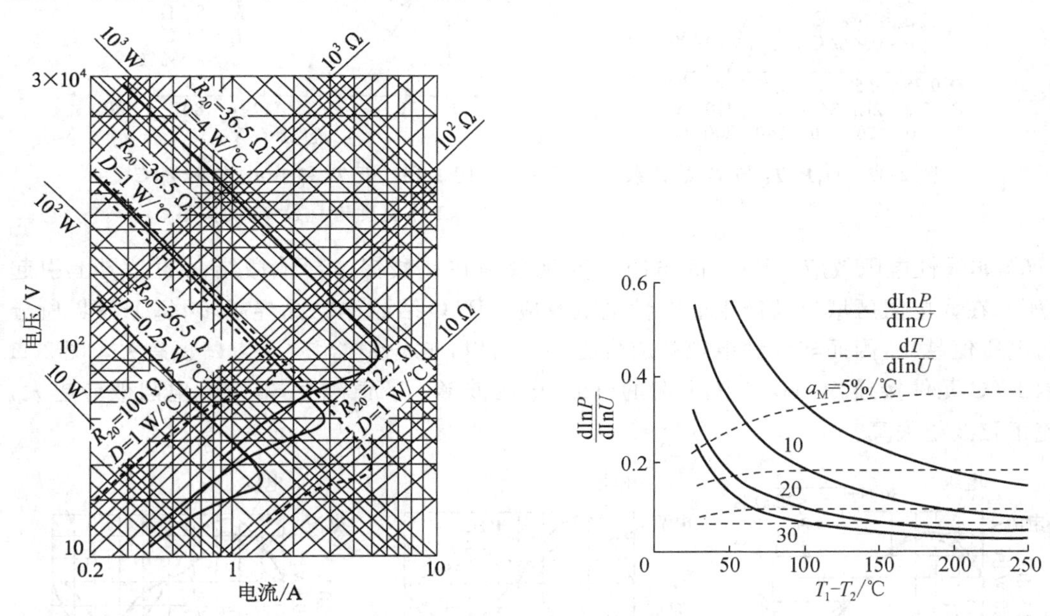

图 2-37　PTC 元件静特性曲线(R_{20} 及 D 为参数)　图 2-38　(T_1-T_2)与 $\mathrm{dln}P/\mathrm{dln}U$ 及与 $\mathrm{d}T/\mathrm{dln}U$ 的关系

设 $\mathrm{dln}R/\mathrm{dln}P=\omega$ 时，

$$\omega=\frac{\mathrm{dln}R}{\mathrm{dln}P}=\frac{\mathrm{dln}U-\mathrm{dln}I}{\mathrm{dln}U+\mathrm{dln}I}=\left(\frac{1-\varepsilon}{1+\varepsilon}\right)=a(T_1-T_2) \tag{2-12}$$

所以，当 $a=20\%/℃$，$T_1-T_2=16$ ℃时，$\omega=32$。若 R_{20} 改为 1%，则 P 或者 T_1-T_2 值仅改变 0.03%。以相同的方法也可以考虑 D 的影响。当 D 和 R_{20} 值小时($U>U_m$ 的情况)，T_1 的变化很小；而当 $U<U_m$ 时，T_1 的变化很大。

图 2-39 反映了 T_2 的影响。当 $U=100$ V，T_2 从−10 ℃变到 50 ℃时，T_1 值从 182 ℃改变到 185 ℃。这就是说，T_2 绝对值变化 60 ℃时，T_1 值仅变化 3 ℃。

图中表示出 T_2 值从− 40℃变到 200 ℃时 T_1 值的变化。T_2 值这样大幅度变化，T_1 值只不过变化 40℃，所以 PTC 元件是作为安全热源使用的好材料。

$\mathrm{d}T_1/\mathrm{d}T_2$ 值可按下式计算

$$\frac{\mathrm{d}T_1}{\mathrm{d}T_2}=\frac{\mathrm{dln}R}{\mathrm{d}T_2}\times\frac{\mathrm{d}T_1}{\mathrm{dln}R}=\frac{1}{1-a(T_1-T_2)}$$

对于居里点温度 T_c 低的 PTC 元件，没有明显的 T_c 值，而且，其工作温度远远超过 T_c 值，因此它的恒温特性将恶化。T_c 值变化如图 2-40 所示。

$$T_c = 175℃, a_L = 0.9\%/℃, a_M = 20\%/℃$$

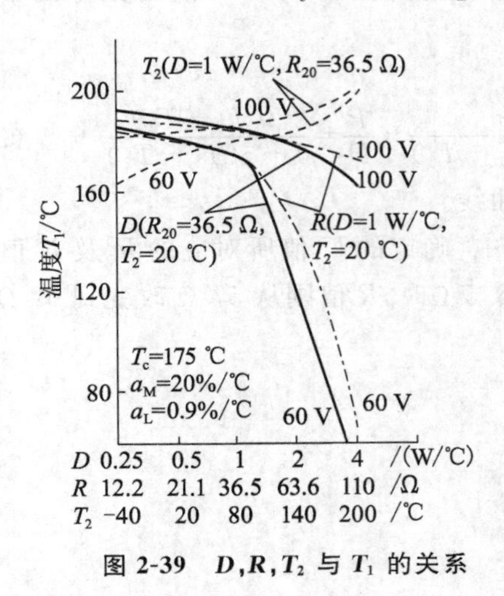

图 2-39　D, R, T_2 与 T_1 的关系

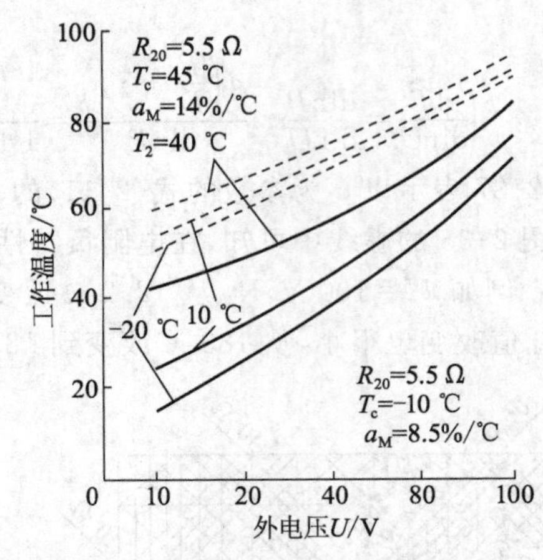

图 2-40　低 T_c 和小 a_M 值时 PTC 工作温度与 U 及 T_c 的关系

⑤ 非线性电阻效应。PTC 的电阻突变现象是在钛酸钡半导体微结晶的晶界上引起的，所以在大电阻区域里就产生非线性电阻效应。PTC 结晶体的晶界越多，每个晶界所分担的电压值越小，因而非线性电阻效应也越小。所以，非线性电阻效应与 U 值有关。图 2-41 表示 PTC 元件接通 50 Hz 交流电时的电流、电压波形。U 值越大，非线性电阻效应越大，电流正弦波越失真。

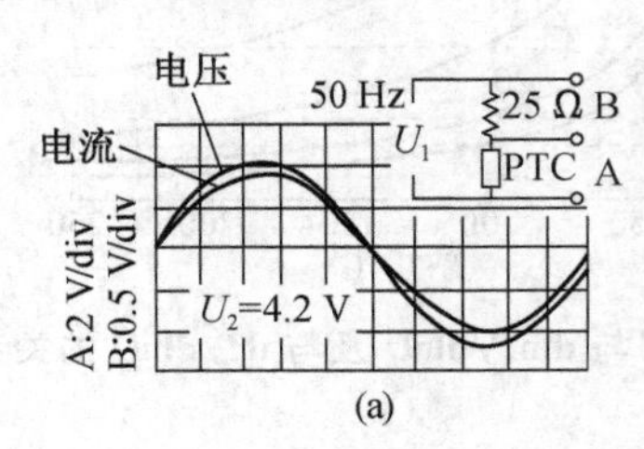

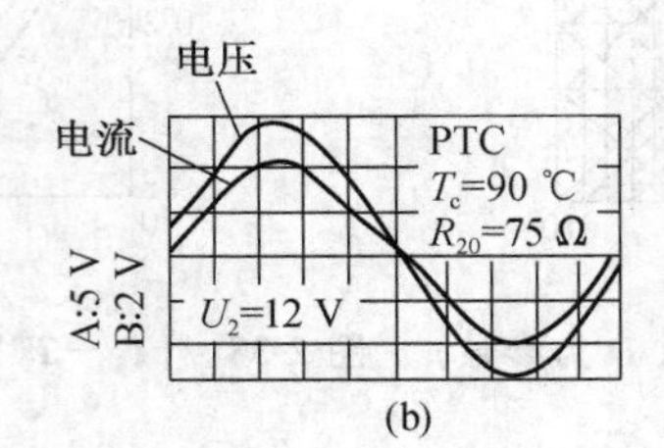

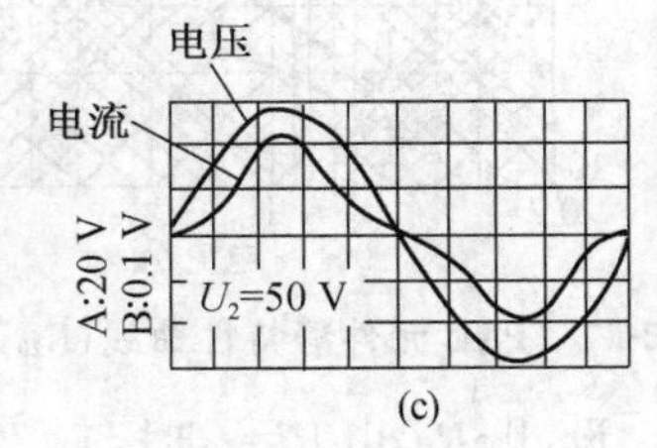

图 2-41　PTC 元件电流、电压波形

非线性电阻效应还与元件内介电密度有关，因而也受到元件厚度的影响。元件厚度对于耐电压性能的提高有很重要的作用。

⑥ 结构参数的影响。结构设计中各参数之间的关系及它们的变化趋势对 PTC 电热元件均有不同程度的影响。

结构参数设计中，除了考虑表 2-24 中相关参数对 PTC 元件特性的影响外，还需要注意以下几个问题：

a. 工作点不要置于 U_m 附近。U_m 值随 R_{20}，T_2，D（与 i 有关）值的变化而大幅度变化，因此，不能以为在某种条件下不会产生电流振荡现象而麻痹大意。另外还要注意，当 T_2 下降时 U_m 增加，负 a 的区域扩大。

b. 要改善 PTC 元件在其电流方向的热传导性能，防止发热局部集中，缩小 T_c 点以下的区域。为此，要适当增加 PTC 元件格子厚度，并采用梳型电极。

c. 减小低温区域 $|a|$ 值，以减少电感部分。改进材料，改善 PTC 内部特性。

d. PTC 电热元件在串联电路中容易产生衰减振荡，有时即使在无风情况下也容易发生。

(8) 代表类型 PTC 电热元件的制造　PTC 电热元件结构形式中，蜂窝式电热元件具有代表性，制造要求较高，制造中参数对性能的影响也较大。制造出良好的蜂窝式 PTC 电热元件的关键是：

① 元件的结晶颗粒要细、要均匀；

② 在加工形成电极时，尽可能使电极只在元件表面形成，防止做电极的材料进入元件内部；

③ 元件的厚度要薄。

关于元件的晶粒。对于元件的晶粒必须要很好地控制，制造中要注意原料的选择、材料的组成、黏结剂的质量、材料的粒度分布、烧制时的温度气氛等。

以上几点都需要认真考虑，如果不将上述条件控制好，就不可能制造出均匀、优质的 PTC 电热元件，也就得不到良好的耐压、可靠、耐抗等特性。

关于电极的形成方法，一般有无电解电镀法、喷镀法、印刷法。

无电解电镀形成的电极质量较好，但其工艺较复杂，且产量较低；喷镀法适用于圆盘式，对于蜂窝式，喷镀法容易使电极原料进入蜂窝开孔部位的元件内部，尤其在薄形情况下有造成短路的危险；薄形蜂窝式元件电极形成的最好办法是用印刷法，采用印刷法形成电极时，应注意胶的黏度、印刷网格、滑动角度。掌握好这三点，同时在制造时防止电极材料进入元件内部，就有可能提高 PTC 电热元件的质量和产量。实践证明，对于电极原料，不一定非采用带有欧姆性能的材料不可。

对于薄形蜂窝式 PTC 电热元件，其电极形成方法和风压耗损有密切关系。采用喷镀法形成的电极风压的耗损大，而印刷法形成的电极风压耗损小。这两种形成电极的方法对风压耗损的影响如图 2-42 所示。从图中可以看出，形成电极的方法不同风压的耗损有明显的差别。这是因为在蜂窝的两端用喷射法形成电极原料就在格子部位(A)堆积起来，因而使开孔部位(B)的面积在电极形成后约减小 40%，如果采用印刷法，这种现象就可不必考虑。

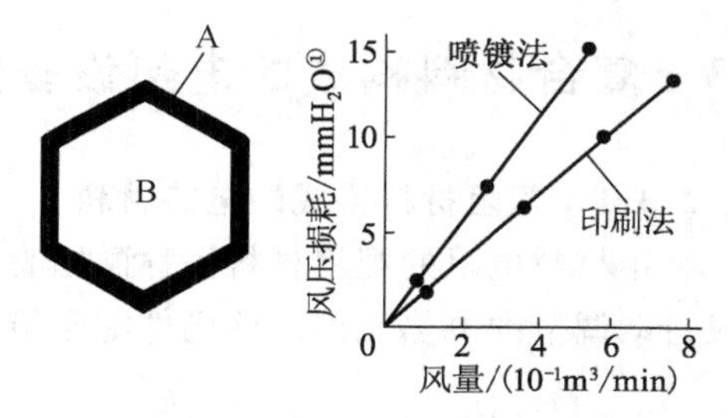

图 2-42　电极形成法和风压耗损的关系

关于元件的厚度。元件制造的厚度对风压耗损也有直接影响。元件越薄，风压耗损越小。当采用厚度只有 3.5 mm 的印刷电极时，就能大幅度扩大蜂窝式 PTC 元件的风量范围，为实现 PTC 电热元件的小型、大功率化创造条件。

元件的厚度也影响电流的通过，这是因为在 PTC 元件上通过的电流与合金电热元件比较有很大的不同，PTC 元件至 T_c 点具有负阻抗温度系数。在特别需要高热量的电热器具中，如衣服烘干机、散热器等使用两个以上蜂窝式 PTC 电热元件时，厚度就直接影响电流的通过。图 2-43 比较了元件厚度在 7.0 mm 和 3.5 mm 时电流的减弱情况。由图可见，元件如果薄，电流就能很快达到顶点，并能较早地进入正常稳定工作状态。

① 1 mmH_2O=9.80665 Pa。全书同。

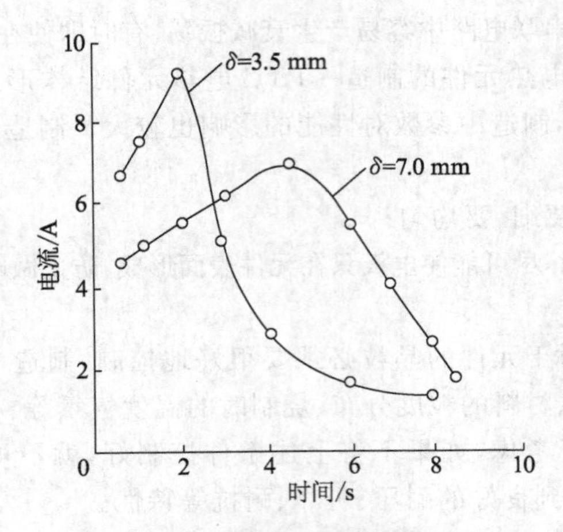

图 2-43　元件厚度对电流的影响

随着元件厚度的薄型化，元件的电流振动幅度也相应减小，从 8 mm 左右的元件厚度开始，电流的振动逐渐消失。这种现象是因为元件内部的温度趋向均衡，元件厚度薄型化使阻抗的波动消失。

当然，元件厚度薄型化后，其力学性能——抗压强度和抗折强度有所降低，因此薄型化后元件的力学性能必须在允许的范围内。

2.3　复合材料构成的电热设备加热材料

2.3.1　配阻材料构成的电热材料

利用材料电阻的配用材料俗称配阻材料，与合金电热材料结合使用（或单独使用），可制成自动调节的电热元件。该元件配合组成如图 2-44 所示。

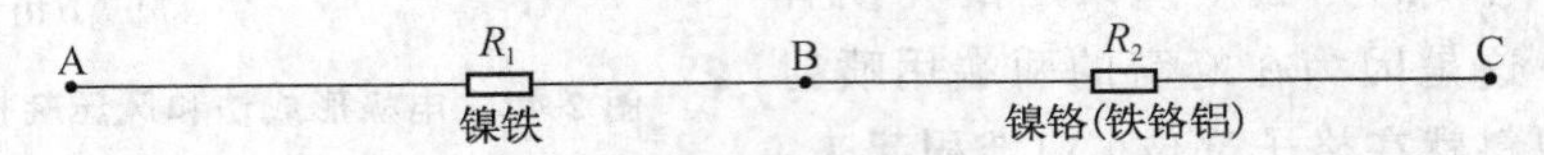

图 2-44　配阻结合电加热构件线路示意图

这种设计的优点是局部发热用镍铁丝，大部分发热用镍铬丝或铁铬铝丝，使元件的结构趋向小型化，同时又保持自动调节的功能。

所谓配阻组合电加热组合构件是既具有电加热功能，又具有控温功能的新型电热元件。它的基本结构和管状电热元件一样，两者的根本区别在于发热材料不同。管状电热元件的发热材料主要是镍基合金材料如镍铬合金，以及铁基合金材料如铁铬铝合金，这两类材料的共同特性之一是电阻温度系数小，即随着温度的变化，电阻值的变化较小。自动调节电加热元件的发热材料由镍铁合金材料制成，它的电阻温度系数极高，通常是镍铬和铁铬合金材料的 60～100 倍，可将电阻温度系数小的镍铬丝或铁铬铝丝与电阻温度系数极高的镍铁丝串联组合成一支电热元件。

2.3.2　远红外线辐射材料

物体材质不同，辐射红外线的本领也不同。绝对黑体辐射红外线的本领最好，实际物体则比它差。人们把实际物体的辐射强度与同温度绝对黑体的强度之比称为全辐射率 ε_τ；

把实际物体辐射某波长的辐射强度与同温度、同波长绝对黑体的辐射强度之比称为单色辐射率 ε_λ。

由于实际物体发出的辐射并没有绝对黑体那样理想，而且不同材料的辐射特性也很不一样，所以在制作远红外辐射源时，应选择辐射率尽可能高的材料做它的辐射面。

远红外加热技术的关键部分是将热能变成远红外辐射。工业中常用的热能是电能，使电流通过电热器发出热量，加热具有特定形状的远红外辐射加热器。这种远红外辐射加热器必须具有高的辐射率，并适合在高温下工作。

远红外加热的特点如下：

(1) 红外线以光速直线传递，能量传送速度很快。

(2) 若物体吸收红外线愈多，则加热速度愈快。一般有机物和许多无机材料吸收红外线的能力很强，这使红外加热特别有效。

(3) 红外线照到某些材料(如油漆)上后，除了被表面吸收外，还能透入内部，甚至可使某一内部深度的温度高于表面，这样受热较均匀，干燥速度快。

(4) 节约能源，一般可节约 2%～30%，有时达 50%甚至更高。

(5) 提高效率，可缩短加热时间 15%～30%。

(6) 设备简单，投资少，容易推广，占地面积小，产品质量高。

(7) 有利于实现生产的连续化和自动化。

(8) 寿命长，维修方便，改善劳动条件。

为了提高辐射远红外的本领，有时在实际材料的表面加涂一层辐射材料。影响实际材料辐射的因素很多，主要有下列几种：

(1) 材料种类的影响　不同材料的辐射率值不同，一般来说金属导体的数值较小，而陶瓷材料的数值较高。在陶瓷材料中，辐射率的差别也很大，目前常用的辐射率高的远红外辐射加热的材料是某些金属的氧化物、碳化物、氮化物和硼化物等，见表 2-25。

表 2-25　高温辐射材料

元　素	碳化物	氮化物	硼化物	氧化物
B	B_4C	BN	CrB_2 Cr_3B_4	B_2O_2
Cr	Cr_3C_2	CrN	TiB_2	Cr_2O_2
Si	SiC	SiN	ZrB_2	SiO_2
Ti	TiC	TiN		TiO_2
Zr	ZrC	ZrN		ZrO_2
Al				Al_2O_3
Fe				Fe_2O_3
Mn				MnO_2
Ni				Ni_2O_2
CO				Co_2O_3

(2) 波长的影响　材料的辐射能力一般均随波长而变化，有的在近红外区域有较高的辐射率，有的在远红外区域有较高的辐射率，若将两者结合，则能配得在近远红外区域都有良好的辐射性能的材料。任何固体和液体，在任何温度下都发射电磁波，向四周辐射的能量称为辐射热能。在一定时间内辐射能量的多少，以及辐射能按波长的分布都与温度有关。例如对于金属和碳，如果温度低于 800 K，绝大部分的辐射能分布在光谱红外长波部分，肉眼看不见，但可用仪器来测定。自 800 K 起，如果增加温度，一方面发射的总辐射能

量增加，另一方面，能量更多地向短波部分分布。用眼睛观察辐射体时，先看到由红色变为黄色，再由黄色变为白色。最后在温度极高时，变为青白色。这种辐射在量值方面和按波长分布方面都取决于辐射体的温度。

从电磁波谱可以看出，波长比红光长的是红外线波（简称红外线）。红外线与X射线、紫外线、可见光、微波等都属电磁波，区别在于波长不同。波长在0.76～0.4 μm的范围内，能引起视觉感觉，称为可见光；波长在0.76～600 μm的称为红外线，不引起视觉感觉，但热效应特别显著。红外线又分为近红外、中红外和远红外，不同的学科有不同的分法。对加热来说，远红外线的波长一般集中在2.5～25 μm之间，是以辐射形式向外传播的；它的热效应也特别显著，当辐射到被加热物体时，一部分被吸收进入被加热体内部，转化为热能，达到加速加热和干燥的目的。远红外辐射能可以适应不同的加热对象，如图2-45所示。如果能掌握各种物质的辐射特性，就可以充分利用其特长，配出所需要的、有效的辐射涂层。

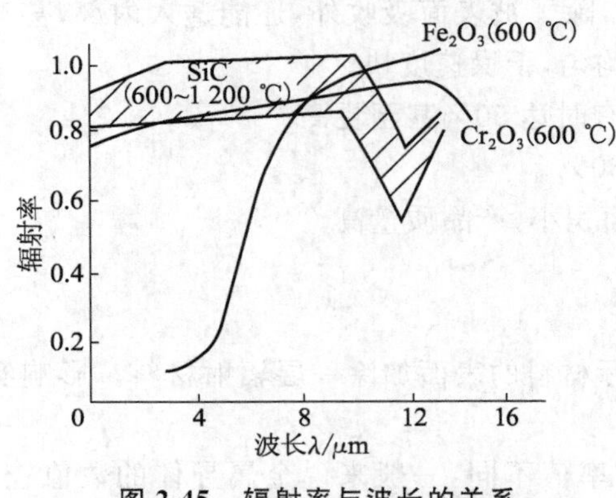

图 2-45　辐射率与波长的关系

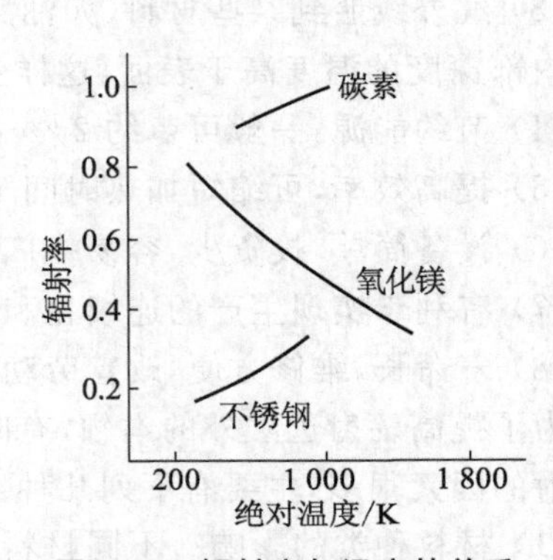

图 2-46　辐射率与温度的关系

（3）温度的影响　金属的全辐射率一般与绝对温度成正比，陶瓷则不同，有的材料在一般温度范围内随温度升高而升高，而超过某一温度时反而下降。目前常用的三氧化二铁和氧化铝红外辐射层的全辐射率见表2-26。

表 2-26　两种远红外涂层的全辐射率

温　度/℃	三氧化二铁	氧 化 铝	温　度/℃	三氧化二铁	氧 化 铝
785	0.9		912		0.42
846		0.43	914	0.9	
855	0.9		954		0.40

（4）表面状态的影响　一般来说，表面越粗糙，材料的辐射率愈大。图2-47是铝的辐射光谱特性，由图可知材料表面的状况对辐射特性是有影响的。

（5）涂层厚度的影响　一些对红外线透明或半透明的材料，其涂层的厚度影响辐射率的值。图2-48是两种搪瓷厚度对辐射特性的影响。

人们除了选用天然矿物为辐射材料外，有时还采用人工合成的方法，但是为了提高红外辐射加热器的性能，更有效和经济的方法是在加热器表面加涂高辐射率涂层。涂层一般由黏结剂和辐射材料组成，有时也加一些稀释剂。所采用的黏结剂不同，以及黏结剂的含量不同，对辐射率均有不同程度的影响，甚至辐射材料或涂层的工作时间长短亦会对辐射率有影响。为了满足加工的工艺要求，若找不到合适的单一辐射材料，则可以采用多种辐射材料调配的涂层。

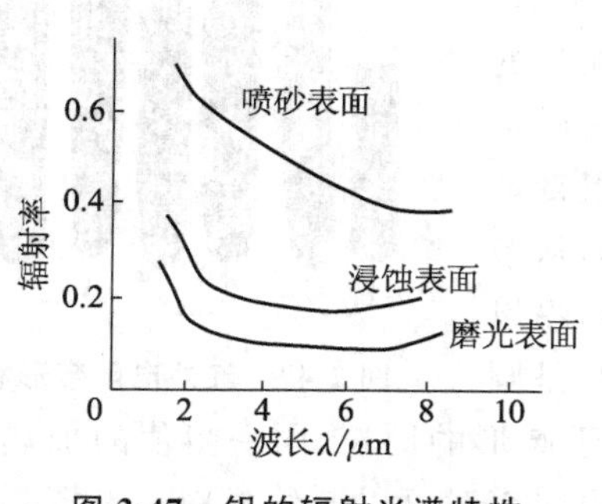

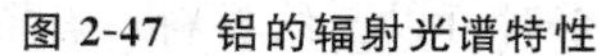
图 2-47　铝的辐射光谱特性

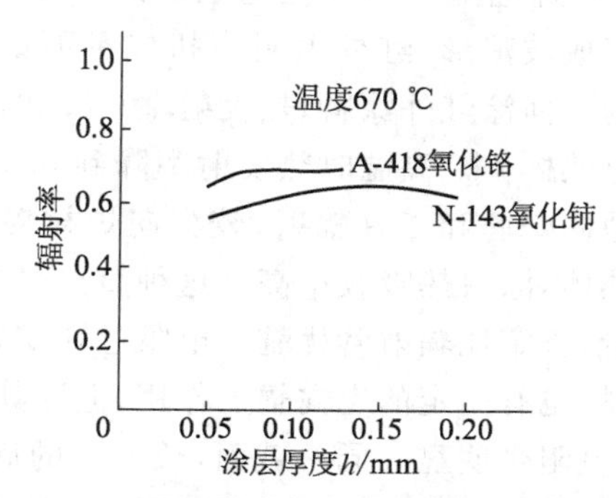

图 2-48　两种搪瓷厚度对辐射特性的影响

2.3.3　远红外辐射加热器用材料形状

远红外辐射元件加上定向辐射等装置称作远红外辐射加热器，它可将电能或热能转变成远红外辐射能，以高效地加热、干燥物品。其结构主要由发热元件（电热丝或热辐射本体）、热辐射体、保温紧固件或反射装置等部分组成。随供热方式与加热要求的不同，有多种结构形式的加热器件。电加热远红外加热器的结构与常用规格见表 2-27。

表 2-27　电加热远红外加热器的结构与常用规格

项目	供热方式								
	直热式		旁热式						
结构形状	带状	棒状	板状			管状			灯状
元件基材	金属带	SiC 棒	金属板	陶瓷复合板		金属管		SiC 管	陶瓷
辐射体形式	带状	棒状	单面搪瓷	单面	双面	管状	管状搪瓷	管状	梨形等
规格尺寸/mm	0.5×8～1.5×15	ϕ25×300	TR-1 315×340×40 TR-3 170×290×30	360×120×10 240×160×10	310×210×20 330×240×15	ϕ18×300 ϕ18×1000 ϕ18×500	ϕ18×300 ϕ18×1000 ϕ28×500	ϕ30×500 ϕ25×300	ϕ45×60
额定功率/kW	1～10	由直径不同	1～2	0.8～2 自行配置	可自行调配 1～3	0.5～2	0.5～2	可自行调配 0.4～1.2	0.3～0.6
辐射体基材	镍铬合金	SiC	碳钢板	SiC 锆系陶瓷 普通陶瓷	SiC 复合 陶瓷物	金属钢管	金属钢管	SiC 管	SiC 等陶瓷复合物
远红外涂料	Fe_2O_3 铁锰酸稀土钙与分子筛涂料等	SiC	Fe_2O_3 Cr_2O_3	SiC Fe_2O_3 ZrO_2 Cr_2O_3	SiC 金属氧化物	TiO_2 Fe_2O_3 ZrO_2 Cr_2O_3	Fe_2O_3 ZrO_2	烧结 SiC 等	SiC 等烧结成梨形

远红外线辐射元件，是在发热基体——碳化硅、不锈钢或其他金属管、板的表面涂覆一层红外涂料（金属氧化物），加热后产生不同波长的红外波，与被加热物体吸收波长相匹配，达到最佳加热效果。

远红外辐射元件，特别适用于各种有机物质、高分子物质及含水分物质的加热和干燥，普遍用于纺织、化纤、印染、皮革、化工、造纸、食品和油漆烘烤干燥，以及某些产品的热定型和焊接部位的应力消除、医疗保健和消毒等方面。近年来，远红外辐射元件也广泛用于家用电热器中，如远红外取暖器、远红外电烤箱等。

(1) 红外电阻带　大型电阻炉的发热体多用电阻带，一般是弯成波浪形，红外电阻带扭成平面如图 2-49 所示。向炉膛的一面涂红外涂料，热发射率>0.90，背面无涂料的铁铬铝电热体，中、高温时热发射率降到 0.4～0.5，这样热量较多地向炉膛和工件辐射，较少向炉衬辐射。电阻带本身是发热体，涂料热吸收率高。这种直热式的发热体，从节能角度看，肯定比辐射管优越。电阻丝在安装好以后，喷以红外涂料，也有一定的定向辐射作用，但因其截面形状是圆的，不如电阻带明显。同一截面，长方形的周长要大于圆形的周长，同一阻值的加热体，带的表面积要比丝表面大得多，所以同一表面负荷，用电阻带时可以节约材料。有资料认为，若是电阻带，表面负荷可允许增大 10%～15%，故用料更省。此外，由于散热条件较好，本身温度较低，使用寿命理应更长。电阻带绕制比电阻丝麻烦，悬挂也不如电阻丝方便，小炉子安排也有困难，因此，这项技术适用于 45 kW 以上的炉子。

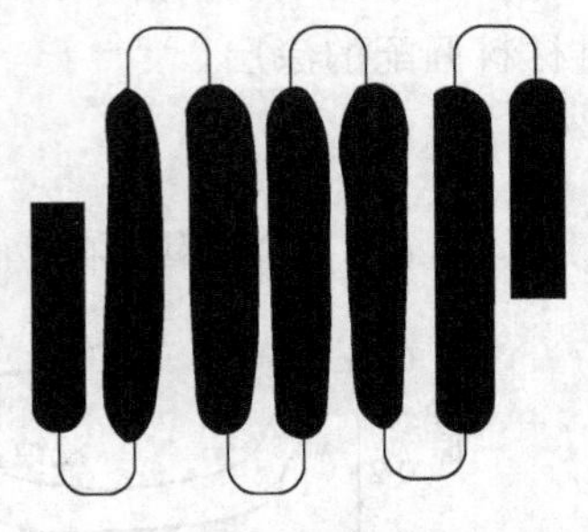

图 2-49　红外电阻带形状

红外电阻带在电热合金扁线或圆线表面直接涂覆远红外涂料制成，这种元件结构简单，容易加工，价格便宜。其缺点是远红外涂料直接涂覆在发热体表面，由于发热体通电加热后机械强度降低及热胀冷缩引起的变形，易产生涂料剥落现象，从而导致远红外辐射能力减弱。

(2) 远红外电热管　以管材分为金属管、石英管和碳化硅管。石英管远红外电热元件是在直径为 12～18 mm 的石英管内装置带有引出端子的螺旋电热合金制成的。由于石英不导电，故管内无需填充导电绝缘材料。管内螺旋的外径与石英管内径吻合，以防止电热线沿管的轴向位移。管的两端口用耐热绝缘材料密封。其结构见图 2-50 所示。

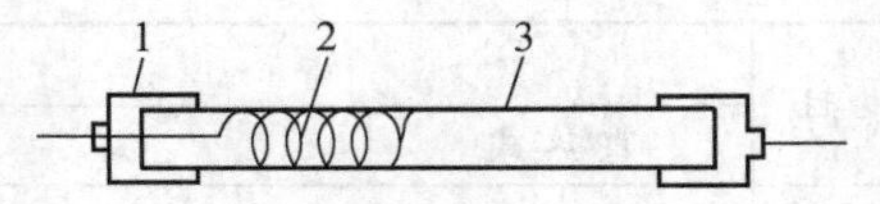

1—瓷帽；2—电热线；3—石英管

图 2-50　石英管远红外辐射元件结构示意图

石英管多数用乳白色半透明体管材，同时由于它采用了特殊制造工艺，使管壁形成大量的气泡和气线，从而使可见光和近红外光线的穿透率由原来的 95%～98%降低到 0.5%～2.5%，几乎把这部分光的能量全部吸收转化为远红外辐射。

(3) 远红外电热板　是在碳化硅或耐热金属板表面涂覆一层远红外涂料，中间装上合金电热元件制成。这种电热板有单面辐射和双面辐射两种类型。

近年来，也有将具有远红外辐射的物质烧结成形，代替金属板或罩盖的。这种元件较前者安全可靠，辐射能也高，远红外电热板生产商称之为远红外辐射加热器。

远红外辐射加热器从结构形状来分，有板状、管状和灯状等几种。表 2-28 列出了几种远红外加热器的性能。

板状远红外辐射加热器的基体分陶瓷、金属和玻璃陶瓷三大类。目前国内广泛使用的为陶瓷，其中用得最广的是以碳化硅为基体的陶瓷。

板状远红外辐射加热器中的碳化硅基体是表面涂覆远红外辐射涂层的板状器件，其外形如图 2-51 所示，内部结构如图 2-52 所示。

表 2-28　几种远红外加热器的性能

特　性		电加热				
		红外灯	石英碘钨灯	镍铬合金线石英辐射器	管状加热器	板状加热器
工作温度/℃		1 650～2 200	1 650～2 200	760～980	400～600	200～500
峰值能量波长/μm		1.15～1.5	1.15～1.5	2.6～2.8	3.3～4.3	3.2～6.0
最大功率密度/(W/cm²)		1	5～8	4～5	2～4	1～4
平均寿命		5 000 h	5 000 h	几年（中波石英灯）	几年	几年
工作温度时的颜色		白	白	樱桃红	淡红	暗色
抗冲击稳定性	机械冲击	差	中	中	优	不一
	热冲击	差	优	优	优	良
时间响应	加热	秒级	秒级	分级	分级	十分级
	冷却	秒级	秒级	分级	分级	十分级

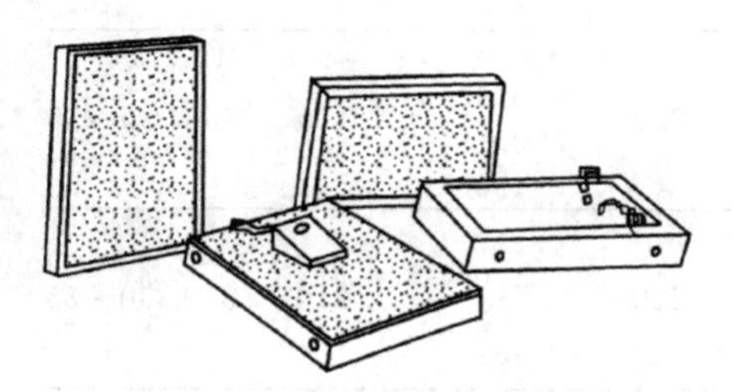

图 2-51　板状远红外辐射加热器

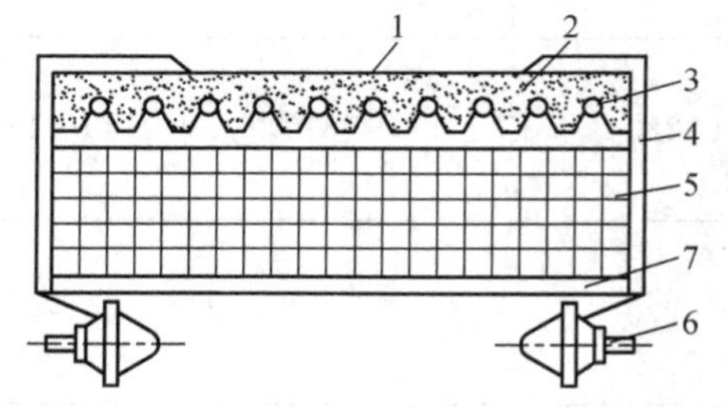

1—复合金属氧化物烧结涂层；2—碳化硅基板；3—电热丝；4—外壳；5—石棉或硅酸铝保温层；6—线柱头；7—石棉水泥板

图 2-52　板状远红外辐射加热器结构

（4）陶瓷包覆式电热元件　其结构如图2-53所示，具有下列特点：

① 由于所用陶瓷材料在工作温度下具有很好的电气绝缘性能，因此通电后表面发热而不带电，工作时泄漏电流小，使用安全可靠。

② 由于表面有一层釉层，沾污后易于清洁处理，长时间工作后没有氧化层剥落现象，因此对被加热物品无污染。

③ 电热丝与空气之间被陶瓷材料所隔绝，因此，不存在电热丝被氧化现象，从而大大延长了电热丝的寿命，一般均在 20 000 h 以上。

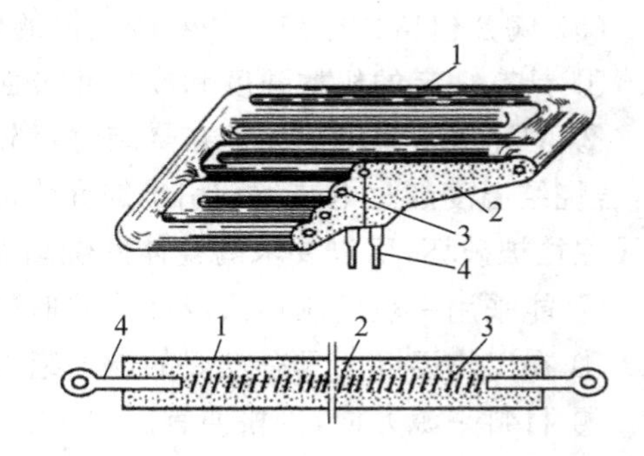

1—釉层；2—陶瓷料；3—电热丝；4—引出线

图 2-53　陶瓷包覆式电热元件结构

④ 表面无明火，不易发生火灾等事故。

⑤ 陶瓷包覆式电热元件是在高温下烧制成形的，在使用中具有良好的抗热冲击性能，能长期无故障运行。

⑥ 机械稳定性和热稳定性较高，温度膨胀系数小，在高温工作下几何尺寸变化小。

⑦ 辐射率高。在 3～16 μm 的波长范围中，均有显著的红外辐射效果。其中，在 5～9 μm 范围内，单色辐射强度在 0.9 左右，因此具有良好的节能效果。

⑧ 结构简单、成本低、价格便宜、使用方便，可以任意组合或单独使用。

陶瓷包覆式电热元件的设计关键是陶瓷发热面表面负荷的选定，表面负荷决定着电热元件的表面温度、辐射效果和使用寿命等主要性能。陶瓷包覆式电热元件、波纹面电热元件的表面温度是不均匀的，波峰温度一般比波谷温度低 10～40 ℃，四周边沿温度比中间温度低 80～100 ℃。

陶瓷板状远红外加热器的技术数据见表 2-29。

表 2-29　陶瓷板状远红外加热器技术数据

型号	电压/V	功率/kW	外形尺寸/mm			型号	电压/V	功率/kW	外形尺寸/mm		
			长	宽	高				长	宽	高
DX－1	220	0.5 0.6 0.8 1.0	17	250	40～45	DX－5	220	0.5 0.6 0.8 1.0	130	330	40～45
DX－2	220	1.0 1.2 1.5 2.0	330	250	40～45	DX－1	220	0.5 0.6 0.8 1.0	170	250	30～35
DX－3	220	1.5 2.0	500	250	40～45	DX－4	220	0.8 1.0 1.2 1.5	210	310	30～35
DX－4	220	0.8 1.0 1.2 1.5	210	310	40～45	DX－5	220	0.5 0.6 0.8 1.0	130	330	30～35

（5）陶瓷包覆式电热元件对陶瓷体的要求

① 具有一定的机械强度和冷热冲击强度，长期工作在暴冷、暴热情况下不开裂。

② 陶瓷包覆式电热元件在烧结时，都是将电热丝引出线等事先组装，预埋在陶瓷材料中，若烧结温度超过电热丝和引出线允许的工作温度，虽然陶瓷体烧结成功，但电热丝和引出线往往被破坏，所以要求陶瓷体的烧结温度低于电热丝最高使用温度。

③ 能采用一般的压坯法或浇浆成形法等传统陶瓷工艺进行生产。

④ 在工作温度下具有良好的电气绝缘性能。

⑤ 材料来源方便，价格便宜。

由于陶瓷包覆式电热元件具有光洁、安全、高辐射等独特的优点，因此，在家庭烹调、房间浴室取暖、餐桌用电热炊具等家用电热器具上，在食品烘烤、油漆和纸张干燥、木材处理、油墨固化、半导体晶片处理、药品的灭菌消毒等各种行业中得到广泛应用，并取得显著的经济效果。如陶瓷包覆式电热元件与碳化硅电热板相比，在脱水干燥方面节电效果提高 1.5%～15%，在灭菌消毒方面杀菌率提高 5%～10%。

（6）氧化镁管远红外加热器　氧化镁管远红外加热器是一种金属管状的远红外电加热

器，其表面喷涂了一层远红外辐射涂料，它在远红外区的辐射率要比金属电加热器高。

氧化镁管远红外辐射器主要由电热丝、绝缘层、钢管和远红外涂层等组成，如图2-54所示。

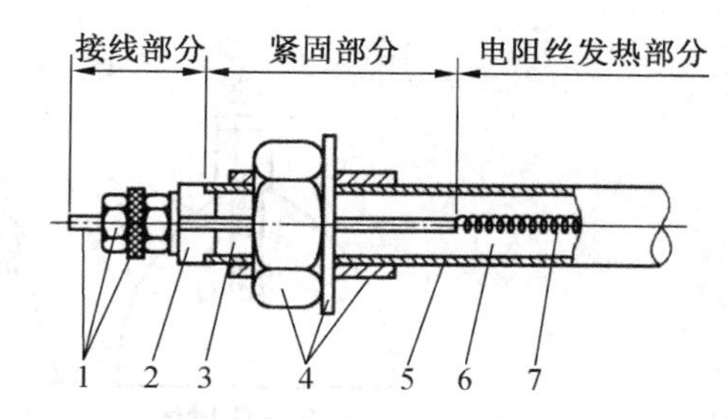

1—接线装置；2—绝缘子；3—封口；4—紧固装置；5—金属管；6—结晶憎水氧化镁；7—电阻丝

图 2-54　氧化镁远红外辐射器结构

氧化镁远红外辐射器由于用金属钢管作辐射基材，用氧化镁作填料，因此，机械强度高，安全可靠，轻便耐用，使用寿命长，密封性能好，适用于硝石、油、水、酸、碱等工业的生产加热系统。

常见管状远红外加热器采用 10 碳钢作基体，用憎水氧化镁作导热电气绝缘材料，表面喷涂远红外辐射涂料，其结构如图 2-55 所示，技术数据见表 2-30。

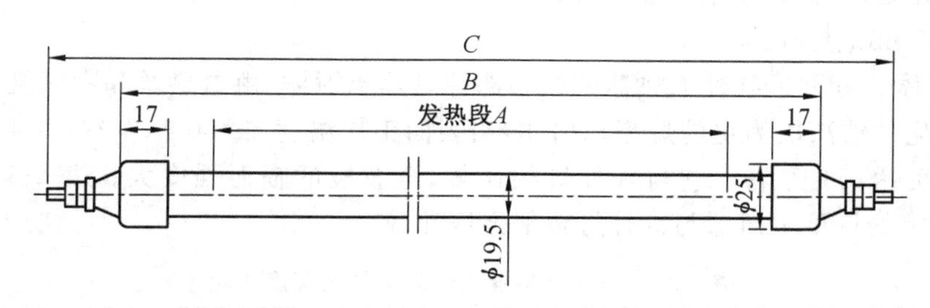

图 2-55　管状远红外辐射加热器

表 2-30　SRW 型管状远红外加热器主要技术数据

型　号	电压 U/V	功率 P/kW	外形尺寸/mm		
			C	B	A
SRW_1－220/0.50	220	0.50	860	660	100
SRW_1－220/0.65		0.65	1 260	860	200
SRW_1－220/0.75		0.75	1 560	960	300
SRW_1－220/0.90		0.90	1 860	1 160	350
SRW_1－220/1.00		1.00	2 060	1 260	400

(7) 灯型远红外加热器　灯型远红外加热器是继短波红外灯、石英灯之后发展起来的辐射远红外热能的一种加热器。目前所见的结构如图 2-56 所示。

灯型远红外加热器利用金属氧化物和碳化物等远红外辐射材料作辐射体，加上反射罩，能高效地辐射远红外辐射能。

① 反射罩。反射罩材料要有较高的反射率，能耐热、耐腐蚀，并具有良好的机械强度及经济性。

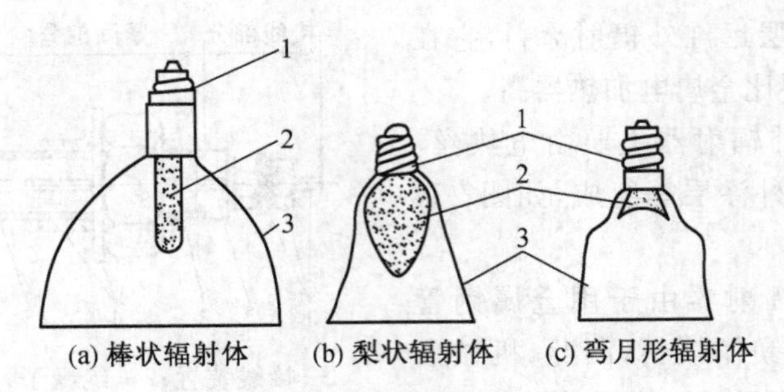

1—灯头；2—辐射体；3—反射罩

图 2-56 灯型远红外辐射器

灯型反射罩一般采用抛光的铝合金制作，经机械抛光的铝表面，在大气中会很快氧化而失去光泽。为了获得抛光表面的稳定性及耐热、耐腐蚀等性能，反射罩的表面必须进行光亮阳极氧化处理，并控制氧化膜的厚度在 3 μm 以内。为了达到此要求，一般阳极氧化的时间控制在 5 min 左右。

② 辐射体。灯型远红外加热器的核心部件是热辐射体，由电热丝和陶瓷复合物组成。

以三氧化二铁涂层为主的灯型辐射体，当表面工作温度在 400 ℃左右，其 4～15 μm 的区间辐射率可达 0.9 左右。它与红外灯相比较，全波段的辐射强度大。表 2-31 列出了在 50 mm 处测定的灯型辐射器与红外灯辐射强度比较。

表 2-31 灯型辐射器与红外灯辐射强度比较

辐射器类型	总功率/W	功率密度/(W/cm^2)	辐射强度/mW			
			全辐射	1～4 μm	1～8 μm	1～14 μm
灯型	264	2.0	9.55	8.48	5.02	5.80
红外灯	154	0.54	37.80	19.20	27.20	27.20

(8) 石英辐射管状电热元件　石英辐射管状电热元件主要由石英管、电热丝、引出端子和金属端部等部分组成，其结构如图 2-57 所示。在 ϕ12～18 mm 的石英管内装置带有引出端子的螺旋形电热丝，它的外径应与石英管内径吻合。管两端的金属端部同时起密封和导电两种作用。

1—接线座；2—接线棒；3—电热丝；4—石英管

图 2-57 石英辐射器管状电热元件结构

石英管分透明和乳白色半透明两种，用于辐射电热元件中，以乳白色半透明石英管为多。这种乳白色半透明石英管价格比较便宜，同时因为它采用了特殊的制作工艺，管壁上形成大量的 0.03～0.05 mm 的小气泡，密度达到 2 000～8 000 个/cm^2，可将可见光和近红外光线的穿透率由原来的 95%～98%降低到 0.5%～2.5%，几乎将这两部分的能量全部吸收而转化为 Si-D 键的分子振动，从而产生较强的远红外辐射。

电热丝氧化皮应不易脱落，因为氧化皮脱落后沉积在管内壁上将严重影响辐射效果，并可能引起螺旋形电热丝匝间短路。因此，螺旋形电热丝一般应在 1 000 ℃左右进行预氧化处理。同时，对管子两端应进行密封，以隔绝外界空气，防止螺旋形电热丝在工作温度下的表面氧化，提高石英辐射管状电热元件的使用寿命。

石英辐射管状电热元件具有如下性能和特点：

① 辐射效率高。石英辐射管状电热元件的光谱发射率高达 90%～92%，其辐射效率可达 90%，而其他辐射电热元件的辐射效率一般仅为 62%～80%。

② 安全性能好。石英的线胀系数极低，具有很好的耐急热、急冷性能，却没有破裂的危险。同时，石英在高温下具有良好的电气绝缘性能和不吸湿性，因此，在潮湿环境中能安全可靠地工作。

③ 热惯性小，启动速度快，停电后余热少。

④ 重量轻。石英辐射管状电热元件是金属管状电热元件和碳化硅元件重量的 1/3～1/7。

⑤ 使用寿命长。

2.4　重金属及其合金与石墨类电热材料

一般电热元件的温度应考虑比设备额定温度高 100～150℃为宜。设备额定温度<1 000 ℃时，选用镍铬合金、铁铬铝合金；在 1 000～1 200 ℃时，一般选用钼、石墨纤维编织物；在 1 200～1 600 ℃范围内，选用钼、钽、石墨和钨；在 1 600 ℃以上时选用钨和石墨。

除了温度外，还应考虑残余气氛中活性气体的分压，以及电热元件与绝缘体、被加热金属的相互作用等问题。

有些被处理的工件在高温下，不允许有碳存在，此时电热元件和隔热屏的材料就不能选用石墨和碳毡。

2.4.1　重金属材料与石墨的特性

采用钼、钽、钨等重金属材料作电热元件时，由于它们的电阻温度系数变化很大，所以，必须仔细计算冷态（室温）与热态（工作温度）的电阻值，以便选择合适的供电方式，使施加在冷态时的电热元件上的电压较低，施加在热态的电热元件上的电压较高，保证电热元件的额定功率，这样电热元件就不致因施加电压不当而损坏。当使用温度高于 1 800 ℃时，钨、钼、钽制成的电热元件的允许表面功率为 10～20 W/cm²；当使用温度低于 1 800 ℃时，为 20～40 W/cm²。

钼、钽、钨、石墨电热元件的允许表面功率见表 2-32。

表 2-32　钼、钽、钨、石墨电热元件的允许表面功率　　W/cm²

电热元件温度	1 000 ℃	1 100 ℃	1 200 ℃	1 300 ℃	1 400 ℃
钼	30	25	25	20	15
钽	40	40	40	35	30
钨	40	40	40	35	30
石墨	40	40	40	35	30

钼、钨、钽、石墨高温电热元件材料性能见表 2-33。

表 2-33 几种高温电热元件材料性能

性能	钼	钨	钽	石墨	备注
最高使用温度/℃	1 650	2 500	2 200	2 300	①
密度/(g/cm³)	10.2	19.6	16.6	2.2	
熔点/℃	2 636±50	3 400±50	3 000±50	3 700±50	
比热容/[J/(g·℃)]	0.259	0.142	0.142	0.711	20 ℃
	—	—	0.159	1.254	1 000 ℃
	—	0.184	—	1.672	1 500 ℃
	0.334	0.196	0.184	—	2 000 ℃
电阻率/(μΩ·cm)	5	5.5	12.5		20 ℃
	27	33	54		1 000 ℃
	43	50	72		1 500 ℃
	60	66	87		2 000 ℃
电阻温度系数/℃⁻¹	4.75×10^{-3}	4.8×10^{-3}	3.3×10^{-3}	1.26×10^{-3}	
线胀系数/10^{-7} ℃⁻¹	55	44.4	65		20 ℃
	—	—	66		50 ℃
	—	51.9	—		1 000 ℃
	—	—	80		1 500 ℃
	—	72.6			2 000 ℃
热导率/[W/(cm·℃)]	1.463	—	—	1.317	20 ℃
	—	0.961	—	0.920	50 ℃
	0.986	1.170	0.464	0.543	1 000 ℃
	—	1.338	0.422	0.251	1 500 ℃
	—	1.484	0.397	0.167	2 000 ℃
蒸汽压力/Pa	1×10^{-6}		—	1.6×10^{-7}	1 500 ℃
	4×10^{-3}		6.6×10^{-6}	2.2×10^{-3}	2 000 ℃
	1.3		4×10^{-3}	2.2	2 500 ℃
蒸发速度/[mg/(cm²·h)]	3.1×10^{-1}	1.3×10^{-10}	—		1 530 ℃
	3.6×10^{-2}	5.3×10^{-8}	5.9×10^{-6}		1 730 ℃
	180	7.5×10^{-6}	3.5×10^{-4}		1 930 ℃
	—	4.6×10^{-4}	1.1×10^{-2}		2 130 ℃
	—	1.4×10^{-2}	2×10^{-1}		2 330 ℃
	—	2.7×10^{-1}	2.5		2 530 ℃
黑度	0.1~0.3	0.03~0.3	0.2~0.3	0.95	
与耐火材料的反应性	1 900 ℃	1 900 ℃	1 900 ℃		Al_2O_3
	1 900 ℃	2 500 ℃	1 600 ℃	2 300 ℃	BeO
	1 800 ℃	2 000 ℃	1 800 ℃	1 800 ℃	MgO
成分	Mo	W	Ta	C	
特性和用途	中、高温用,加工性良好,抗氧化性差	高温用,加工性良好,与水蒸气不可共存	高温用,加工性差,在 H_2 气体中不可用	高温用,加工性良好,还原性保护气氛中使用	

注:① 蒸汽压力为 1.3×10^{-2} Pa 的温度。

几种电热元件材料的使用温度见表 2-34。

表 2-34　几种电热元件材料的使用温度　℃

电热元件材料	推荐使用温度(炉温)	最高使用温度(炉温)	备　注
Cr15Ni60	<900	1 050	
Cr20Ni80	<1 000	1 100	
Cr20Ni80Ti	<1 000	1 100	
Cr20Ni80Ti2	<1 000	1 100	
Cr20Ni80Ti3	<1 000	1 100	
Cr23Ni18	800～950	950～1 000	
Cr13Al4	<750	850	
1Cr17Al5	750～850	1 000	
0Cr17Al5	850～950	1 000	
1Cr25Al5	900～1 000	1 150	
0Cr25Al5	<1 100	1 200	
0Cr23Al5	<1 100	1 200	
0Cr27Al5	<1 200	1 300	
1400 铁铬铝	1 300	1 400	
钼	1 650	2 000	需用氢或真空
钨	1 700～2 500	3 000	需用氢或真空
钽	2 000	2 500	真空
铂	1 100～1 300	1 400	
铌			真空
硅碳棒	<1 450	1 500	
二硅化钼	1 650	1 700	不应在 400～700℃使用,在此温度下会低温氧化,迅速损坏

重金属及其合金类与石墨类电热材料推荐工作电压值见表 2-35。

表 2-35　各电热材料推荐工作电压与电热环境剩余气体关系　V

材料	剩余气体	在不同温度(℃)下的电压					
		20	1 200	1 600	1 800	2 000	2 200
石墨	氮	230	200	140	120	90	60
石墨	氩	170	170	100	60	30	25
石墨	氦	120	120	80	60	45	30
钨	氮	250	220	160	140	135	130
钨	氩	170	165	120	95	60	35
钨	氦	120	120	100	90	60	45
钼	氮	240	200	120	80	55	30
铌	氩	160	130	60	40	20	15
碳化铌	氮	190	160	100	80	55	25
碳化铌	氩	150	130	60	30	20	15
碳化铌	氦	110	95	50	25	20	20

钨、钼电热元件材料规格见表 2-36，电热元件材料与耐火材料的反应温度见表 2-37。

表 2-36 钨棒钨丝及钼棒钼丝的规格

牌 号	直径/mm	直径公差	最小长度/mm
钨棒	φ1.5～2.8(间距 0.1)	±2%	1 000
WB-1	φ3.0～4.8(间距 0.2)	±2.5%	600
WB-2	φ5.0～7.0(间距 0.5)	±2.5%	300
钨丝	φ0.3～0.5(间距 0.01)	±1.5%	25 000
WS-1	φ0.52～0.8(间距 0.02)	±1.5%	15 000
WS-2	φ0.82～1.0(间距 0.02)	±2.0%	7 000
	φ1.05～1.5(间距 0.05)	±2.0%	3 000
钼棒	φ1.5～2.5(间距 0.1)	±2.5%	1 000
MB-1	φ3.0～4.8(间距 0.2)	±3%	1 000
MB-2	φ4.0～10.0(间距 0.5)	±3%	500
钼丝	φ0.3～0.5(间距 0.01)	±2.5%	40 000
MS-1	φ0.52～0.8(间距 0.02)	±2.5%	15 000
MS-2	φ0.85～1.5(间距 0,05)	±2.5%	10 000
	φ1.6～2.5(间距 0.10)	±2.5%	2 000

表 2-37 电热元件材料与耐火材料的反应温度 ℃

材 料	Mo	Ta	W	C
Al_2O_3	1 900	1 900	2 000①	1 350
BeO	1 900①	1 600	2 000①	2 300
MgO	1 600①	1 800	2 000①	1 800
ThO_2	1 900①	1 900	2 200①	2 000
ZrO_2	2 200 烧结	1 600	1 600①	1 600℃产生碳化物
C	1 500 1 200℃产生碳化物	1 500 1 000℃产生碳化物	1 400 产生碳化物	

注：① 在真空度 1.3×10^{-2} Pa(1×10^{-4} Torr)中低 100～200 ℃。

2.4.2 石墨类电热材料

石墨电热元件的结构可以分为筒状、棒状、板状和带状等几类。

筒状石墨电热元件一般不需要绝缘件支撑，可做成单相和三相，但由于材料尺寸限制，一般用于小型高温真空炉。

棒状石墨电热元件已广泛用于真空烧结炉、真空离子渗碳炉、真空淬火炉上。当棒的直径超过 12 mm 时，最好用管状代替，这样可以增加电阻值，增大辐射面积，提高热效率，而且克服了实心棒在高温时心部与外表温差过大而易损坏电热元件的缺点。

板状石墨电热元件是近几年新采用的一种电热元件。它具有制造方便、比棒状电热元件辐射面积大、可以承受较大的热应力等优点，可在较大的高温炉、真空渗碳炉、真空淬火炉上应用。石墨板电热元件由两块组成，每块板上引出三个电极，在炉外接为三相三角形。

带状石墨电热元件，以石墨带或石墨布作电热元件。这种电热元件结构简单，拆装方便，辐射面积大，热效率高，有利于炉温均匀；可根据炉子结构，采用多条带并联成单相、三相供电。这种带状电热元件已广泛用于真空热处理炉。使用金属和陶瓷加热元件，通常温度限制在 2 000 ℃左右，而特种石墨则可用于 3 000 ℃环境中，如石墨电极触头，碳石墨导电触头，电解有色金属用碳电极，真空电炉用石墨发热管/石墨纸/石墨毡加热元件。由于在 2 200 ℃以上碳蒸气压力过大，因此，该材料在不超过 2 200 ℃的真空下使用，但可以在 3 000 ℃的非氧化性气氛、还原或保护性惰性气氛中使用。允许的最大电负荷是由温度决定的，建议在 1 000 ℃左右连续运行下，加热区表面积的电负载不超过35 W/cm^2。不过在短期运行中，加热元件的电负载可以在 50 W/cm^2 或以上。但是温度在 1 000 ℃以上时，电负荷应更低。这些加热元件在真空中的使用温度为 2 200 ℃，在还原气氛或惰性气氛中则可用至 3 000 ℃。合适的保护性气体包括所有的惰性气体、氮气、一氧化碳、干燥氢气及这些气体的任何混合气体。

石墨加热材料相对的高纯度可确保装炉物料不被污染，一般在高温下，特种石墨加热元件不会由于再结晶或粗晶形成而变脆老化。这种特性就是石墨与金属或陶瓷加热元件的差别所在。

石墨加热元件稳定的壁厚能使材料具有均匀的发热结构，这是达到最佳温度分布的主要优势。元件具有很高的机械强度，在温度升至 2 600 ℃时，其机械强度还会进一步增加，故可把加热元件的结构设计成较长的自身支撑长度。然而，当温度超过 2 600 ℃时，其机械强度开始逐渐下降。图 2-58 表示 MNC 石墨强度与温度的变化曲线。

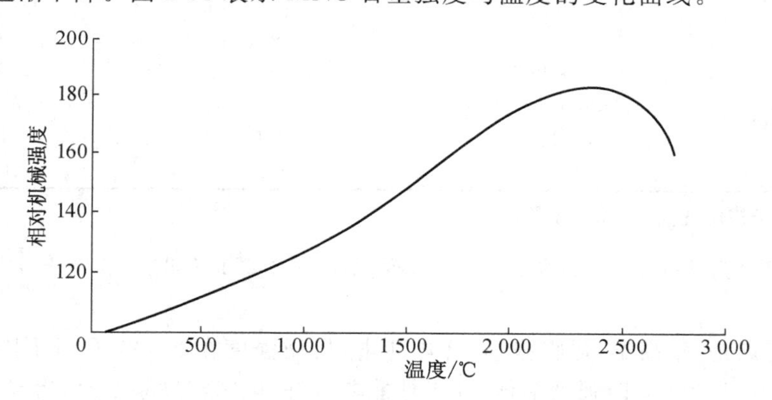

图 2-58　MNC 石墨强度与温度的变化曲线

随温度变化碱金属、碱土金属、过渡金属及其氧化物会对石墨有腐蚀作用。碱性氧化物、氢化物、氢氧化物、硼化物、硅化物及磷化物在高温下对石墨有腐蚀作用，形成碳化物。在这些条件下，石墨加热元件必须采取合适的设计方法进行保护，例如配备炉腔等。同其他石墨材料一样，MNC 和 MNT 规格的特种石墨也会受到氧、空气、CO_2、NO_2、蒸汽及其混合物的侵蚀，这种侵蚀会在 400 ℃左右慢慢发生，然后在 600 ℃时加快。特种石墨制成的加热元件既能耐侵蚀性介质的腐蚀，如氟、氯及其氢化物；也能抗熔融玻璃和金属的腐蚀，如铜、锡、锌、镉、锗、铅、铝、银、金、汞及其合金。在极高温度下产生的碳蒸气压力，也会缩短其使用寿命。MNC 和 MNT 石墨加热管通常可以在 3 000 ℃下使用。

石墨加热材料制成的管形元件最高使用温度与工作炉气氛的关系见表 2-38。

表 2-38　管形石墨元件最高使用温度与工作炉气氛的关系

气　氛	石墨管最高使用温度/℃	气　氛	石墨管最高使用温度/℃
真空	2 200	吸热气氛、干燥、无 CO_2	2 500
氮	2 500	惰性气体	3 000
氢、干燥	2 500	CO	3 000

注：这些条件几乎能够满足所有热工处理工业炉的加热要求。

MNC，MNT 电加热石墨管物理参数见表 2-39。

表 2-39　MNC 和 MNT 特种石墨类电加热管

性　能	单位/取样方向	MNC	MNT
体积密度	g/cm^3	1.80	1.75
开口气孔率	%	14	16
最大粒度	mm	0.2	0.4
电阻率	Ω·μm∥	10	10
弹性模量	kN/mm^2 ∥	16	15
抗折强度	N/mm^2 ∥	40	20
抗压强度	N/mm^2 ∥	60	30
	N/mm^2 ⊥	55	28
抗拉强度	N/mm^2 ∥	22	12
线性热胀系数	μm/(K·m)∥	1.5	1.0
导热率	W/(K·m)∥	130	130
灰分含量		0.15	0.4

注：∥平行于挤压方向；⊥垂直于挤压方向。

石墨的熔点为 3 649 ℃(升华)，其饱和蒸汽压在 2 271 ℃时为 133 Pa，2 621 ℃时为 1.3×10^4 Pa。

石墨的特点是：耐高温，热膨胀小，抗热冲击，机械强度在 2 500 ℃以下随温度上升而提高，在 1 700～1 800 ℃时强度最佳，加工性能非常好，电阻温度系数小，容易得到高温，在真空热处理炉中广为应用。当它在真空中使用的温度超过 2 400 ℃时也会迅速蒸发，为了减少蒸发，可在炉内通入一定压力的纯净惰性气体或氮气。用石墨纤维编织成石墨布或石墨带来制作电热元件，除了具有石墨的一般优点之外，还有其他一些优点。从电性能上来说，可制成较大电阻的电热元件，因此在保证相同功率的条件下，可提高电热元件的电压，降低电流，因而可简化电极引出结构，减少能量损耗。从热性能上来说，由于增加了电热元件的辐射面积，降低了电热元件温度，使炉膛的温差减小，减少了热损失，节约了能源。根据初步试验证明，石墨带电热元件与石墨棒电热元件相比，其空载损耗功率小 15%左右。碳毡的主要技术性能见表 2-40。

表 2-40　碳毡的主要技术性能

性　能	兰州碳素厂	吉林碳素厂	辽阳碳素厂	(德)SGL 碳素集团	
				KFA5	PR-101-16
密度/(kg/m²)	100～200	70～150	100～150	50	160
热导率/[W/(m·℃)]	<0.175	0.090	0.058～0.128	0.070	0.163/1 500
灰分/%	1.5		<1.5	<0.3	0.3
真空下最高使用温度/℃	1 350①	1 350①	1 350①		1 800
比热容/[kJ/(kg·℃)]					3.73
含碳量/%		90	90		≥97
产品规格	厚 10～15 mm 长 0.6 m 宽 0.6 m	厚 6,8,10 mm 长 1～3 m	厚 5,8,10 mm 长 3 m 宽 1.1 m	厚 5 mm 长 25 m 宽 1.2 m	厚 20,30,40 mm 长 1.5 m 宽 0.65 m

注:① 温度再高时,可以自行石墨化。

图 2-59 表示碳毡和石墨纤维毡在不同容器电热设备中热导率的变化状态。

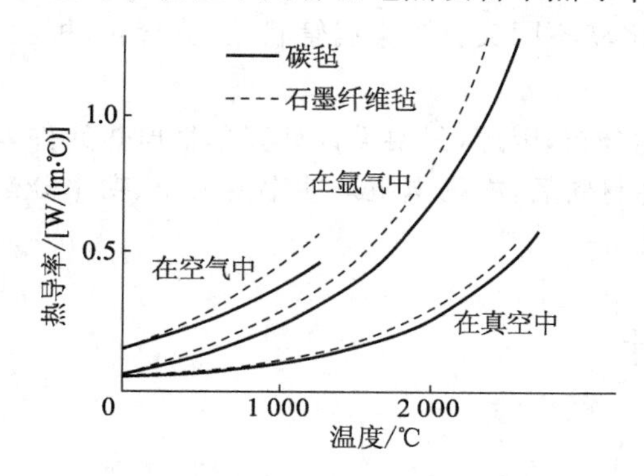

图 2-59　碳毡和石墨纤维毡的热导率

第3章 电热元件的设计与制造

电热元件是电热设备的心脏。电热元件按其结构分为单一电热元件和复合电热元件两大类。单一电热元件由一种材料组成，按其性质不同可分为金属电热元件和非金属电热元件两种。金属电热元件如镍铬丝(Ni-Cr)、铁铬铝丝(Fe-Cr-Al)、镍铁丝(Ni-Fe)、镍铜丝(Ni-Cu)等；非金属元件有碳化硅、硅钼棒、PTC电热元件、电热涂料等。复合电热元件是由几种材料组成的，按其形状不同又分为金属管状、石英管状、板状、片状、带状、薄膜状、陶瓷包覆状电热元件等。

电热元件一般都对称分布，因此，只要设计计算单根电热元件，其他照此制造即可。

在正确选定电热元件材料后，根据电阻炉功率的大小、功率分配及供电电压，即可设计并计算确定电热元件的尺寸。

3.1 电热丝的设计

3.1.1 线径计算

根据电热设备的工作温度及其他一些因素，选定合适的电热合金材料及其表面负荷，然后依据电热元件的额定功率(P)和工作电压(U)，采用计算法或图解法求出所需的电热材料尺寸，也可以由给定的材料尺寸来核算表面负荷的选取是否恰当。

(1) 计算法　根据表面负荷的概念和合金电热材料的电阻、功率和电阻值的关系，列出如下三个公式：

表面负荷

$$\omega=\frac{P}{A} \tag{3-1}$$

单支功率

$$P=\frac{U^2}{R_t} \tag{3-2}$$

单支工作温度下的电阻值

$$R_t=\rho_t\frac{l}{S}=\rho_{20}C_t\frac{l}{S} \tag{3-3}$$

式中，A为发热表面积，cm^2；U为单支工作电压，V；ρ_t为工作温度下的电阻率，$\Omega\cdot m$；ρ_{20}为20 ℃时的电阻率，$\Omega\cdot m$；C_t为电阻率修正系数；l为展开长度，m；S为截面积，m^2。

由式(3-2)和式(3-3)得：

$$l=\frac{U^2 S}{\rho_{20} C_t P} \tag{3-4}$$

对圆丝有

$$A=10^4 \pi d l$$

$$S=\frac{\pi}{4}d^2$$

式中，d 为圆丝直径，m。

代入式(3-1)、式(3-4)中，提出 l 且合并为

$$l=\frac{P}{10^4 \pi d \omega}=\frac{U^2 \pi d^2}{4\rho_{20} C_t P} \tag{3-5}$$

$$d^3=\frac{4\rho_{20} C_t P^2}{10^4 \pi^2 \omega U^2}$$

$$d=\sqrt[3]{\frac{4\rho_{20} C_t P^2}{10^4 \pi^2 \omega U^2}}=0.0343\ 5\sqrt[3]{\frac{\rho_{20} C_t P^2}{\omega U^2}} \tag{3-6}$$

将式(3-6)代入式(3-5)得

$$l=0.000\ 927\sqrt[3]{\frac{U^2 P}{\rho_{20} C_t \omega^2}} \tag{3-7}$$

对扁丝来讲，假定扁丝截面边长之比 $b/a=m$，则

$$A=2(a+b)\times 1\times 10^4=2\times 10^4 la(m+1)$$

$$S=ab=ma^2$$

分别代入式(3-1)和式(3-4)中，提出 l 且合并为

$$l=\frac{U^2 ma^2}{\rho_{20} C_t P}=\frac{P}{2\times 10^4 \omega a(m+1)} \tag{3-8}$$

$$a^3=\frac{\rho_{20} C_t P^2}{2\times 10^4 U^2 m(m+1)}$$

$$a=\sqrt[3]{\frac{\rho_{20} C_t P^2}{2\times 10^4 U^2 m(m+1)}} \tag{3-9}$$

式中，a 为扁丝厚度，m；b 为扁丝宽度，m；m 值一般取 512.

又可写为

$$a=K_a\sqrt[3]{\frac{P^2 \rho_{20} C_t}{U^2 \omega}} \tag{3-10}$$

$$b=K_b\sqrt[3]{\frac{P^2 \rho_{20} C_t}{U^2 \omega}} \tag{3-11}$$

式中，K_a 与 K_b 见表 3-1。

表 3-1　K 值表

m	5	8	10	12	15
K_a	0.011 9	0.008 85	0.007 7	0.006 85	0.005 93
K_b	0.059 3	0.070 8	0.077	0.082	0.088 9

(2) 计算查表法　为简化计算，通常用式(3-12)，先计算出单位电阻的散热面积 A_Ω

$$A_{\Omega}=\frac{P^2}{U^2\omega} \tag{3-12}$$

然后查表3-2至表3-7,得到丝径规格 d,再按表中相应的 l_{Ω} 用下式求出电阻材料长度 l

$$l=\frac{U^2}{PC_t l_{\Omega}} \tag{3-13}$$

表3-2　几种电热器的电热材料表面负荷 W/cm²

电热器名称	结构型式		表面负荷
电炉	开启式		4.0～7.0
	封闭式	不带控温	0.8～1.5
		带控温	1.5～2.5
电熨斗	云母骨架		5.0～8.0
	管状元件带控温		6.0～8.0
电饭锅	管状元件带控温		4.0～6.0

表3-3　常用电热材料的使用温度 ℃

材料类型		使用温度	
		常用	最高
镍铬合金	Cr20Ni90	1 000～1 050	1 150
	Cr15Ni80	900～950	1 050
镍铬铝合金	1Cr13Al4	900～950	1 100
	0Cr13Al6Mo2	1 050～1 200	1 300
	0Cr25Al6Mo2	1 050～1 200	1 300
	0Cr27Al7Mo2	1 200～1 300	1 400

表3-4　电热元件的允许表面负荷 W/cm²

材料	温度/℃							
	600	700	800	900	1 000	1 100	1 200	1 300
0Cr25Al5		3.0～3.7	2.6～3.2	2.1～2.6	1.6～2.0	1.2～1.5	0.8～1.0	0.5～0.7
Cr15Ni60	2.5	2.0	1.5	0.8				
Cr20Ni80	3.0	2.5	2.0	1.5	1.1	0.5		

表3-5　电阻丝数据表

d/mm	l_{Ω}/(Ω/m)		G/(g/m)		A_{Ω}/(cm²/Ω)	
	镍铬	铁铬	镍铬	铁铬	镍铬	铁铬
2.00	0.347	0.446	26.100	22.000	181.100	141.000
1.80	0.428	0.551	21.100	18.000	132.000	102.000
1.60	0.542	0.697	16.690	14.000	92.720	72.200
1.40	0.708	0.910	12.780	11.000	62.120	48.200
1.30	0.823	1.058	11.026	9.400	49.820	38.500
1.20	0.965	1.238	9.400	8.000	39.196	33.000
1.00	1.388	1.783	6.520	5.600	22.640	17.600
0.90	1.713	2.200	5.280	4.500	16.500	12.700

续表

d/mm	l_{Ω}/(Ω/m)		G/(g/m)		A_{Ω}/(cm^2/Ω)	
	镍铬	铁铬	镍铬	铁铬	镍铬	铁铬
0.80	2.168	2.790	4.172	3.600	11.590	9.000
0.70	2.750	3.640	3.290	2.700	8.100	6.030
0.60	3.855	4.953	2.350	2.000	4.890	3.800
0.50	5.550	7.135	1.630	1.400	2.830	2.200
0.45	6.853	8.820	1.320	1.130	20.630	1.605
0.40	8.674	11.130	1.050	0.900	1.449	1.130
0.35	11.010	14.100	0.820	0.700	1.013	0.780
0.30	15.420	19.800	0.590	0.505	0.611	0.475
0.25	22.210	28.600	0.410	0.350	0.353	0.274
0.20	34.700	44.500	0.260	0.222	0.181	0.140

注:d 为电阻丝直径;l_{Ω} 为单位长度电阻值;G 为单位长度电阻丝质量;A_{a} 为单位电阻值电阻丝的表面积。

表 3-6　常用电热合金在不同温度下的电阻率修正系数 C_t

品种	型号	温度/℃													
		20	100	200	300	400	500	600	700	800	900	1 000	1 100	1 200	1 300
铁镍铝合金	1Cr13Al4	1.000	1.006	1.019	1.031	1.049	1.073	1.108	1.1331	1.146	1.156	1.163	1.170	1.170	
	0Cr25Al5	1.000	1.001	1.003	1.007	1.013	1.027	1.039	1.043	1.046	1.049	1.051	1.053	1.056	1.060
	0Cr13Al6Mo2	1.000	1.001	1.001	1.007	1.014	1.028	1.048	1.053	1.058	1.060	1.064	1.066	1.069	
	0Cr27Al7Mo2	1.000	0.995	0.992	0.989	0.988	0.988	0.988	0.987	0.987	0.986	0.986	0.986	0.986	0.986
镍铬合金	Cr15Ni60	1.000	1.013	1.029	1.046	1.062	1.074	1.078	1.083	1.089	1.097	1.105			
	Cr20Ni80	1.000	1.006	1.016	1.024	1.031	1.035	1.026	1.019	1.017	1.021	1.028	1.038		

表 3-7　0Cr25Al5 电热元件各种功率的参考数据

电炉功率/kW	元件温度/℃	元件功率/kW	元件数目	电源电压/V	元件相数	接线方法	元件电流/A	元件直径/mm	元件电阻/Ω	元件长度/m	全台长度/m	全台质量/kg	元件表面功率/(W/cm^2)
1	1 200	1	1	220	1	+	4.55	1.0	48.40	25.2	25.2	0.14	1.26
3	1 200	3	1	220	1	+	13.64	2.0	16.10	33.6	33.6	0.75	1.42
5	1 200	5	1	220	1	+	22.73	2.8	9.68	39.5	39.5	1.72	1.44
7	1 200	7	1	220	1	+	31.82	3.5	6.91	44.1	44.1	3.01	1.44
9	1 200	9	1	220	1	+	40.91	4.0	5.38	44.8	44.8	4.00	1.60
10	1 200	10	1	220	1	+	45.45	4.5	4.84	51.0	51.0	5.76	1.39
12	1 200	12	1	220	1	+	54.55	5.0	4.03	52.5	52.5	7.32	1.45
15	1 200	15	1	220	1	+	68.18	5.5	3.22	50.7	50.7	8.55	1.71
15	1 200	15	1	380	1	+	39.47	4.0	9.65	80.5	80.5	7.20	1.49
18	1 200	18	1	220	1	+	81.82	6.5	2.69	59.2	59.2	13.90	1.49
20	1 200	20	1	220	1	+	90.91	7.0	2.42	61.8	61.8	16.90	1.47
20	1 200	20	1	380	1	+	52.63	5.0	7.23	94.1	94.1	13.10	1.35
24	1 200	24	1	220	1	+	109.10	7.5	2.02	59.1	59.1	18.50	1.72
24	1 200	24	1	380	1	+	63.16	5.5	6.03	95.0	95.0	16.00	1.47
25	1 200	25	1	220	1	+	113.60	8.0	1.94	64.8	64.8	25.10	1.54
25	1 200	8.3	3	380	3	Y	37.80	4.0	5.83	48.6	145.8	13.00	1.35
30	1 200	10	3	380	3	Y	45.45	4.5	4.84	51.0	153.0	17.40	1.39

续表

电炉功率/kW	元件温度/℃	元件功率/kW	元件数目	电源电压/V	元件相数	接线方法	元件电流/A	元件直径/mm	元件电阻/Ω	元件长度/m	全台长度/m	全台质量/kg	元件表面功率/(W/cm²)
35	1 200	11.7	3	380	3	Y	53.00	4.8	4.13	49.6	148.8	19.10	1.56
36	1 200	12	3	380	3	Y	54.55	5.0	4.03	52.5	157.5	22.00	1.46
42	1 200	14	3	380	3	Y	63.64	5.5	3.45	54.5	163.2	27.50	1.49
45	1 200	15	3	380	3	Y	68.18	5.5	3.22	50.7	152.1	25.70	1.71
45	1 200	7.5	6	380	3	YY	34.09	3.5	6.45	41.2	247.2	16.90	1.65
45	1 200	7.5	6	380	3	YY	34.09	4.0	6.45	53.7	322.2	28.50	1. 11
48	1 200	16	3	380	3	Y	72.73	6.0	3.02	56.6	169.8	34.20	1.50
48	1 200	8	6	380	3	YY	36.37	3.8	6.05	45.5	273.0	22.00	1.47
54	1 200	18	3	380	3	Y	81.82	6.5	2.69	59.2	177.6	41.80	1.49
54	1 200	18	3	380	3	△	47.37	4.5	8.05	84.9	254.7	28.80	1.50
54	1 200	9	6	380	3	YY	40.91	4.0	5.38	44.8	268.8	24.00	1.60
54	1 200	6	9	380	3	YYY	27.27	3.0	8.07	37.8	340.2	17.10	1.69
60	1 200	20	3	380	3	Y	90.91	7.0	2.42	61.8	185.4	50.70	1.47
60	1 200	20	3	380	3	△	52.63	5.0	7.24	94.1	282.3	39.30	1.35
60	1 200	10	6	380	3	YY	45.45	4.5	4.84	50.1	306.0	34.60	1.39
66	1 200	22	3	380	3	Y	100.00	7.0	2.20	56.3	168.9	46.10	1.78
66	1 200	11	6	380	3	YY	50.00	4.5	4.40	46.5	279.0	31.50	1.67
72	1 200	24	3	380	3	Y	109.10	7.5	2.02	59.1	177.3	55.60	1.72
72	1 200	12	6	380	3	YY	54.55	5.0	4.03	52.5	315.0	43.90	1.45
75	1 200	25	3	380	3	Y	113.60	8.0	1.94	64.8	194.4	69.40	1.54
75	1 200	12.5	6	380	3	YY	56.80	5.0	3.88	50.5	303.0	42.30	1.58
75	1 200	8.34	9	380	3	YYY	37.80	4.0	5.81	48.4	435.6	38.90	1.37
78	1 200	26	3	380	3	Y	118.20	8.0	1.86	62.1	186.3	66.50	1.67
78	1 200	13	6	380	3	YY	59.00	5.0	3.72	48.5	291.0	40.60	1.71
78	1 200	8.7	9	380	3	YYY	39.40	4.0	5.56	46.4	417.6	37.30	1.49

(3) 图解法　图 3-1 中(a)和(b)分别为铁铬铝和镍铬电热元件在不同温度下表面负荷的计算图。由图根据功率或电流，再结合表面负荷并参考图 3-2 和图 3-3 可查得所需合金材料的线径和长度。

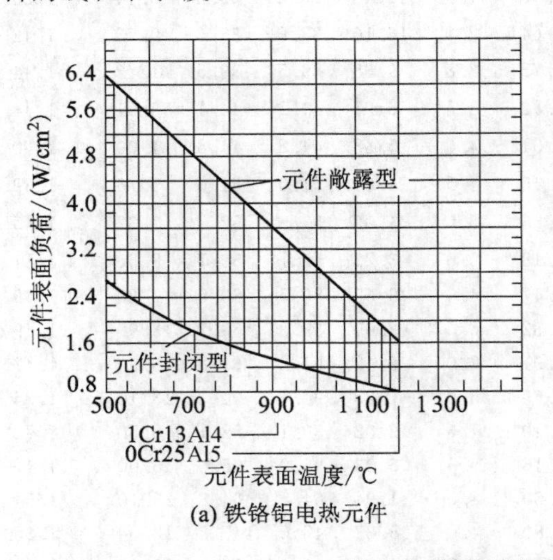

(a) 铁铬铝电热元件

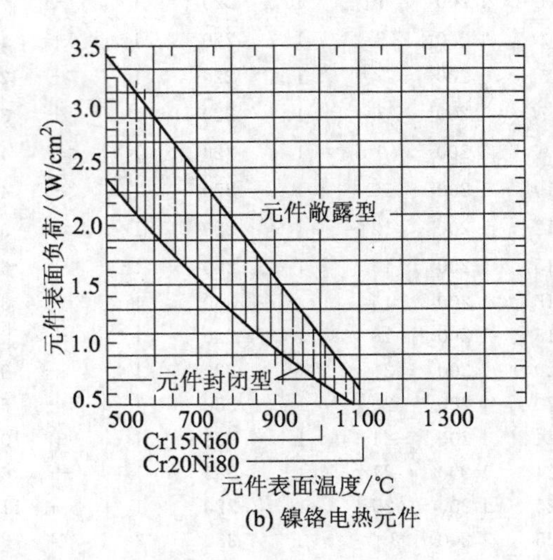

(b) 镍铬电热元件

图 3-1　铁铬铝和镍铬电热材料计算图

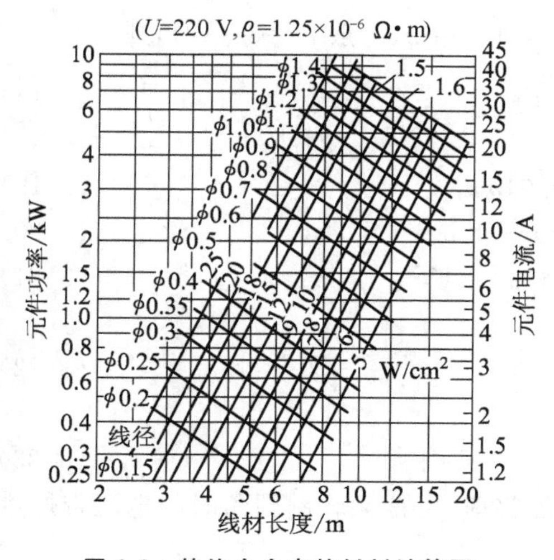

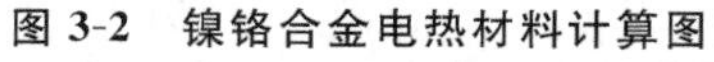
图 3-2　镍铬合金电热材料计算图

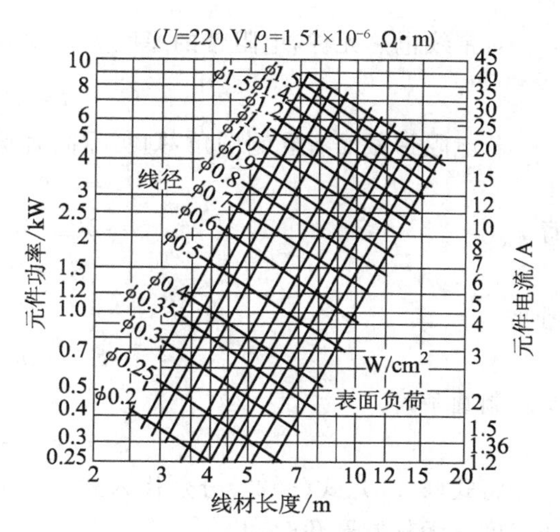

图 3-3　铁铬铝合金电热材料计算图

3.1.2　形状设计

制作电热元件必须将合金电热材料绕制成一定的形状。一般情况下，圆丝设计成螺旋形，扁丝设计成波纹形或缠绕在其他骨架上。形状的设计与工作温度下的强度及电热元件的寿命有关，如螺旋直径太大，在高温工作时会发生元件变形；螺旋直径太小，会因应力过大而产生断裂现象。螺旋节距太小，螺旋内径易过热而缩短寿命。圆丝合金电热元件的形状尺寸如图 3-4 所示。扁丝合金电热元件的波纹形状尺寸如图 3-5 所示。圆丝：$d \leqslant 1.0$ mm时，$D=(3\sim10)d$，$h=(2\sim4)d$；$d>1.0$ mm 时，$D=(5\sim7)d$，$h=(2\sim4)d$。扁丝：$a>1.5$ mm 时，$b=(5\sim12)\delta$，$H<10b$，弯曲半径$=(4\sim7)\delta$，波纹间距 $s=(10\sim30)\delta(s=4r+2\delta)$。

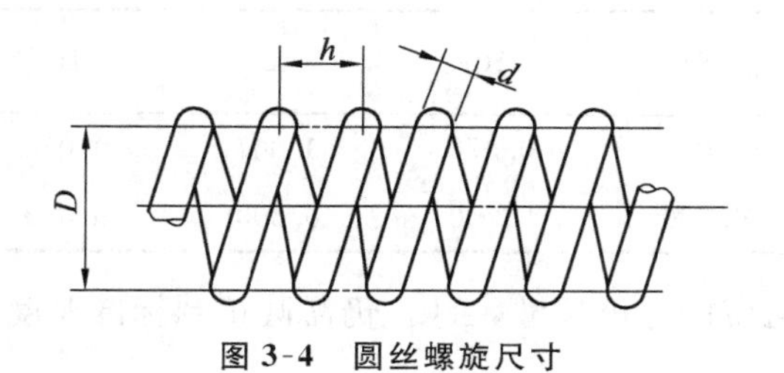

图 3-4　圆丝螺旋尺寸

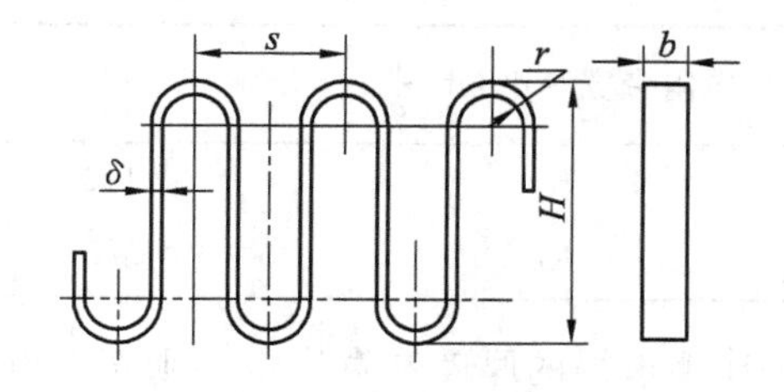

图 3-5　扁丝波纹尺寸

将 S 代入式(3-14)得

$$R_t=\rho_t \frac{l}{S}=\rho_{20} C_t \frac{l}{S} \tag{3-14}$$

单根电热元件的质量 M 为

$$M=\frac{\pi d^2}{4} l\gamma\times10^{-3} \tag{3-15}$$

式中，γ 为元件的密度，g/cm³。

炉子所需电热元件的总长度 $l_{总}$ 和总质量 $M_{总}$ 为

$$l_{总}=nl \tag{3-16}$$

$$M_{总}=nM \tag{3-17}$$

式中，n 为电热元件的根数。

对带线电热元件，电阻带的厚度为 a，宽度为 b，且 $\frac{b}{a}=m$（一般 $m=8\sim12$），则

$$f=ab=ma^2 \tag{3-18}$$

若电阻带截面有轧制圆角，则实际截面积为

$$f_1=0.94ab=0.94ma^2 \tag{3-19}$$

而

$$S=2(a+b)=2(m+1)a \tag{3-20}$$

$$S_1\approx2(m+1)a \tag{3-21}$$

因此

$$Sf=2m(m+1)a^3 \tag{3-22}$$

有轧制圆角时

$$S_1f_1=1.88(m+1)a^3 \tag{3-23}$$

将式(3-22)、式(3-23)分别代入式(3-16)并加整理，可得无轧制圆角时的电阻带厚度和宽度。无轧制圆角时：

$$a=\sqrt[3]{\frac{10^5P^2\rho_t}{2m(m+1)U^2W_{允}}} \tag{3-24}$$

或

$$a=\sqrt[3]{\frac{\rho_t}{20m(m+1)W_{允}}}\sqrt[3]{\left(\frac{10^3P}{U}\right)^2}=K_a\sqrt[3]{\left(\frac{10^3P}{U}\right)^2} \tag{3-25}$$

$$b=ma=mK_a\sqrt[3]{\left(\frac{10^3P}{U}\right)^2}=K_b\sqrt[3]{\left(\frac{10^3P}{U}\right)^2} \tag{3-26}$$

当 0Cr25Al5 在中温炉中使用时，$W_{允}=1.6\ \mathrm{W/cm^2}$，$\rho_t=1.508\ \Omega\cdot\mathrm{mm^2/m}$，对不同的 m，系数 K_a，K_b 的值见表 3-8。

表 3-8　不同 m 值时的 K_a 和 K_b

电阻带宽厚比 $m=\frac{b}{a}$	5	8	10	12	15
K_a	0.116	0.087	0.075	0.067	0.058
K_b	0.580	0.690	0.750	0.800	0.870

计算求得的厚度和宽度也必须符合电阻带的标准尺寸，否则，仍需圆正到标准厚度和宽度。

常用电阻带的标准厚度和宽度(mm)如下。

厚度 a：1.0，1.2，1.4，1.5，1.6，1.8，2.0，2.2，2.5。

宽度 b：10，12，14，15，16，18，20，25，30。

单根电阻带的长度亦应按式(3-31)计算。

单根电阻带的质量为

$$M=abl\gamma\times10^{-5} \tag{3-27}$$

电阻带的总长度和总质量为

$$l_{总}=nl \tag{3-28}$$

$$M_{总}=nM \tag{3-29}$$

对于常用的 0Cr25Al5 电热元件各种功率的参考数据可查表 3-7。

3.1.3　设计计算参数整理

应用上述公式计算确定电热元件的尺寸（截面尺寸和展开长度）并不困难，但在电热元件的设计中经常会碰到下述实际问题：电热元件太长，在炉内布置不下；电热元件直径太细或太粗；电热元件的材料消耗量大等。对这些问题应采取哪些措施来解决，需要研究电热元件各参数的影响规律，从中找出解决问题的办法。下面以阻丝为例进行分析（对阻带其影响规律相同）。由公式推导可知，$W_{允}$实际上是元件的单位表面功率，由于要求 $W\leqslant W_{允}$，当 $W=W_{允}$ 时，该式中 W 才用 $W_{允}$ 代替。为了讨论方便，$W_{允}$ 应该用元件的单位表面功率 W 表示。将式(3-15)整理后得下述一些公式：

阻丝直径

$$d=\sqrt[3]{\frac{4\times10^5 P^2\rho_t}{\pi^2U^2W}} \tag{3-30}$$

单根阻丝长度

$$l=\sqrt[3]{\frac{10PU^2}{4\pi\rho_t W^2}} \tag{3-31}$$

单根阻丝质量

$$M=\gamma\sqrt[3]{\frac{10^2P^5\rho_t}{16\pi^2U^2W^4}} \tag{3-32}$$

把 $P=P_{设}/n$ 代入上述算式后可得

阻丝直径

$$d=\sqrt[3]{\frac{4\times10^5 P_{设}^2\rho_t}{\pi^2U^2Wn^2}}. \tag{3-33}$$

阻丝总长

$$l_{总}=nl=\sqrt[3]{\frac{10P_{设}U^2n^2}{4\pi\rho_t W^2}} \tag{3-34}$$

阻丝总质量

$$M_{总}=\sqrt[3]{\frac{10^2P_{设}^5\rho_t}{16\pi^2U^2W^4n^2}} \tag{3-35}$$

上述三个算式是下面分析讨论要用的基本公式，并且是在电阻炉的功率 $P_{设}$ 一定的条件下来讨论。

(1) 根数的影响　讨论根数 n 影响时，设其他参数 U,W,ρ_t,γ 一定，在上述条件下，由式(3-33)至式(3-35)得

$$d=K_1\frac{1}{n^{2/3}},l_{总}=K_2n^{2/3},M_{总}=K_3\frac{1}{n^{2/3}}$$

式中，$K_1\sim K_3$ 为常数（下面的 $K_4\sim K_{21}$ 也均为常数）。

由此可见，增加元件的根数（例如由单相改为三相，单 Y 改为双 Y，后者使 n 由 3 增加到 6），使阻丝直径减小，而总长度增加，总重量减少。根数愈多，总长愈长，越不利于元件在炉内的布置。因为根数过多后，虽使元件材料消耗（用料量）大大减少，但也使阻丝过细而缩短了寿命（阻丝寿命与其直径成正比），同时使元件在炉内难于布置。

(2) 端电压的影响　设 W,ρ_t,P（即 n 一定，下同），γ 一定，讨论端电压的影响。由式(3-33)至式(3-35)得

$$d=K_4\frac{1}{U^{2/3}},l_{总}=K_5U^{2/3},M_{总}=K_6\frac{1}{U^{2/3}}$$

可见，在上述条件下，当端电压增大时（如由单Y改为单△），则阻丝直径减小，总长增长，这不利于阻丝在炉内的布置，但用料量减少。

当电阻炉的三相供电电压一定时，端电压对阻丝参数的影响规律见表3-9。

表3-9　端电压对阻丝参数的影响

阻丝接法	单Y	双Y	三个Y	单△	双△	三个△
阻丝直径	d	$0.63d$	$0.48d$	$0.69d$	$0.44d$	$0.33d$
阻丝总长	$l_{总}$	$1.59l_{总}$	$2.08l_{总}$	$1.44l_{总}$	$2.29l_{总}$	$3.00l_{总}$
阻丝总重量	$M_{总}$	$Ml_{总}$	$0.48M_{总}$	$0.69M_{总}$	$0.44M_{总}$	$0.33M_{总}$

（3）单位表面功率的影响　设P,U,ρ_t,γ一定，同理可得

$$d=K_7\frac{1}{W^{1/3}},l_{总}=K_8\frac{1}{W^{2/3}},M_{总}=K_9\frac{1}{W^{4/3}}$$

所以，在上述条件下，提高元件的W，可使阻丝直径、总长和用料量均减少，这有利于电热元件在炉内的布置，但元件寿命要缩短。例如，W从1.0 W/cm^{2}增加到1.6 W/cm^2，元件直径减小约15%，总长缩短约27%，用料量减少约47%，但元件的使用寿命将会缩短。

（4）电阻率的影响　设P,U,W,γ一定，同理可得

$$d=K_{10}\rho_t^{1/3},l_{总}=K_{11}\frac{1}{\rho_t^{1/3}},M_{总}=K_{12}\rho_t^{1/3}$$

由此可见，元件材料的ρ_t愈大，则d和$M_{总}$愈大，而总长愈短，这有利于元件在炉内的布置。对于中温炉中使用的Cr20Ni80和Cr25Al5，当它们的P,U,W相同时，后者由于ρ_t大使截面尺寸增大9.4%，长度缩短8.6%，用料量由于它的γ小，因而少7.5%左右，而且，0Cr25Al5的价格也便宜。

（5）直径的影响　设P,U,ρ_t,γ一定时，讨论改变阻丝直径对$W,l_{总}$和$M_{总}$的影响，在上述条件下，由式(3-33)至式(3-35)得

$$W=K_{13}\frac{1}{d^3},l_{总}=K_{14}d^2,M_{总}=K_{15}d^4$$

由此可得表3-10。

表3-10　阻丝直径与$W,l_{总}$和$M_{总}$的关系

阻丝直径/mm	单位表面功率	阻丝总长	阻丝总重量
4.0	W	$l_{总}$	$M_{总}$
4.5	$0.702W$	$1.266l_{总}$	$1.60M_{总}$
5.0	$0.512W$	$1.563l_{总}$	$2.44M_{总}$
5.5	$0.385W$	$1.891l_{总}$	$3.57M_{总}$
6.0	$0.296W$	$2.250l_{总}$	$5.06M_{总}$

阻丝丝状电热元件直径单位重量关系可见表3-11参考数据。

电阻丝绕制和炉内布置均较困难。实验室用电阻炉电阻丝直径和长度均较小，以便于

在炉内布置，但电热元件的使用寿命将缩短。对于某些有特殊要求的电阻炉，如连续式无马弗气体渗碳炉或输送带式炉，要求电热元件的寿命较长，而炉膛内布置电热元件的空间又受到限制，对这类电阻炉的电热元件常采用大截面的电阻板或电阻带，同时配备调压器以降低电热元件的端电压，缩短电热元件的长度，以便于布置。

(6) 丝状电热元件的结构尺寸　丝状电热元件多数绕成螺旋状，直径 d 较粗时也可加工成波纹形，如图 3-6 所示。每根螺旋状电热元件的安装长度 L 为

$$L=nh=\frac{l}{\sqrt{(\pi D)^2+h^2}}h\approx\frac{l}{\pi D}h \tag{3-36}$$

式中，n 为螺旋圈的圈数，$n=\frac{l}{\sqrt{(\pi D)^2+h^2}}\approx\frac{l}{\pi D}$；$l$ 为丝状电热元件的丝长度，m。

表 3-11　丝状电热元件的常用数据

0Cr25Al5				Cr20Ni80			
直径/mm	每米电阻/(Ω/m)	截面积/mm^2	每米质量/(kg/m)	直径/mm	每米电阻/(Ω/m)	截面积/mm^2	每米质量/(kg/m)
1.00	1.846	0.785	0.006	1.00	1.413	0.785	0.007
1.50	0.821	1.767	0.013	1.50	0.628	1.767	0.015
2.00	0.461	3.142	0.022	2.00	0.353	3.142	0.026
2.50	0.295	4.909	0.035	2.50	0.226	4.909	0.041
3.00	0.205	7.069	0.050	3.00	0.157	7.069	0.059
3.50	0.151	9.621	0.068	3.50	0.115	9.621	0.081
4.00	0.115	12.570	0.089	4.00	0.088	12.570	0.106
4.50	0.091	15.900	0.112	4.50	0.070	15.900	0.134
5.00	0.074	19.630	0.139	5.00	0.057	19.630	0.165
5.50	0.062	23.760	0.169	5.50	0.047	23.760	0.200
6.00	0.051	28.270	0.201	6.00	0.040	28.270	0.238
6,50	0.044	33.180	0.236	6.50	0.033	33.180	0.279
7.00	0.038	38.480	0.273	7.00	0.029	38.480	0.323
7.50	0.033	44.180	0.314	7.50	0.025	44.180	0.371
8.00	0.029	50.270	0.357	8.00	0.029	50.270	0.422

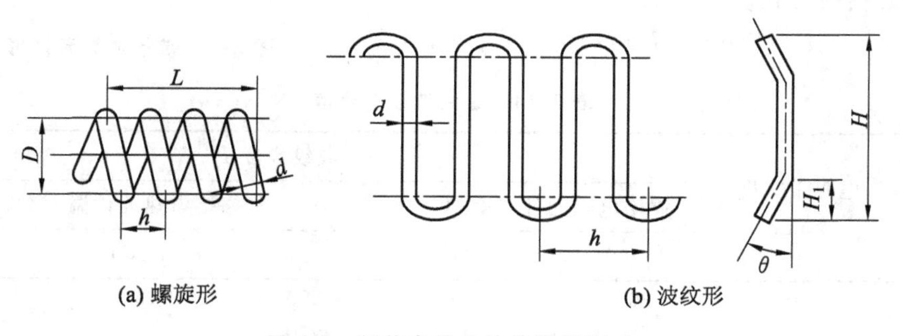

(a) 螺旋形　(b) 波纹形

图 3-6　丝状电热元件的绕制形式

螺旋平均直径 D 和螺距 h，按表 3-12 选取。炉温在 1 000～1 200 ℃的炉子，螺旋圈在高温下易变形倒伏，造成圈与圈之间短路，使元件过早损坏。为减轻这种变形倒伏，应增加螺旋体的刚度，故 D 应选小些。从减少螺旋体对热辐射的屏蔽来说，h 愈大愈好，这有利于

降低元件温度，延长元件寿命；但 h 选得过大，安装长度 L 太长，不便于在炉膛安装。一般 $h=(2\sim4)d$。

表 3-12　丝状螺旋体电热元件结构尺寸

项目	铁铬铝合金		铬镍合金		
	>1 000 ℃	<1 000 ℃	>950 ℃	950～750 ℃	<750 ℃
螺旋直径 D/mm	$(4\sim6)d$	$(6\sim8)d$	$(5\sim6)d$	$(6\sim8)d$	$(8\sim12)d$
螺旋节距 h/mm	$(2\sim4)d$	$(2\sim4)d$	$(2\sim4)d$	$(2\sim4)d$	$(2\sim4)d$

必须指出，由于在设计电热元件之前，炉膛尺寸已经确定，因此电热元件的安装长度 L 也已经确定，所以确定丝状螺旋形电热元件的结构尺寸实际上是确定 D 和 h。一般方法是按表 3-12 的要求先选定 D(还应注意到阻丝搁砖的间距，以免 D 过大时无法装进去)，而后由式(3-36)计算 h，看其是否在$(2\sim4)d$ 的范围内，否则调整 D(在表 3-12 范围内调整)。若调整 D 无法使 h 满足上述要求，则应采取改变元件端电压、改变根数等办法重新计算 d，l 和验算 W，或使炉膛尺寸做些变化。要注意的是，电热元件的合理结构尺寸，对保证元件寿命至关重要。

丝状波纹形电热元件的结构尺寸见表 3-13。

表 3-13　丝状波纹形电热元件的结构尺寸

波纹深度 H/mm		波纹间距 h/mm	θ	H_1
铁铬铝元件	铬镍元件			
150～250	200～300	$>3d$	10°～20°	$\left(\frac{1}{4}\sim\frac{1}{6}\right)H$

(7) 带状电热元件的成形尺寸　带状电热元件制成波纹形安装，如图 3-7 所示。最大波纹高度 H 见表 3-14 和表 3-15，波纹尺寸按下述算式确定。

波纹带弯曲半径

$$r=(4\sim8)a \tag{3-43}$$

每一波纹展开长度

$$l_b=2(\pi r+H-2r) \tag{3-44}$$

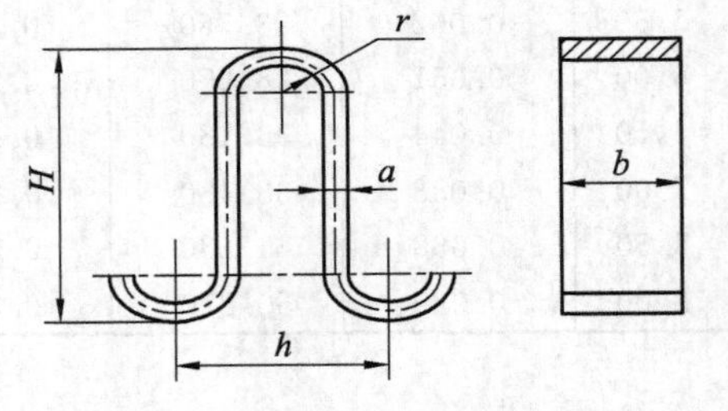

图 3-7　带状电热元件形状

表 3-14　最大波纹高度值

mm

安装方式	电阻带宽度 b/mm	最大波纹高度 H				
		镍铬电热元件温度/℃		铁铬铝电热元件温度/℃		
		1 100	1 200	1 100	1 200	1 300
垂直悬挂	10	300	200	250	150	130
	20	400	300	270	230	200
	30	450	350	420	280	250
水平放置	10	200	160	180	140	120
	20	270	220	250	175	150
	30	320	270	300	200	170

电热元件波纹数

$$n=1\ 000l/l_b \tag{3-37}$$

波纹带间距

$$h=1\ 000L/n \tag{3-38}$$

式中，L 为波纹带安装长度，m，由电热设备结构而定。

电阻加热丝、电阻加热带有关参数效果的相互影响见表 3-16 中所列。

表 3-15　带状电热元件的常用数据

扁带规格/mm	每米电阻 20℃/(Ω/m)	截面积/mm^2	每米质量/(kg/m)	扁带规格/mm	每米电阻 20℃/(Ω/m)	截面积/mm^2	每米质量/(kg/m)
1.0×10	0.154 3	9.40	0.067	1.0×10	0.118 1	9.40	0.079
1.0×12	0.123 3	11.76	0.084	1.0×12	0.094 4	11.76	0.099
1.0×14	0.105 7	13.72	0.097	1.0×14	0.080 9	13.72	0.115
1.5×10	0.102 8	14.10	0.100	1.5×10	0.078 7	14.10	0.118
1.5×12	0.082 2	17.64	0.125	1.5×12	0.062 9	17.64	0.148
1.5×14	0.070 5	20.58	0.146	1.5×14	0.053 9	20.58	0.173
1.5×16	0.061 7	23.52	0.167	1.5×16	0.047 2	23.52	0.198
2×18	0.041 1	35.28	0.251	2×18	0.031 5	35.28	0.296
2×20	0.036 9	39.20	0.278	2×20	0.028 3	39.20	0.329
2×22	0.033 6	43.12	0.306	2×22	0.025 7	43.12	0.362
2×25	0.029 6	49.00	0.348	2×25	0.022 7	49.00	0.412
2×30	0.024 7	58.80	0.418	2×30	0.018 9	58.80	0.494
2.5×20	0.029 6	49.00	0.348	2.5×20	0.022 7	49.00	0.412
2.5×22	0.026 9	53.90	0.383	2.5×22	0.020 6	53.90	0.453
2.5×25	0.023 7	61.25	0.435	2.5×25	0.181 0	61.25	0.515
2.5×30	0.019 7	73.50	0.522	2.5×30	0.015 1	73.50	0.617

表 3-16　电热元件计算中各种参数的相互影响

变动参数	功率	相电压	比电值	宽厚比	电阻带厚度	电阻带宽度	电阻丝直径	截面积	长度	体积变化	每千瓦重量	单位表面功率	使用寿命
增加组数	不变	不变	不变	不变	减少	减少	减少	减少	增加	减少	减少	不变	减少
加大 W 值	不变	不变	不变	不变	减少	减少	减少	减少	减少	减少	减少	—	减少
加大电压	增加	—	不变	不变	不变	不变	不变	不变	不变	不变	减少	增加	减少
加大电压	不变	—	不变	不变	减少	减少	减少	减少	增加	减少	减少	不变	减少
改用比电阻大的材料	减少	不变	—	不变	不变	不变	不变	不变	不变	不变	增加	减少	增加
改用比电阻大的材料	不变	不变	—	不变	增加	增加	增加	增加	减少	增加	增加	不变	增加
加大宽厚比	不变	不变	不变	—	减少	增加	—	不变	不变	减少	不变	减少	不一定
加大宽厚比	不变	不变	不变	—	不变	增加	—	增加	减少	增加	增加	不变	增加
加大宽厚比	增加	不变	不变	—	不变	增加	—	增加	增加	增加	增加	不变	减少
电阻丝改电阻带	不变	不变	不变	—	减少	增加	—	不变	不变	不变	不变	减少	不一定
电阻丝改电阻带	不变	不变	不变	—	减少	增加	—	减少	减少	减少	减少	不变	不一定

电阻式电热元件种类很多，有螺旋形、扁带形、板形、管形、棒形、片形等。封装形式有

开启式、封闭式、半封闭式。在选用确定允许单位表面功率 $W_{允}$ 时，还应考虑下列因素。

① 元件在封闭状态下加热（如在辐射管中或在炉底板下）时，$W_{允}$ 应取低值。元件在敞开（暴露）状态下加热时，或在炉气强制流动下加热，则 $W_{允}$ 应取高值。

② 元件在可控气氛或有一定腐蚀气氛中加热时，$W_{允}$ 值应大幅度降低。

③ 工件的黑度小时，吸收辐射能的效果差，$W_{允}$ 应取低值。

④ 带状电热元件对其自身辐射的屏蔽较小，其 $W_{允}$ 值可比丝状电热元件的 $W_{允}$ 值略高些。

3.2 电热元件发热体的制作

3.2.1 缠绕工艺

圆丝的绕制分手工缠绕、夹具缠绕和机器自动缠绕三种，缠绕形状如图 3-8 所示。

手工缠绕如图 3-9(a)所示，在动力头（一般直接用电动机的输出轴）上装有一个钻夹头，在钻夹头上夹有一根芯杆。电热丝一端与钻夹头固定，当芯杆旋转时，用手夹住电热丝，手与芯杆和电热丝间滑动接触。钻夹头旋转时，电热丝就会顺着芯杆外圈紧密缠绕成螺旋形状。手工缠绕适用于 $d<1$ mm 的圆丝。

圆丝一般绕成螺旋形，扁丝一般滚压成波形。几何形状尺寸间的关系为 $D=(3\sim10)d$；$h=(2\sim4)d$；$h=(3\sim4)t$。电热丝的规格按下列公式计算后，在规格表中取大数。对圆丝而言，丝径 d 为

$$d=0.343\sqrt[3]{\frac{P^2\rho_t}{U^2\omega}} \tag{3-39}$$

丝长 L 为

$$L=\frac{U^2\pi d^2}{4P\rho_t} \tag{3-40}$$

式中，P 为元件的额定功率，W；U 为元件的额定电压，V；ω 为电热丝的表面负荷，W/cm²；ρ_t 为电热丝在温度 t 时的电阻率，Ω · mm² m。

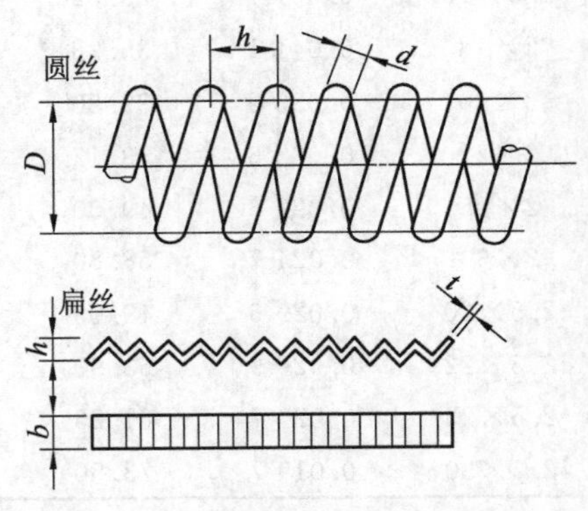

图 3-8 电热丝缠绕形状图

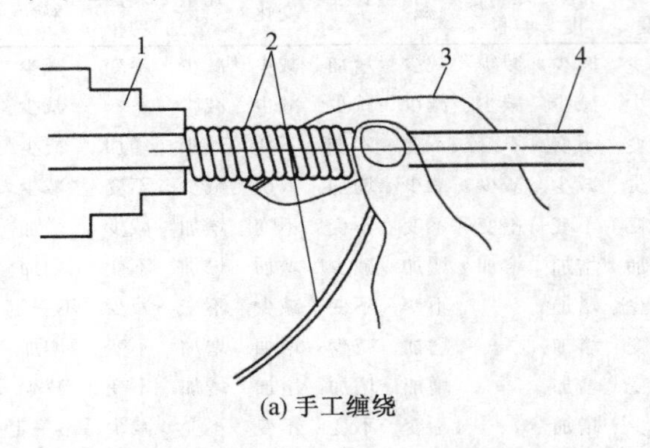

(a) 手工缠绕

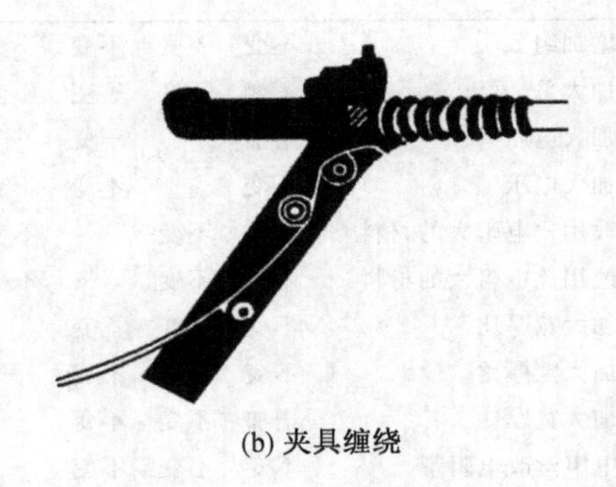

(b) 夹具缠绕

1—动力夹头；2—电热丝；3—手；4—芯杆

图 3-9 缠绕工艺

对扁丝而言，其厚度 t、宽度 b 和长度 L 的计算公式为

$$t=\sqrt[3]{\frac{P^2\rho_t}{20m(m+1)U^2\omega}} \tag{3-41}$$

$$b=mt \tag{3-42}$$

$$L=\frac{P}{20\omega(m+1)t} \tag{3-43}$$

为了得到均匀、平整的螺旋形电热元件，电热丝需均匀地拉紧。由于丝径 $d>1$ mm 的圆丝强度较大，不再适合用手工缠绕而用夹具缠绕，如图 3-9(b)所示。夹具结构如图 3-10 所示。把手 1 和外套 8 是焊接在一起的，外套上固定着一个滑块 5，移动滑块的位置可以调节螺距尺寸的大小。外套上的顶丝 2 和 6 用来紧固内套 7，外套内孔与芯轴相配合，内套可以随意更换。把手 1 上的三个滑轮 10 的作用是拉紧电热丝，根据丝径不同，可以调节滑轮位置。

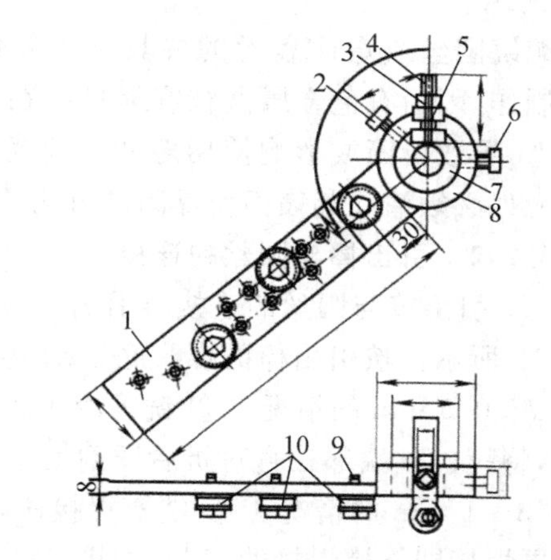

1—把手；2—顶丝；3—锁紧螺母；4—导距螺丝；5—滑块；6—顶丝；7—内套；8—外套；9—轴承；10—滑轮

图 3-10　夹具结构

手工缠绕和夹具缠绕简单易操作，但它们共同的缺点是由于丝的张力不均匀，使得元件的温度分布不均匀，用自动缠绕机可以克服这一缺点。在自动缠绕过程中，电热丝经过滚轮曲径、张紧轮和微型开关到测量轮，由测量轮经油槽进至芯轴，同时被一个或两个缠绕轮压在芯轴上。机器开动时，丝就被绕在烧结碳化物制成的短芯轴上，边缠绕螺旋丝边被推出。螺旋丝经导盒进到切断装置，此装置受来自测量轮的指令，所需丝长可以预定。所需丝长一经测出，切断装置就动作，切刀能自动划出螺旋丝两匝间的切断位置以得到整齐的切断表面。切断后，螺旋形电热丝聚集于不锈钢槽中。

自动缠绕机能够缠绕丝径为 0.15～1.5 mm 的电热丝。芯轴直径是丝径的 4～5 倍，芯轴缠绕速度为 4 000 r/min。自动缠绕机上还可以缠制双丝螺线和有螺距的螺线。

在许多情况下，两线并在一起来代替一根粗线是有好处的。在机器上装有两个小立柱，柱上装有线轴支持器、滚子曲径、张紧轮和微型开关以实现双线缠绕，从而得到双线螺旋。

缠绕速度视丝径 d 而异，$d\geqslant 7.0$ mm 的电热丝缠绕速度要慢一些，30 r/min 较适宜；$d<7.0$～3.0 mm 的电热丝缠绕速度可适当加快；$d<3.0$ mm 的电热丝缠绕速度还可以更快一些。所要求的螺距尺寸≥0.2 mm 时，应当在缠绕的同时就自动地加以分开。

合金电热丝的直径 $d<2.0$ mm 时，特别是在日用电热器中，缠绕螺旋形时一般都是先紧密地排列缠绕，然后再拉开。有时在拉开时，将会发现螺距有不均匀的现象，其主要原因是电热丝在各个部位上的软、硬程度不一样，或是由于缠绕时拉力和丝的张力不均匀。如遇到螺距不均匀时，可采用下列方法解决：

① 当丝径 $d<1$ mm 时，拉开后如有不均匀现象，可将螺旋丝套入绕制芯杆中，使螺距

压缩成密绕($h=d$)状,然后再拉开就均匀了。

② 当丝径 $d\geqslant 1$ mm 时,可采用热拉,即将密绕的螺旋丝通过调压器供给电源通电加热,使元件表面呈暗红色时,再慢慢拉伸开来。

扁丝一般在工作台上用夹具弯成波纹形,如图 3-11 所示。

缠绕圆丝或弯曲扁丝的夹具都不要使用有色金属制作,因为有色金属微粒容易黏附在电热丝的表面上,导致折断或影响使用寿命。缠绕后的合金电热元件必须清除其表面所黏附的脏物。

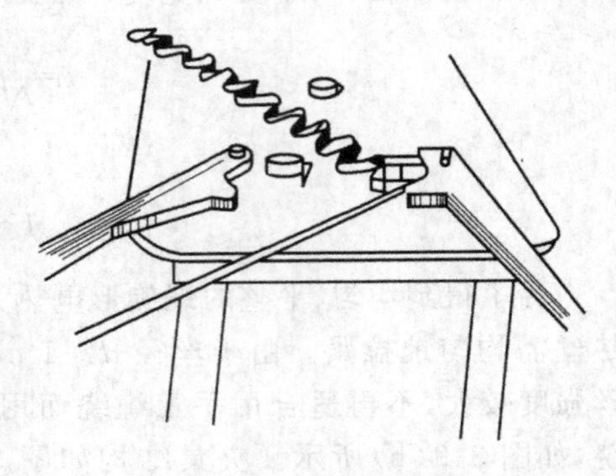

图 3-11 扁丝的弯曲

3.2.2 引出棒与圆丝的连接

(1) 引出棒与圆丝的连接 引出棒与圆丝绕成的螺旋体的连接方法有:① 绕制法,如图 3-12 所示。按引出棒的螺纹底径绕成螺旋形,再顺着引出棒螺纹旋进去。此法适用于丝径 $d<0.3$ mm 的情况。② 铣槽冷压法,如图 3-13 所示,先在引出棒上铣一个槽口,槽宽 $1.5d$,将螺旋丝端部拉直对折后插到槽中,在电磁牵引冲力下冷压连接。此法适用于丝径 $d=0.3\sim1$ mm 的情况。③ 铣槽焊接法,丝径大于 1 mm 的丝往往冷压不牢,所以采用冷压后再焊接即铣槽焊接的工艺,如图 3-14 所示。④ 钻孔焊接法,如图 3-15 所示,在引出棒端面钻一个中心孔,插入电热丝,在侧面的预留孔上实行焊接,使焊接所引起的脆性区全部埋在中心孔内。此法适用于丝径 $d\geqslant 1.5$ mm的情况。⑤ 搭焊连接法,如图 3-16 所示。此法适用于镍铬合金电热材料。

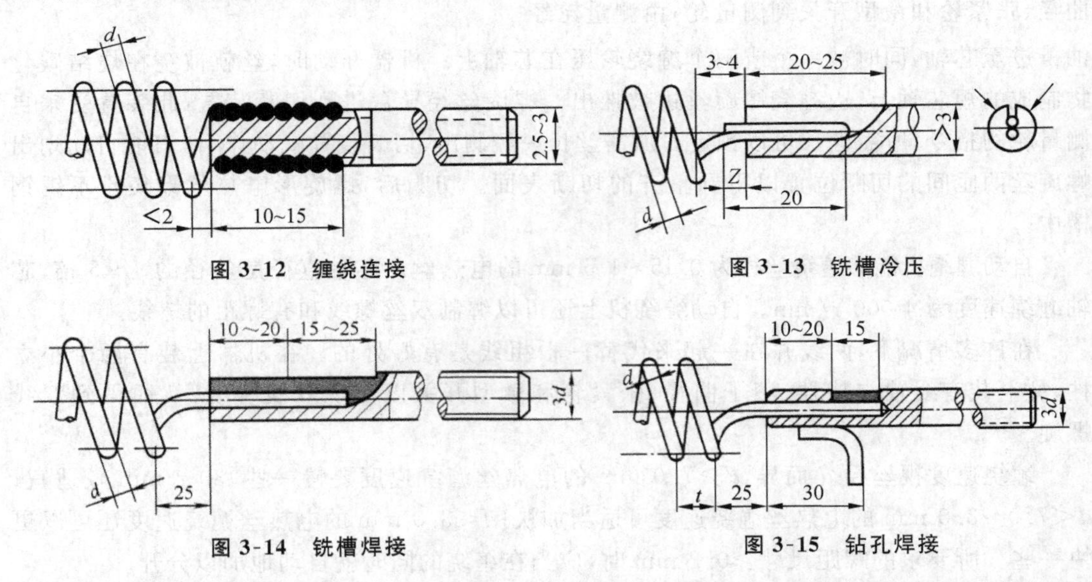

图 3-12 缠绕连接

图 3-13 铣槽冷压

图 3-14 铣槽焊接

图 3-15 钻孔焊接

(2) 引出棒与扁丝的连接 引出棒与扁丝的连接一般常用铣槽焊和搭焊两种方法。铣槽焊连接,如图 3-17 所示,适用于铁铬铝合金电热材料。铣槽焊接就是引出棒顶端纵向铣槽夹住扁带在两侧面进行熔焊。

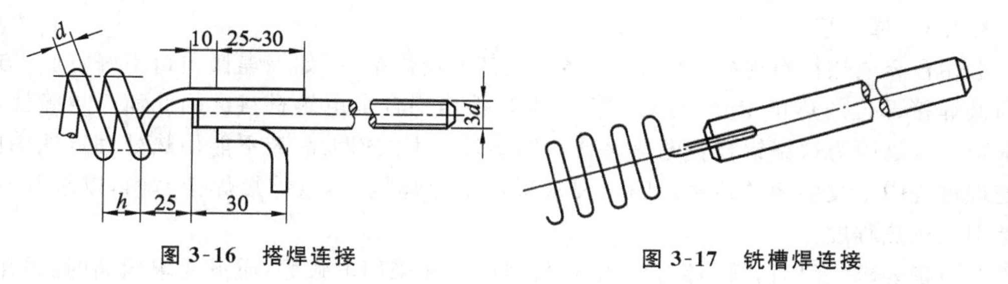

图 3-16　搭焊连接　　图 3-17　铣槽焊连接

搭焊适用于镍铬合金电热材料。图 3-18 所示为引出棒与扁丝的搭接，并在两侧进行熔焊。

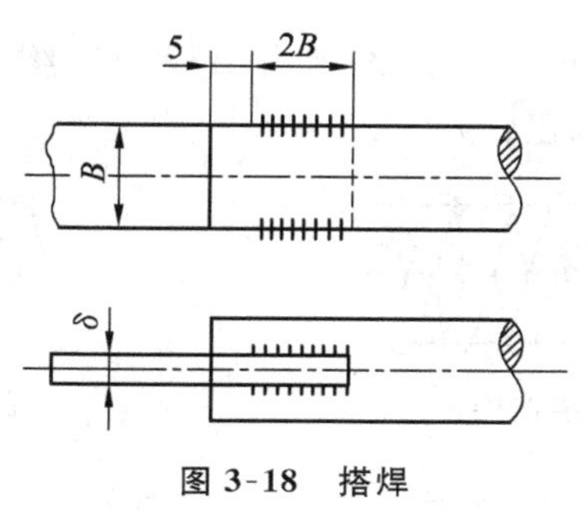

图 3-18　搭焊

3.2.3　引出带与圆丝的连接

引出带钻两个孔，孔的大小以恰好穿过元件为宜，折成如图 3-19 所示结构形状，把元件穿过去，靠近元件的那个孔不要焊，另外一个孔实行熔焊。

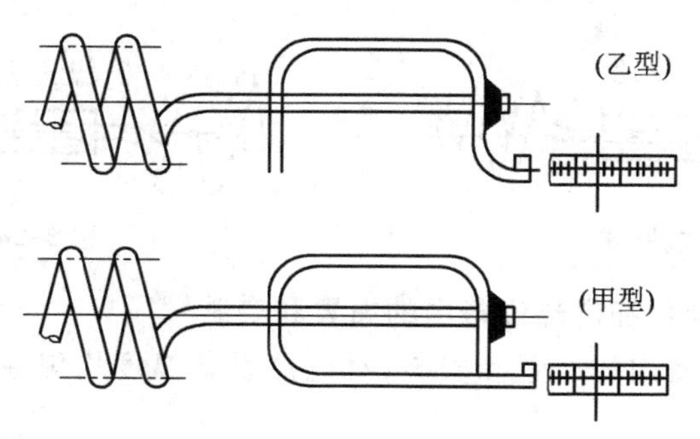

图 3-19　引出带与圆丝的连接

3.2.4　引出带与扁丝的连接

扁丝的一端与加强连接的两片引出带组合一起实行熔焊。如引出带较长，两个侧面可不必满焊，隔一段焊一段即可，但两侧面的焊段要相互对应，在靠近元件的一端焊段起点要让出一段距离，以保持元件的塑性和韧性（见图 3-20）。如果不焊接，也可采用钻孔铆合的方法。

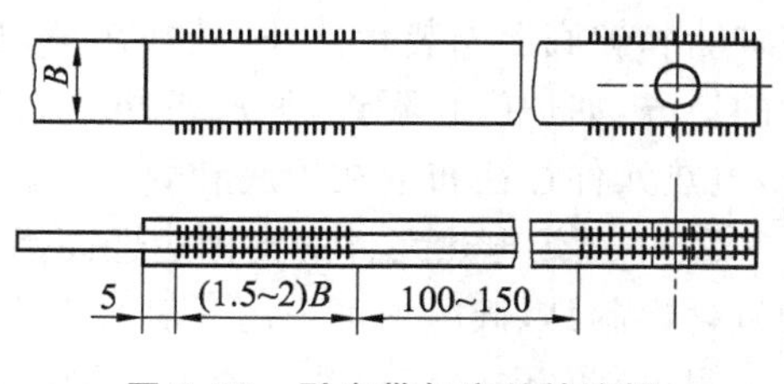

图 3-20　引出带与扁丝的连接

3.2.5　并股引线

在小型的日用电热电器如小功率电炉、电熨斗、电烙铁等产品中，还常将引出端并股绞合而成。

3.2.6 焊 接

上述合金电热材料连接方法中，许多方法都采用焊接，但如果焊接质量不好，则一方面会降低焊接部位的热稳定性；另一方面特别是铁铬铝合金电热材料会因此而产生脆性，甚至折断。这是因为铁铬铝合金电热材料在焊接时产生的粗大晶粒不能用热处理方法消除，热处理过程中不发生相的转变。因此要求采用快速焊接，尽量缩短焊接时间，以限制其受热范围及过热程度。

在质量要求一般时，铁铬铝合金电热材料的焊接采用电弧焊；质量要求较高时，采用氩弧焊。镍铬合金电热材料采用电弧焊、氩弧焊及乙炔—氧焊等焊接方法均可。

3.2.7 复合连接

工作电压低、电流负荷小的电热元件与引出棒、柱、丝的连接，分别有如图 3-21 至图 3-26所示的复合压合、扭合、包合方法。

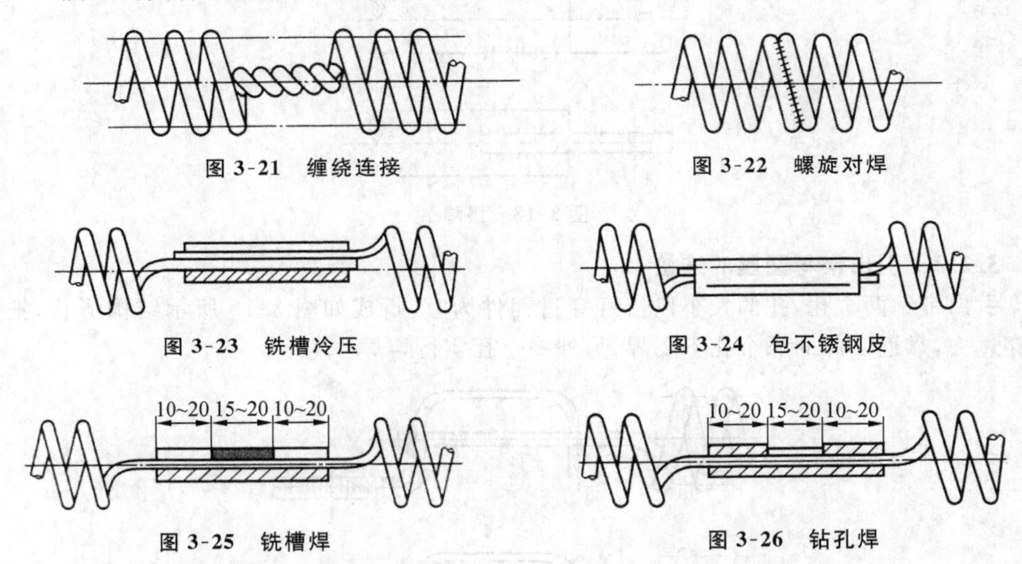

图 3-21 缠绕连接

图 3-22 螺旋对焊

图 3-23 铣槽冷压

图 3-24 包不锈钢皮

图 3-25 铣槽焊

图 3-26 钻孔焊

3.2.8 金属电热元件在电热设备中的布置和安装

电热元件在电热设备内的布置和安装，对电热设备温度均匀性、元件的使用寿命有很大影响。

电热元件安装的基本要求如下：

① 保证炉膛温度分布均匀。在以辐射传热为主的大型中温炉和高温炉炉膛中，除了在炉墙和炉底上安装元件外，最好在炉顶和炉门上也安装电热元件。同时，在炉子热损失大的地方，如炉门孔附近，振底炉出料口附近，应多安装一些电热元件。当炉膛高度很矮时，电热元件往往布置在炉底和炉顶上。

② 中温炉电热元件的支撑应选高铝质制品，炉温在 1 000 ℃以上的高温炉应采用较纯的氧化铝制品，低温炉可采用一般黏土质制品。

耐火制品中的氧化铁含量小，石棉、矿渣棉、水玻璃等不能与电热元件接触。因为这些物质可与电热元件生成易熔共晶，使元件烧断，还可破坏电热元件的氧化膜层，使电热元件加速氧化而损坏。

③ 要尽量减少电热元件之间及其与炉壁支持砖之间的辐射屏蔽。电热元件安装位

置，应使热量容易传给工件，而又不使工件局部过热。

④ 丝状电热元件的波纹式、螺旋式及带状电热元件的波纹式三种安装方式，从使用寿命来说，以丝状波纹式最好，带状波纹式次之，而丝状螺旋式最差。波纹式丝状电热元件，其换热条件最好，即使表面负荷选大一些，使用寿命也较长，因而可节省电热元件材料和维修工时。当电阻丝直径相同时，在 1 m^2 炉墙上螺旋式的安装功率大于波纹式的。为了在 1 m^2 炉墙上能增加安装功率，波纹式丝状电热元件的直径应较大。对大型电热设备，为了节约电热元件材料，往往选用带状电热元件。

图 3-27 所示为丝状电热元件安装方式。图中(d)为螺旋状电热元件固定在陶瓷管上安装，大多用在大型低温空气循环电炉中，在专门加热空气的通道中布置若干根此类电热元件，从而增强空气的对流换热。

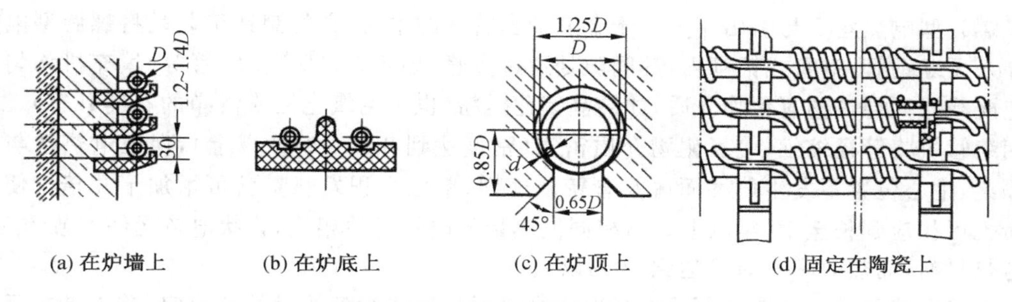

图 3-27　丝状电热元件的安装

图 3-28 所示为带状电热元件在炉内的安装方式及其外形。

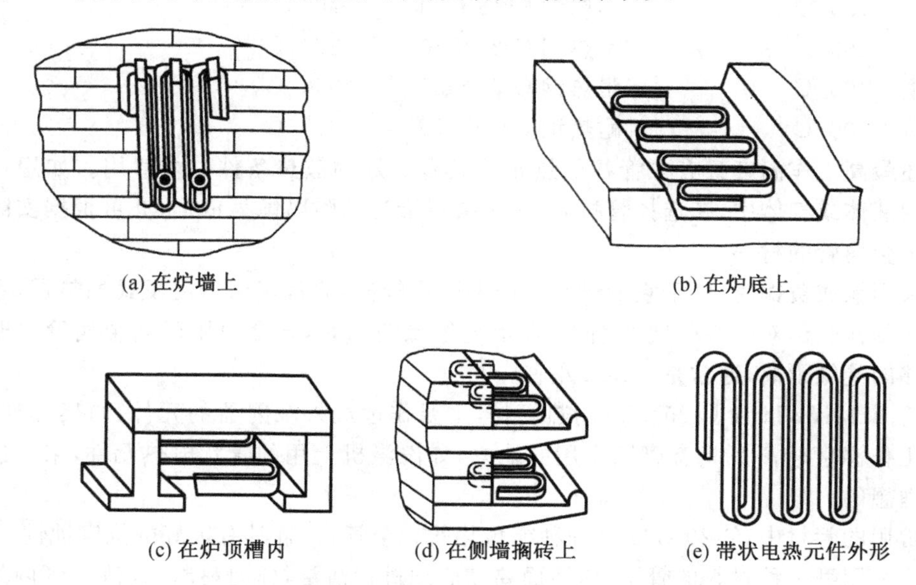

图 3-28　带状电热元件在炉内的安装方法及其外形

3.3　金属管状电热元件

金属管状电热元件简称电热管，是目前所有电热元件中应用广泛、结构简单、性能可靠、使用寿命长的一种密封式电热元件。目前，金属管状电热元件在国内外已广泛用于工业和家用电器上。

金属管状电热元件的典型结构由 5 部分组成，如图 3-29 所示。

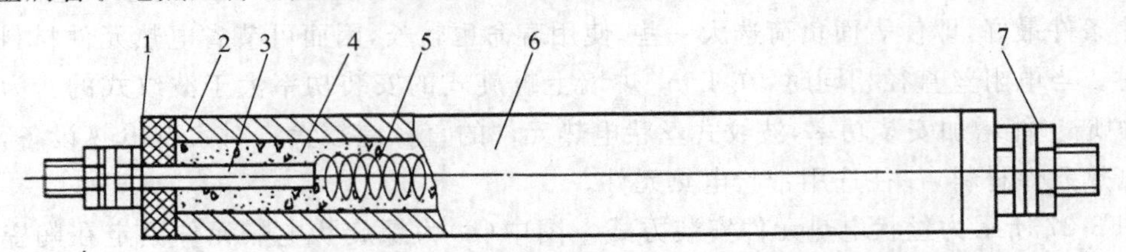

1—绝缘子；2—封口材料；3—引出棒；4—填充料；5—电热丝；6—金属护套管；7—接线端

图 3-29 金属管状电热元件的典型结构

螺旋型电热丝 5 与引出棒 3 位于金属护套管 6 的中央，它的制造工艺是将螺旋型电热丝穿入无缝钢管、铜管或铝管内，其间隙处通过多管（如 6 管、12 管、24 管等）填充机均匀地填充既绝缘又导热的氧化物介质，如结晶氧化镁粉（也可用氧化铝或洁净的石英砂等）。然后用缩管机将管径缩细，使氧化物介质密实（密度达到 3.3 g/cm^3 以上），保证电热丝与空气隔绝，中心位置不发生偏移而碰及管壁。这样，单位面积发热量就可增加十几倍。使用寿命也可相应延长至 10 年以上。与相同发热量的电热元件相比，管状电热元件可节约 5% 的电热材料，而热效率有时可达到 90%以上。

管状电热元件的金属管所用的材料完全由元件所要达到的目的来决定，首先考虑元件的最高工作温度，以选取不同的材料。下面是几种材料的最高允许工作温度：

铜	180 ℃	不锈钢 Cr18Ni8Ti	760℃
铝	260 ℃	耐热钢 Cr25Ni20	870 ℃
黄铜	400 ℃	耐热钢 Cr20Ni35	930 ℃
钢	400 ℃	耐热钢 Cr20Ni75	980 ℃

上述最高工作温度只有在管状电热元件具有良好的散热条件时才适用。如用在具有腐蚀性的液体或气体中，在选择管材时，一定要以恰当的耐腐蚀为依据，亦可根据实际试验结果确定金属管的材料。

在采用铜或黄铜时，由于它的最高工作温度比较低，通常仅用于浸没式加热器，不应采用软退火的铜管。对于半坚硬的铜管，在填充绝缘粉末时，合金电阻丝与金属管内壁很难得到足够的绝缘距离，通常是 1 mm 左右。

对于 Cr18Ni8Ti 和 Cr25Ni20 耐热管材，主要作远红外辐射器的元件、烤架和加热板；在某些工作温度较高又具有腐蚀作用的地方，如洗涤机上用的管状电热元件，采用这种材料是很理想的。

在常用的管材中，Cr20Ni75 是一种能耐热的合金管材，且具有很好的抗腐蚀性。

无论采用哪一种材料的管子，内表面要彻底地进行清洁，任何材料、残渣对管内绝缘材料的绝缘性能都是有害的。在不同装置上用的管状电热元件，选择管材时还需考虑到管材的最小厚度。例如，水平装置上的管状元件的最小厚度为 0.40 mm；而在要求特别严酷的场合使用的管状电热元件，适当地增加厚度是必要的。

管状电热元件中所采用的高电阻合金材料，要考虑两个因素：一是具有良好的耐高温特性；二是具有一定的电阻率。表 3-17 列出了较为常用的高电阻合金线材的参数。

表 3-17　国产高电阻合金线材主要物理性能

性能	Cr15Ni60	Cr20Ni80	Cr30Ni70	1Cr13Al4	0Cr25Al5	0Cr21Al6Ni
电阻率/($\Omega\cdot mm^2/m$)	1.12±0.05	1.10±0.05	1.18±0.05	1.25±0.08	1.41±0.08	1.45±0.07
允许最高使用温度/℃	1 150	1 200	1 250	950	1 250	1 350
熔点/℃	1 390	1 400	1 380	1 450	1 500	1 510
密度/(g/cm^3)	8.2	8.4	8.11	7.4	7.1	7.1
比热容/(cal/g・℃)	0.110	0.105	0.110	0.117	0.118	0.118
热导率/(kcal/m・h・℃)	10.8	14.4	10.8	12.6	11.0	11.0

表中所列出的允许最高温度值是在空气中测试的数值。对于管状电热元件的合金电阻丝材料，由于工作状态不同及氧化镁粉末的影响，允许最高温度值须根据不同的工作状态在器具的设计中加以限制。

在大气中使用，铁铬铝电阻丝在高温下(如 900 ℃)表面会形成薄的灰白色铝氧化膜，这种铝氧化物能防止材料的进一步氧化和周围环境对电阻丝的化学腐蚀，氧化层受到破坏后，材料中的铝又向表面扩散形成新的氧化物。这样，在合金中铝的含量逐渐减少，直至不能形成铝氧化物，且铁—铝的氧化物也出现灰黑色氧化物，不可能防止材料的进一步氧化，所以材料最终将耗尽。

金属管内的电阻合金丝在大气中也存在氧化作用。如果工作温度足够高，即使氧气的含量仅为氧化镁粉重量的 0.001%，它也会与电阻丝和金属材料起反应。在大气条件下，单位时间里氧气消耗量随时间的延长而减少，电阻丝和管子的氧化速度减慢，有机杂质烧尽。氧气压力下降时，通过金属管子端部提供的氧气将比耗失的要少，但随时间的增加氧化速度上升。当通过金属管端部提供的氧气比消耗的多时，氧气压力将慢慢回升到初始值。如果周期性地加热元件，间歇时间越长，平均氧气压力越高。这样，在间歇时间里通过金属管端部得到的氧气未被消耗掉而加速了电阻丝的氧化，因此，促使氧化镁粉绝缘材料变黑，导致管状电热元件的失效。

金属管状电热元件的截面一般呈圆形，但也有其他形状如半圆形、椭圆形、腰圆形、三角形等，如图 3-30 所示。

圆形一般适用于加热气体或液体；半圆形一般适用于加热单面平板；椭圆形、腰圆形一般适用于加热双面平板。

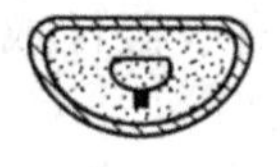
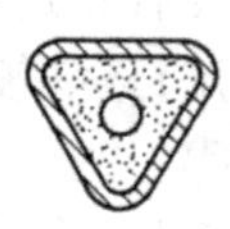
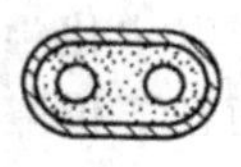

图 3-30　金属管状电热元件截面形状

管内电热丝有单芯螺旋形，也有双螺旋形，双芯、三芯、四芯螺旋形等几种结构。各种螺旋芯形结构如图 3-31 所示。

(a) 单芯螺旋形

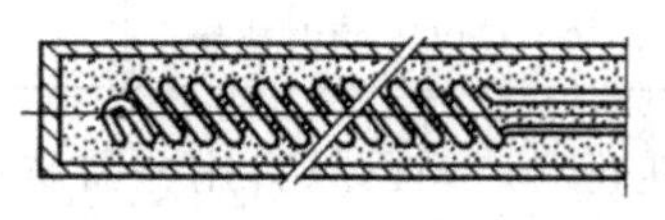

(b) 双螺旋形

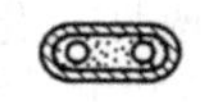

(c) 双芯螺旋形

(d) 三芯螺旋形

(e) 四芯螺旋形

图 3-31　各种螺旋芯形结构

单芯螺旋形一般适用于管子两端同时出线用的管状电热元件，双螺旋形或双芯、三芯、四芯的一般常用于管子一端出线用的管状电热元件，如图 3-32 所示。

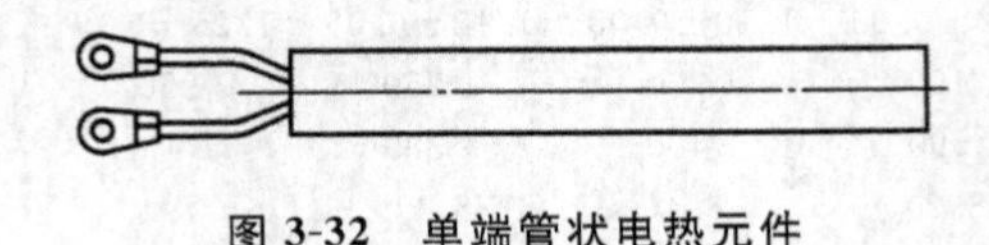

图 3-32　单端管状电热元件

供接线用的端部结构形式也很多，其中以螺纹连接和插接连接在国内外使用最为普遍，制造工艺也较简单，如图 3-33 所示。

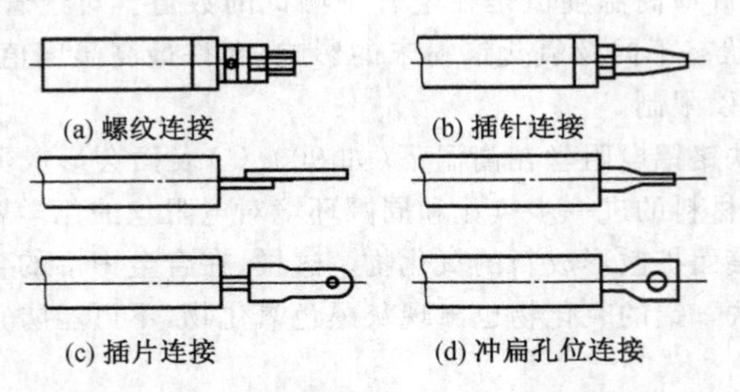

图 3-33　管状电热元件接线端部结构

管状电热元件的关键材料有金属护套管、绝缘填充料和封口材料。

金属护套管多采用无缝薄壁管。管材的选用主要根据被加热介质的种类和工作温度而定，常用的有不锈钢管、碳钢管、黄铜管、紫铜管和铝管等。如不锈钢管可直接放入加热流体介质中，而铜管因有铜锈只能用于干式加热。

管子和电热丝之间的绝缘、填充料多用苛性镁、结晶氧化镁、氧化铝和洁净的石英砂等，它们都有良好的绝缘性、抗电强度及导热性，一般要求热导率大于0.15 kcal/cm·h·℃。它们与电热丝要有相近的线胀系数，耐热性、耐震性好，在常温和高温时均不与电热丝或管子发生化学作用；最好没有吸湿性或吸湿度极低，能承受剧烈的温度变化，机械强度要高，而且要价廉易得。

管状电热元件的绝缘填充料适用范围见表 3-18。

表 3-18　管状电热元件绝缘填充料适用范围

填充料名称	适用范围	填充料名称	适用范围
苛性镁	300 ℃以下的电热管	结晶氧化镁	600 ℃以下的电热管
石英砂	400 ℃以下的电热管	改性氧化镁	800 ℃以下的电热管
氧化铝	500 ℃以下的电热管		

SD-94 改性氧化镁粉经广州国家日用电器质量监督检验测试中心测试，其技术参数见表 3-19，其冷态绝缘电阻为∞，热态泄漏电流(701℃)为 0；通电放 3 天后冷态绝缘电阻大于 1 000 MΩ，潮态泄漏电流为 0.05 mA。SD-94 耐高温防潮改性氧化镁粉工作在 701℃左右时，其热态泄漏小，防潮性好，耐高温，绝缘性好。

表 3-19　SD-94 改性氧化镁粉主要技术参数

测试温度/℃	400	500	600	700	800	900
热态泄漏电流/mA	0.013	0.013	0.015	0.014	0.09	0.08
热态绝缘电阻/MΩ	500	>500	>500	—	—	—
电气强度 1 500 V/min	合格	合格	合格	合格	合格	合格
经高温处理湿热试验后绝缘电阻/MΩ	—	—	—	35	35	40

为防止电热管内绝缘材料受潮，常在管端直接用封口材料密封，引出接线端，再缩管或弯曲成形。

封口材料主要是使绝缘填充料不易吸收环境中的水汽，确保电热管有良好的绝缘性能。常用的封口材料有漆膜类，如硅有机漆、环氧树脂、甲基硅油、硅橡胶、单一玻璃、复合玻璃、珐琅质玻璃，以及用陶瓷或橡胶做成的封口塞等。

SD-2 电热管封口材料有如下特点：

(1) 耐热性高，能耐 450 ℃高温而不破坏；

(2) 易滴加，易流平，不会造成空封；

(3) 封口固化后，即使把电热管浸于水中，取出后吹干管口，仍有很好的绝缘性能、技术性能；冷态绝缘电阻≥1 000 MΩ；冷态耐压，1 500 V/min 通过；潮态绝缘电阻≥200 MΩ；耐 450℃高温。

为了使不同的产品在不同的使用环境下达到最好的产品质量和技术经济效果，合理选用封口材料是十分重要的。表 3-20 为管状电热元件主要封口材料选用依据。

表 3-20　管状电热元件主要封口材料选用依据

管状元件用途	端部工作温度	使用环境	元件安装方式	推荐封口材料
加热静止或流动的空气	<150℃	干燥环境，相对湿度<85%	任意	漆膜类
		较潮湿		环氧树脂类
	100～250℃ >300℃		管口向上	甲基硅油
		无震动	任意	塞类、单组分室温硫化硅橡胶
		无震动	任意	玻璃类
			任意	云母玻璃、珐琅质玻璃
加热油、水、蒸汽	<150℃ 100～250℃ >300℃	无震动	任意	单一玻璃
		无震动	任意	环氧树脂
			管口向上	甲基硅油
			任意	硅胶塞、单组分室温硫化硅橡胶
			任意	珐琅质玻璃
加热金属模、硝盐类、低熔点金属	<250℃ >250℃		任意	硅胶塞、南大胶
			任意	复合玻璃类

管状电热元件的表面负荷应按加热条件、管子材料及工作温度等因素选择设计，见表 3-21。

管状电热元件最大的特点是通电发热时表面不带电。由于结构上的特点，金属管状电热元件与其他形式电热元件相比有许多优点，如它不仅结构简单、用料省、成本低，而且使用寿命长、机械强度高、热效率高，同时节省电能、使用安全，可以弯成各种形状，轻便，拆装方便，用途广泛，特别适用于便携型家用电热器具。

表 3-21　管状电热元件表面负荷选取参考

加热介质	管子材料	管子表面负荷/（W/cm²）	工作温度/℃	220 V时每管功率范围/kW	用途举例
非流动空气	10 钢	1.2～1.8	300	0.5～1.5	电炉、电暖器
	1Cr18Ni9Ti	1.2～3.0	500		
流动空气（6～12 m/s）	10 钢	1.8～3.0	300	0.5～1.5	暖风器
	1Cr18Ni9Ti	2～4.0	300		
水	H62，T3，10 钢	5～10	100～105	1～5	浴水加热器
金属	铝	5～10	230	0.5～1.5	电熨斗
静止油	10 钢	2.5～2.8	300	0.5～1.5	油煎锅
流动油	H62，T3	2.5～3.5	300	1.5～2.5	油路加热器

管状电热元件经过长时间的应用实践，目前已在下述行业和设备应用中取得了较好的效果：

（1）用来干燥木材、纸张、印染、油漆等；

（2）对硝石及其他盐类物质的熔融加热；

（3）熔化低熔点合金，如熔铅炉、熔锡炉等；

（4）建筑采暖；

（5）加热流动空气和静止空气；

（6）红外线辐射加热装置；

（7）低温电炉，如空气循环的工业用电炉、电烘箱等；

（8）油、水及其他化学液体、电镀槽液中的加热装置；

（9）海水电蒸馏装置；

（10）碱及酸的加热装置；

（11）在食品工业中，用来烘烤各种面包、饼干、糕点，流水作业隧道中作电热装置；

（12）塑料制品加工成形挤塑装置及橡胶制品模压硫化装置；

（13）医疗卫生消毒设备，如灭菌器、消毒器等；

（14）电机真空浸漆设备的加热、漆包线烘干装置等；

（15）日常生活中各种家用电热器具，如电灶、电烤箱、电饭锅、电炒锅、电煎锅、热水器、电熨斗等。

此外还研制了快热型管状电热元件，这是为了满足某些要求快热或瞬时升到工作温度的电热器具而设计的，因为普通型管状电热元件需经过 2～3 min 才能升到预定的工作温度。

快热型管状电热元件采用镍铬丝和钨丝或钼丝作发热体，可以达到快热目的，但使用寿命仍然太短。

采用镍铬丝和钼丝螺旋绕制而成的双芯管状电热元件（螺旋型镍铬丝套在钼丝外面，或者螺旋型钼丝套在镍铬丝外面均可），可以在通电 1 min 以内升到工作温度。这是因为钼丝在 600～1 100 ℃高温下的电阻大约为 20℃时的 2 倍以上，具有正温度系数。在通电后，具有正温度系数的钼丝起主要作用，使大电流通过，温度瞬时升到高温。随着温度的上升，钼丝的电阻值渐渐与镍铬丝接近，当温度升到 600～1 100 ℃时，情况完全发生变化，镍铬丝的作用居主导地位，使电热元件的温度上升变缓直至达到稳定状态。

通常管状电热元件在通电热平衡时，其管表面的各段温度大致是相等的，但往往由于下列因素的限制造成所谓的发热不均匀性。

(1) 所设计的螺旋电阻丝的丝距不正确，尤其对表面负荷高的电热元件。早在 20 世纪 70 年代国外资料已指出螺旋电阻丝丝距与丝径之比应为 2.5～4，因此，选择范围应当是：当采用细丝时，丝距应向 4 倍靠拢；当采用粗丝时，可向 2.5 倍靠拢。这样做的目的是为了让各种粒度的氧化镁粉自由、充分地进入螺旋圈内，从而确保管状电热元件的质量。

(2)“分筛”效应的产生。该效应经常产生在表面负荷较高的电热元件中，由于管表面负荷高，设计者往往为了降低丝的负荷而将丝取粗些，结果丝距仅为丝径的 2 倍甚至 1.8 倍。有一个厂长拿了一根发热不均匀的管状电热元件当场锯开，只要稍用力就能将螺旋电阻丝全部拉出来，电阻丝悬在氧化镁粉中间，螺旋电阻丝之间的粉很少，无法固定每圈之间间隙的距离。既然螺旋电阻丝不能紧密地铠装在内、外密度相等的氧化镁中，电阻丝的热量又怎么能传出来呢？在螺旋丝外的氧化镁粉变成了保温材料，电阻丝的温度骤然升高，从而造成管状电热元件发热不均匀且寿命缩短。为了克服上述缺点，延长使用寿命，只有减小丝径，而且，丝距设计应使得在加粉过程中氧化镁的各种混合粒能充分、自由地落入螺旋丝相邻两圈的间隙中，使螺旋丝内、外加粉密度一致，从而实现压缩密度一致，这样就避免了螺旋电阻丝像筛子一样把粗粉留在外面的“分筛”效应。

例如，设计一根功率为 1.2 kW(220V)、ϕ12×900 mm 的不锈钢管状电热元件，原设计者采用 ϕ0.6 mm 的铁铬丝，在工艺单上的丝距为 2 倍，那么会出现什么情况呢？

第一，氧化镁粉的大颗粒不能进入螺旋电阻丝圈内，产生螺旋电阻丝内氧化镁粉的灌空现象，出现“分筛”效应。工作时热量传不出来，丝温提高，寿命缩短。

第二，浪费丝材。按每支电热元件的电阻丝重 21.3 g，改进设计后的参数取 $\phi_{丝}=0.5$ mm(铁铬丝)，此时新的丝距 $t'=t\times\left(\frac{0.6}{0.5}\right)^3=3.5$ 倍丝径，则相邻两螺旋电阻丝圈的间隙 $=(3.5-1)\times0.5=1.25$ mm。由于 1.25 mm≥(1.7～2)倍×40 目当量直径 0.4 mm，故不存在“分筛”效应，管状电热元件表面发热均匀，寿命长。

另外，采用新丝的耗重量为 $21.3\ \text{g}\times\left(\frac{0.5}{0.6}\right)^3\approx12.3$ g，几乎节约 1/2，同时螺旋电热丝能紧密铠装在氧化镁中，丝温低，泄漏少。

近年来，国内不少用户要求电热元件在充分发热时各段温度不相等，如两端温度高中间温度低，为满足用户要求，将它制成为非均匀管表面负荷的管状电热元件。

简易型被加工元件的要求和设计示意图如图 3-34 和图 3-35 所示。

图 3-34 中，管表面负荷　　$q_{AB}=q_{CD}=\frac{3}{4}q_{BC}$

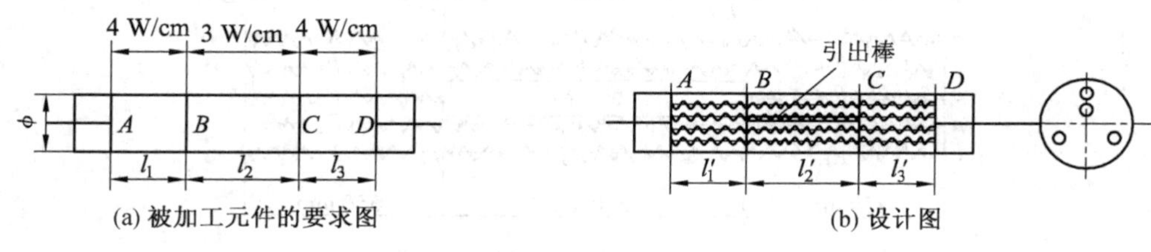

图 3-34　简易型被加工元件的要求和设计示意图之一

图 3-35 中，管表面负荷 $q_{AB}=q_{CD}=\frac{4}{5}q_{BC}$

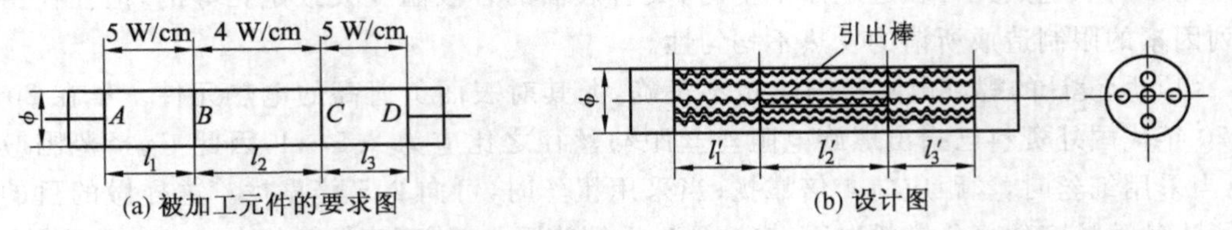

图 3-35 简易型被加工元件的要求和设计示意图之二

较为复杂的被加工元件的设计示意图如图 3-36 所示。

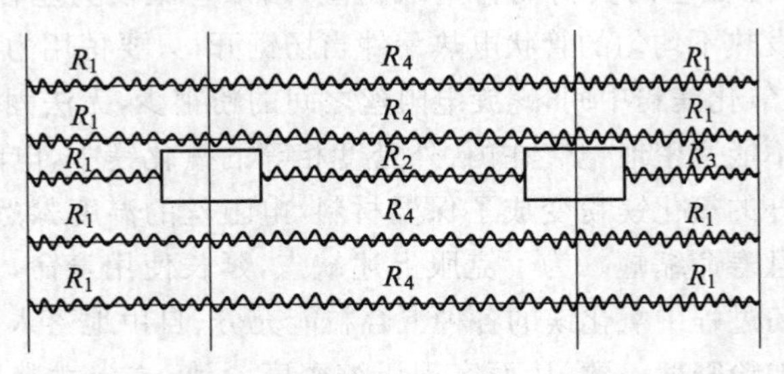

图 3-36 复杂型被加工元件设计示意图

设计计算实例示意图如图 3-37 所示，工作电压为 220 V。

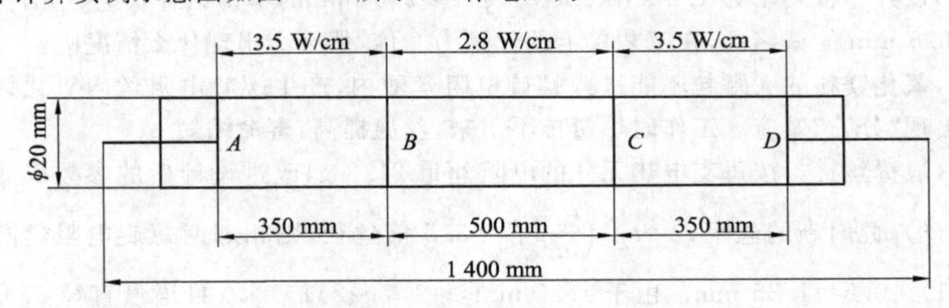

图 3-37 设计计算实例示意图

(1) 先求电热元件的总功率 P_{AD}。

总功率 $P_{AD}=P_{AB}+P_{BC}+P_{CD}=3.5\times\pi\times2\times35+2.8\times\pi\times2\times50+3.5\times\pi\times2\times35$

$=770+880+770=2\ 420$ W

其中，P_{AB}（AB 段功率）$=770$ W，P_{BC}（BC 段功率）$=880$ W，P_{CD}（CD 段功率）$=770$ W。

(2) 设计结构示意图如图 3-38 所示。因为 $q_{AB}:q_{BC}=3.5:2.8=5:4$，则选用图 3-38 的结构。图中，$R_1$，$R_2$，$R_3$ 均为同一根均匀绕制的丝。

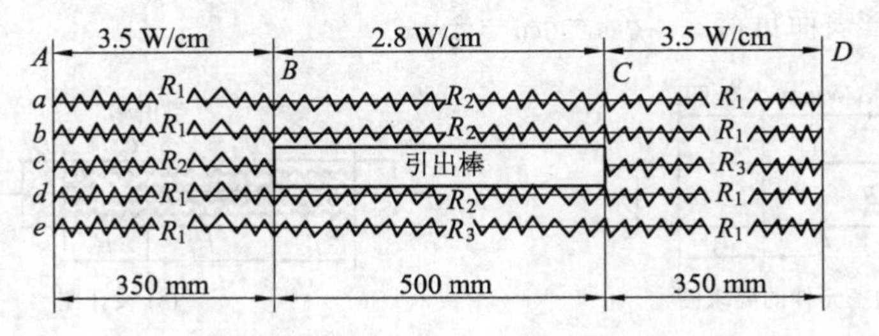

图 3-38 设计结构示意图

(3) 求各段上的参数。对 BC 而言，它的功率是由 4 个电阻(3 个 R_2，1 个 R_3)发出的热量组成(其中引出棒一段不发出功率，因为电阻接近为零)，已计算出 P_{BC} 段功率为 880 W(包括 4 个 R_3)，则每个 R_3 电阻上发出功率为 880÷4=220 W，由于 R_3，R_1 是一根均匀丝，则 $R_1=R_3\times\frac{350}{500}=0.7R_3$。接串联回路，因为 $U_{ao}=220$ V，则 $P_{R3}:P_{R1}=R_3:R_1$，所以 R_1 上的功率 $P_{R1}=220\ \text{W}\times0.7=154$ W，P_{ao} 上的功率=154+220+154≈528 W。

同理，$P_{bo}=P_{do}=P_{eo}=P_{ao}\approx528$ W，得出 $P_{co}=P_{AD}-4\times528=2\ 420-4\times528\approx$ 310 W。

(4) 求各段上丝径值。对 ao 段(bo，do，eo 段均相同)：

$$d_{丝}(铁丝)=\sqrt[3]{\frac{P\phi_{总}(l_{发}-0.1l_{总})}{210U^2h}}=\sqrt[3]{\frac{528\times1.8\times(1\ 200-0.1\times1\ 400)}{210\times220^2\times3}}$$

$$=0.32\ \text{mm}(令丝距与丝径比=3)$$

取 $d'_{丝}=0.3$ mm，则

$$h'=h\left(\frac{d_{丝}}{d'_{丝}}\right)^3=3\times\left(\frac{0.32}{0.3}\right)^2=3.64$$

注意：$h'=3.64$，则螺旋丝对氧化镁粉不存在“分筛”效应。

单(直)形、单(复)环形、O 形、U 形、W 形及商品管形电热元件如图 3-39 所示，用途见表 3-22。

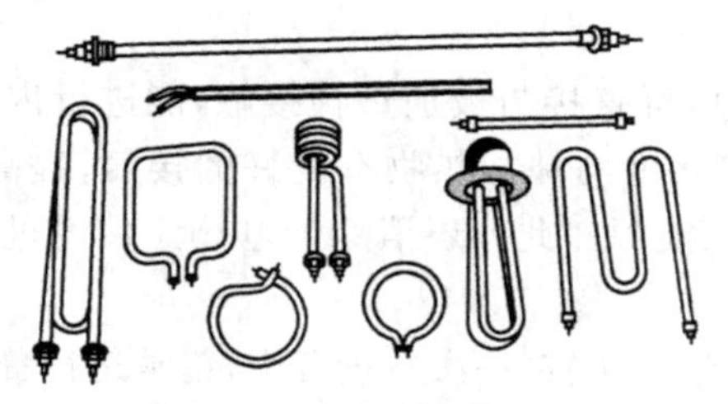

(a) 几种不同造型

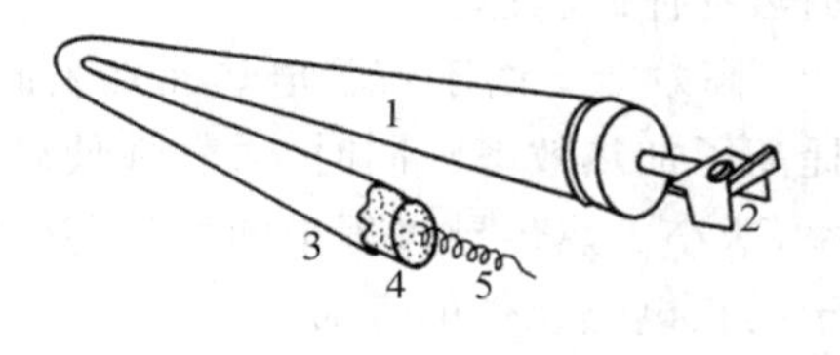

(b) 管形电热器元件

1—管形电热器件(弯成 U 形)；2—电接头；3—钢套；4—矿物质绝缘材料(氧化镁)；5—镍-铬合金电阻丝

图 3-39　管状电热元件

表 3-22　商品电热管主要用途

加热器型号	名称	用途	最高使用温度/℃
GYQ	空气用电热元件	供加热空气用	300
GYY	油用电热元件	循环或不循环的敞开式或封闭式器具内供加热油用	300
GYXY	硝盐溶液电热元件	敞开式槽内供硝盐溶液加热用	500～550
GYJ	碱溶液电热元件	敞开式槽内供碱溶液加热用	500～550
GYS	水用电热元件	敞开式或封闭式槽内供加热水用	104

3.4　带状电热元件

带状电热元件简称电热带，国际上也称为哈发平片元件加热带(Hoteoii Flatele Ment Heating Equipment)，其外形像一根柔软的带子，接通电源后就能发热，而其表面不带电，因此，适用于管、罐加热。

在工业上，电热带主要用于补偿储存液体的管道、储罐及容器的热损失，维持燃料管道的温度，防止工业设备连接管道中化学物质的冷却及为蒸气管的保温。在生活上，电热带主要用作柔性电热织物的电热元件。

归纳起来，电热带主要用于：

(1) 存储有化学物质、石蜡、沥青、油漆、油脂、巧克力、燃料油及低熔点金属等的管道加热或保温；

(2) 对储有腐蚀性溶液的储罐加热及保温；

(3) 分馏器及蒸馏设备的加热；

(4) 在电焊前对大型或复杂焊件的预热；

(5) 挤塑机、注塑机的料筒加热；

(6) 仪表箱的恒温加热；

(7) 水管及阀门的防冻；

(8) 铁道道岔或建筑物屋顶除雪；

(9) 作为电热垫、电热衣、电热褥等柔软型织物的电热元件。

电热带之所以有如此广泛的用途，主要是因为电热带本身具有以下几大优点：

(1) 柔软性　带状电热元件具有的柔软性是其他电热元件所无法比拟的，它能适应各种被加热物体的状态。

(2) 高效能　由于带状电热元件表面不带电，可直接与被加热物接触，能进行内加热，从而提高了加热效率。同时，柔软性使带状电热元件与被加热物有良好的接触，提高了热传导率，减小了热传导过程中的温降，有利于节约能源。此外还消除了电热元件的过热点，有利于延长电热元件的寿命。

(3) 经济性　使用带状电热元件与其他加热形式比较，一次性投资少，正常运行费用低。例如，对管道的保温加热通常采取蒸汽伴热，蒸汽伴热投资费用需包括无缝钢管、阀门、锅炉等，而采用带状电热元件保温加热，投资费用仅需电热带、开关，两者费用相差 2～3 倍。

(4) 先进性　使用带状电热元件进行电加热便于温度控制，清洁卫生，无烟、无明火、无任何污染，对食品工业尤其适用。

(5) 施工与维护方便　带状电热元件的施工简单方便，不需要电焊，甚至在正常生产时也可以施工或检修，平时维护工作量也小。

带状电热元件由三部分组成。切开外包皮后，最里面是一层稍有波纹或没有波纹的金属片电热元件，这是一种电热丝；中间一层是耐高温的绝缘体；最外面一层是增加机械强度的纺织物。这三部分组成了电热带的发热体。一条完整的电热带在发热体的两端有不发热的绝缘软导线作为引线。

最里层的电热丝材料是根据电热带的工作温度和电功率改变的，一般采用镍铬、铜铬或由特殊的低电阻合金等加工性能较好的材料制成，也有用硅二石墨纤维作发热体的。临时性电热丝一般由 6，8 或 12 根电热丝平行并列组成扁平的宽带。这种合金电热丝有圆丝和扁丝两种，有的是扁丝绕在一根石棉芯线上，有的是多股圆形电热丝。扁形电热带中一般采用扁形电热丝，对于同样条件下相同的截面，扁形比圆丝有较大的热交换面，丝的表面负荷减小。表 3-23 中长 50 m、每米 50 W 的电热带，由于电热丝的形状不同，其表面负荷相差很大。

表 3-23　电热丝形状与表面负荷关系比较

电热丝截面积/mm^2	0.126			
电热丝规格/mm	ϕ0.4	0.12×1.05	0.1×1.26	0.08×1.57
电热丝表面负荷/(W/cm^2)	0.4	0.215	0.185	1.153

典型的带状电热元件的结构如图 3-40 所示。

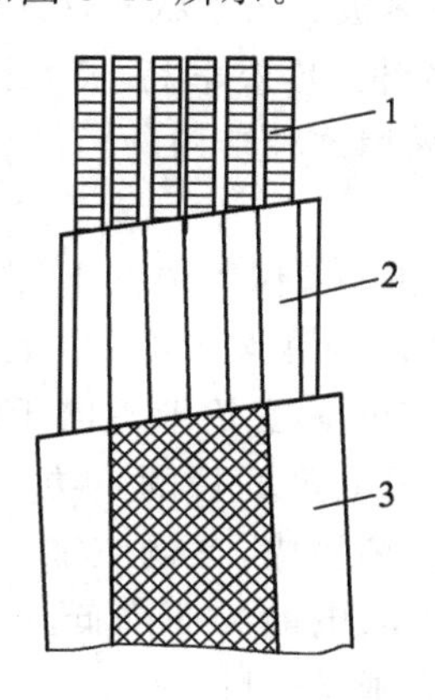

1—金属薄片电热元件；2—耐高温的绝缘体；3—纺织物

图 3-40　带状电热元件结构示意图

从表 3-23 可以看出，电热丝越扁，表面负荷越小，当然也不能过分扁，否则将使机械强度降低，多弯几次就会发生断丝现象；而且过薄会使加工不均匀，容易造成电热丝局部过热而烧毁。

3.5　电热板

电热板又称电灶板、烹调电板、密封电炉等，它是一种通电后板面发热而不带电且无明火、外形呈圆形或方形、安全可靠的电加热平板。由于使用时主要靠热传导，因此热效高。

图 3-41 所示为几种电热板的外形图。

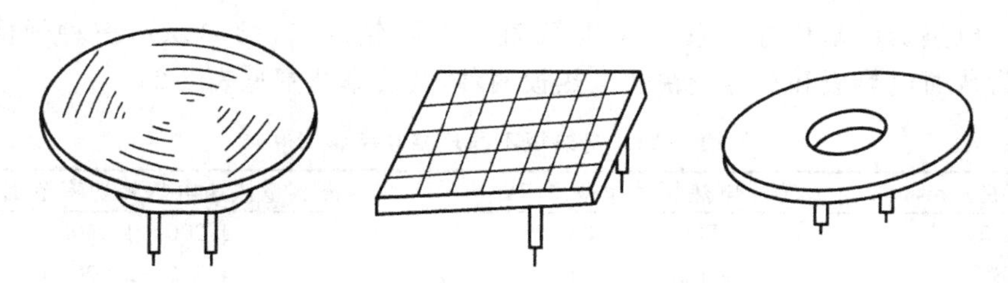

图 3-41　电热板外形图

电热板目前主要有薄壳式、铸板式、管状元件式和管状元件铸板四种型式。

薄壳式电热板是在金属薄板冲压成形的壳体内埋置螺旋型电热丝。螺旋型电热丝与金属外壳之间填充有导热和绝缘的填充料。它的结构简单、价格便宜，但板面易变形，长时间使用后热效率有下降现象，因此一般制成 800 W 以下的小功率电热板。

铸板式电热板结构与薄壳式电热板一样，只是板面为金属铸造件，因此，强度大，不易变形，目前国内多采用这种结构。

管状元件式电热板是由金属管状电热元件弯成平面螺旋渐开线而形成的电热板，这种金属管状电热元件是半圆形截面，板面是平的，这样的截面使电热板与烹调锅底之间有较大的传热面，以提高热效率。

管状元件铸板电热板是用一般金属管状电热元件弯成1～5圈圆环形状后，再用硅铝合金或硅铜合金铸成完整的一块电热板。与管状元件式电热板相比，它与锅底的有效传热面更大。这种结构机械强度大、寿命长、热效率高，特别适用于船舶、车辆等有震动的环境中，目前国内外生产的电饭锅大多采用这种结构。

对电热板的要求如下：

(1) 寿命长　要求在正常使用和妥善保管情况下，能安全使用10年以上，累计通电使用时间(寿命试验：断电2 h，通电1 h)应在2 000 h以上。

(2) 热效率高、耗电少、成本低　国际上逐渐趋向于增加电热板电功率，以减少热储体质量，从而达到增加功率而不增加用电量的目的。功率高、热储体小，则热惯性小，因此，热得快，烹调或加热速度快，热效率也高，使用者耗用的电能反而降低。对生产厂家来说，热储体减小意味着成本下降。

(3) 温度可调　电热板板面温度应能适应各种不同使用温度的要求。例如，沸滚、烧煮类烹调要求温度为100 ℃，而煎炸类烹调则要求为140～180 ℃。温度过低达不到将食品煎炸至焦黄色的要求，过高则食油易炭化，因此，板面温度最好在120～350 ℃范围内调节。

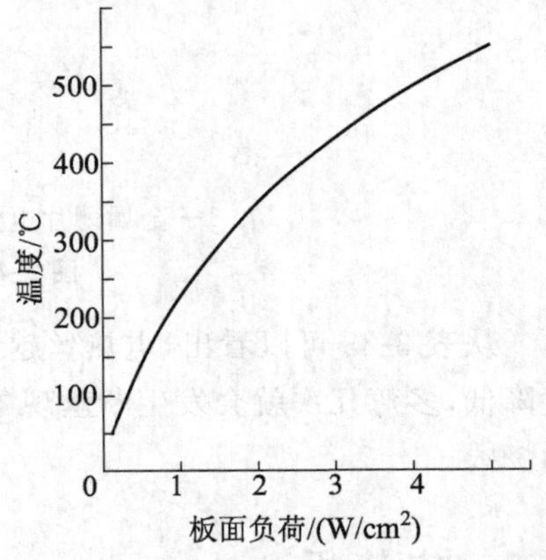

图 3-42　电热板板面负荷与板面温度关系曲线

(4) 便于清洁，防腐蚀性能要好　为了达到以上要求，电热板必须设计成几个电热元件的组合，以便通过开关进行功率调节。图3-42所示的曲线给出了板面负荷与板面温度之间的关系。可以按照曲线和所要求的温度来确定电热板功率和功率分挡，也可按曲线选择负荷，确定功率后算出板面所需要的尺寸。

国际上电热板已形成标准系列，其板面直径通常有14.5，18，22 cm三种规格，每种规格尺寸分为普通电热板和高容量快速电热板两种，其功率范围见表3-24。

表 3-24　电热板不同规格功率参考

板面直径/cm	普通电热板功率范围/W	高容量快速电热板功率范围/W
14.5	700～1 200	1 200～1 500
18	1 000～1 500	1 500～2 500
22	1 500～2 000	2 000～3 200

电热板主要由电板体、绝缘填充料和螺旋形电热丝三部分组成。

电板体表面必须绝对平整，应能经受温度的快速变化而不变形、收缩或开裂。为使加热迅速，电热板的热储量应尽量小，因此，一般采用含碳量少的铸钢，如薄型球墨铸钢体。

目前电板体的结构有三种形式：① 薄钢片式低热储量的快热电板体；② 高频铸造的环状电板体；③ 冷铸重型块电板体(见图3-43)。

一般电板体中间不布置电热元件,这样设计的板面不易变形。

为了确保电热丝产生的热量快速传到板面,电热板的电板体常常做成带有肋骨的铸钢件。肋骨的作用一方面是加强电热板的热态强度,使它不易变形;更重要的是增加与螺旋形电热丝之间的热传导,并有利于板面温度的均匀性。肋骨的走向应考虑到电热元件的数量和参数。为了保证有足够的电气绝缘性能,确保一定的绝缘层厚度,对肋骨间槽的宽度应有一定的要求,如图3-44所示。从图中可以看出,绝缘层的厚度为2 mm。其实,从目前高质量的绝缘导热材料来看,有1.5 mm的厚度已经足够,但考虑到制造工艺中的误差及槽内粗糙度的影响,以2 mm为最小厚度是适宜的。

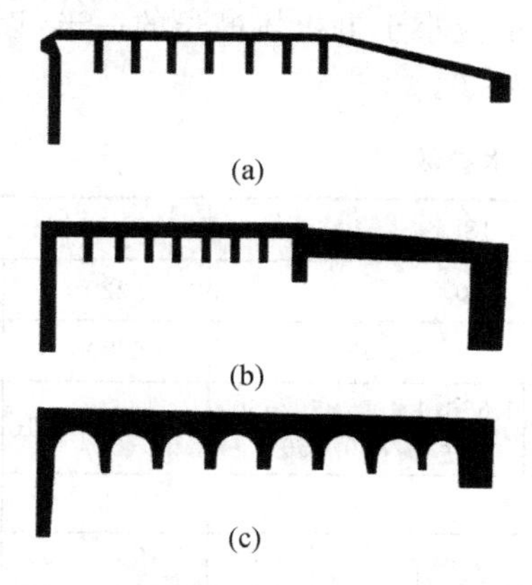

图3-43 电板体的结构形状示意图

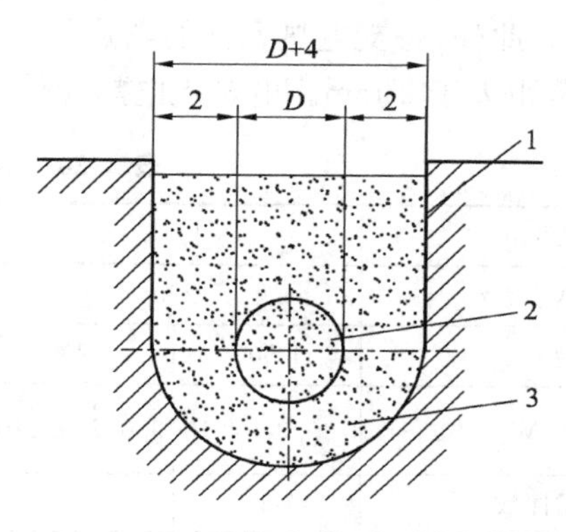

1—肋骨;2—电热丝;3—绝缘填充料

图3-44 槽宽尺寸

绝缘填充料要有良好的热传导性能、电气绝缘性能,吸湿性能,并且从原料到加工成形必须保持纯净。铁、氧化铁、酸、碱、钾盐和硼砂等渗入物质对电板体的电气性能都会产生有害影响。

电热板用绝缘填充料配方见表3-25。

表3-25 电热板用绝缘填料配方

名称	配方	
氧化铝黏土	高度烧过的氧化铝	90%
	纯净球状黏土或良好的高岭土($Al_2O_3 \cdot 2SiO_2 \cdot 2H_2O$)	10%
	蒸馏水	4%~5%
耐火黏土	黏度为10~20 μm的耐火黏土粉(矾土≈60%,硅酸≈35%)	95%
	淘净的优质高岭土或球黏土	5%
	蒸馏水	4%~5%
氧化镁黏土	烧透的重质氧化镁	96%
	淘净的优质高岭土或球黏土	4%
	粉状硼酸酐	0.3%~0.5%
	蒸馏水	4%~5%

螺旋型电热丝一般采用Cr20Ni80镍铬丝或0Cr25Al5铁铬铝丝。电热丝直径 d 和长度 L 的计算公式如下:

$$d=\frac{1}{2.91}\sqrt{\left(\frac{P}{U}\right)^2\times\frac{\rho_t}{\omega}} \tag{3-52}$$

$$L=\frac{U^2\pi d^2}{4P\rho_t}=\frac{P}{10\pi d\omega} \tag{3-53}$$

式中，P 为单支电热丝的功率，W；U 为额定电压，V；ω 为电热丝的表面负荷，W/cm^2；ρ_t 为电热丝在工作时的电阻率，$\Omega \cdot mm^2/m$。

其中，电热丝的表面负荷 ω 一般取 7～10 W/cm^2。螺旋形电热丝的螺旋直径 D 一般取丝径 d 的 4～10 倍。螺旋直径小于 $4d$ 会使绕制时芯轴上的电热丝陷入过度的机械应力中，难以加工。若螺旋直径大于 $10d$，则螺旋本身的弹性强度不足，埋置时易变形。螺旋直径尺寸的设计除考虑丝径外，还需考虑电板体的槽宽尺寸，确保绝缘填充料的厚度有 2 mm。此外，每支电热元件的电热丝螺旋密绕后的长度应小于电板体槽长的一半，以确保螺旋节距大于 2 mm。电热板电热元件技术参数见表 3-26。

表 3-26　电热板电热元件技术参数

板直径/cm	14.5				18					22		
电压/V	220				220					220		380
功率/W	1 000		1 200		1 500		2 500			1 800		3 200
转换级/W	700/300/210		930/270/210		1 200/300/210		1 650/1 400/850/550/480/330/250			1 400/400/310		3 200
发热元件数	2		2		2		3			2		1
每一元件的功率/W	700	300	930	270	1 200	300	1 100	850	550	1 400	400	3 200
热态电阻 R_w/Ω	69	161	52	179	40.3	161	44	57	88	34.5	121	45.1
冷态电阻 R_k/Ω	66	153	49.5	170	38.4	153	42	54	84	32.8	115	42.9
电流强度 I/A	3.2	1.35	4.2	1.25	5.45	1.35	5	3.85	2.5	6.35	1.8	8.4
线径 d/mm	0.45	0.3	0.53	0.28	0.64	0.3	0.6	0.5	0.375	0.7	0.35	0.9
线长 l/m	7.80	8.02	8.10	7.75	8.88	8.02	8.80	7.85	6.88	9.35	8.20	20.2
表面负荷 $\omega/(W/cm^2)$	6.4	4.0	6.9	4.0	6.8	4.0	6.6	6.9	6.8	6.8	4.5	5.6
螺线直线 D/mm	3	3	4	2.8	3.5	3	3.5	3	3	4	3	5
绕线圈数 w/圈	975	947	743	980	985	947	965	1 000	835	903	985	1 570
螺线封闭长度/m	0.44	0.28	0.39	0.27	0.62	0.28	0.58	0.50	0.31	0.63	0.34	1.41

电热板制造的关键工艺是电热丝的埋置压制，电热板的质量、电气性能和使用寿命均决定于压制工艺，其主要程序如下。

电板体完工后，把它倒过来肋骨向上，先进行清洁和干燥，然后按电热板的不同规格将经过试验修正了分量并拌好了的绝缘填充料均匀投入，并摇动使其分布均匀；再将电热板移到垂直压机上，用不锈钢模压型（见图 3-45）。模子上的肋骨与电板体肋骨交叉吻合，使其与螺旋电热丝外径相符，又与电板体的槽相符，绝缘填充料便顺着铸体的肋骨被压制成绝缘槽。这样，槽总是在铸体上所形成的两片肋骨的中央。因此，压机的上、下两部分必须准确地互相对准，并且，用适当的导柱、导套使电板体与压机的上、下部的准线保持正确的位置。第一次压型的压力一般在 200～350 $kgf/cm^2$①。然后用手依靠模板帮助，将预先准备好的、被拉伸均匀的螺旋电热丝及接头放进槽内，并以干的粉状绝缘填充料填充绝缘槽，摇动电板体使其均匀分布，再盖上一层湿的黏土，分量都是预先确定的，再放到压机上（见图 3-

① $1kgf/cm^2 \approx 98$ kPa，全书同。

46)进行第二次压制。第二次压制时的压力一般是 500～1 000 kgf/cm²,这道压制工艺往往需要 200～400 t 的压机来完成。上面的压模压型面是平的或稍有起纹,压模上有接纳引出线接头的小孔。压好后的电板体先在 180～200 ℃干燥箱中干燥,当满足1 500 V/min 的电气绝缘强度试验后,则将电热丝接通电源自身烧结。至此,电板体压制完毕。

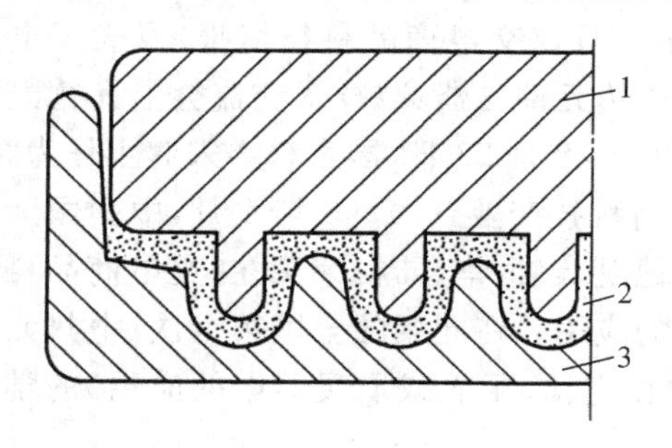

1—不锈钢模;2—绝缘混合物;3—电板体

图 3-45　第一次压型

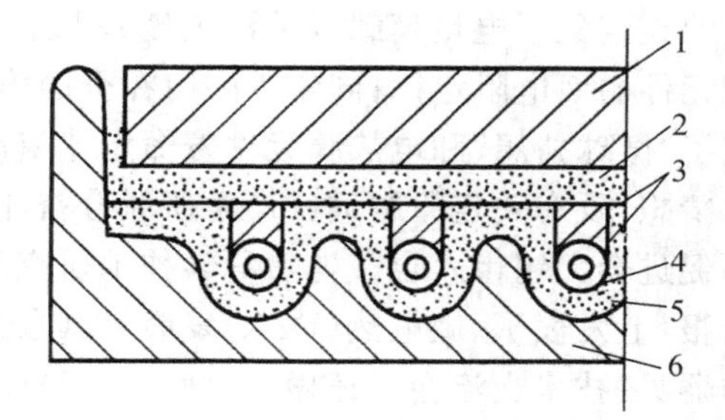

1—压模;2—湿模的绝缘物;
3—干的绝缘物;4—螺旋电阻丝;
5—第一次压形体;6—电板体

图 3-46　第二次压制

电热板压制烧结后,必须进行一次中间测试。中间测试参数包括电阻值、绝缘电阻值和绝缘强度,测试合格的才能投入安装工作。

电热板的安装关键主要有引出线、壳体连接、功率分挡调节三部分。

电热板的引出线有软线和硬线两种。软线引出线一般用 5～10 根细不锈钢丝绞成,并串有碗形瓷珠或管形绝缘瓷珠连接到接线柱上。电热板用在组合电灶上时,往往用接插件结构,如图 3-47 所示。在灶体的灶面上有足够容纳电热板的宽阔口子。安装后,在电热板周围留有 3～5 mm 的自由间隙。食物沸滚时溢出的流体或食物屑可从间隙落入灶体所备的槽内,维持一定的时间后,拿去电热板就可做清洁工作。这种结构的优点是电热板拆装方便,缺点是清洁工作不便进行。因此,往往采用图 3-48 中所示的结构,这种结构的清洁工作非常方便,溢出物可顺着护撑板流出。护撑板既起着溢流的作用,同时也起着支撑电热板的作用。

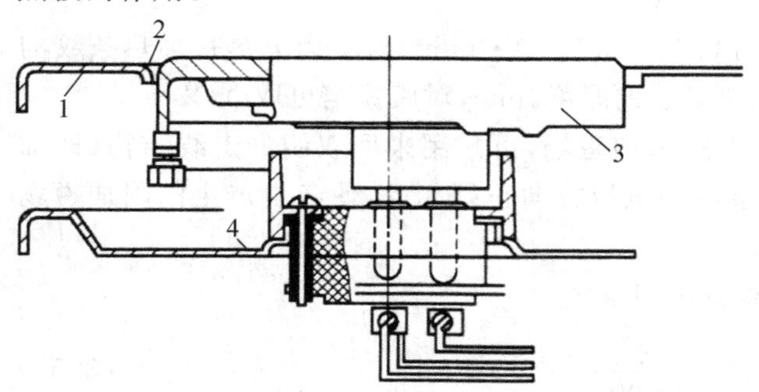

1—灶面;2—槽口;3—电热板;4—溢出物容器

图 3-47　接插件结构

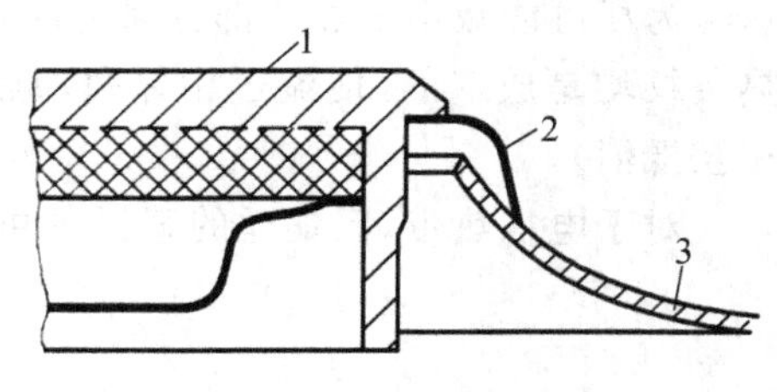

1—电热板;2—护撑板;3—灶面

图 3-48　护撑板结构

3.6　薄膜电热元件(电热膜)

电热膜技术自 20 世纪 50 年代起源于美国以来,已引起各国重视并多次掀起应用高潮，但均未形成产业化，只停留在玻璃电热共体的制造技术水平上。我国在20世纪60年代和80年代也有过开发热。1988年1月，我国的半导体电热膜元件有了突破，其制造方法及产品（简称DZR，即微电热）获得了国际多项发明专利。同年，电热膜石头纸元件标准发布并通过技术鉴定，1989年被列为国家火炬计划项目。1991年，电热膜瓷元件标准发布，发明人定义了电热膜载流子浓度物理量。1993年8月，《交电商品科技情报》发表了电热膜元件的面电阻定律；同年10月，在全国第八次《电热元件与器具》技术交流会上孔德凯发表了“微球猜想”和电热膜元件寿命定律演讲。1994年8月28日，国家科委宋健主任为“微球猜想”及有关定律题词：“产学研联合奋斗，发展高科技产业”。1995年1月，中国国际贸易促进会无锡市六合微电热科学技术研究院的孔德凯、赵世华、陆粉荣又在《交电商品科技情报》上发表了《微电热(DZR)发展及其在工业上的应用》，在同年的全国第十次《电热元件与器具》技术交流会上还做了《微电热(DZR)部件在空调、干衣或取暖器中的应用》的学术报告，大大促进了DZR技术的应用发展。

薄膜型电热元件的设计应根据如下原则和步骤进行：

第一，根据器具、装置的发热量，散热条件和温控要求，确定发热元件的总功率、分布和功率分配。

第二，根据加热功率 P 和工作电压 U，确定加热元件的加热电阻 R

$$R=\frac{U^2}{P}$$

第三，根据被加热器具、装置的表面形状，确定电加热元件的形状。对平面、圆柱面和曲率半径大于100 mm的曲面，用普通长方形的电加热片；对于曲率半径小于100 mm的曲面，宜采用尺寸较小的长方形或展开形状的电加热片。

对不同管径的管路系统，通常可采用电加热带进行加热，电加热带也可用于圆柱面加热。

第四，根据要求的加热电阻确定电加热元件的几何尺寸。

对于电加热片，加热条纹之间的间隙以1 mm左右为宜，其条宽 t 可由电阻值确定

$$t=\frac{\rho l}{R\delta}$$

式中，ρ 为电热条纹的电阻系数，对康铜为0.46～0.50 $\Omega\cdot mm^2/m$；l 为电热片加热条纹的总长度，m；R 为加热片的电阻，Ω；δ 为加热条纹的厚度，mm，对康铜箔可取0.02 mm。

为尽可能减小电加热部分通电时产生的附加磁场，可采用来回双线的走线结构（即加热条纹均是成双的，使流过相邻两加热条纹的电流方向正好相反，使各自产生的附加磁场相互抵消）。

对于电加热带，康铜丝的直径 d 可根据电阻确定

$$d=\sqrt{\frac{4\rho l}{\pi NR}} \tag{3-54}$$

式中，l 为康铜丝总长度，m；N 为康铜丝并联的股数。

薄膜型电加热器通常采用粘贴的安装形式。采用粘贴工艺不仅施工简单，而且传热良好（特别是在真空中使用时）。

常用的胶黏剂有环氧树脂胶黏剂、单组分室温硫化硅橡胶和双面压敏胶带。

薄膜型电热元件应用很广，是航天器、卫星、导弹、飞机、舰艇上精密仪器及特殊零部件

的良好加热元件和温度控制元件，也可用作小家用电热器具和试验仪器装置中的加热元件和温控元件。

厚度小、柔性好和重量轻是薄膜型电热元件的一个主要特点，其厚度可小到 0.1 mm，常用的厚度为 0.12～0.14 mm，它的重量只有相同规格硅橡胶型电加热元件的 1/5～1/3。这类电加热元件的面密度也较小，其外形如图 3-49 所示。

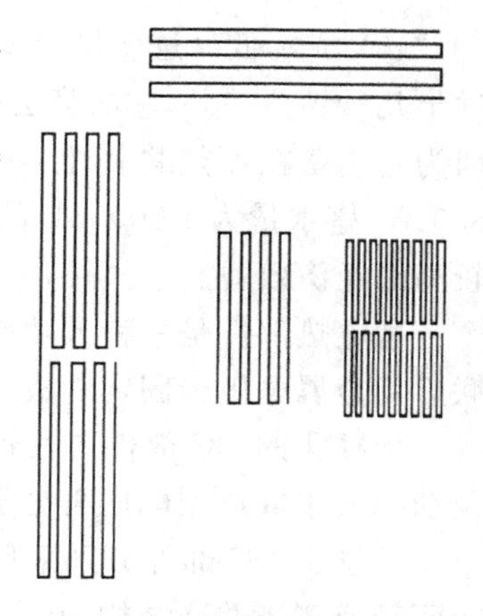

图 3-49　薄膜型电热元件

由于薄膜型电热元件具有良好的电阻稳定性，所以它的电性能比较稳定，温度在＋150～－196 ℃范围内，其电阻值相对于＋20 ℃的变化不超过±1%。并且，这种电热元件在＋150～－196 ℃的温度交变后，其性能均不发生显著的变化。同时，这种电加热元件的热阻和热惯性都比较小，温度响应快，所以可用于精细的恒温控制。

此外，无论在空气或真空中，薄膜型电热元件均有良好的耐老化性能。在空气中，经＋150 ℃、100 h 的加热或在真空中（10^{-5}～10^{-8} Torr①），经＋150 ℃、20 h 的加热，或在±60 ℃的温度范围、137 h 加热后，电热元件的性能均不发生显著的变化。

薄膜型电热元件还具有耐粒子辐射性能。经 1MeV，5×10^{6}～1×10^{7} rad 剂量的电子辐射后，电加热元件的性能保持不变。

透明导电薄膜是直接制备在被加热物体的外表面上的，目前已先后在电热杯、电热保温瓶、电火锅、电热烧杯、电热淋浴器、电咖啡壶、电吹风机、电熨斗等小家用电热器具中得到应用。

新型透明导电薄膜有以下优点：

(1) 热效率高　由于透明导电薄膜直接制备于被加热物体的外表面，它与被加热物体的表面以分子键结合，因而当通电加热时，热量很快传给被加热物体；又由于加热元件可以制成覆盖被加热物体的全部表面，传热面积大，所以传热速度极快。基于上述原因，用透明导电薄膜制成的电热器具热效率相当高，一般均在 90%上下。

热效率高的另一个原因就是这种加热方式热传导性好，所以加热元件本身温度并不高，也没有发红、炽热等现象产生，辐射热损失很小。

例如，一个透明导电薄膜电热杯和一个电热管电热杯，功率都是 300 W，同时煮 300 mL、温度为 16℃的水，前者仅用 6′30″便可将水烧开，而后者却用了 11′01″才烧开。前者的热效率为 90%，后者仅为 54%。

经过多次综合分析和对比，可以认为，透明导电薄膜制成的电热器具要比电热丝、电热管制成的电热器具可节电 30%左右。

(2) 寿命长　电热丝在空气中使用一段时期后总是要氧化的，而透明导电薄膜的物理、化学性能极为稳定，不仅在空气中不会氧化，就是在浓盐酸、浓硝酸、60%的硫酸和 1%氢氧化钠中浸泡 72 h 后，其性能仍无变化。透明导电薄膜本身的耐磨性能也很好，莫氏硬度 7～8，相当于石英黄玉的硬度。它自身的熔点在 1 000 ℃以上。被加热物体只要不猛力碰、摔，加热元件就不会损坏，经久耐用。透明导电薄膜可以经受连续通电使用 3 000 h 的寿命试验，其性能基本保持不变。

① 1Torr＝133.322 Pa，全书同。

(3) 成本低　透明导电薄膜的制作工艺十分简单,设备也不复杂,整个薄膜的形成不过十几秒钟。另外,它的膜层很薄,厚度以 10^{-10} m 为计量单位,最大厚度也不超过 10^{-6} m。因为它制备在加热物体上,无需另加固定元件,所以制品的成本很低。制成一个功率为 800 W、盛水量为 1 600 mL 的玻璃容器,材料成本不到 1 元钱,具有很强的市场竞争能力和较高的经济效益。

微电热部件是一种大功率半导体电热转换件,主要采用标准化的 DZR 瓷元件经串、并联后用金属电极卡固定制成,简称 DC 部件。

标准化的 DC 部件有长管类、短管类,又分别以几何形状(外形最大尺寸:长×宽×高)及功率大小或适用电压再分类。

长管类 DC 部件分别采用多支 ϕ9.5,ϕ12,ϕ16,ϕ20 mm 的长瓷管元件组成平行的一排或两排或多排并联结构,其主要特点是部件的面积大、扁平,适用于风机前空间厚度薄的空调、干衣或暖风器中作电热部件,长度有 120,220 mm 等或任意确定,宽度与支数成比例,也可任意确定。

短管类 DC 部件分别采用 ϕ11×38 mm,ϕ12×36 mm 元件串、并联叠加而成,其主要特点是适用于长度与深度大,而宽度(或高度)有限的空调、干衣或暖风器中作电热部件。短管部件比长管部件更抗震耐用且能方便地在 220 V 与 110 V 电源之间切换使用,并保持平均功率不变。

由于长管类 DC 部件价格略低于短管类,且交叉排列成双排以上的长管类 DC 部件的出口风温易于提高,因此,长管类 DC 部件的应用较广。

标准化的 DC 部件也有片状类,适用于长、宽、高空间均大的热风电器。这种部件经过串、并联叠加后,体积、功率可以做得很大,因此,除用作大功率空调外,还广泛用于热鼓风机、流化床烘干设备、烘房烘道热源。

还有一类特殊微电热部件是采用石头纸 DZR 元件经金属包皮绝缘封闭后的超薄型电热丝并联所组成的,简称为 DY 部件,其主要特点是电热尺十分安全,既防火、防爆,又不会触电。DY 部件的长、宽、高设计灵活性大,恒温控制精度高,抗震能力特别强,但价格(功率)要比 DC 部件高。

通常,DC 部件的累计使用寿命设计在 10 000 h,即使经常移动或经常受到振动的电热器具,瓷管元件也不会像电热丝那样容易损坏,因而可确保寿命。如果 DC 部件使用得当,寿命远大于设计期望值,经特别设计的 DC 部件寿命可达 10 万小时或更长。

DZR 部件的主要特点是:

(1) 工作电流基本稳定,特别是启动电流小;

(2) 在风道中工作的部件无明火;

(3) 电热转换效率高;

(4) 使用寿命长;

(5) 抗震能力强;

(6) 元件具有一定的耐潮、耐酸、耐碱能力;

(7) 热辐射波波长较集中(在远红外区间内),而且有低温远红外特性(元件温度超过室温就能产生远红外波);

(8) 部件中的元件局部更换、修理方便;

(9) 适用不同的电压工作,能够提供平均功率、几何形状、总功率相同的部件;

（10）价格比PTC部件低得多。

综上所述，DZR部件与电热丝、PTC相比，具有相当大的优势。

标准化的DZR元、部件向两个大类发展：一类是DZR石头纸DY元部件；另一类是DZR瓷DC元部件。其规格、型号、性能和主要用途详见表3-27。

表3-27　DZR元、部件技术参数一览表

名称	规格	型号	性能	用途
DY元件	长×宽×厚/mm 420×360×0.2	DY10 DY20 DY30 DY40 DY50 DY60 DY70 …… DY200	1. 轻、薄 2. 单面导电（另一面绝缘） 3. 可根据DZR功率定律 $P=10(U/220)^2Xb/a$（式中 P 为功率；U 为工作电压；X 为型号，例DY30元件的 X 为30；a 为极距；b 为极长），任意功率设计使用 4. 热场均匀 5. 无明火工作，防火、防爆（150 ℃工作时元件不引燃火药） 6. 工作电流稳定，启动电流小 7. 热辐射波波长集中在红外及远红外交界段并可人为偏移集波区间 8. 电热转换效率高（常规时比电热丝高35.3%） 9. 工作寿命可人为设定在2 000～100 000 h范围 10. 热惯性小 11. 能适应各种电压制成轻、薄、巧、小产品，元件几何形状不受电压变化而变化 12. 功率设计范围选择余地大（0.1W到数百千瓦） 13. 适应用户大工业化生产，元件供应保质、保量、保精度 14. 有负温热源特性（负温环境下负温工作加热） 15. 可任意串并联成叠加的大功率部件 16. 加热空气时温升同步性好 17. DY板防水、绝缘性能好，抗震耐用，耐候 18. DY板用作烘箱内壁时加热环境文明，其“集波”功能可不损伤烘干物品位	1. 直接加热对象的均匀电热板、电热尺（避开空气作传热媒介而获得最佳传热效果） 2. 用作辐射热源加热空气（其平行的热辐射波可获得最佳的均匀热场和同步升温效果） 3. 防火、防爆产品热源 4. 轻、薄、巧、小的低压电热产品热源 5. 热辐射波“集波”的理疗产品热源 6. 抗震耐候电热产品热源
DY部件	根据用户技术参数要求成批加工，配制好电极引出电源片	在额定电压时，功率范围广泛，适用于高、低压交直流产品的各种型号		
DY板	将DY部件配上绝缘片、防水片后压制在双层金属包皮中的电热板	市电电热板、380 V电热板、低压电热板、小面积大功率板（2 W/cm²）、大面积小功率板		
DC元件	ϕ10×38 ϕ12×36 ϕ16X25 ϕ10×200 …… ϕ27×200 各种 $\phi M\times N$ 非标元件 ϕ14×60 （内圈 ϕ8） ϕ22×100 （内圈 ϕ16 哈夫元件）	a. 按面阻值确定型号 b. 按瓷质分使用价格等级	1. 外圆面导电，内圆面绝缘 2. 圆管元件抗震强度高 3. 短管元件主要用于串并联（用标准电极卡固定）成部件（功率可任意组合） 4. 长管元件直接使用市电 5. 在额定风道中元件能无明火工作 6. 工作电流稳定，启动电极小 7. 热辐射波长集中在远红外及红外交界段 8. 电热转换效率高 9. 工作寿命能人为设定在5 000～50 000 h 10. 能适应低电压电源制造轻、巧小电热产品 11. 功率设计范围宽（0.1 W至数千瓦） 12. 大批量供应元件能保障一致性 13. 哈夫元件能方便劈开，夹紧在金属管上 14. 根据用户需要提供各种非标大功率长管元件或蜂窝部件 15. 常规使用的DC元件的平均功率限在5 W/cm² 内，最高使用温度限在500 ℃内 16. 表面功率若大于5 W/cm² 或最高使用温度大于500 ℃时，可在专家指导下实现 17. 能浸在纯水或油中直接加热液体	1. 叠加成大功率蜂窝体部件，与风机组合加热空气 2. 哈夫夹紧在管道外加热管道内流体 3. 热辐射热源 4. 一般防火、防爆产品的热源 5. 轻巧小型低压电热产品热源 6. 理疗产品的“集波”热源 7. 抗震热源

续表

名称	规格	型号	性能	用途
DC片元件	各种非标元件按用户要求制作	同DC元件	同DC元件 表面功率较大，可达10 W/cm^2 或更大 通常采用特殊资质	1. 叠加成口琴式部件加热空气 2. 热辐射源 3. 传递热源
DC部件	长×宽×高/mm 220×112×42	支/功率(W)/电源(V) 24/1 500/220 24/1 500/110 24/1 200/220 24/1 200/110	1. 常用限温元件135℃ 2. 限温参数可根据用户要求灵活决定 3. 交、直流电均适用 4. 220 V与110 V间方便切换 5. 表面功率大于5 W/cm^2 时选用特种管元件 6. 使用寿命大于5 000 h 7. 带电极引出片	1. 干衣机 2. 烘箱 3. 取暖器 4. 空调器 5. 干燥设备 6. 热鼓风机 7. 阶跃式热风管
	115×95×42	20/1 200/220 20/1 000/220 20/1 200/110 20/1 000/110 20/888/220 20/888/110		
	132×135×35	20/1 000/220 20/1 000/110		

DZR在工业中的应用发挥了巨大的经济潜力，具体表现在如下几个方面：

(1) 节电　用DZR改造无锡营养食品厂的电热丝花粉烘箱，功率从17 kW降至4.8 kW，烘干工艺时间从140 min降至100 min，年节电6 000 kWh/台。航空工业部614采用DZR作为天然气燃气轮机前置管道加热源，年节电720 000 kWh/台。无锡市旺泰特种干燥设备厂投产的理化烘箱，可用0.8 kW DZR取代2 kW电热丝，生产0.2 m^3 烘箱，用1.5 kW取代4～5 kW电热丝烘箱，不仅节电，而且升温快，热场均匀；特别是用DZR，可使风温达200 ℃，风量为4 000 m^3，用相同功率的DZR结构其风温可在300 ℃以上正常工作，而电热丝结构的风温要提高到180 ℃以上已很困难。在应用性能上，电热丝烘箱的升温时间和冷风冷却时间均需2 h左右，在突然停电情况下，电热丝很可能因回热而损坏；而DZR烘箱升温到200 ℃只需0.5 h，冷却时间仅10 min，即使突然停电也不会损坏。

(2) DZR的热辐射能够在低温下实现，从而提高烘干物的品位　用DZR烘箱烘干的花粉，成品中氨基酸、活性酶的存活率从原来的1%提高到99%。无锡县万利医用缝线厂采用DZR为烘干源，使国产不拆线医用缝线的可吸收率从20%提高到近100%，缝合后不留痕迹。用DZR烘干的蔬菜能明显保持叶绿素。

(3) 防火、防爆　用DZR烘箱烘火药，在150 ℃情况下持续12 h火药不会引燃；用微电热板加热有机溶液，沸腾溢出不会引燃；用DZR加热天然气无引燃、引爆的后顾之忧；用DZR板加热树脂封装计算机芯片，不会导致有机基板变形。沈阳高能技术实业公司应用DZR加热输油管道得到使用许可，用DZR烘干木材已投入应用。

(4) 微电热工具和理疗产品的开发潜力大　以汽车低压电源再作电源的DZR电热器具已有电热饭盒、笔式热得快、电热鞋、电热垫、电暖衣、防雾反光镜、后视镜、快速启动器、机油防冻器等。这些产品体积小巧、使用方便，填补了汽车电热器具的空白。用DZR制作的电热针灸仪、理疗衣、理疗椅具有高度集波的频谱理疗作用，且节电、安全；应用 DZR 制作的合线钳（用干电池作电源）可用热缩塑管取代绝缘胶布，具有防水、耐候和美观等优点，而且成本低廉，已在机电部 41 所光导纤维封合机上使用。用 DZR 部件作空调器热源或制作热鼓风机，具有安全、抗震、节电等优点。

总之，在同一空间，DZR 部件与电热丝在同功耗前提下升温快 35.3%；在同一干衣机中，DZR 部件与电热丝在同功耗前提下，最佳脱水比可达 1.8∶1；在同一振动流化床中，同功率（110 kW）的 DZR 部件出口风温为 315 ℃，而采用电热丝时的出口风温却不超过 180 ℃。在我国烟草技改主要项目薄片工程中，用 DZR 部件比远红外部件节电达 38.5%。目前，无锡市微电热科学技术研究所的 DZR 元部件的出厂参数精度已达到±1%。

第4章　温度、时间控制元件

凡是使用电加热的器具或设备，往往都需要对加热温度、发热量、加热时间进行控制、调节或显示，因此，必须配以温度控制元件(以下简称温控元件)，或时间控制元件(以下简称定时器)。下面依次对温控元件、定时器进行介绍，微电子控温、定时电路在第5章介绍。

温控元件是电热器具中一主要部件，较常用的温控元件有控温器、限温器和定时器。控温器能控制发热温度的高、低，限温器能限制发热温度的高、低，而定时器则能控制发热时间的长、短。由于它们之间可以密切配合使用，因此，可以获得十分理想的控温性能。随着科学技术的发展，目前，对一些近代控温精度要求较高、对加热过程需要进行自动程序控制的场合，已逐渐采用电子控温系统甚至微电脑控温系统。同时，采用一些新型发热材料如PTC发热元件、薄膜型电热元件等，使得控温性能得以完善而准确的实现。

目前较常用的温控元件按其控制目的分为温度控制和轴功率控制两种形式，在这两种控制形式中，按结构原理的不同又分为各种类型，见表4-1。

表4-1　温度控制元件的分类

形式	分类	精度	主要特点
温度控制	热双金属温控元件	±10℃	本身结构和应用系统均较简单，价格便宜，温控点调节方便，精度较差，适用于家用电器中
	磁性温控元件	±2℃	结构简单，温度控制精度高，但温控点调节不方便
	热敏电阻温控元件	±1℃	温度控制精度高，温控点调节方便，本身结构简单，但系统较复杂，价格较贵，适合工业电热装置
	热电偶温控元件	±0.5℃	
功率控制	开关调位元件	约±10℃	系统简单，价格低，可靠性强，控温精度低，温度波动大
	可控硅元件	±3℃	控温点较开关调位元件高，无噪声、无触点，零位触发线路系统较复杂

4.1　热双金属片温控元件

热双金属片温控元件(热双金属片)是由线胀系数不同的两层或两层以上的金属或合金，沿着整个接触面彼此牢固结合的复合材料，它具有随温度变化而改变形状和产生推力的特性。由于这种控温器主要靠热双金属片的感温作用来实现温度控制，因此，它是一种热驱动电器元件，也就是说，它的动作原动力是热源，其热源由以下三部分组成：

(1) 环境传热　指热双金属片周围介质(如空气)传给它的热量。

（2）热源加热　指各类发热体以对流和辐射方式传递的热量。

（3）自身发热　指电流通过热双金属片时，它本身所产生的热量。

在实际应用中，往往因自身发热尚不足以使热双金属片动作，因此，还需以电热丝串联于电路中，并安设在其附近增高热双金属片的温度，促其动作。

热双金属片的其中一片线胀系数大，另一片小，在常温下，两片金属片保持平直，如图 4-1(a)和(b)。当温度上升时，线胀系数大的伸长较多，使金属片向线胀系数小的那一面弯成圆弧形。热双金属片的工作原理如图 4-1(c)和(d)所示，温度越高，弯曲越厉害，即热双金属片的变形量与温度成正比。当温度下降时，热双金属片收缩恢复原状。因此，热双金属片的翘曲方向及曲率大小取决于元件温度、组成元件的物理性能及两层金属的厚度比等因素。

热双金属片在电路中的具体应用有常开触点和常闭触点两种类型。所谓“常闭”，即在冷态或一般工作情况下电触点是闭合的，可以使电流通过电热元件，如图 4-2(a)所示，而当温度升至足够高，热双金属片翘曲足够大时，才使两触点脱离，如图 4-2(b)。所谓“常开”，是在冷态或一般工作情况下电触点是断开的，如图 4-1(a)和(b)所示，仅当温度升到某一数值时，由于热双金属片翘曲才使触点闭合，如图 4-1(c)和(d)。

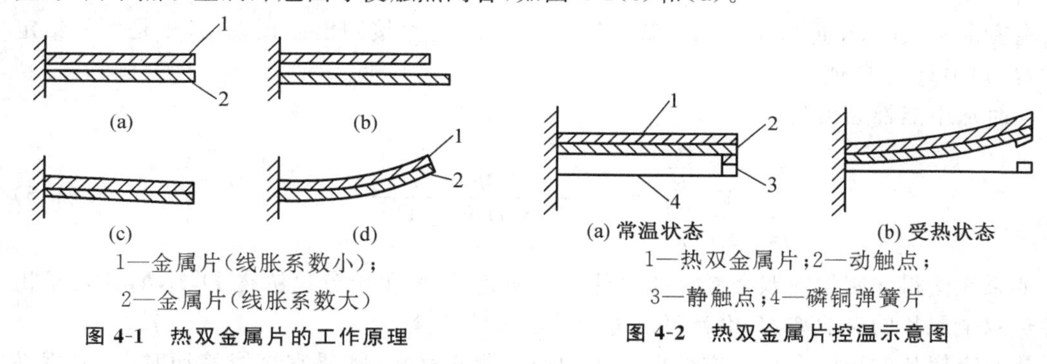

1—金属片(线胀系数小)；
2—金属片(线胀系数大)

图 4-1　热双金属片的工作原理

1—热双金属片；2—动触点；
3—静触点；4—磷铜弹簧片

图 4-2　热双金属片控温示意图

应用上述热双金属片仅能实现温度控制，即将其控制在某一温度范围内。为使温度可随使用要求而随意调整，必须装置调温机构，通常采用一个调温螺钉来实现，如图 4-3 所示。

对于常闭型热双金属片，当旋动调温旋钮时，可使调温螺钉随之转动，以此调整两个触点的压紧程度。如调向高温时，应使两触点压得更紧一些，这样，只有当热双金属片温度较高、发生较大翘曲时，才能使两触点脱离；如调向低温时，则应使两触点压得稍松一些，使得在较低温度下热双金属片就能产生足够大的翘曲而使两触点脱离。

为使所控制的发热温度尽可能准确，热双金属片的安装位置应尽量靠近发热体的中心，一般温度可波动±(5～10)℃。

设计时经常要预先计算出热双金属片在温度变化 ΔT 时的翘曲度 D(见图 4-4)。

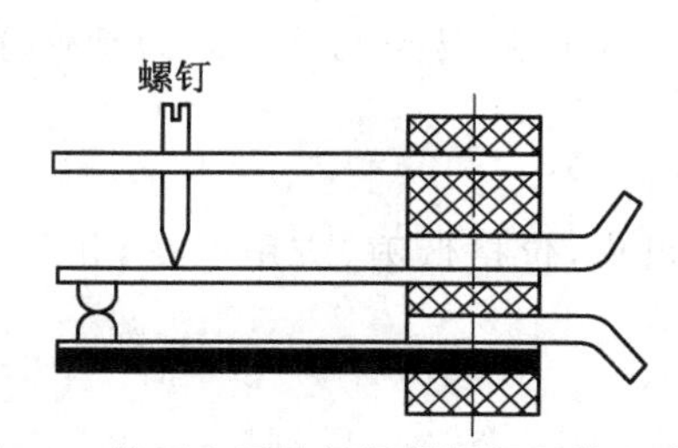

图 4-3　热双金属片控温器调温机构示意图

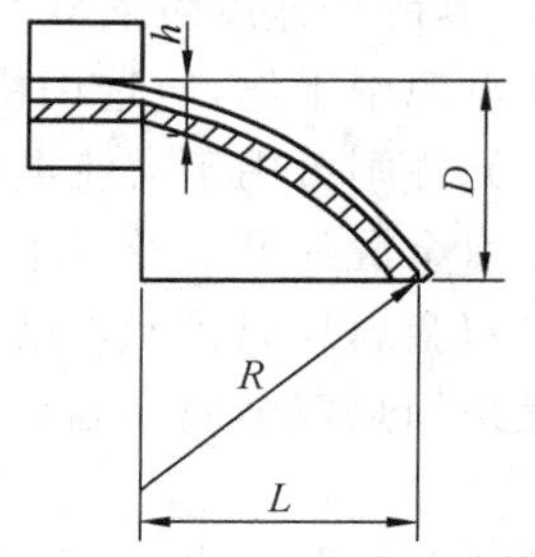

图 4-4　热双金属片的计算

现给出下列公式，可供设计时参考，推导过程从略。

当一条热双金属片受热时，其曲率的变化服从以下公式

$$\frac{1}{R}=\frac{1}{R_0}=V\times\frac{\Delta T}{h} \tag{4-1}$$

其中

$$V=\frac{3}{2}(a_1-a_2) \tag{4-2}$$

式中，R_0，R 为变形前、后金属片的曲率，mm；ΔT 为温度变化值，℃；h 为双金属片的总厚度，mm；a_1，a_2 分别为两种金属材料的电阻温度系数；V 为温曲率，表示温度每变化 1℃时曲率的变化值。

当热双金属片是平直的时候，$R_0=\infty$，于是就有

$$\frac{1}{R}=\frac{3}{2}=(a_1-a_2)\frac{\Delta T}{h} \tag{4-3}$$

根据图 4-4，运用几何知识即可推出

$$\frac{1}{R}=\frac{8D}{L^2+4Dh+4D^2} \tag{4-4}$$

在变形不大时，L 近似于热双金属片的工作长度，可直接测出或预设出，于是可从给定公式(4-4)中算出 D 值。

同时从中能推导出公式

$$V\frac{\frac{1}{R}}{\frac{\Delta T}{h}}=\frac{8Dh}{\Delta T(L^2+4Dh+4D^2)} \tag{4-5}$$

如果无法得知制作热双金属片的两种材料种类，只要用千分尺测得 D,L,h，便可求出某种热双金属片的温曲率 V，也就可以进行其他设计计算。

热双金属片的形状和尺寸应根据不同的使用要求来定：需要它直线移动时，一般用平直或 U 字形条片；需要它转动时，一般用螺旋形或碟形片，这些均可实现触点的慢动作。如需快速动作，应采用碟形片或热双金属片与弹簧曲柄联动机构。热双金属片的材料品种繁多，规格复杂，可查阅专门手册确定。

一般应用于电熨斗、电饭锅、电烤箱的普通温控器可选用悬臂梁式直条形热双金属片温控元件。

要求温控精度高的可选用平螺旋或直螺旋形热双金属片温控元件，其控温精度可达±1℃以内，如应用于空调器中的温控元件。

应用于车、船上的自动控温电热水瓶等振动较大的环境中，可选用碟形或波浪形快速跳跃式元件，其跳动速度可达 0.000 16 s。

在直流电源中工作，应选用快速动作的热双金属片温控元件。因为动作缓慢易起弧，这样的温控元件则可用于交流电路中。

常用热双金属片型号及技术性能见表 4-2。

由于热双金属片温控元件结构简单，动作可靠，价格低廉，应用广泛，几乎 85%以上的温度控制是采用热双金属片温控元件实现的。

表 4-2　常用热双金属片型号及技术性能

类型	品种牌号	双金属材料		比弯曲 K(20～150℃)/10^{-6}℃$^{-1}$	电阻率/(Ω·mm^2/m)	弹性模量 E(20℃)/(kgf/mm^2)	线性温度范围/℃	允许工作温度范围/℃	允许应力(20℃)/(kgf/mm^2)	特点
		主动层	被动层							
高灵敏型	5J11	Mn75Ni15Cu10	N36	18.0～22.0	1.08～1.18	≥13 000	−20～180	−70～200	15	热敏感性和电阻率高，但弹性模量和允许应力较低，防腐蚀性能较差
通用型	5J16	Ni20Mn6	Ni36	13.8～16.0	0.77～0.82	≥16 000	−20～200	−70～350	20	有较高热敏感性能，低温稳定性良好，焊接性能好，镍、铬元素用量少
通用型	5J18	3Ni24Cr2	Ni36	13.2～15.5	0.77～0.84	≥16 000	−20～180	−70～450	20	与 5J16 比，热敏感性能稍低，含镍、铬元素较多
低温型	5J19	Ni20Mn7	Ni34	13.0～15.0	0.76～0.84	≥16 000	−50～100	−80～375	20	在 0℃ 以下低温具有较高热敏感性，适用于低温范围内使用
高温型	5J23	Ni19Cr11	Ni42	9.5～11.7	0.67～0.73	≥17 000	0～300	−70～450	20	线性温度范围较宽，适合于低温范围内
高温型	5J25	3Ni24Cr2	Ni50	6.6～8.4	0.54～0.59	≥17 000	0～450	−70～480	20	线性温度范围比 5J23 更宽，可在更高温度下使用
电阻型	5J101	2Ni24Cr2 中间层 Cu	Ni36	12.6～15.0	0.14～0.18	≥16 000	−20～180	−70～200	15	热敏感性能与 5J18 相同，但电阻率低得多

下面介绍两种常用的温控器。

4.1.1　缓动式温控元件

缓动式温控器是在自动保温式电饭锅、电烤箱、调温型电熨斗、蒸汽型电熨斗和蒸汽喷雾型电熨斗等家用电热器具中应用广泛的一种能在一定范围内调节温度使之恒温的温度控制元件。

缓动式温控器的结构原理如图 4-5 所示。

当电热设备受热而温度上升时，热量传给热双金属片，使其产生弯曲变形。随着温度的上升，变形量逐渐增大，最终使热双金属片上的瓷绝缘子和动簧片脱离。借助动簧片的刚性断开控温触头，切断电源，于是电热器具的温度慢慢下降，热双金属片逐渐回复原状，其上的瓷绝缘子顶起动簧片使触头重新闭合,电热器具再度通电升温。如此反复,使在一定的温度范围内恒温。

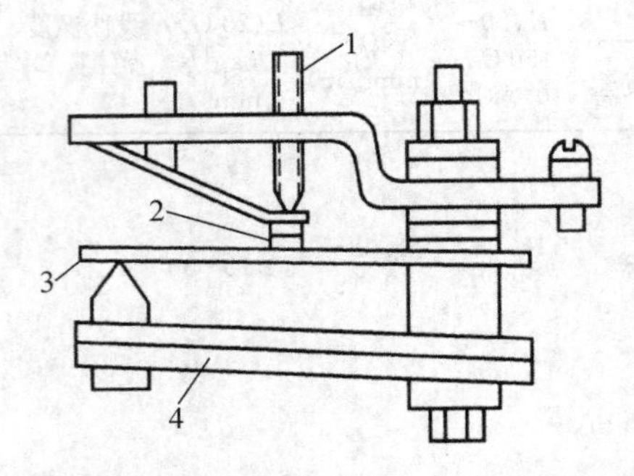

1—温控器调节螺钉;2—控温触头;3—弹簧片;4—热双金属片

图 4-5　缓动式温控器结构原理示意图

该温控元件又称直形热双金属元件,缺点是:触头的接通和断开是缓慢的,因而通、断时会有电弧产生,易使触头熔化而焊死造成失效;触头动作寿命通常只有 3 000～4 000 次。

4.1.2　闪动式温控元件

为了克服缓动式温控器的缺点,又发展了一种具有触头分离迅速、拉弧小、对无线电干扰小、触头温升低、寿命长(可以正常动作 50 000 次左右)等优点的闪动式温控器。图 4-6 所示为闪动式温控器结构原理示意图,它主要由温度敏感元件——热双金属片、弓形储能簧片结构的触头弹性机构、调节机构和瓷环紧固机构等组成。这种闪动式温控器装于电热器具内的发热元件上,或通过导热装置装于电热器具内的发热元件上,当温度升至某一调定温度时,热双金属片受热变形推动瓷柱 4,瓷柱 4 顶起弹性机构 7,于是弓形储能簧片 2 便迅速向上动作,使触头 3 分离切断电路,发热元件停止加热。当温度下降至某一温度时,热双金属片 1 恢复原状,瓷柱 4 不再顶起弹性机构 7,这时储能簧片 2 迅速向下动作,使触头 3 闭合,接通电路,使发热元件再次加热。这样反复动作,电热器具的工作温度便被控制在预定的温度范围内。温控器调节螺钉 5 可以调节不同的温度范围。

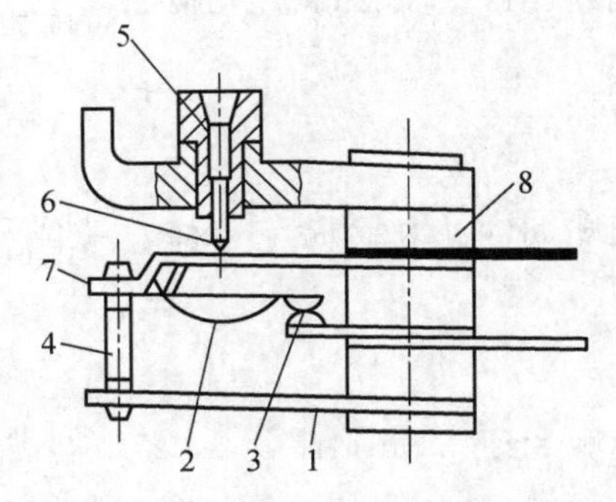

1—热双金属片;2—储能簧片;3—触头;
4—瓷柱;5—控温调节螺钉;
6—瓷柱;7—弹性机构;8—瓷环

图 4-6　闪动式温控器结构原理

4.1.3　U 形及螺旋形热双金属元件

U 形热双金属元件如图 4-7 所示,也是最常见的形状之一。它也和悬臂梁式一样,一端固定,另一端自由偏转。

螺旋形热双金属元件分为直螺旋和平螺旋两种,如图 4-8 所示。它的一端固定,另一端受热后产生角位移。

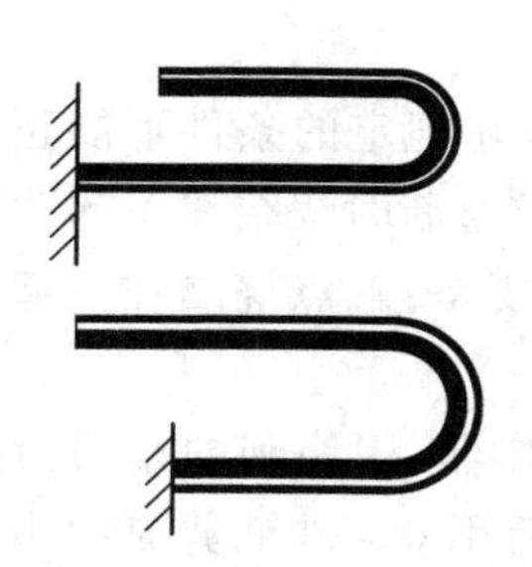

图 4-7　U 形热双金属元件

直螺旋形

平螺旋形

图 4-8　螺旋形热双金属元件

直螺旋形元件长度大，受热面积大，占有空间小，角位移大，但受热后有少量的轴向位移。平螺旋形元件长度也大，占空间小，角位移大，无轴向位置，适用于温度指示。

4.1.4　碟形热双金属元件

碟形热双金属元件是用双金属片冲压成一个略微凹陷的碟形，如图 4-9 所示。

这种元件在受热到某一温度时，元件由凹形跳变成凸形；当温度下降到某一范围时，又重新跳跃到原来形状。利用碟形元件这种受热形状的突变，可以完成一个快速闭合和断开触点的动作。碟形热继电器结构示意如图 4-10 所示。

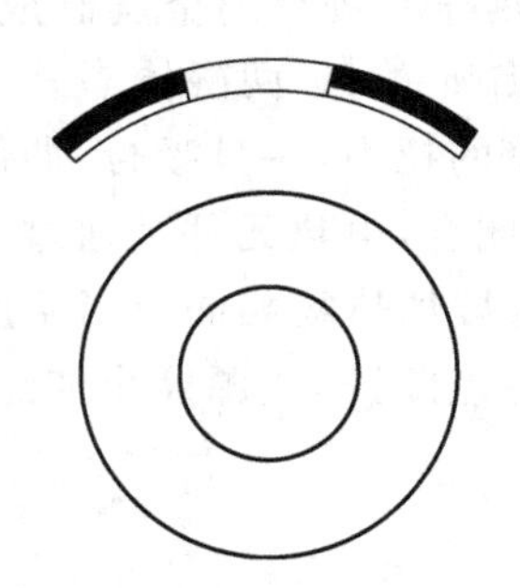

图 4-9　碟形热双金属元件

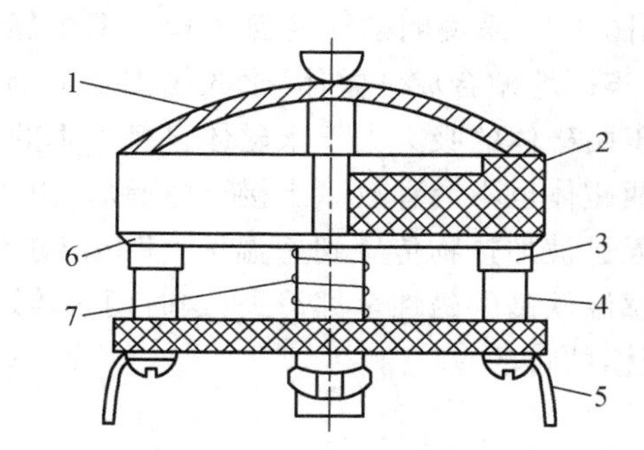

1—热双金属片；2—骨架；3—动触点；4—静触点；5—引线脚；6—导电片；7—弹簧

图 4-10　碟形热继电器结构示意图

碟形元件具有动作极为迅速的特点(不到 1 ms)，并有体积小、推力大、抗震等优点，因此，适用于要求触点快速动作的电热器具。

4.1.5　热双金属温控器的选用与维修

(1) 热双金属温控器的选用　维修电热器具更换温控器时应合理选用，否则将造成浪费或影响使用寿命。选用时应注意以下几点：

① 动作特性的选择。热双金属温控器有闪动式和缓动式两种。闪动式的触点闭合和断开动作迅速，无“拉弧”现象，对其他家用电器干扰小。更换温控器时应按原类型选择。

② 使用温度范围(工作温度)。不同型号的温控器，其使用温度范围也不相同。超出使用温度范围，双金属片将产生永久性变形而失去使用价值。

③ 动作温度。温控器多数是常闭触点(即常温下触点处于闭合状态)，它的动作温度是指触点断开时的温度，选用时应根据被控温度值合理选择。

④ 通断动作温度范围。通断动作温度范围是指温控器由接通的温度 t_1 到自动断开的温度 t_2 的差值。它涉及到恒温的准确度。

⑤ 触点最大容量。触点最大容量是指温控器触点在规定的条件下能正常地通过最大允许的电功率。此值选得过小,将使触点通电时过热或通断时烧结在一起。

(2) 常见故障的修理　双金属温控器常见故障主要是:触点烧结在一起,不能断开;双金属片超过其工作温度而永久性变形,触点不能闭合。

对触点烧结在一起的故障,可从电热器中拆下温控器,用锋利的小刀沿两触点中间部位进行切割。由于两触点表面镀银,极易割开。割开后用 0# 砂纸剪成约 1 cm 宽的长条,从触点中间穿过,依次打磨两个触点表面,使其平整光亮。修好后再按原样安装于电热器上即可。

对于双金属片由于过热永久性变形的故障,一般无法修复,只好更换同类型的温控器。

4.2　磁性温控元件

磁性温控元件也叫磁性限温器,它是利用温度对磁性材料的磁性影响实现控温的。

4.2.1　磁性控温原理

下面用图 4-11 来说明磁性控温原理。图中感温面 1 由热导率较大的金属制成,它与感温软磁 2 牢固地贴合成一整体,永久磁体 3 下端固定一螺旋弹簧 4。两磁体靠外力吸合在一起,由于两磁体的吸力大于永磁体自身下垂的重力和弹簧的拉力,一旦吸合,即使外力停止作用,两磁体也不会释放。当接通电源后,由于触点 5,6 闭合,电热元件 7 通过电流而发热,热量通过被加热物传导到感温面,使感温磁体的温度与被加热物相同。当温度达到一定值时,感温软磁的磁性全部消失,这时两磁体迅速脱离,触点断开,电源停止加热,这样就实现了限温的目的。

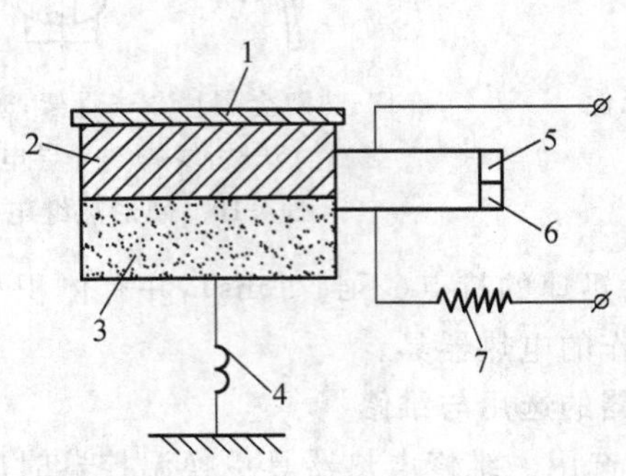

1—感温面;2—感温软磁;3—永久磁体;
4—螺旋弹簧;5,6—触点;7—电热元件

图 4-11　磁性温控器原理图

这里限温的关键是感温软磁磁性的改变。感温软磁是由铁氧体软磁材料烧结而成的。

软磁材料的特点是:磁导率大,矫顽力小,磁滞损耗低。这种材料的成品容易磁化,也容易退磁,适用于反复磁化。那么感温软磁为什么在一定温度时会消失磁性呢? 这要用"磁畴"的概念来解释。

众所周知，任何物质都是由它的分子组成的。分子中的电子同时参与两种运动，即电子的自旋运动和绕核旋转运动。这两种运动都会产生磁效应，并且具有一定的磁矩。在铁磁性材料中，由于原子间的互相作用，在某一小区域内，各个磁矩取向相同，排列整齐，这些小区域称为“磁畴”。但是在没有外磁场作用时，这些磁畴相互间的取向却是不规则的，如图 4-12(a)所示。因此，整个磁性材料对外仍不显示出磁性。而在外磁场的作用下，磁畴则定向排列，如图 4-12(b)所示，其取向与外磁方向一致，从而显著地加强了铁磁性材料内部的磁场。由此可见，磁畴就是铁磁性材料磁化的内在根据，而外磁场则是磁化的外部条件。

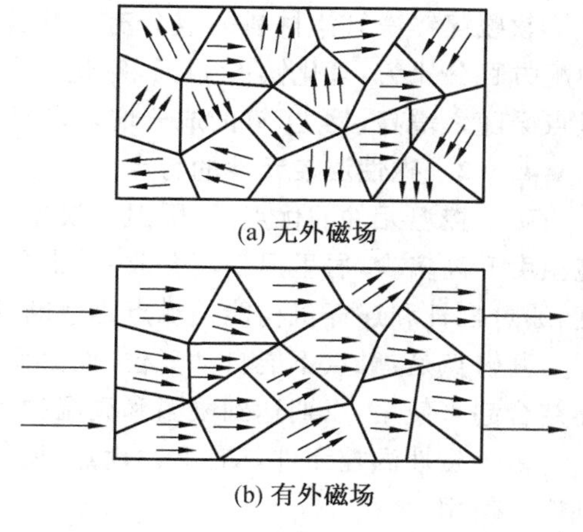

图 4-12　磁畴示意图

在高温情况下，磁铁中的分子热运动会破坏磁畴的有规则的排列，磁铁的磁性就被削弱了。当温度达到一定限度时(此值称为居里温度)，磁畴有规则的排列会全部被破坏，这时磁铁的磁性全部消失。不同材料成分的铁磁体，其居里温度也不同。例如钛的居里点为 1 120 ℃，铁为 770 ℃，镍为 360 ℃。改变铁磁体的成分含量，就可制作出居里温度不同的感温软磁。

感温软磁就是在温度达到它的居里点时，磁导率急剧减小，两磁体吸力变小，永久磁体与感温软磁释放，使触点断开停止加热。当温度降低后，感温软磁的磁性又恢复正常。但这时两磁体不能自动吸合到一起，必须借助外力才能重新吸合，使电路恢复接通，故它只起到限温作用。磁性温控器是由居里温度很高的硬磁片(永久磁钢，其磁感应强度 750～900G[①])和一片居里温度较低的软磁片及弹簧、拉杆、触头等组成。在一固定位置的感温软磁下面设一永久磁钢，并加上一个具有一定向下拉力的弹簧。在常温下，环境温度低于软磁片的居里温度时，硬磁片和软磁片之间的吸力大于弹簧拉力与硬磁片重力之和，因此，当硬磁片被托起与软磁片贴近时，软磁片即吸住了硬磁片——永久磁钢，使得它们所带动的两个触头闭合，电热元件通电发热。当温度升高时，软磁片的感应强度逐渐降低，即硬磁片与软磁片之间的吸力逐渐减小。当温度超过预定值，达到软磁片居里点温度时，软磁片的磁感应强度急剧下降而趋于零。这时，在弹簧拉力与永久磁钢的重力之和大于磁性吸力的情况下，永久磁钢便落下，使两触点脱离，从而切断电源。这种限温器的优点是控温准确，动作可靠、迅速；缺点是不能自动复位，需人工复位。如自动电饭锅限温器动作温度(103±2)℃，电水壶限温器的动作温度为(98±2)℃。硬磁片一般用钡铁氧体($BaFe_{12}O_{19}$)和锶铁氧体($SrFe_{12}O_{19}$)制作；软磁片一般由铁氧体和合金体制作，合金软磁片优于铁氧体软磁片。

磁性材料是限温器自动控温系统中的重要环节，而居里点的选取、烧结温度的确定、球磨时间的控制及粒度大小都会直接影响磁性材料的性能，因此，要严格控制生产工艺。

硬磁材料中，锶铁氧体材料主要成分有碳酸锶($SrCO_3$)、三氧化二铁(Fe_2O_3)。其中，配方百分比为：$SrCO_3$ 占 14%，Fe_2O_3 占 86%。

---

① $1G=10^{-4}T$，全书同。

软磁镍锌铁氧体材料的成分有氧化镍（NiO）、氧化锌（ZnO）、三氧化二铁（Fe_2O_3），其中配方百分比为：氧化镍占11%，氧化锌占22%，三氧化二铁占67%。若镍的成分增多，居里点会随之增高；反之，锌的成分增多，居里点随之下降。

4.2.2 磁性温控元件的特点

磁性控温元件的优点是：限温点误差小（即居里点准确）；具有稳定的居里温度，不管环境温度升高多少，居里温度不会改变，十分稳定可靠；具有较好的热传导性和较快的反应速度，通过杠杆和连杆机构能使触点迅速断开。

其缺点是：触点不能自动复位，而必须手动。因此，在电热器具中，常将限温器和恒温器结合起来使用，以期达到限温和调温的目的。

由于磁性温控元件具有上述优点，所以在限温、控温、监示、报警等自动控制领域中得到广泛使用。

目前广泛应用于自动电饭锅和电水壶中的限温器，就是一种近年来迅速发展的磁性温控元件。磁性温控元件工作原理如图4-13所示，结构原理如图4-14所示。

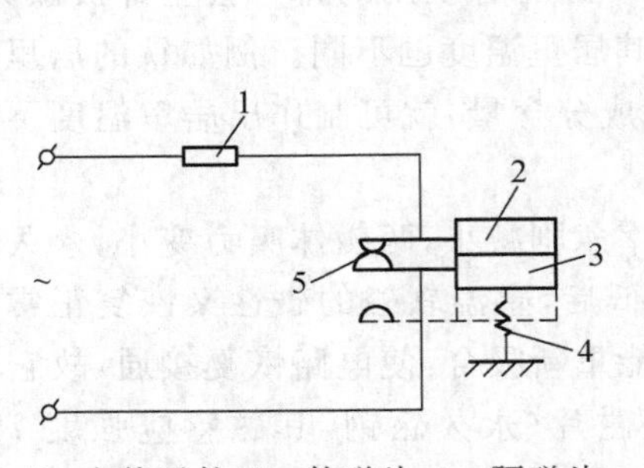

1—电热元件；2—软磁片；3—硬磁片；
4—弹簧；5—触头

图4-13 磁性温控元件工作原理

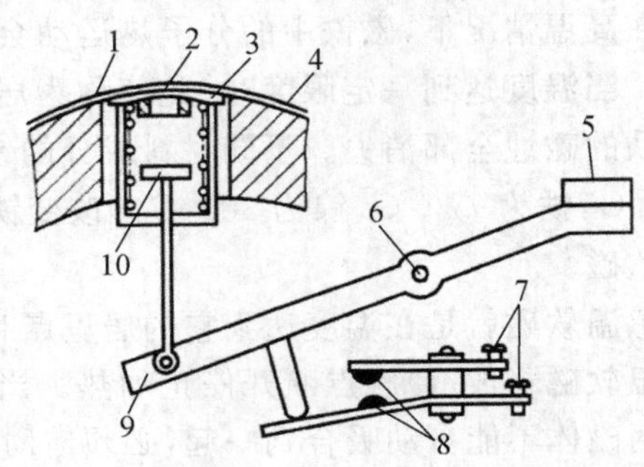

1—内锅底；2—软磁片；3—弹簧；4—电热板；
5—开关按钮；6—转轴；7—接线螺钉；8—触点；
9—杠杆；10—永久磁钢

图4-14 自动保温式电饭锅结构原理

自动电饭锅控温元件磁钢限温器是利用感温软磁（软磁片）的磁性随温度高、低而变化的特性来设计的。当温度升高到居里温度时，感温软磁失去磁性。居里温度略高于103℃。在饭熟前，锅内有水，水的沸点为100℃，所以锅内温度不会超过100℃，感温软磁仍有磁性。当饭熟后，锅内没有水，温度便会上升而超过100℃，此时紧贴于锅底面的感温软磁温度也随之上升到居里点温度而失去磁性，这样，在重力和弹簧力的作用下，感温软磁不能被永久磁钢继续吸住而跌落。下跌时，永久磁钢通过杠杆作用把两触点分开，切断电饭锅电源，此时表明米饭已经煮熟。

4.3 形状记忆温控元件

形状记忆温控元件是一种采用形状记忆合金制成的温控元件，而形状记忆合金则是一种具有形状记忆效应和超弹性特殊功能的新型材料。

4.3.1　形状记忆效应

所谓形状记忆效应就是合金在室温下加工产生塑性变形，而加热升温达到某一临界温度时，又立即恢复变形前的形状。例如，卷曲的带材加热后可以展平，拉直的弹簧加热后可以回复成螺旋状，压扁的管子加热后可以回复圆形。利用这种形状记忆效应可以简单地将热能转换成机械能，从而制成温控元件，广泛应用于家电、医疗及其他许多工业部门中，如航空、航天、航海、汽车、能源、石油、机械等。虽然第一种形状记忆合金——镍钛(Ni-Ti)合金早在 20 世纪 60 年代初就已问世，70 年代中期又出现了价格低廉的 Cu 基合金，但是它们的广泛应用是在 70 年代末和 80 年代初开始的，并正在向纵深发展。国外有人将形状记忆合金誉为"2l 世纪的合金"。1983 年，日本松下公司在 15 种新型空调器上正式采用，它借助温度的变化，自动控制空调器的风量和风向。目前，其动作回复温度差值已不超过 10℃。

超弹性也称为弹性、拟弹性，是形状记忆合金的另一特性，而其他材料则没有这种特性。目前尚未涉及这方面的应用，这里不作详细介绍。

当前应用广泛的形状记忆合金只限于 Ni-Ti 和 Cu 基合金，其中 Cu 基合金主要是 Cu-Al-Ni 和 Cu-Zn-Al 两种。Ni-Ti 合金特性优异，且耐腐蚀性较好，比较成熟，是目前用量和范围应用最广的一种，但价格昂贵(是 Cu 基合金的 10 倍)、加工困难、成材率低、工艺水平要求高。Cu 基合金虽然性能水平略差于 NiTi 合金，但是随着研究工作的进一步深入，Cu 基合金仍有可能成为主要的形状记忆合金。

4.3.2　形状记忆效应的应用实例

形状记忆效应除作管子接头外，主要用作热敏元件。利用开关记忆合金的形状随温度变化，两者之间存在着严格对应关系的特性，就可以制作恒温装置自动开关、温室自动启闭门窗、自动启闭阀门等热敏元件兼驱动元件。

装有形状记忆合金热敏元件的恒温装置自动开关原理如图 4-15 所示。

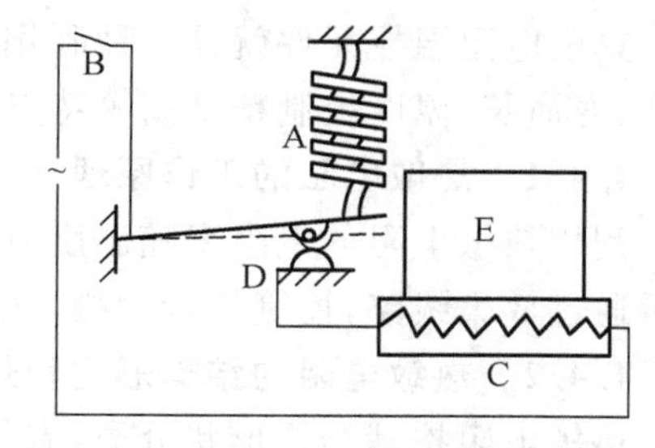

图 4-15　装有形状记忆合金热敏元件的恒温自动开关与开关原理图

图中，弹簧 A 用双向形状记忆合金制成。手动开关 B 闭合后，电热器具 C 开始工作，使 A 的温度逐渐升高。当温度高于相变点后，记忆弹簧收缩，将触点 D 分离，电路被切断，温度开始下降。当温度降至相变点以下时，记忆弹簧伸长，触点闭合，电路又被接通，电热器具重新开始工作，温度再次上升，记忆弹簧再次收缩，这样周而复始，使被加热物 E 保持在一定的温度范围内。

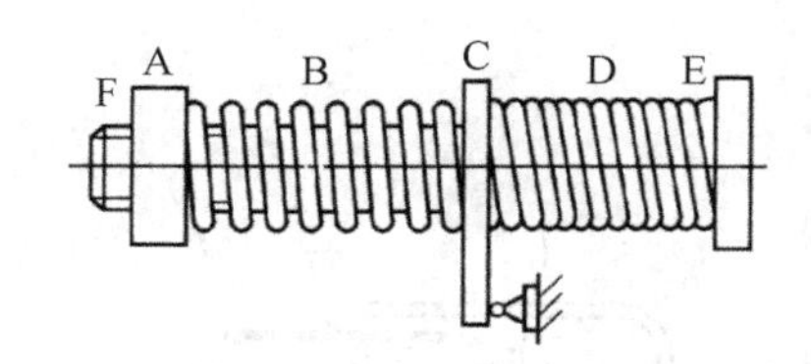

图 4-16　单向形状记忆合金制作的温控器原理图

单向形状记忆合金在升温时能恢复原状，降温时则不动作，用它控温只能动作一次，不能满足控温器的要求。那么，怎样才能使它应用在控温器上呢？这需要做如下的设计。图 4-16 给出了单向形状记忆合金制作的温控器原理图。把单向形状记忆合金弹簧与一个普通辅助弹簧串接起来，就可完成与双向形状记忆合金弹簧类似的反复动作。单向形状记忆合金弹簧 B 与普通辅助弹簧

D通过连接板C串接起来，连接板C可沿滑杆F轴向移动。普通辅助弹簧D的另一端固定在滑杆F的凸肩上。单向记忆弹簧B的左端顶在调节螺母A上，调节A的位置可以改变两个弹簧之间的作用力。在此结构中，单向记忆弹簧B的特性是在升温过程中伸长。低温时(即处于马氏体状态下)，B的弹性模量很小，由普通辅助弹簧D使之压缩产生塑性变形，这样就具有了记忆能力。升温时的恢复力(即伸长时输出的力)大于D的压缩力，将D压缩。与此同时，C向右滑动，使触点闭合。降温时做反向运动，使触点断开，切断电热器具电源。

应用形状记忆效应可以做成“记忆离合器”，应用于汽车发动机的冷却风扇可起到节能作用；应用于家用电器可用作自控元件，包括各种热敏控温元件。同时，它还可以作为器具的驱动元件，如日本夏普公司最近研制成功的对流型电子烤箱就是用形状记忆合金作为气动调节器的驱动元件。电子烤箱工作时，食物散发出的蒸汽充满烤箱，使箱门玻璃变得模糊。为了在使用时能清楚地观察烤箱内烧烤情况，使用气动调节器能经常进行箱内气体的自动排放。气动调节器原来采用电机或螺旋管驱动器，现采用形状记忆合金弹簧，它把经过记忆处理的螺旋形密排记忆弹簧拉长后装入机构中，工作时靠通电自行发热，当温度升高超过相变点后，记忆弹簧收缩，关闭调节器。切断电源时，连接在记忆弹簧另一端的辅助弹簧向相反方向弹回，打开调节器。当然也可以用记忆弹簧制作热敏元件，用于全自动电子干燥箱箱门开、闭的驱动元件等。

4.4 热敏电阻温控元件

热敏电阻是一种对温度极其敏感的电阻，具有大的负电阻温度系数，约为每摄氏度1%～5%，阻值和温度的关系通常呈指数关系。其特点是电阻随温度的变化而显著地变化。利用这一特性可将温度的变化转换为电量的变化，从而达到测温、显示或控温的目的。

热敏电阻温控元件就是一种利用热敏电阻来作温度控制的元件，它具有结构简单、体积小、寿命长、温度控制精度高等特点。

4.4.1 热敏电阻的工作原理

利用热敏电阻的电阻率随温度有很大变化的特性，将温度变化量转换为电阻变化量，然后通过放大线路，控制执行机构，从而达到控制和调节温度的目的。

4.4.2 热敏电阻的结构形式和规格

热敏电阻按其结构形状分类，有杆式、圆片式、垫圈式及电阻珠四种形式，在温度控制中常用杆式热敏电阻和热敏电阻珠两种。图4-17所示为杆式热敏电阻结构及外形图。

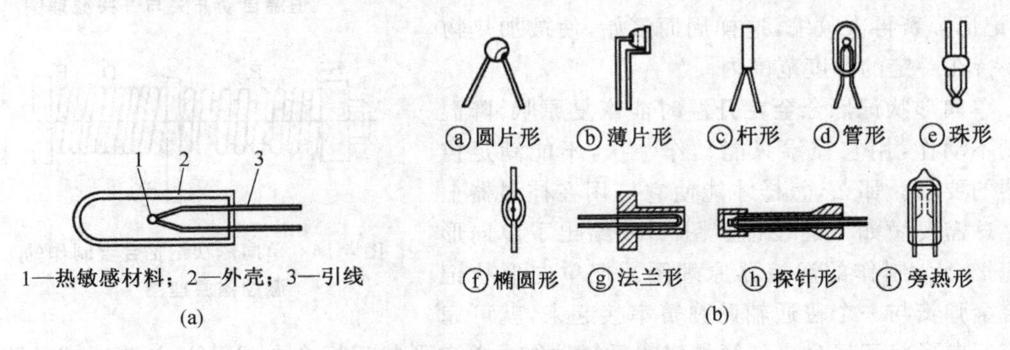

图4-17 热敏电阻结构及外形图

温控元件上常用的杆式热敏电阻的规格和主要参数见表 4-3。

表 4-3 常用杆式热敏电阻的规格和主要参数

类型	温度极限/℃	使用温度/℃	电阻变化率/(%/℃)	外形尺寸/mm
RRC	150	125	−3	$\phi2,\phi6,l50$
B	450	350	−1.5	4×5×28
CS	500	400	−1.4	$\phi5,l70$
B	650	550	−1.2	4.5×5.5×30

杆式热敏电阻结构剖面示意图如图 4-18 所示，热敏电阻珠的结构示意图如图 4-19 所示。

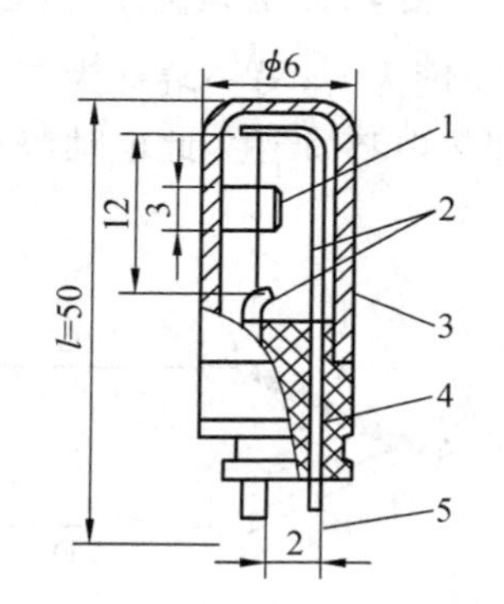

1—热敏电阻；2—镍导线；3—金属外壳；
4—绝缘基座；5—引线

图 4-18 杆式热敏电阻结构剖面示意图

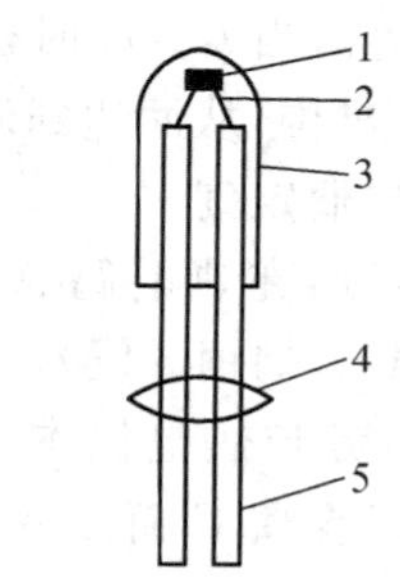

1—珠型热敏电阻；2—电极线；3—玻璃管；
4—玻璃珠；5—引线

图 4-19 热敏电阻珠结构示意图

4.4.3 热敏电阻温控元件的特点

(1) 灵敏度高 热敏电阻的阻值对温度变化敏感性强，通常温度变化 1℃，阻值能变化 1%～6%。其电阻温度系数的绝对值要比金属大 10～100 倍，温度灵敏度要比铜电阻、铂电阻、热电偶等其他感温元件高得多。

(2) 体积小 根据不同使用条件和对象，可以制成各种形状、大小和规格。最小尺寸可达 0.2 mm。

(3) 易于实现远距离测量和自动控制 它不像热电偶那样要求冷端补偿，也不需要考虑线路中的引线电阻和接线方式。

此外，还有过载能力强、功率损耗小、工作温度范围广等优点。其缺点是使用热敏电阻作温控元件时，必须配以电桥线路和放大线路，将微弱的电量变化放大后驱动执行机构，再由执行机构控制电路的工作状态。

4.5 热电偶温控元件

热电偶温控元件是将温度变化量转变为微小的电势变化量，然后经放大用来控制执行机构，从而达到控制温度的目的。这种方法结构简单，使用方便，精确可靠，温度控制调节范围宽，但应用系统较复杂，价格较高，通常只用于较大型的电热器具中，如 100 L 以上的热水器及大型电烤炉等产品。

4.5.1 热电偶的工作原理

早在1821年，席贝克(Seebeck)发现由铜、铁两种金属所接成的电路中，如果两个接头之一加热，电路中将产生电流，在冷接头处电流从铁流向铜，这种温差现象称为席贝克效应。相应的电动势称为温差电动势(或热电动势)。这样由两种不同金属所接成的电路称为热电偶。

利用两种金属的温差电现象，就可组成测温或控温元件。图4-20所示是热电偶测温原理图。A，B为两根不同成分，具有一定热电特性的材料所构成的热电极，把它们的一端互相焊接，而另一端连接起来形成回路，便成为一支热电偶。热电偶的焊接端称为工作端或热端，使用时将此端置于被测温度部位，设其感受温度为t_1；另一端称为自由端或冷端，设其温度为t_2。当$t_1>t_2$时，在回路中即有电动势(即热电势)产生，此电动势经过放大后用来控制执行机构，从而达到调节温度的目的。

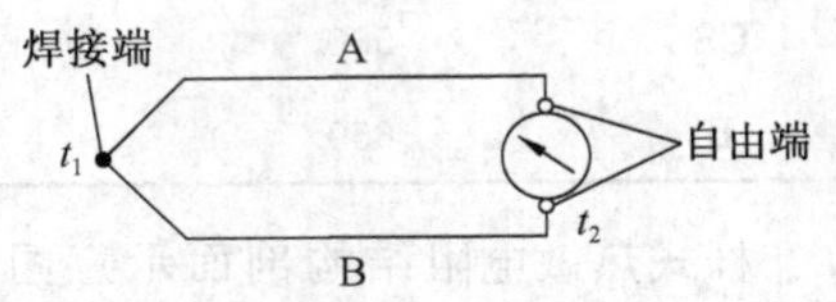

图4-20 热电偶测温原理图

4.5.2 热电偶定则

中间金属定则：在热电偶A，B的测温回路中，如果接入第三种金属C(如铜导线)，只要其两端温度相等，则回路中总热电动势与热电偶本身所产生的热电动势相同，不因接入中间金属C而改变。这就是热电偶的中间金属定则。

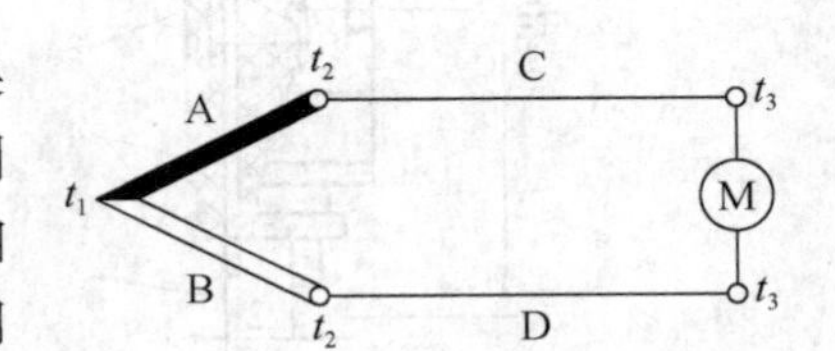

图4-21 使用补偿导线的测温回路

中间温度定则：在热电偶A，B的测温回路中，将自由端从t_2延伸到t_3时，如图4-21所示，热电偶在t_1，t_3接点温度下的总热电动势值为该热电偶分别在t_1，t_2和t_2，t_3接点温度下的两个热电势之和，即$E_{AB}(t_1,t_3)=E_{AB}(t_1,t_2)+E_{AB}(t_2,t_3)$。这个总电动势不受中间$t_2$变化的影响。这就是热电偶的中间温度定则。

有了这两个定则，在使用热电偶测温或控温时就极为方便。

4.5.3 热电偶的种类

热电偶的种类很多。按其工作温度分为高温型、中温型、低温型、特殊型等；按其使用材料分为铂铑-铂铑、铂铑-铂、镍铬-考铜、铜-康铜、镍铬-康铜等。

热电偶的结构多数是铠装型，即将热电偶丝装入不锈钢管内，管内再填充氧化镁粉绝缘。这种结构具有能弯曲、耐高压、热响应快、牢固耐用等优点。

还有一种热电偶叫作薄膜热电偶，是利用真空蒸镀(或真空溅射)法，将热电偶材料沉积在云母或陶瓷绝缘基板上制成的感温元件。

除金属材料热电偶外，还有非金属热电偶，其代表品种有二硫化钨-二硅化多钼和石墨-碳化钛。这类热电偶的优点是熔点高、耐腐蚀，可在含碳、硫等气氛中使用；主要缺点是重复性差，因此使用上受到一定局限。

热电偶的品种规格有几百种，在电热设备中最常用的是如下两种，其性能参数和规格列于表4-4中。

表 4-4　电热器具常用热电偶的性能、规格

热电偶材料		工作温度/℃		允许误差	规格选用	
正极	负极	短期工作最高温度	推荐工作温度		线径/mm	工作温度/℃
镍铬 Ni90.5Cr9.5	镍铝 Ni95A12Mn2Si1	1 200	600～1 000	≤400℃：±3℃ >400℃：±0.75%	0.2;0.3	600
					0.5;0.7;1.0	800
					1.2;1.5;2.0;3.0;5.0	1 000
镍铬 Ni90.5Cr9.5	考铜 Cu56.5Ni43Mn0.5	800	0～600	≤400℃：±4℃ >400℃：±1%	0.2;0.3	500
					0.5;0.7;1.0	600
					1.2;1.5;2.0;3.0;5.0	700

4.5.4　热电偶的选择、安装与维修

（1）热电偶的选择　根据测温或控温的温度范围和对象，选择适当类型的热电偶，其中包括型号、保护套管的材料、规格尺寸等。

热电偶能在氧化性介质中稳定地工作，而在还原性介质中工作时性能要差些。特别是铂铑$_{30}$-铂铑$_{6}$、铂铑$_{10}$-铂热电偶会明显地改变本身的温差电势，并导致很快损坏。因此，在特殊的介质和情况中使用时，应选择相适合的结构、材料和保护套管的热电偶。

（2）热电偶的安装　使用热电偶时，插入深度可按实际需要决定，但浸入被测介质中的长度，一般不应小于保护套管外径的 8～10 倍。

热电偶的安置方位，应尽可能保持垂直，以防套管在高温下产生变形。在有流速的情况下，热电偶必须倾斜安装，最好选择在管道弯曲处。热电偶的工作端应处于被测流体的中部，并且与被测流体的流向相对。

工业上用的热电偶，其冷端常靠近热源，温度波动较大，为了消除冷端温度变化所产生的误差，通常采用补偿导线 C，D 将 A，B 的冷端从热源附近的 t_2 点延伸到远离热源、温度较恒定的 t_3 点，如图 4-21 所示。

这种补偿导线在 t_2，t_3 接点温度下的温差电动势 $E_{CD}(t_2,t_3)$必须与热电偶材料 A，B 在 t_2，t_3 接点温度下的温差电动势 $E_{AB}(t_2,t_3)$相等。根据中间温度定则，可将 C，D 看作是 A，B 的延长线，回路中的总热电动势不受中间温度 t_2 变化的影响。

补偿导线的价格比热电偶低廉，如果延伸较长，特别是在使用贵金属热电偶的情况下，更适合使用补偿导线。在连接补偿导线时，须注意正、负极性，不能接反。

（3）热电偶常见故障的原因及维修　热电偶常见故障的原因及维修办法见表 4-5。

表 4-5　热电偶常见故障的原因及维修方法

故障现象	可能原因	修理办法
（1）热电动势比实际应有的小（即测量仪表指示值偏低）	① 热电偶内部电极漏电或短路 ② 热电偶内部潮湿 ③ 热电偶接线盒内的接线柱短路 ④ 补偿导线短路 ⑤ 热电极变质或工作端损坏	① 将热电极取出，检查漏电原因，若因潮湿引起，应将电极烘干；若因瓷管绝缘不良引起，应更换瓷管 ② 将电极取出，分别烘干保护套管和电极，并检查保护套管有无漏气、漏水情况，对不合格的保护套管应更换或补焊

续表

故障现象	可能原因	修理办法
(1) 热电动势比实际应有的小(即测量仪表指示值偏低)	⑥ 补偿导线与热电偶的种类配置错误 ⑦ 补偿导线与热电极的极性接反 ⑧ 热电偶安装位置或受热长度不恰当 ⑨ 热电偶冷接点温度过高 ⑩ 热电偶与仪表刻度不一致	③ 打开接线盒盖,清洁接线板,消除造成短路的原因,然后把接线盒严密盖紧 ④ 将短路处重新进行绝缘处理或更换新补偿导线 ⑤ 把变质部分剪去,重新焊接工作端或更换新的热电极 ⑥ 换成与热电偶种类相应的补偿导线 ⑦ 按正、负极性重新接好 ⑧ 改变安装位置或方法,调整插入深度 ⑨ 准确地进行冷接点温度补偿 ⑩ 更换热电偶及补偿导线,使之与测量仪表种类符合
(2) 热电动势比实际应有的大(即测量仪表指示值偏高)	① 热电偶种类用错,与测量仪表不符 ② 补偿导线与热电偶种类不符 ③ 热电偶安装位置、方法或插入深度不适当	① 更换热电偶与补偿导线,使之与测量仪表相符 ② 换成与热电偶种类相应的补偿导线 ③ 改变热电偶位置和安装方法,调整插入深度
(3) 在仪表没有故障的情况下,测量仪表指示不稳	① 热电偶接线柱和热电极接触不良 ② 热电偶有断续短路或断续接地现象 ③ 热电极已断或将断未断时有断续连接现象 ④ 安装不牢,发生摆动 ⑤ 补偿导线有接地或接触不良处	① 清除氧化层或污垢重新连接好 ② 取出热电极,找出问题根源,加以排除 ③ 重新焊接断开处,并检查其特性有无改变,对不合要求的应更换 ④ 将热电偶牢固安装 ⑤ 找出接地点或接触不良点修复或更换相应的补偿导线
(4) 热电偶的热电动势变化	① 热电极变质 ② 热电偶的安装位置或方法不当 ③ 热电偶保护套管表面积垢太多	① 更换新的热电极 ② 改变安装位置或方法 ③ 拆下热电偶,清除套管外面的积垢

本节讨论了热双金属、磁性、热敏电阻、热电偶四种温控元件。前两种由于结构简单,价格低廉,在电热器具中大量使用,后两种使用时需要配以辅助系统,在电热器中使用较少。热电偶温控元件在工业上和实验中应用较多。这四种元件在分类上均属于温度控制,在温度控制方面还有功率控制元件,即开关调位和可控硅调位元件。开关调位元件(即转换开关)的结构很简单,调温时只是通过变换接点来改变电功率,这里不再介绍。可控硅调位元件控温系统比较复杂,电路多种多样,将在后面有关章节中结合具体电路加以讨论。

4.6 超温保护器

4.6.1 温度保险丝

温度保险丝是由感温材料制成的温度敏感开关元件,按其工作原理不同可分为有机化学物质温度保险丝和低熔点合金温度保险丝两大类。有机化学物质温度保险丝的结构形式有弹簧式和反应式两种，具有性能稳定、不易变质、电流容量大、动作精度高(±2℃)、价格便宜、适于批量生产等特点。低熔点合金温度保险丝的结构形式有重力式、表面张力式、弹簧式和反应式等四种，重力式价格便宜，但合金表面易氧化，稳定性差，动作精度低(±7℃)；表面张力式合金表面也容易氧化，但动作精度高(±2℃)，价格较便宜，电流容量小；弹簧式表面易氧化，但动作精度高(±2℃)，价格便宜。

温度保险丝可以应用于各种电热器具、电动机、小变压器、复印机、彩色电视机、音响设备等。使用时，把温度保险丝安置在发热体上或附近，并将它的两端引线串联到发热体电路中，当发热体(或安放温度保险丝的其他部位)超温时，温度保险丝熔断，切断电源通路。

下面介绍一种低熔点合金温度保险丝的结构及特点。

低熔点合金温度保险丝的结构如图 4-22 所示。低熔点合金温度保险丝主要由可熔体、塑料套、引出线、封口材料和陶瓷外壳几部分组成，其外形尺寸(见图 4-22)。温度保险丝的关键材料是熔点按技术要求精确调定的低熔点合金。

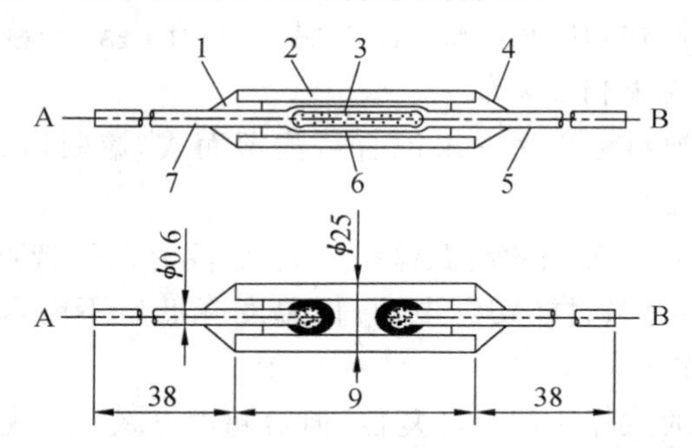

1—封口；2—陶瓷外壳；3—可熔体；4—封口胶；
5—引出线；6—塑料套；7—引出线

图 4-22　低熔点合金温度保险丝的结构图

温度保险丝熔断前，可熔体直接与引出线的 A，B 两端熔接在一起，电流可从中通过。当周围温度超过一定温度时，可熔体自身温度随之升高直至熔化，这时，由于包封塑料的特殊作用及熔融合金表面张力作用，使可熔体在瞬间凝缩成球形而使电路断开。

这种温度保险丝有以下三个特点：

① 体积小，坚固耐用；

② 动作温度准确，稳定性好；

③ 使用方便。

温度保险丝一般可按动作温度分成系列规格，用户可根据温度高低进行选择。常用的温度范围为 100～150 ℃，一般额定电压 250 V，额定电流 2～5 A。例如，预热式卷发器的外壳及卷发筒都是塑料件，通常将其装于预热器的发热元件旁，温度保险丝的熔断温度一般为 140 ℃左右。在预热式卷发器正常使用时，温度保险丝通电，当预热式卷发器超温时，保险丝熔断，立即切断发热元件的电源，保护卷发器。

4.6.2　热断型热保护器

热断型热保护器也是一种超温保护器，其结构原理如图 4-23 所示。

热断型热保护器通常安放在温度最高处，引线与主电路串联，它主要由感温剂、弹簧、壳体、触头和引线等组成。感温剂为熔融材料，常温时呈固态。保护器动作前，弹簧被压缩，使电路接通，如图 4-23(a)所示。在电器正常运行时，感温剂保持固态，如果环境温度达到感温剂的熔点，感温剂即熔化，体积缩小，弹簧松开使触头弹开，从而切断电路，如图 4-23(b)所示。感温剂一旦变形熔化就无法复原，所以此类保护器为一次性动作。

这种保护器可以做得很小，灵敏度也很高，元件本身的自加热作用也不会引起工作点温度的漂移。同时，工作点温度分挡也可很细，耐久性也好，因此，可以用于要求严格的仪器、设备和器具中。

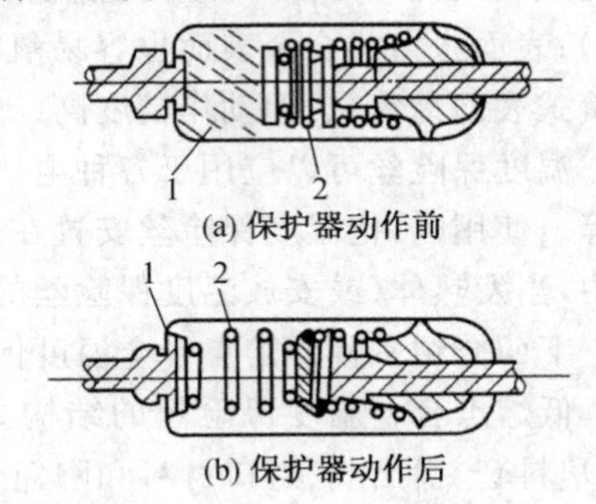

1—感温剂；2—弹簧

图 4-23　热断型热保护器结构原理图

上述两种超温保护器存在以下缺点：

① 由于是一次性的，在完成超温保护后必须更换。

② 熔断式元件的熔化热容量大，所以切断电源的动作较慢，一般为 1～10 s，切断温度受升温速率的影响。一般来说，升温越快，切断电源所需的温度越高，从而使超温保护的温度精度降低。

③ 熔断器大多数由塑料和金属粉末混合后注塑而成，熔断后的残渣必须在检修时清理干净，否则会引起电路故障。

因此，目前已研制出较为理想的超温保护开关，它具有以下特点：

① 动作是单程的，即超温时能切断电源，但温度降低后不能自动复位，这就可避免器具在带故障的状态下工作。

② 经检修排除器具的故障后能手动复位，但对超温开关能反复使用的寿命要求不高，一般有 10 次左右已足够，因为一般设计良好的器具需要超温保护的次数不应很多。

③ 性能可靠，切断温度的精度较高。

上述超温保护开关主要技术参数如下：

动作温度范围：120～240 ℃；

动作温度精度：±10 ℃；

反复使用寿命：＞20 次。

4.7　时间控制元件

时间控制元件又叫定时器，在电热中常用它作为加热时间控制元件。有时还将定时器和温控元件结合起来使用，既能限定时间又能恒温，可以得到更加满意的加热效果。定时器的种类很多，按用途可分为常闭型定时器和常开型定时器。常闭型定时器不工作时触点呈闭合状态，常开型定时器不工作时触点呈开断状态；按定时时间可分为 0～5 min，0～30 min、0～60 min、0～6 h、0～12 h、0～24 h 等多种；按配用产品不同可分为电风扇定时器、洗衣机定时器、电烤炉定时器、电饭锅定时器、通用定时器等；按结构原理可分为机械发条式定时器、电动式定时器、电子式定时器等。

4.7.1　机械发条式定时器

机械发条式定时器是一种利用钟表机构原理，以发条作为动力源，再加上机械开关组件构成。发条一般采用碳钢或不锈钢片卷制而成。

机械发条式定时器的结构原理如图 4-24 所示。图中，开关凸轮与主轴铆接，当主轴反转时，靠摩擦片和盖碗使凸轮滑动而将发条松开，并不影响齿轮系的转动。当主轴正转上条时，靠第二轮上的棘爪孔与棘爪滑脱而与其后的齿轮系离开。当自然放条时，整个轮系转动，靠振子调速。这种定时器结构的特点是摩擦力矩大，动作可靠。

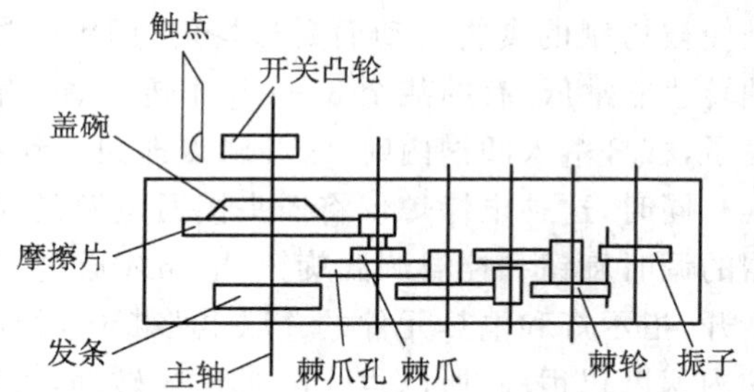

图 4-24　机械条式定时器结构原理示意图

机械发条式定时器通常只能做到 2 h 以内，国内生产厂家较多。

4.7.2　电动式定时器

电动式定时器一般采用微型同步电动机或罩极式电动机作为动力源，加上减速传动机构、机械开关组件及电触点（通常都是常开触点）组成。其关键部件是机械开关组件（见图 4-25），它包括一个带凸轮（或凹轮）的转盘和一个有固定支点的杠杆触头。该转盘既可用手转动，也可由微型电机通过减速机械带动。当要确定工作时间时，可用手拧动调时旋钮，使转盘顺时针转动。当杠杆滑动支点滑出凹槽与转盘外圆接触时，恰好杠杆触点与固定触点紧密贴合，电路接通。此时如接通电源开关，则整个电路有电流通过，微型同步电机转动，通过减速机构带动转盘继续转动，直至杠杆的滑动支点重新落入凹槽，电触点脱开，电路断电。很显然，调时旋钮转动角度的大小决定了工作时间的长短。

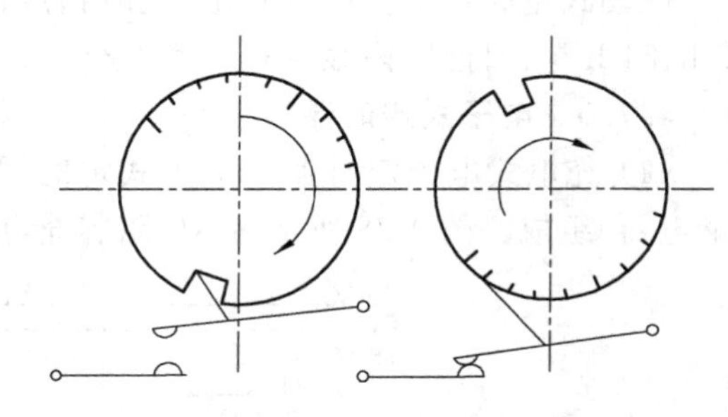
图 4-25　机械开关组件

国外许多长定时（如 12 h，24 h）电动式通用定时器，通常是将机械开关组件设计成第一次接通凸轮碰撞时接通电路，而紧接着的第二次同方向断开凸轮碰撞时则断开电路，第三次同方向接通凸轮碰撞时又可接通电路等。当然，接通凸轮和断开凸轮的形状必须是不相同的，若第二次仍是接通凸轮碰撞，则电路仍然接通而不能断开。这样，只要将凸轮变换成接通凸轮和断开凸轮两种可调凸轮（即在整个圆周上开上许多方孔，可人为地在方孔上塞上或拔去凸轮），接通电路或断开电路的时刻就任意可调了。假如再将通用可调定时器设计成拖线板式（见图 4-26），就可以同时任意调整和改变两台电热器具电路的接通和断开。

下面列举的是一个带有电动式定时器和温控器的电烤炉电路，如图 4-27 所示。

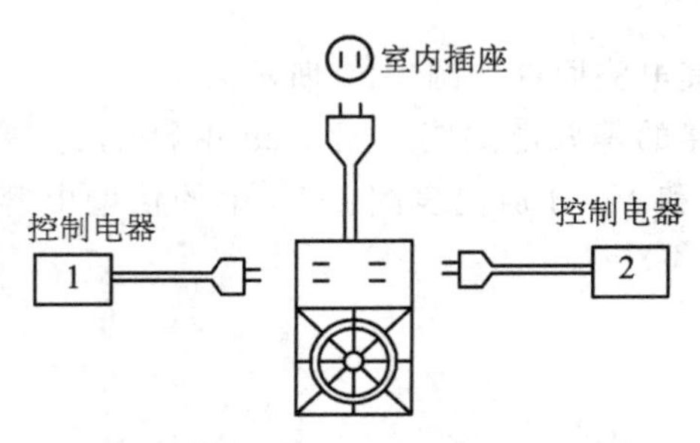

图 4-26　同时控制两台电热器具的拖线板式定时器具

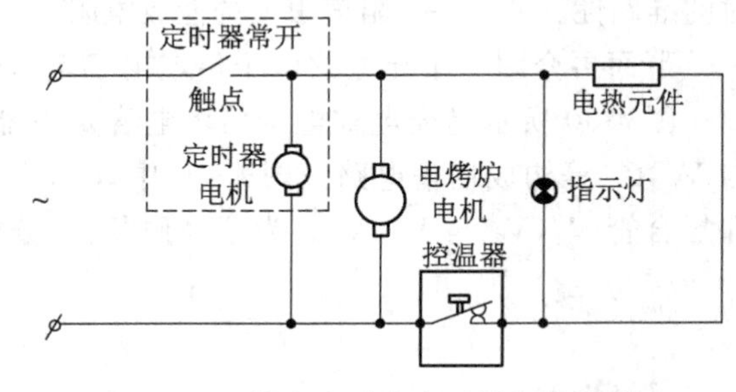

图 4-27　带有电动式定时器和控温器的电烤炉电路图

若要开动电烤炉,需先拧动调时旋钮至适当的烘烤时间挡。此时电动式定时器的常开触点闭合,烘烤开始。从图 4-27 可以看出,电源同时供给四条并联电路,其中电烤炉电机是使被烤制的食物转动而受热均匀;而定时器电机的转动则通过高速比减速机构,使输出轴转速非常低,有的甚至 3~4 h 才转一圈。输出轴带动机械开关装置的转盘,当预定时间终了,杠杆落入凹槽内时,常开触点即回复到断开状态,电烤炉停止工作。

同时,这种电烤炉仅将插头接通电源是无法使整个电路通电的,只有同时调整好定时器的调时旋钮和控温调温旋钮,电路才通电。当温度超过预定值时,双金属片翘曲,电触点断开,指示灯和电热元件的并联电路断电,指示灯熄灭,电热元件不再发热。因为此时电烤炉内温度仍很高,所以烘烤电机还应转动,方能保证烘烤均匀。只有定时器到达预定时间后,才能将全部电路与电源切断。

电动式定时器工作性能稳定,定时精度高,通常可以做到 2 h 以上的长延时,如 6 h,12 h,24 h 等,目前国内很少有厂家生产。

4.7.3 电子式定时器

(1) 充电式电子定时器　电子式定时器一般由电子延时电路、转换电路和执行元件(继电器)组成。图 4-28 所示为 RC 阻容充电式电子定时器电路原理图。

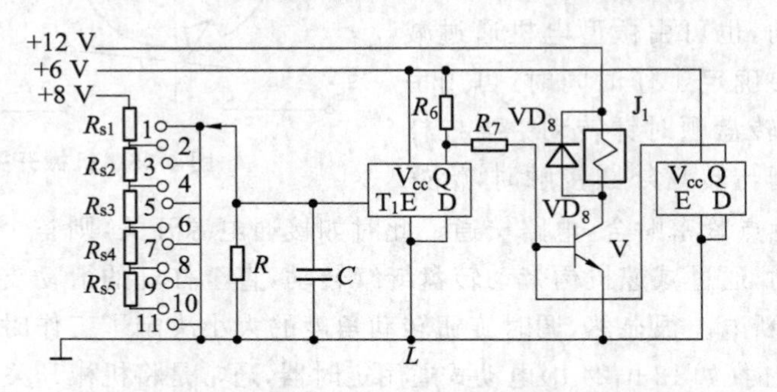

图 4-28 RC 阻容充电式电子定时器电路原理图

图中,R_{s1}~R_{s5} 为定时电阻,2,4,6,8,10 为五个定时位置,由波段开关切换,使与固定电容 C 分别组成不同时间常数的 RC 回路。当拨在某一个定时位置时,电源经过定时电阻 R_s 对电容 C 充电,使输出端 Q 处于低电平,从而在继电器线圈 J 中有足够的电流流过,使触点动作,达到控制加热回路的目的。但当拨到 1,3,5,7,9,11 六个位置时,输入端被接到机壳,不发生充电过程,输出端 Q 保持高电平,处于不进行定时的断路位置。波段开关由一个定时位置拨到另一个位置时总经过一个断位,可使已充电的电容 C 得到迅速泄放,从而保障了换挡后定时的准确性。R 为一个阻值很大的泄放电阻。

下面再介绍一个充电式电子倍增电容定时器,其电路原理如图 4-29 所示。

图 4-30 所示是充电式电子倍增电容定时器电路的等效电路图。图 4-29 中,V_1,C_3 等与 V_4,C_5 等构成倍增电路。图 4-30 中,C_1,C_4,V_1 和 V_2 分别代表图 4-29 中的倍增电容和复合管 V_2,V_3 与 V_5,V_6。为了简便起见,分析图 4-30。

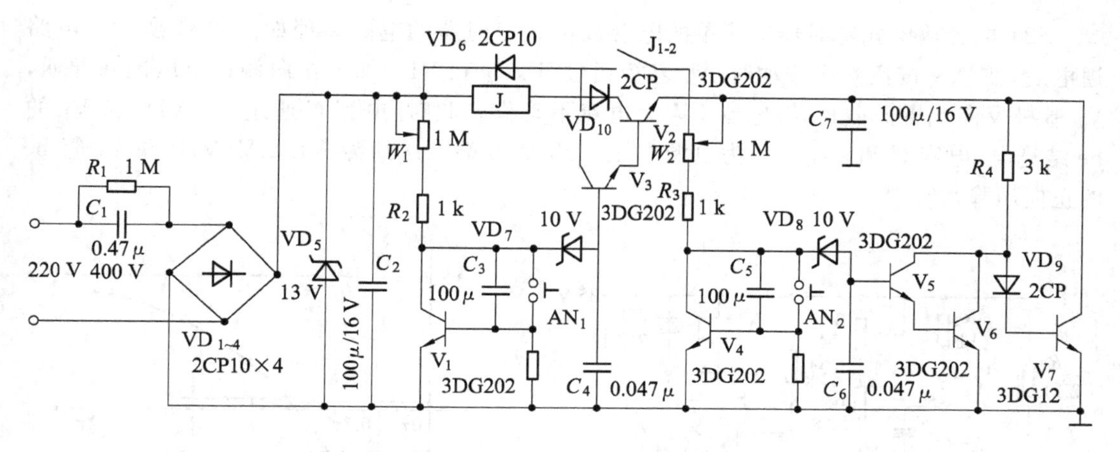

（图中，M＝MΩ，k＝kΩ，μ＝μF，其他图中意义相同）

图 4-29　充电式电子倍增电容定时器电路原理图

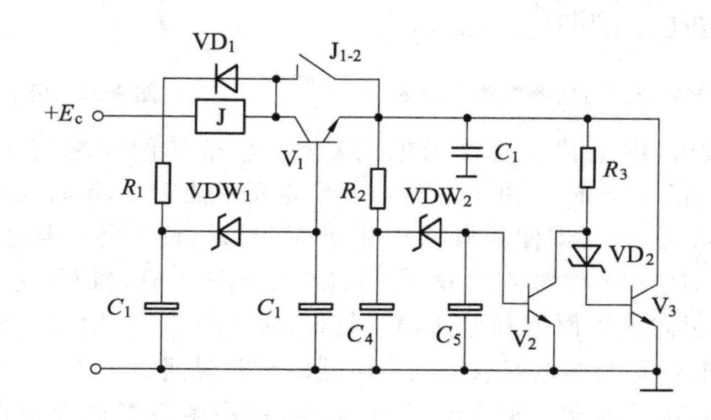

图 4-30　充电式电子倍增电容定时器电路的等效电路图

接通电源，通过 R_1（图 4-29 中 W_1+R_2）向 C_1 充电，经过时间 t_1 后，C_1 两端电压上升到 VDW_1 的击穿电压时，V_1 脱离截止开始导通，并立即进入饱和状态。由于 R_3 作偏置，此时 V_3 已进入饱和状态，继电器 J 有电流通过而动作，$J_{1\text{-}2}$ 闭合以减小 V_1 的功耗，增加电路的稳定、可靠性。与此同时，电容 C_4 开始充电，经过时间 t_2 后其两端电压达到 VDW_2 的击穿电压时，V_2 饱和导通，V_3 截止，J 失去工作电流而释放，整个工作过程结束。t_1，t_2 的长短主要由 R_1C_1，R_2C_4 决定，当电源电压和 VDW_1，VDW_2 的击穿电压确定之后，其 RC 的乘积越大，延时越长。

表 4-6 是图 4-30 在实测时的数据，可以看出电容和电阻的变化对延时长短影响很大。

表 4-6　电容、电阻对延时的影响

W_1+R_2/kΩ	T		W_1+R_2/kΩ	T	
	$C_3=100$ μF	$C_3=200$ μF		$C_3=100$ μF	$C_3=200$ μF
1	32 s	70 s	500	58 min	110 min
10	230 s	460 s	1 000	90 min	170 min
100	1 220 s	40 min			

(2) 电容放电式定时器　简单的电容放电式定时器的电路原理如图 4-31 所示。电路通电后，在 AN 按钮尚未按动时，V_1 基极通过 W，R_3 和 VD_3 加上正向偏置电压饱和导通，V_2 基极反向偏置而截止，继电器 J 因无电流不动作。此时，电容 C 通过 R_2，VD_3 和 V_1 的 be 结充电，电容 C 和 a 端电压为电源电压 +25 V，b 端电压约为 +1.2 V（VD_3 和 V_1 管 be 的正向压降）。

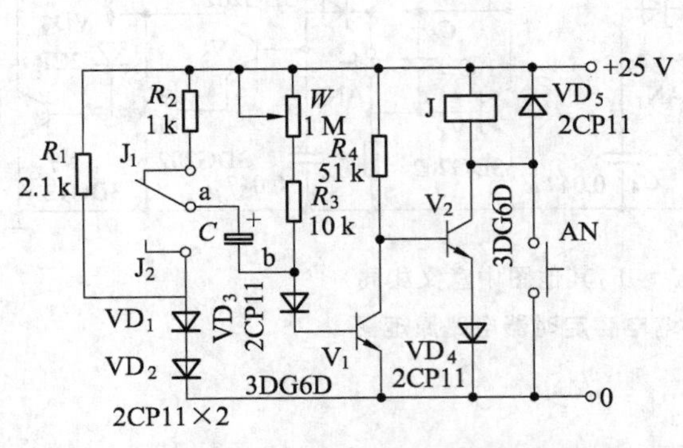

图 4-31　电容放电式电子定时器电路原理图

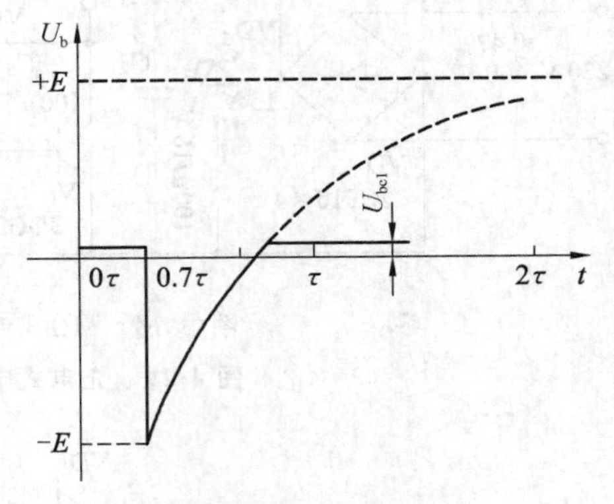

图 4-32　电容放电曲线

按动 AN 按钮后，继电器 J 线圈通电而动作，电容 C 的 a 端与 J_1 相接，电压降至 +1.2 V（VD_1，VD_2 正向压降）。由于电容 C 两端电压不能突变，b 端电位约 −24 V，V_1 反向偏置而截止，V_2 导通，此时即使释放 AN，由于 V_2 导通，使 J 仍有电流，J_2 自保持。接着电容 C 通过电阻 R_1，R_3 和电位器 W 放电，使 b 端电压逐渐上升，当 U_b 上升到接近 +1.2 V 时，V_1 又重新进入正向偏置而饱和导通，V_2 截止，使 J 释放，J_1 接通。b 点电压由 −24 V 上升到 +1.2 V 的时间即为本电容放电式定时器的定时时间。

电路中 R_2 为电容 C 的充电阻流电阻，避免 V_1 结在电容 C 的充电过程中受电流冲击而烧毁。二极管 VD_1，VD_2 用作温度补偿，因为 VD_1，VD_2 电压降的温度系数与 VD_1 和 V_1 的 be 结的正向电压降温度系数相同，因此，可以补偿 V_1 导通点的温度-电压漂移，提高延时精度。VD_3 用来保护 V_1 的 be 结，以免电容 C 的 b 端电压降到 −24 V 时超出 V_1 的反向电压而击穿。VD_4 可提高 V_2 发射极电压以保证在 V_1 导通时截止。继电器 J 可选用直流电阻为 1 800 Ω、工作电流为 14 mA 的 JQA-4F 型继电器，或者其他 2 000 Ω 左右的灵敏型继电器。

该定时器的电容放电曲线如图 4-32 所示。V_1 的转折时间即由截止转为导通的时间，大约为 0.7τ。因为 $\tau=C(W+R_1+R_3)$，所以定时器的定时时间可用下式计算

$$\tau=0.7C(W+R_1+R_3)$$

当 $W=1\ \mathrm{M\Omega}$，$C=500\ \mu\mathrm{F}$ 时，定时器最长定时时间为

$$t_{\max}=0.7\times500\times(1+0.024+0.01)\approx30\ \mathrm{s}$$

当 $W=0\ \Omega$，$C=500\ \mu\mathrm{F}$ 时，定时器最短定时时间为

$$t_{\min}=0.7\times500\times(0+0.024+0.010)\approx12\ \mathrm{s}$$

如需要更长的定时时间，可适当变换图 4-31，增加由 V_3，W，R_2，VDW_1 与 VDW_2 所组成的恒流源如图 4-33 所示。V_3 的基极电压由 VDW_1 与 VDW_2 稳压管加以固定，调节 W 数值即可改变 V_3 的偏置电压，从而调整 V_3 恒流电流的大小，以达到改变定时器时间的目的。因为电容 C 为 500 μF，所以该电路定时时间可在 7～500 s 之间调节；若 C 为

5 000 μF，则定时时间可延长到 70～5 000 s 内进行调节。

(3) 具有双基极管的电子定时器　具有双基极管的电子定时器基本电路原理如图 4-34 所示。其工作原理为：电源电压 E 通过 R 向电容 C 充电时，C 上的电压 U_c 按指数规律上升。当达到 V_1 发射极峰点电压 U_p 时，V_1 的发射结开始导通，流过电阻 R 上的电流转向发射极e。如果此时发射电流 I_e 大于 V_1 的峰点电流 I_p，V_1 被触发，电容 C 通过 e，b_1，R_1 放电。由于 V_1 被触发出现负阻效应，即 e，b_1 间电压下降，其 I_e 反而上升，所以 C 急速放电，使 A 点出现正跳变脉冲。由电源接通到 b_1 上，出现正脉冲的时间即可用作定时器的时间基准。

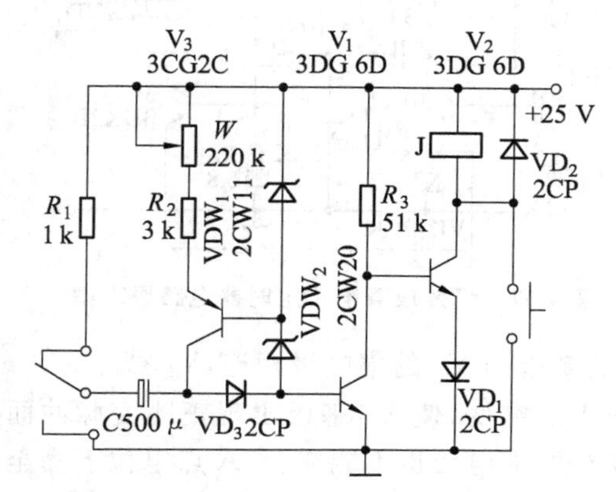

图 4-33　具有恒流源的电子定时器电路原理图

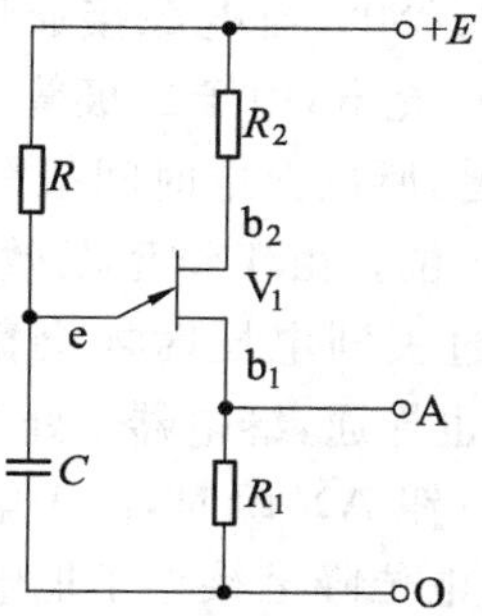

图 4-34　具有双基极管的电子定时器电路原理图

① 延时释放双基极管电子定时器。延时释放双基极管电子定时器电路原理如图 4-35 所示。

该电路使用继电器触点自锁的定时器，常态下 V_1～V_3 截止，A 点为零电位。按钮 AN 合上后，继电器通过电流而动作，触点 J_1 闭合，J_2 断开，由于 V_3 获得正向偏置而导通，即使按钮 AN 释放，继电器 J_1 仍保持闭合状态。这时电源通过 W，R_1 向电容 C 充电，A 点电位逐渐升高，一旦 A 点(即 e 极)电位到达 V_1 的峰点电压时，V_1 被触发而导通，b_1 电位升高促使 V_2 导通而 V_3 截止，结束一个定时周期。

图中 C_1 用来适当延长 V_2 的导通时间，以保证继电器有足够时间完成可靠动作。

② 延时接通双基极管电子定时器。延时接通双基极管电子定时器电路原理如图 4-36 所示。

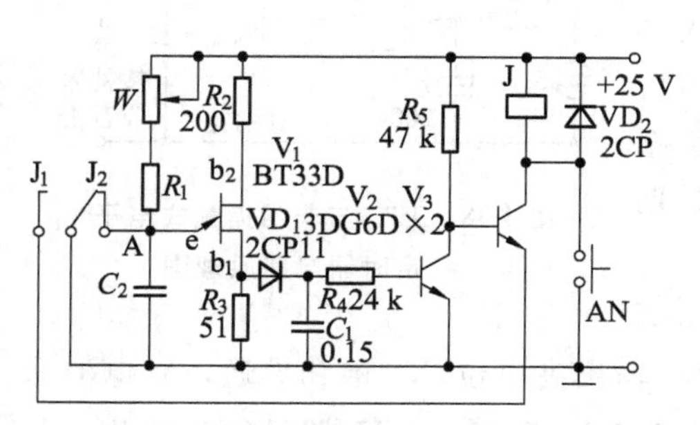

图 4-35　延时释放双基极管电子定时器电路原理图

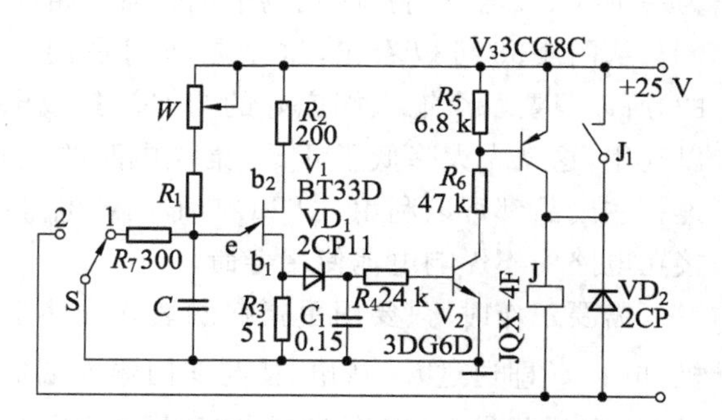

图 4-36　延时接通双基极管电子定时器电路原理图

该电路在常态时，开关 S 在“1”位置，V_1 的 e 极接近零电位，由于开关 S 的“2”端悬空，继电器 J 无电流通过而处于释放状态。当开关 S 转向“2”端时，J 虽已接地，但由于 $V_1 \sim V_3$ 均处于截止状态，所以继电器仍保持释放状态。“1”端悬空后，电容 C 通过 W，R_1 充电，进入定时阶段。待 V_1 触发，V_2 和 V_3 导通后，继电器 J 吸合，由于自保触点 J_1 闭合使继电器 J 始终保持吸合状态。只有当开关转向“1”端时，V_1 截止，V_2，V_3 也重新截止，继电器 J 才释放。R_7 用以限制电容 C 的放电电流以保护电容 C。

(4) 具有场效应管的电子定时器　场效应管电子定时器原理如图 4-37 所示。由于场效应管输入阻抗很高，所以有利于提高定时器精度和延长定时时间。

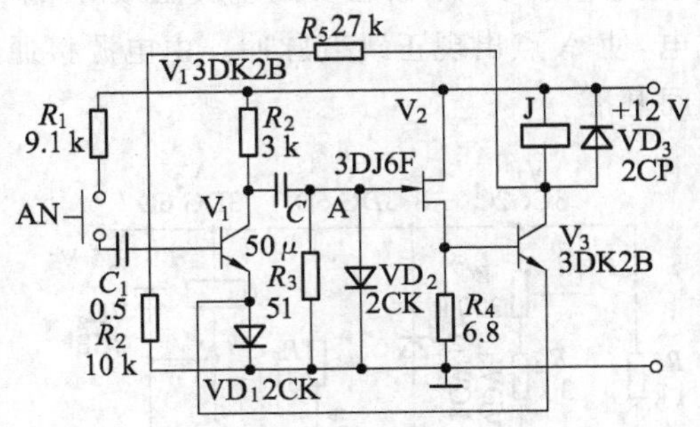

图 4-37　场效应管电子定时器电路原理图

由图可以看出，当电源接通后，通过 R_3，VD_2 向电容 C 充电，由于二极管 VD_2 建立了快速充电通道，所以充电时间很短，这时 A 点电位接近零电位。由于结型场效应管只有当栅极负压超过夹断电压时才会截止，所以此时 V_2 和 V_3 也导通，继电器 J 处于吸合状态，V_1 的基极与 V_3 的集电极相连，V_1 截止。

当按动按钮 AN 瞬时，由于电容 C_1 两端电压不能突变，使 V_1 基极出现正跳变脉冲而导通，集电极电位降至接近于地电位。同样，电容 C 两端电压也不能突变，A 点电位下降至 −12 V 左右。此时，由于场效应管栅极电压很负，已超过其夹断电压，从而导致 V_2，V_3 集电极高电位，使 V_1 维持导通状态。电容 C 通过 V_1，VD_1 和 R 放电，A 点电位逐渐升高。当 A 点电位高于 V_2 的夹断电压后，V_2，V_3 导通，继电器重新吸合，结束一个定时周期。由按动按钮 AN 使 V_1 导通引起电容 C 放电，直至 A 点电位上升到 V_2 的夹断电压，即为本电路的定时时间基准。

二极管 VD_1 用以提高 V_3 导通时的 V_2 源极电压，维持 V_2 栅极的负电位，不使 V_2 过电流。

(5) 指触式电子定时器　由于指触式电子定时器可以省去继电器等触点式开关，具有体积小的特点，所以适用于诸如袖珍式半导体收音机等。

下面介绍两种指触式定时器。

① TTL 集成电路指触式定时器。图 4-38 所示为一种 TTL 与非门指触式电子定时器电路原理图。

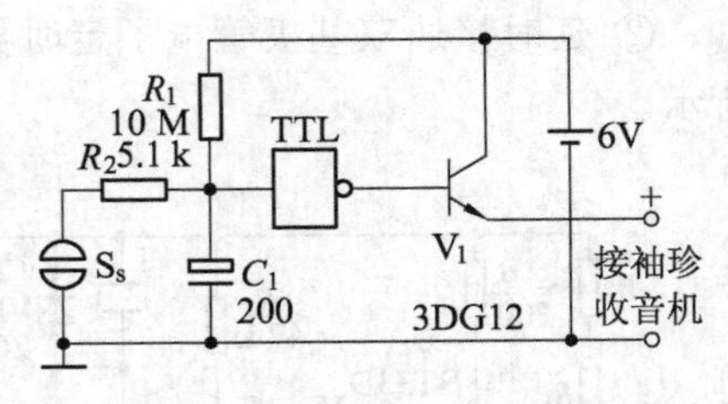

图 4-38　TTL 与非门指触式电子定时器电路原理图

从图 4-38 可以看出，这个与非门是同一输入端的，所以只要一个输入端完好的与非门集成电路就可以利用，这就大大降低了 TTL 集成电路的成本，甚至连一些废品都可以利用。TTL 与非门耗电量小，长期接在电路中不影响电池使用寿命。

需要工作时，只要用手指接触装在壳体上的指触极，电容 C 即通过 R_2 放电，使与非门输入端低电位，输出高电位，V_1 饱和导通，6V 电池通过 V_1 向器具供电，因为 V_1 是饱和导通，所以管压降很小，只有 0.1 V，器具得到的几乎是全部电池电压。

手指离开指触极以后，电源通过高阻值电阻 R_1 向 C_1 充电，由于 RC 时间常数很大，C_1 电压上升很慢，一旦 C_1 电压上升到与非门开门电平(约为 2.4 V)，与非门输出端即翻转为低电平，V_1 截止，器具电池被切断。

器具开机时间的定时控制决定于 R_1 与 C_1，但是，实际操作时可依靠指触时间的长短来控制，因为指触时间长，C_1 放电后剩余电压低，反之则高，通过指触时间长短控制 C_1 剩余电压以达到定时控制的要求。据试验得出：如指触 1 s，可开机 5 min；指触 5 s，开机可延长至 35 min。

② 长延时指触式电子定时器。长延时指触式电子定时器电路原理如图 4-39 所示。图中，V_1，V_2 组成触摸启动级，手指未触及指触极 K_3 时，V_1，V_2 无基极电流而截止，同时 V_3 也因无基极电流而截止，电压无输出。当电源通过 R_1，V_4 的 G-S 结向 C_d 充电，由于时间常数很小，充电 0.1 s 就结束，为随时启动做好准备。需要开机时，可用手指按指触极，为 V_1 提供基极电流，V_1，V_2 由截止转为导通。V_2 导通后，为 V_3 提供了基极电流通路，所以 V_3 也导通，电源通过 V_3 的 ec 向器具供电。V_3 的输出电压又通过 R_4，VD 为 V_2 提供基极电流，使手指放开后仍能维持 V_2，V_3 导通，并自保持。同时，延时级开始工作。电容 C_d 通过 V_2 和 R_d 放电，放电电流通过 R_d 时，使 V_4 的源极电位高于栅极电位，使 V_4 反偏置而截止。因此 C_d 只能通过高阻值电阻 R_d 放电，延时时间较长。随着 C_d 放电，电压越来越低，当电压低到 V_4 夹断电压点时，V_4 开始导通，产生漏极电流，同时漏极电压很快降低，使 V_2 失去正偏电压而截止，V_3 跟着截止，电路被切断，完成一个定时周期。

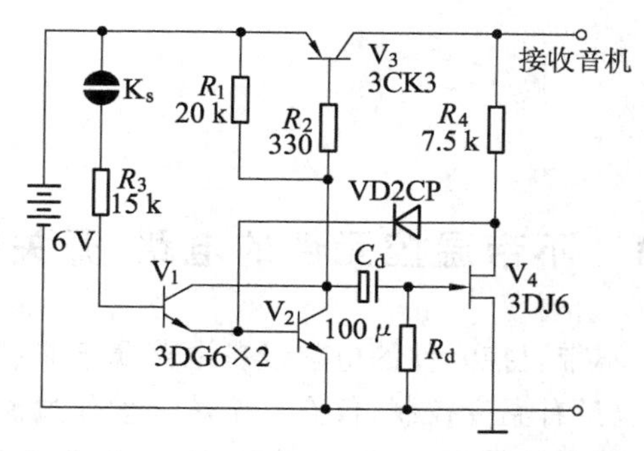

图 4-39　长延时指触式电子定时器电路原理图

通常 V_4 选用夹断电压 U_p＝1.22～4 V 的结型场效应管。C_d 宜选用漏电流很小的钽电容。定时电阻可根据定时(T)要求选取，计算方法如下：

$$R_4 \approx \frac{T}{C_d \ln \dfrac{E}{U_P}}$$

如电源电压 E＝6 V，V_4 夹断电压 U_p＝1.8 V，C_d＝100 μF，则

$$R_4 \approx \frac{T}{123.6}$$

R_4 最大允许值应为 V_4 的 G-S 绝缘电阻的 1/10，即 1 000 MΩ，这时定时时间非常长，但高阻值的电阻精度很差，所以定时准确性也很差。

第 5 章　电热设备典型的控制电路

5.1　不带温控元件的电路(开关电路)

不带温控元件的电热设备电路属于非可控制型电路,这种非控制型电路既没有功率调节,也没有温变控制,仅有一个熔断丝作过流保护,如图 5-1 所示。它一般用于以防湿型或防水型电热带作发热元件的电热织物,以提高使用安全性能。

有的工厂为了提高使普通型电热毯(褥、垫)的安全性能,采取一种特殊的"保安工艺"来确保电热毯(褥、垫)的安全使用,其设计是将直线型镍铬聚氯乙烯电热线在引出端的一根线头去掉一小段聚氯乙烯绝缘层,露出镍铬电热丝,再将这段裸丝向电热线引出端另一根线头上紧绕两圈,如图 5-2 所示:

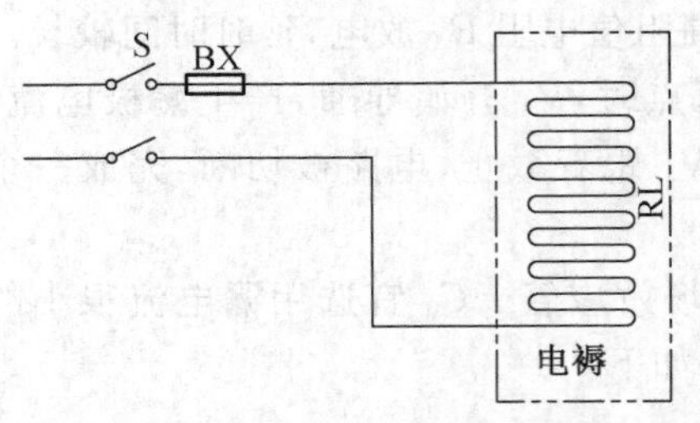

S—开关;BX—熔断器;RL—电热线

图 5-1　非控制型电路

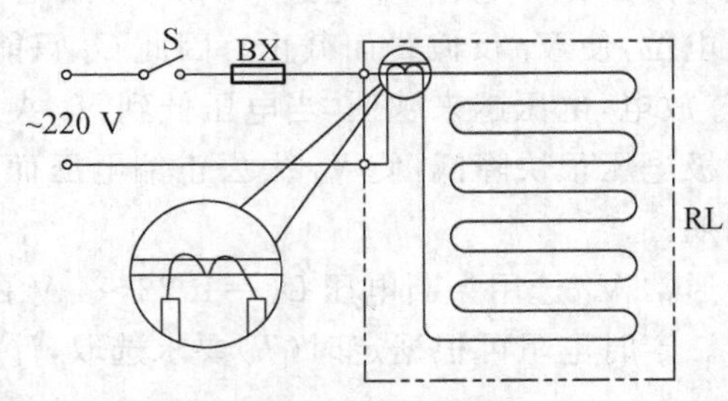

S—开关;BX—熔断器;RL—电热线

图 5-2　"保安工艺"示意图

采取这种巧妙的方法将电热线被绕部分绝缘线皮受两根电热丝加热,使该部分绝缘线皮承受的热量比其他任何部分高得多,同时该点的电位差又是整个电热毯(褥、垫)中最大的,相线与零线靠得最近。所以,电热毯(褥、垫)使用几年后,该部位聚氯乙烯绝缘线皮首先开始老化,在电热毯(褥、垫)边角部位绝缘老化或折叠使用时温升过高而使聚氯乙烯绝缘线软化,相线、零线间就会击穿短路。出现危险时,由于电热线被短接,电流很大,熔断器内的熔丝被熔断而切断电源,从而保护了人身和财产的安全。

开关调位控制,即开关电路利用普通开关、组合开关或凸轮开关等对几支电热元件进行接通、断开、并联、串联等不同组合,从而得到不同大小的加热功率的一种控制方式,其原理简单、工作可靠,因而得到广泛应用。

在电热器具控制中,单纯地使用开关温度控制元件存在一些不足之处,当达到一定温度后即停止加热,这样会使加热温度波动较大,而且调节动作频繁。

图 5-3 所示安全开关 K_2 和指示灯的简单电热设备电路，指示灯经限流电阻 R 与电热元件并联，K_1，K_2 是串接于电路中的，只有在 K_1，K_2 全闭合时电路才能接通。这时指示灯亮，同时电热元件散发出热量。一旦电热设备超温，安全开关 K_2 就断开，将电路供电电源切断。

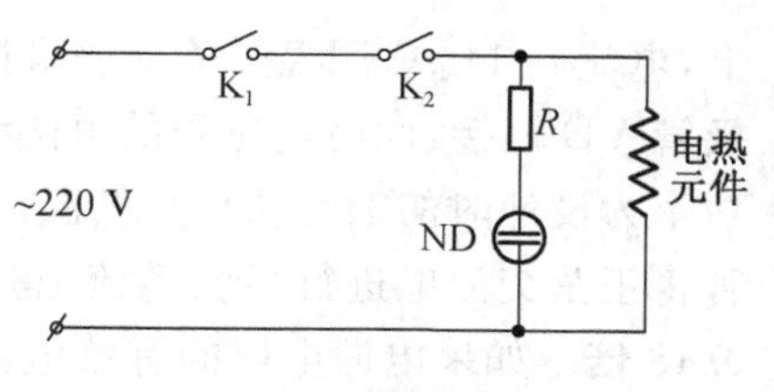

图 5-3　开关温控器电路图

5.2　整流二极管调功控制电路

电热元件的发热功率与其工作电压的平方成正比，因此，调节电压即可直接调节元件的发热功率。

采用整流二极管调功率电路在电热毯中得到广泛应用，其典型电路如图 5-4 所示。

从上图可知，电源电压 u 随时间作正弦变化，即

$$u=\sqrt{2}U\sin\omega t$$

式中，U 为电源电压的有效值。

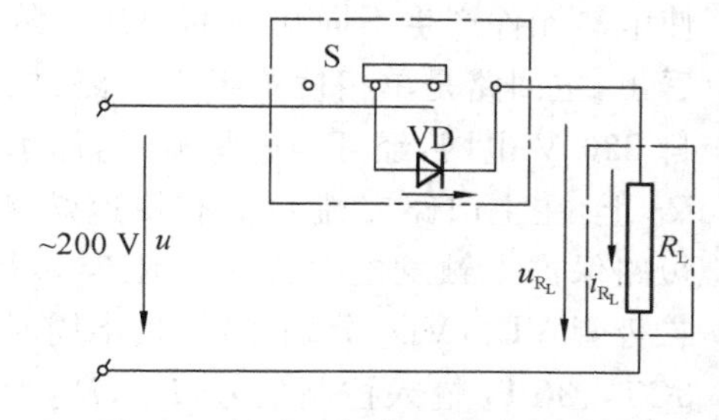

图 5-4　整流二极管调功率电路

单相半波整流的波形如图 5-5 所示。

在 $0\leqslant\omega t\leqslant\pi$ 的正半周，电源电压使整流元件 VD 承受正向电压而导通，电流经整流元件 VD 流过电阻负载 R_L，如果略去整流元件上的电压降不计，流经负载的电流为

$$i_{R_L}=\frac{u}{R_L}=\frac{\sqrt{2}U}{R_L}\sin\omega t$$

它的幅值为

$$I_{R_L}m=\frac{\sqrt{2}U}{R_L}$$

在 $\pi\leqslant\omega t\leqslant2\pi$ 的负半周，整流元件 VD 承受反向电压而截止，负载上没有电流。尽管电源电压是交变的，但由于整流元件的单向导电性，在负载上得到了方向不变而大小随时间作周期性变化的电流，这样的电流叫半波脉动电流，它在整个周期内的平均值为

$$I_{R_L}=\frac{1}{2}\int_0^{\pi}i_{R_L}\,\mathrm{d}(\omega t)=\frac{1}{2\pi}\int_0^{\pi}I_{R_L}m\sin\omega t\,\mathrm{d}(\omega t)=\frac{I_{R_L}m}{\pi}$$

作用在负载上的电压也就是直流输出电压，平均值为

$$U_{R_L}=I_{R_L}R_L=\frac{I_{R_L}m}{\pi}R_L=\frac{\sqrt{2}U}{\pi R_L}R_L=\frac{\sqrt{2}U}{\pi}=0.45U$$

也就是说，在单相半波整流电路中，整流元件内阻压降略去不计时，直流输出电压的平均值是电源电压有效值的 0.45 倍。

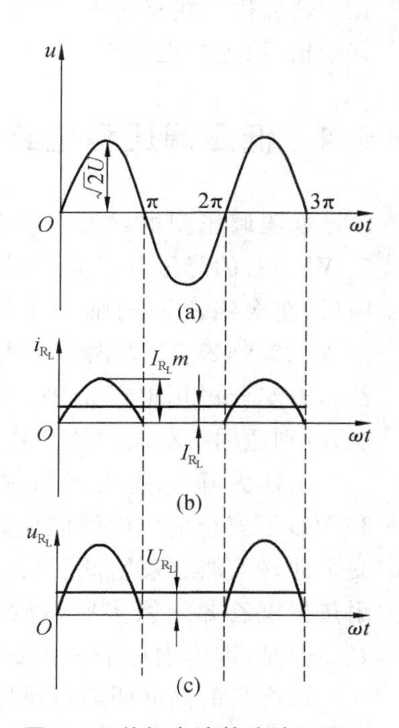

图 5-5　单相半波整流波形图

若应用于电热毯，则该整流二极管耐压要在 400 V 以

上，电流0.11 A，调温开关一般采用三挡：高温挡、低温挡和空挡。高温挡时，开关S将二极管VD短接，此时电热毯的电热线R_L未经过二极管VD直接接入电源，电热毯所消耗的功率为设计时的额定功率。低温挡时，将二极管VD与电热线R_L串联接入电源，此时二极管将正弦交流电进行半波整流，整流后加在电热线上的电压平均值为电源电压有效值的0.45倍。如果电源电压的有效值为220 V，则加在电热线上的电压平均值只有99 V。电压的降低使功率自然降低，因此，达到了功率控制的目的。

5.3 电子调功控制电路

电子调功控制电路原理如图5-6所示。所谓电子调功控制电路是利用晶闸管导通角相位的改变使电热元件得到不同的工作电压，从而使电热元件产生不同功率的方法。从图中可以看出，主回路是单相桥式半控线路，电源直接取自220 V电网，经可控硅整流后，加于电热元件R_L上，在主回路交流侧上有快速熔断器R_D作短路保护。触发电路是一个阻容移相桥，通过二极管VD_1，VD_2分别在正、负半周时对晶闸管$3CT_1$、$3CT_2$输入控制信号，R_{g1}，R_{g2}为控制极的限流电阻。当电热元件功率太高或太低时，调节电位器R使触发正弦波移相，从而改变晶闸管的导通角，达到功率控制和调节的目的。

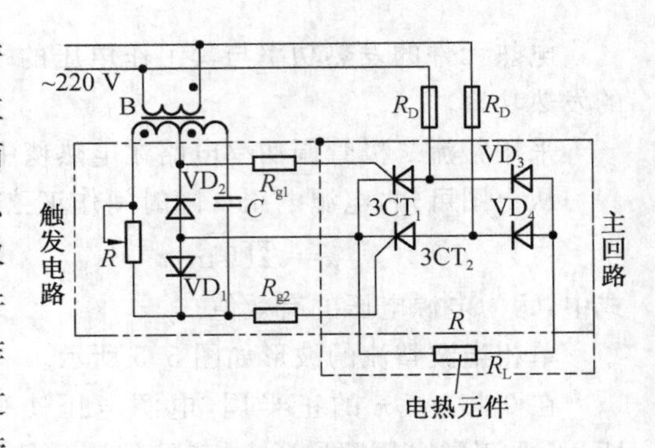

图5-6 电子调功控制电路原理图

这种控制线路简单、经济，操作使用方便，对功率可进行无级调节，缺点是对电网波形有干扰，稳定性也较差。

5.4 低压调压型电路

低压调压型电路如图5-7所示，它利用功率约50 W左右的降压变压器（不得使用自耦变压器）降压后，在次级不同的抽头上得到工作电压（12 V，16 V，20 V，24 V）以供给电热织物。由于这些电压都属于安全民用电压范围，因此，这种电路使用安全，特别适用于小面积的产品上。

用抽头降压变压器将220 V电源电压变为36 V以下安全电压的调温电热设备，其最大特点是安全性好。加之采用低压后，由于电热线可以采用耐热聚氯乙烯绝缘多股铜软线，因此，抗折叠性能好。但是，因为增加了一台变压器，产品成本略高。

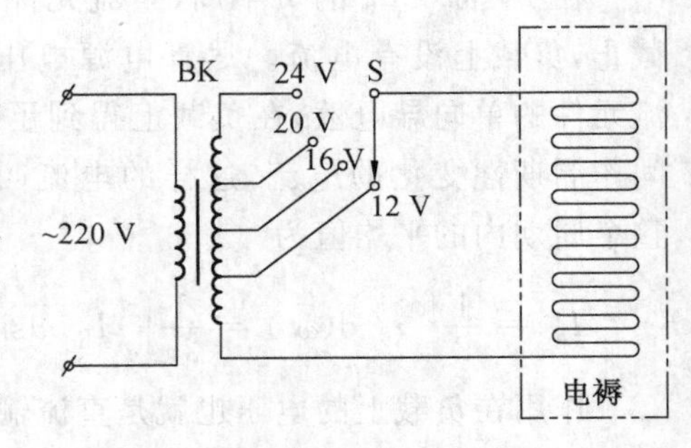

S—多挡调温开关；BK—变压器

图5-7 低压调压型电路

该产品的温度调整是通过多挡调温开关S换挡来实现的。由于电热设备与人体皮肤直接接触，虽然电热线只与安全低压电压相接，而且电热线的绝缘层又有一定耐压强度，但仍应采取相应的绝缘措施。变压器初、次级绕组之间绝缘一定要好，并且控制器外壳和变压器次级绕组必须接地。

5.5　微型温度断电器控温型电路

用温度断电器限温的做法是：在电热设备上电热线布置较密或温度最高处串接一个密封超小型（一般只有一个纽扣大小）双金属温度继电器，如图 5-8 所示。

当其中心温度升高到限定值时，双金属片即因受热动作，从而切断电路停止加热；待温度降低后，继电器又自动恢复通电加热，保持电热设备有一恒定温度。

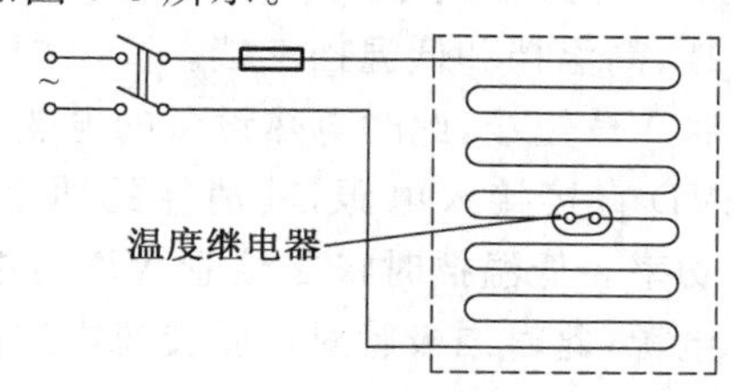

图 5-8　温度继电器电路

这种电热设备大部分是以采用改变发热元件电阻（即串、并联）的调温型电热设备为基础，在电热线中间串联两个以上的微型温度继电器来控制温度，维持电热设备的恒温或者防止过热，从而起到保护作用。图 5-9 是温度继电器中常用的一种微型双金属片式温度继电器，图中 1 是厚度为 0.8 mm，宽为 4.0 mm 的 5J18 双金属片。双金属片由线胀系数不同的两片金属贴合而成，通常情况下由于定触点 5 闭合，电路处于接通状态，电热设备加热升温。温度上升后，由于两层金属片线胀系数不同，双金属片 1 翘曲变形，预应力变形减小。当温度达到一预定值时，预应力变形为零，动触点 3 与定触点 5 恰好断开，自动切断电路，电热设备停止加热而温度下降，双金属片 1 翘曲变形减小。当温度低于上述预定值 1～2 ℃时，两触点又闭合，自动接通电路，电热设备又恢复加热升温。这样周而复始，电热设备温度就保持在预定值附近维持恒温。由于动触点 3 与定触点 5 断开和闭合是缓动量，将产生电弧，所以触点材料选用抗拉弧的银-氧化镉。外壳 4 由酚醛热压塑料或陶瓷制成。这种微型双金属片式温度继电器最大外形尺寸为长 26 mm，宽 18 mm（包括接线片），厚 7 mm。为符合轻工业部标准“SG277”要求，温度继电器两触点断开的温度要低于 60 ℃。上述微型金属片式温度继电器两触点断开和闭合的温度范围是（57±2）℃。

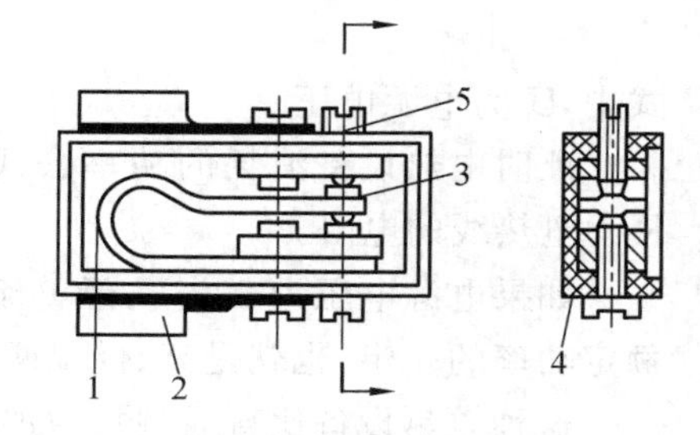

1—双金属片；2—接线片；3—动触点；4—外壳；5—定触点

图 5-9　微型双金属片式温度继电器（盒盖已取下）

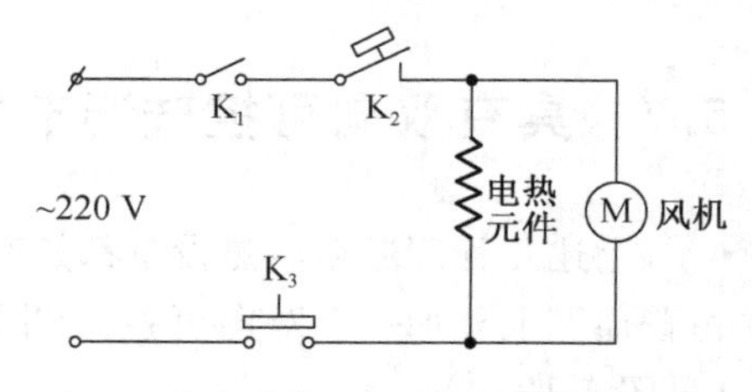

K_1—手动开关；K_2—恒温器快关；K_3—限温器开关

图 5-10　带温控器和风机的电路

图 5-10 中有两个控温开关 K_2，K_3，其中 K_2 是恒温器开关，K_3 是限温器开关。K_2 可使电热设备恒定在一定温度范围内。限温器是在电热设备超过预定温度的上限而恒温器又不能控温时切断电路，这样就能起到安全保护的作用。

5.6 二极管半波整流的调温型电路

这是以普通型电热设备为基础，再串接一个整流二极管来调整功率的调温型电热设备。图 5-11 为这种电热设备的接线原理图。二极管耐压要在 400 V 以上，电流 0.1～1.0 A；调温开关一般采用空挡、高温挡和低温挡三挡。高温挡时，开关 S 将二极管 VD 短接，此时电热设备的电热线 R_L 未经二极管 VD 直接接入电源，其消耗的功率为设计时的额定功率。低温挡时将二极管 VD 与电线 R_L 串联接入电源，此时二极管对正弦交流电进行半波整流，整流后加在电热线上的电压有效值为

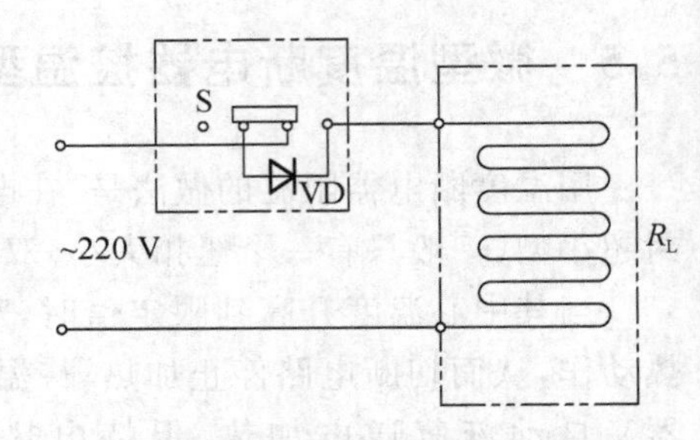

图 5-11 二极管半波整流调温型电热毯(褥、垫)接线原理图

$$U_c=\frac{U}{\sqrt{2}}$$

式中，U 为电源电压。

此时电热设备消耗的功率公式中，P 为整流前电热设备所消耗的功率（额定功率），R 为电热线的电阻。

如果电源电压为 220 V，经整流后电压有效值为 156 V，电热毯（褥、垫）消耗功率为其额定功率的一半，也就是高、低温两挡功率比为 2∶1。

这种电热设备比普通型只增加了一个二极管，并改用三挡调温，其结构和工艺都比改变发热元件电阻调温型简单，功率相似，且低温挡发热均匀，没有各部位温度有差异的弊病。但是正弦交流电经二极管半波整流后，由于二极管是非线性元件，它产生高次谐波电流，对附近的调幅收音机有射频干扰。如果增加一个低通滤波器电路，即可避免这种射频干扰，但要增加成本，提高售价。

5.7 具有双向可控硅调节器的调温型电路

上述几种调温型电热设备都是有级分挡调温，而具有双向可控硅调节器的电热设备在由普通型上外加一个双向可控硅调节电源电压，可在一定温度范围内进行无级连续调节（见图 5-12）。

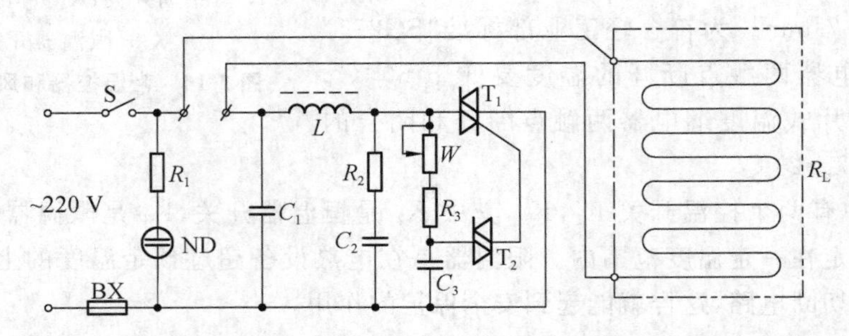

图 5-12 具有双向可控硅调节器的调温型电热毯(褥、垫)的接线原理图

双向可控硅调节器主要由触发电路和双向可控硅两部分组成，其工作原理为：当双向可控硅 T_1 关断时，C_3 由电源经电热线 R_L 及 L，W，R_3 充电。当 C_3 两端电压 U_{C3} 达到双向二极管 T_2 转折导通电压时，T_2 导通，U_{C3} 便通过 T_2 触发 T_1，T_1 触发导通使 R_L 通电发热并将触发电路短路。当交流电压过零反向时，T_1 关断，C_3 又开始充电，重复上述过程。由于触发电路工作于交流电路，交流正、负半周分别发出一个正脉冲和负脉冲触发 T_1，使 T_1 在正、负半周内对称地各导通一次。减小电位器 W 的阻值，可使 C_3 充电加速，缩短 U_{C3} 达到 T_2 转折导通电压的时间，即减小 T_1 的控制角，增大导通角，使调节输出电压升高；反之则使输出电压下降，从而达到调压目的，使电热毯（褥、垫）的功率无级连续可调。

ND 是电源指示氖灯，R_1，R_3 是限流电阻，R_2，C_2 是可控硅保护电路。电感 L 和 C_1 组成低通滤波器，主要用来防止射频干扰。

5.8　电容调温型电路

电容调温是利用调节电容量来获得不同的发热功率，如图 5-13 所示。一般电容器与电热元件串联使用，当电容增大时，它的放电电流也增大，从而使电热元件的发热量增加，电热织物的温度就上升，反之则温度降低。

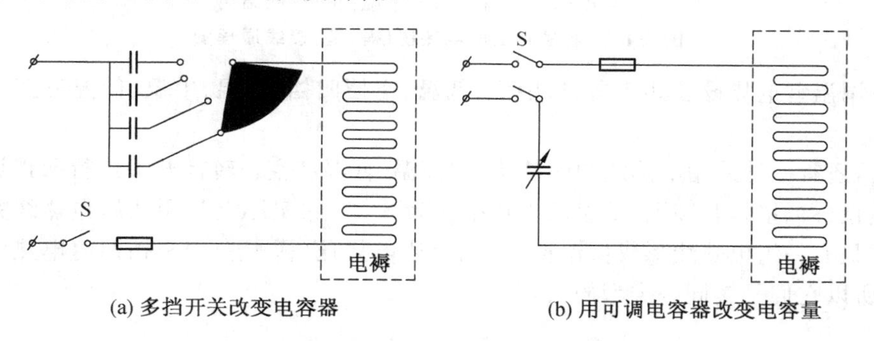

(a) 多挡开关改变电容器　　(b) 用可调电容器改变电容量

图 5-13　电容调温型电路

电容器电容值一般在 4 μF 左右，耐压要在 400 V 以上。串联一只电容的电热设备有三挡调温开关。高温挡时，开关 S 将电容 C 短接，此时电热设备的电热线 R_L 直接与电源相接，电热设备所消耗的功率为设计时的额定功率。低温挡时，将电容 C 与电热线 R_L 串联接入电源，电容的容抗具有“阻止”电流通过的性能，因此，通过电热线的电流有效值将减小，电热设备消耗功率将降低。容量为 C 的电容容抗为

$$X_C=\frac{1}{2\pi fC}$$

式中，f 为电源频率。

由上式可知，当电容 C 值增大时其容抗减小，流过电热线的电流有效值将增大，反之将减小。如需要高温挡和低温挡电热设备的功率差大一些，可选用容量小一些的电容，反之则选用容量大一些的电容。

使用这种电热设备时，在拔下电源插头前应将调温开关置于高温挡，不使电容充电，以防电击。

电容降压的降温型电热设备没有高次谐波辐射，所以对收音机没有射频干扰，与二极

管半波整流的调温型电热毯(褥、垫)相比,这是它的优点。但是由于电容体积大、成本高、安全性又较差,因此有可能逐渐被淘汰。

5.9 电阻调温型电路

这种电热设备采用两组长度相等、同一规格的电热线,在布置上采取相互平行又有间隔的方式,再用转换开关改变两组电热线的串、并联,或只用一组电热线而改变功率以达到调温的目的。图 5-14 为这种电热设备的电气原理接线图。

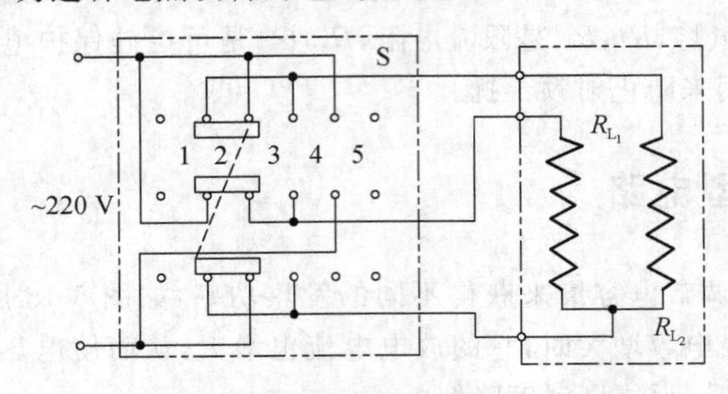

1—空挡;2—高温挡;3—中温挡;4—低温挡

图 5-14 电阻调温型电热毯(褥、垫)接线原理图

电阻调温型电热设备共有高温、中温、低温、空挡四挡,高温、中温、低温三挡功率比为 4:2:1。

此外,还有一种采用电热线中间抽头,用高温、低温和空挡转换开关进行两挡调温的调温型电热毯(褥、垫),其高温、低温两挡功率比为 2:1。它实际上是用两组电热线并联形成高温挡或只有一组电热线形成低温挡,只比上述电热毯(褥、垫)少一挡两组电热线串联的低温挡,所以它们是属同一类型的。

5.10 单检测线型电子控温电路

这种恒温型电热设备的电热线是特制的。在芯线 1 上螺旋缠绕电热丝 2,它的外部包着一层低温熔融层 3,低温熔融层外再螺旋缠绕铜检测线 4,最外层包覆耐热绝缘塑料。此外,还有一种在电热毯(褥、垫)中与电热线平行相接布置的、具有负温度系数热敏电阻特性的感温线,其结构是在芯线上螺旋缠绕铜导线,它的外部包着一层具有负温度系数热敏电阻特性的感温层,在感温层上再螺旋缠绕铜导线。铜导线是向反向缠绕的,最外层包覆耐热绝缘塑料。实际上,感温线相当于一个负温度系数热敏电阻,铜导线是该电阻的两条引出线,其接线原理如图 5-15 所示。

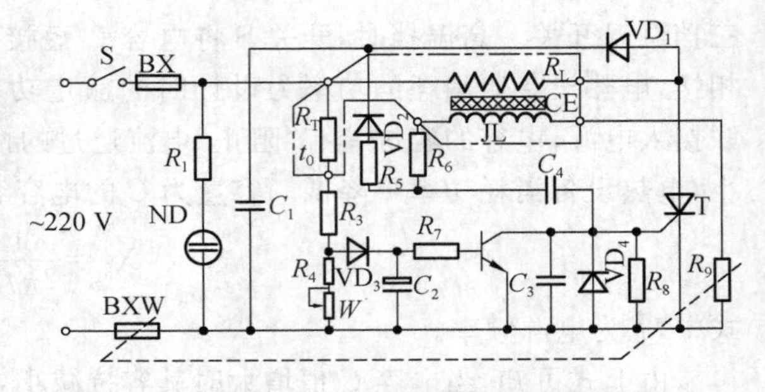

图 5-15 电子线路控制的可调恒温型电热设备接线原理图

工作原理：当交流负半周时，可控硅 T 关断，C_4 充电。然后交流电经过零变为正半周，C_4 经 R_8，R_9 电热线的检测线 JL，R_6 放电，在 R_8 两端建立的电压将可控硅 T 触发导通。交流电流经 S，BX，R_L，T，BXW 形成回路，使电热线发热，并逐渐散发热量。初始温度低，感温线 R_T 的阻值大，开关三极管 V 的基极电压低，V 处于截止状态，对可控硅 T 的触发电压无影响。T 处于连续导通状态，电热线连续通电加温，电热设备温度上升，感温线 R_T 阻值降低，T_4，W 分压电压增大。当 V 基极电压增大到导通的门槛电压时，使 V 导通，C_4 放电电流被 V 分流，此时可控硅 T 因触发极电流变小而关断，电热阻值又增大，V 的基极电压下降，因此 V 又处于截止状态，可控硅 T 恢复正常触发而导通，电热线重又通电加热。这样重复上述过程，电热设备就可在给定的温度下保持恒温，恒温过程中开关三极管 V 处于导通-截止的临界状态。给定温度高、低可通过调整电位器 W 的阻值来选定，W 阻值大，感温线 R_T 阻值相应也要大些，V 的基极电压才可能到达导通的门槛电压值，电热设备在较低温度下维持恒温才能保证 R_T 阻值大。反之，W 阻值小，R_T 阻值相应也要小些，电热设备温度就要高才能保证这一点。所以，通过调整电位器 W 的阻值，电子线路控制的可调恒温型电热设备就可在一定温度范围内保持任意合适的温度。

电子线路控制的调温恒温型电热设备是很安全的，其原因如下：

(1) 当感温线、开关三极管控温系统出现故障时，可控硅 T 总处于导通状态，电热设备温度就无限上升，达到一定温度后电热线的熔融层 CE 就熔化，电热线的检测线 JL 和电热丝 R_L 短路。此时，R_9 等于直接连接在电源上并使其迅速发热，温度熔断器 BXW 被熔断使电路断开，从而保证了安全。

(2) 当可控硅 T 出现击穿短路而损坏时，电源经 S，BX，D，短路的 T，BXW 形成回路，流过 BX 的电流将很大，电流将熔断器 BX 熔断，从而切断了电热设备电源，也就保证了电热设备的安全使用。

5.11　双检测线型电子控温电路

双检测线型电子控制电路仅适于使用专用电热带的电热织物，其电路如图 5-16 所示。当合上电源开关 S 时，变压器初级经过可变电阻 R_1、加热电阻 R_2、氖泡及温度保险丝形成回路。此时变压器次级通过二极管整流元件和保护电阻 R_3 使可控硅 T 处于导通状态，于是电热丝投入工作发热。当温度达到规定值时，在第一和第二检测线之间的负感温层电阻值相应减小，结果使氖泡和变压器初级两端的电压分配减少，氖泡不能启辉，变压器次级得不到电压使可控硅不能导通，电热丝停止加热。

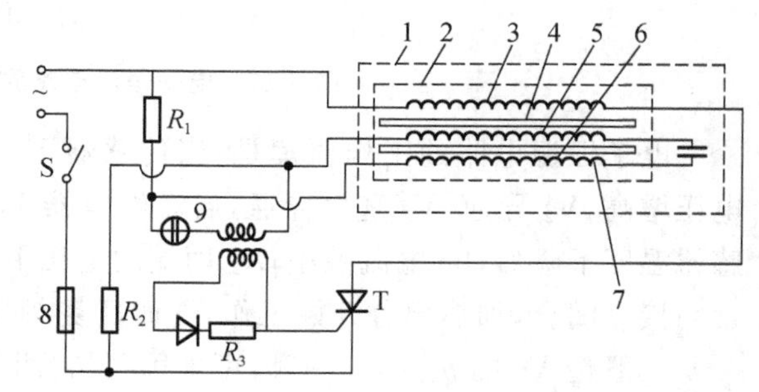

1—电褥类产品；2—电热带；3—电热丝；
4—低温熔融层；5—第一检测线；
6—第二检测线；7—负感温层；
8—温度保险丝；9—氖泡

图 5-16　双检测线型电子控制电路

只要调节电阻 R_1，就可调节恒温温度。如发生故障时，电热织物温度超过恒温值不断上升，使低温熔融层熔化，电热丝与第一检测线间短路，电阻 R_2 的电流猛增，导致保险丝熔断，使电路断开。这是故障保护装置,不能自行回复。这种检测线型电路安全性高,但造价也较高。

5.12 电子恒温电路

电子恒温电路是采用电子元器件控制发热温度在一定范围内保持恒定的电路。通常恒温范围在 20~80 ℃,误差±0.5 ℃。目前,传感器种类较多,可靠性亦好,一般都能满足电子恒温电路的要求。它们广泛应用于恒温室、小型恒温箱、恒温电热毯,也可用于制作酸奶、曲糟等发酵类食品,箱内若能保持一定的通风和温度,还可制成孵化箱等。常见的电子恒温电路原理图和印刷电路图如图 5-17 所示。

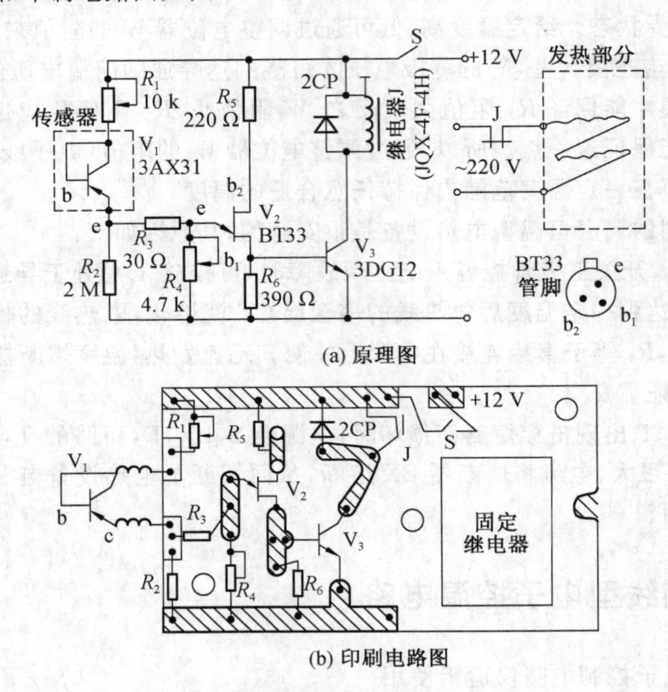

图 5-17 电子恒温电路原理图和印刷电路图

电子恒温电路的工作原理是:当传感器 V_1 温度升高时,be 电流随之增加,R_2 两端的电压增高,V_2 导通,V_3 随之导通,启动继电器 J,常闭接点断开,加热部分停止工作。当传感器温度下降后,be 电流减小;R_2 两端的电压下降,V_2 截止,V_3 随之截止,使继电器复位,常闭接点闭合,加热部分开始工作,继而反复断开、接通,从而达到恒温的目的。

一般选 V_1 的 $h_{FE}\approx 20\sim 70$,可采用副品;而 V_3 选 $h_{FE}\approx 30$。

继电器可用直流 12 V 的 JAG-2,JRX-4 或用 JQX-4F 型,只要线圈直流电阻在110~500 Ω,吸合电流≤40 mA 即可。

线路板可按图 5-17(b)印刷电路图制作元器件,安装完后,接通电源,调整 R_4 使 BT33 e 的电压为+3.5 V,取一支温度计与传感器一同加热到所需要的温度,调节 R_1 使继电器动作,传感器远离热源后,继电器应复位。再仔细重复上面工作。调整 R_4 电阻值,实际上就是调整 R_2 两端的电压,当以上调整仍不能满足要求时,可适当调整 R_4,直至准确,并在电阻器 R_1 旋钮相应的位置刻上温度计的读数值。

值得注意的是，传感器 PN 结是封闭在金属罩内的，外界温度传入 PN 结要过几十秒，从 PN 结向外散热也是如此。因此，在加热或降温调整时，金属外壳的温度不一定很快地等于 PN 结上的温度。

对比用的温度计最好选用半导体温度计或质量较好的水银温度计，其范围在 -5～100 ℃内。碳膜电阻功率均为 1/8 W。

JRX-4 型、JAG-2 型继电器触点负荷较小，若负载电流较大，还需进一步采用继电器放大。JQX-4F-1Z2H 继电器触点负荷为 220 V，3 A。

此电路静态工作电流约为 1.6 mA，动态工作电流约为 60 mA，直流电源较易获得，电压在 10～12 V 能正常工作。

5.13　PTC 温控型电路

由 PTC 元件控制恒温是 20 世纪 80 年代发展起来的一种新技术，其实行多点温控，简单易行，工艺性好，温控可靠。图 5-18 为 PTC 元件控制恒温型电热设备接线原理图。图中 T_1，T_2 的双向可控硅的阳极相连后再串联在电热毯设备电路中，由极间泄漏电流互相触发，两可控硅的触发极之间串接若干个均匀分布在电热设备中的 PTC 元件。PTC 元件受温度影响而控制可控硅 T_1，T_2 的触发，使它们导通或者关断，从而维持电热设备恒温。

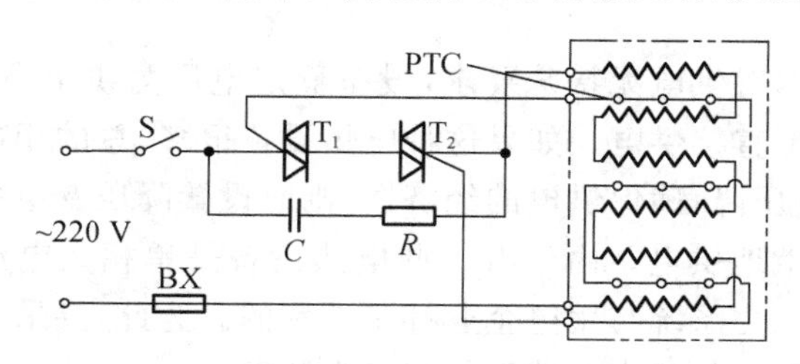

图 5-18　PTC 元件控制恒温型电热设备接线原理图

PTC 元件通过制作工艺和主要添加材料的差异可控制其居里点，居里点可在 -20 ℃至 300 ℃中选定。PTC 因电阻率对温度变化敏感程度不同而有平缓型和开关型之分。当电热设备温度达到居里点以上时(局部也可)，PTC 元件电阻急剧上升，从而限制了触发电流，使可控硅 T_1，T_2 不能触发而断电，电热设备停止加热而降温。当温度降至低于居里点时，PTC 元件电阻值下降，可控硅 T_1，T_2 又可互相触发而导通。周而复始，电热设备即在居里点附近保持恒温，R，C 组成可控硅的保护电路。

第 6 章　电热设备(产品)使用安全技术标准

中国现行国家标准 GB 4706.1—2005“家用和类似用途电器的安全通用要求”和 GB 4706.2～30“家用和类似用途电器的安全、特殊要求”做出了具体规定。这些国家标准基本上都是参照或等效采用国际电工委员会 IEC/TC－61 的有关标准制订的，这里对工业电热设备使用的条件，安全性能的试验方法，以及合理选用、正确安装、使用、检修等方面作一介绍。

6.1　低压配电网供电

单台用电功率不大，对供电无特殊要求，设备额定电压为供电系统的标准电压的电热设备，都采用低压配电网直接供电。如果这种电热设备很多，总的用电容量很大，为了减少供电线路损失和线路电压降，确保供电的经济性，则应设置降压变电所，由电力系统高压供电，通过此降压变电所就地供电。由于有一些电热设备是单相大电流用电，故会造成电源三相电流不平衡，这对电力系统与用电企业都是不利的。为此，要采取一些技术措施(如合理分配单相设备，使供电三相平衡或装设三相平衡装置)。

6.2　对供电连接的要求

6.2.1　一般要求

(1) 电热设备与供电网的连接应符合供电系统的供电形式，并符合一般供电线路的技术要求。

(2) 要确保连接导线在正常的运行情况下，避免各种异常的机械力(如拉力、弯曲力、扭力、摩擦力和振动力)或热、潮气和蒸汽作用的损坏。

(3) 防止套管损伤和划破导线的绝缘。

(4) 各相导线的参数要一致。

(5) 要能承受电动力的作用，耐高温和耐腐蚀。

(6) 金属支持夹板不得组成闭合回路。

(7) 各压、接头要防止热胀冷缩，致使接头逐渐松动。

(8) 接地线要牢固。

6.2.2 对固定连接的要求

(1) 连接线支持物要绝缘良好,金属支持夹板不得组成闭合回路。

(2) 对高频与微波导线应考虑集肤效应和邻近效应,以及寄生振荡。

(3) 相间及相地间的安全距离应符合表 6-1 的规定。

(4) 在固定接线的入口点上,导线所穿过的弯曲半径应有足够大的尺寸,以免损伤导线。导线穿入套管中时应不受损伤。

表 6-1 相间安全距离 cm

最小允许距离	室内					室外		
	1～3	6	10	20	35	10 及以下	20	35
(1) 不同相的导体间及带电部分至接地部分间	7.5	10	12.5	18	29	20	30	40
(2) 带电部分至网状遮拦	17.5	20	22.5	28	39	25	30	40
(3) 带电部分至无孔遮拦	10.5	13	15.5	21	32			
(4) 带电部分至遮拦	50	50	50	70	80	100	100	100
(5) 无遮拦裸导体至地板高度	250	250	250	275	275	300	300	300
(6) 需要不同时停电检修的无遮拦裸体	200	200	200	220	220			
水平距离						220	220	220
垂直距离						100	100	100
(7) 架空出线至地面	450	450	450	475	475			
(8) 架空出线至屋顶	275	275	275	275	275			

6.2.3 对可移动连接的要求

(1) 与固定接线不做永久性连接的电热装置,应当配备只有借用工具才能拆卸的软电缆。

(2) 可拆卸连接用的软导线,在装置的连接处应避免过度弯曲,防护装置应固定牢靠,且有足够的长度。

(3) 连接导线的引入处要采用绝缘套管来满足绝缘需要。

6.3 电源设备

工业电热设备的电源设备,是为电热设备对电源的特殊需要所设置的专用电器。

6.3.1 专用变压器

有不少工业电热设备对电-热转换工艺有特殊要求,如电弧炉要求低电压、大电流,高频设备和中频设备的整流装置要求特种接线法和非标准电压等。为此,要为工业电热设备配备专用变压器。专用变压器的性能对热加工工艺具有重要意义。

6.3.2 变频电源装置

(1) 高频电源装置 它能将工频电源变为高频。目前广泛采用电子管式高频振荡器,振荡槽路为自励式。

（2）中频电源装置　它能将工频电源变为中频。目前中频电源装置有电动机-发电机组中频装置和可控硅中频电源装置。

（3）倍频装置　它通常是三倍频静止式电磁变频器，一般用来作为感应熔炼或感应加热的电源。

6.3.3 三相供电电路平衡装置

电力系统供电都是三相制，但工业电热设备有不少是单相用电。对于单相大功率工频感应装置，由于单相容量较大，将造成电网三相负荷不平衡，这将危及电网和在同一电网中的其他用电设备的安全运行。按国家标准要求，三相负荷不平衡度不得超过 20%，可采用三相供电电路平衡装置进行三相负荷平衡补偿调节。

6.4 电热设备的使用环境

（1）不超过 1 000 m。

（2）环境温度在 5～40 ℃范围内（环境温度是指平均的环境温度或冷却介质的进口温度，一般以 20 ℃为环境温度基准）。

（3）使用地区最湿月平均最大相对湿度不大于 90%，同时该月的月平均最低温度不高于 25 ℃。

（4）周围没有导电尘埃、爆炸性气体及能严重破坏金属和绝缘的腐蚀性气体。所有电气装置在正常运行时应不会因物理和化学的作用，如因环境的热作用，熔融料和盐的溅射、潮气、油、冲击或摩擦等作用而受损伤，如有必要应在结构上采取必要的措施。

（5）没有明显的振动和颠簸，以及局部过热。

（6）静电荷、电磁泄漏、电磁场、电离辐射均应保证无害，否则应采取防护措施。

6.5 产品安全性能试验方法

6.5.1 工作温度下和湿热试验后的电气绝缘和泄漏电流

根据国际电工委员会 IEC 标准和我国国家标准的规定，对于电热器具在工作温度下（热态）和湿热试验后（冷态）都需进行电气强度和泄漏电流的试验，但是，可不进行绝缘电阻的试验。在工作温度下（热态）进行电气强度试验要比在冷态条件下严格，又与实际工作状态相符合，这是我们所需要和希望的。而电热器具之所以可不测绝缘电阻，是因为电热器具的绝缘电阻在使用后电热元件发热使水分蒸发，绝缘电阻能很快恢复到一定值。

工作温度下的电气强度试验可根据图 6-1 所示的电气原理图进行。

采用上述线路制成的电气强度试验装置具有性能良好、准确可靠的特点。该装置采用了一个 1∶1 的隔离变压器，同时，高压变压器的一次绕组输入接在不同相位的线电压上，使得被试器具一方面处在工作运行状态，另一方面承受基本正弦波的耐压试验。采用隔离变压器的目的一方面与电网隔离，使之不受影响，另一方面从隔离变压器的二次绕组的中间抽头，作为高压试验的一个极，不致影响产品运行的工作电压，施加的高压完全由带电体与可触及的金属表面间的绝缘承受；而高压变压器的一次绕组输入跨接在不同相位的线电压上的主要目的是改善波形，使二次绕组输出的高压波尽可能接近正弦波。除此之外，其他一些保护措施等与非工作状态的电气强度试验基本相同。

电气强度试验变压器的容量不应小于0.5 kVA(GB 4289—84),电动洗衣机的安全要求为不小于0.75 kVA,高压侧击穿过流继电器的整定动作电流一般应整定在10~15 mA,这是根据美国UL标准推算出来的。UL标准规定110 V时整定电流为0.5 mA,那么220 V为1 mA,1 500 V约为7 mA,再考虑一个系数,选取10 mA是可行的。当然,对于如电热毯等需进行3 750 V电气强度试验的Ⅰ类器具,可以考虑整定动作电流调在15 mA。

泄漏电流是线路或设备在外加电压作用下流经绝缘部分的电流,它是衡量电气安全性能的重要参数之一。关于泄漏电流的测试方法,世界各国一直有不同理解,因而方法也不统一,同一台产品采用不同的测试方法,其结果相差很大。1982年10月,国际电工委员会(IEC)经过各国专家的充分讨论,最后确定了如图6-2所示的泄漏电流测试线路,中国的家用电器国家安全标准也采用了这一测试电路。该电路由下列元件组成:由锗二极管VD组成的整流器,动圈式仪表M,电阻调节电路特性的电容器C和调节仪器电流范围的先闭后开的开关S。

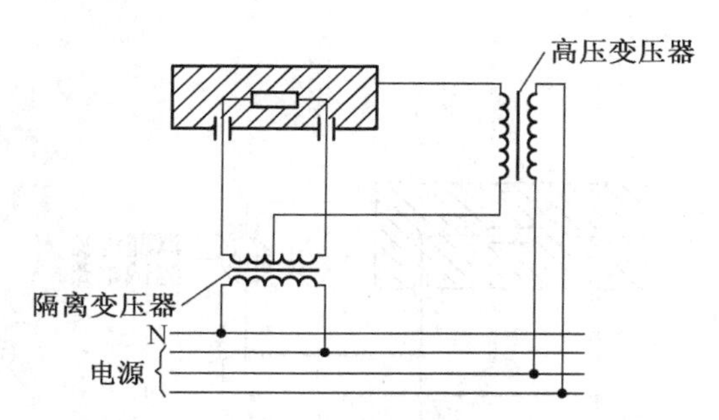

图6-1 在工作温度下电气强度测试原理图

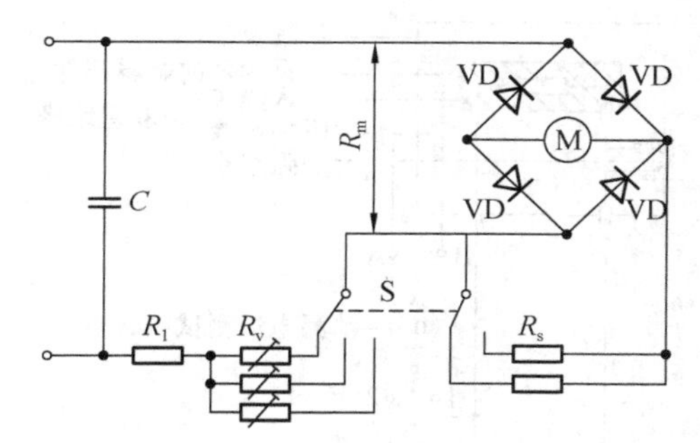

图6-2 泄漏电流测试电路

整个仪器最灵敏范围不能超过1.0 mA,较高测量范围由并联在仪表线圈上的无感电阻R_s来获得,同时调节串联电阻R_v,以保持电路总电阻$R_1+R_v+R_m$为规定值。

现就该线路的主要问题说明如下:

第一,测定线路中的$R_1+R_v+R_m=(1\ 750\pm 250)\ \Omega$是模拟人体的电阻值,一般情况下,人体电阻值为1 000~2 000 Ω。在美国UL标准中则确定人体电阻值为1 500 Ω。IEC综合考虑了各种意见,确定1 500~2 000 Ω是合适的。

第二,图中并联电容C已考虑到人体对电流的感知度随频率而改变的特性,频率越高,影响越小。对人体影响最大的频率范围为20~5 000 Hz。因此,并联这个电容的作用是使该电路的频率响应至5 000 Hz截止,从而在线路上解决问题,不必在测试仪表上大伤脑筋。

第三,在标准中规定:应能测出频率为20~5 000 Hz的泄漏电流值,其精度不低于5%。这一值的确定,首先反映出对地泄漏电流不是50 Hz的正弦波,而是含有高次谐波成分。实测的对地泄漏电流波形也充分证明它不是一个正弦波,其波形畸变程度随不同的产品及设计工艺水平差异较大,如电风扇与吸尘器对地泄漏电流波形比较,后者畸变严重。这是由于采用的串励整流子电机速度高、火花大,对地干扰感应出高频电流所致,因此,要求测量仪表有较宽的频率范围,这在制造上是比较困难的。目前提供的线路是经整流后输入仪表,因此,采用一般动圈式表头即可,大大简化了测试仪表制造技术。

第四，VD为锗二极管，具有管压降小、线性范围宽的特点；M为动圈式毫安或微安表头；R_s为改换量程的无感并联电阻；S为调整开关，保证总电阻为(1 750±250) Ω；C为并联电容，是保证回路时间常数为(225±5) μs而设置的，其电容值近似0.15 μF。

在正弦波频率为50 Hz或60 Hz时，其基本标称点是0.25 mA，0.5 mA和0.75 mA。

第五，泄漏电流测试时，被测产品和测量仪器应对地隔离，可采用绝缘垫或隔离变压器，否则将有部分泄漏电流。

工作温度下测量泄漏电流的原理图按如下规定：

第一，额定电压不超过250 V的单相电器。按单相电器测试的三相电器及仅适用于直流电的电热电器，若属于Ⅱ类器具，则按图6-3所示的电路进行；若不属于Ⅱ类器具，则按图6-4所示的电路进行。

测试使用交流电，对仅适用直流电的电热电器则用直流电测试。测量时，需用图6-4中所示的高、低位转换开关在尽可能短的时间内分别在位置1和位置2测得最大的泄漏电流值。

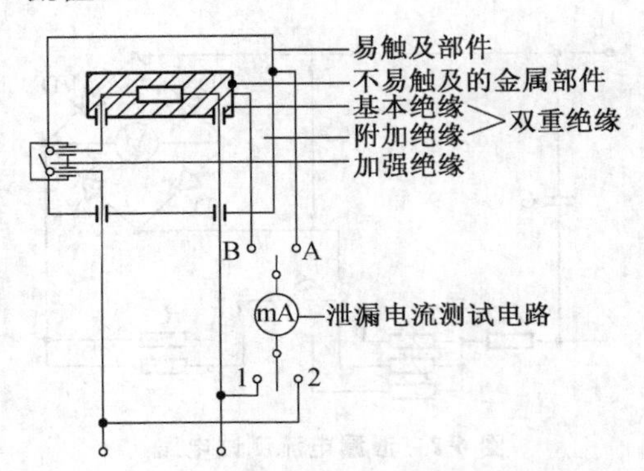

图6-3 单相连接的Ⅱ类器具在工作温度下测量泄漏电流原理图

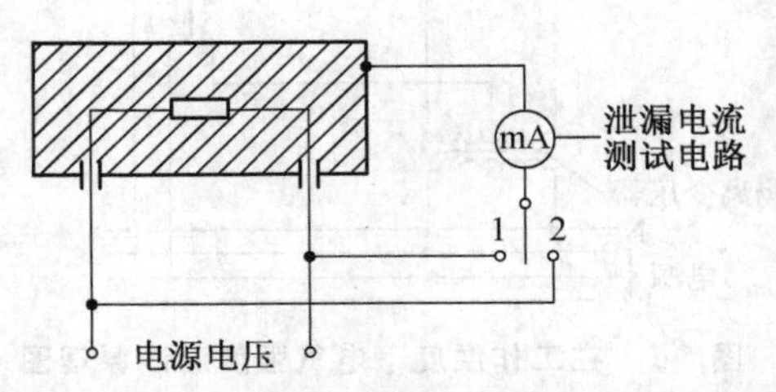

图6-4 除Ⅱ类器具外的单相连接的其他器具在工作温度下测量泄漏电流原理图

第二，额定电压超过250 V的单相电器和不适用单相电源的三相电器，若属于Ⅱ类器具，则按图6-5所示的电路进行。

对于其他电器，要闭合图6-6中a，b，c开关来测量泄漏电流。对不适用单相电源的三相电器，则用轮流断开a，b，c开关中的一个同时闭合另外两个开关的方法重复测量。对于单相电器，仅断开其中一个开关来重复测量。

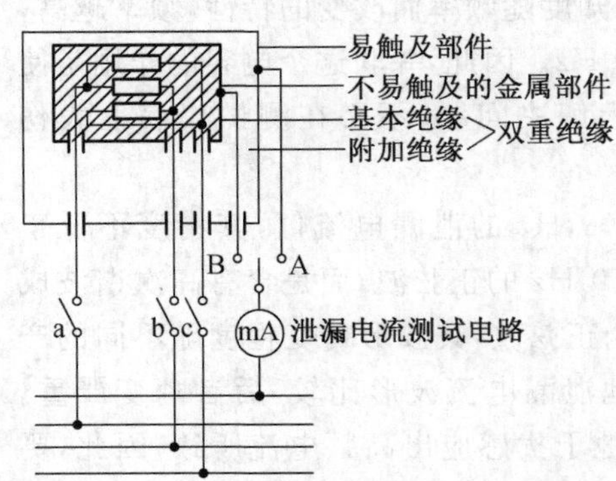

图6-5 三相连接的Ⅱ类器具在工作温度下测量泄漏电流原理图

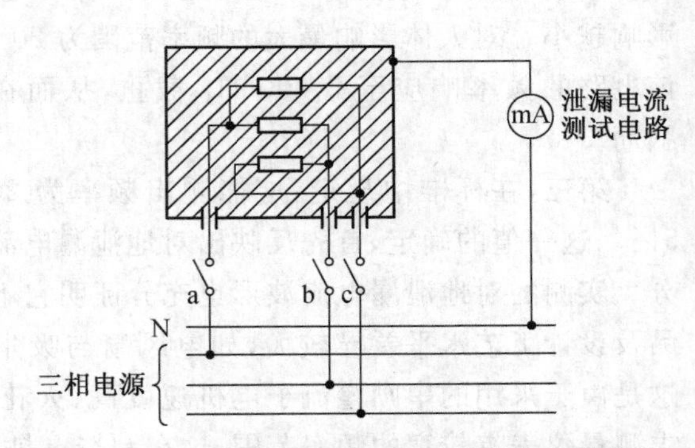

图6-6 除Ⅱ类器具外的三相连接的其他器具在工作温度下测量泄漏电流原理图

湿热试验后，泄漏电流的测试要求在非工作状态下进行，也就是在冷态下进行。因此，应按图 6-7 所示的电路测试。

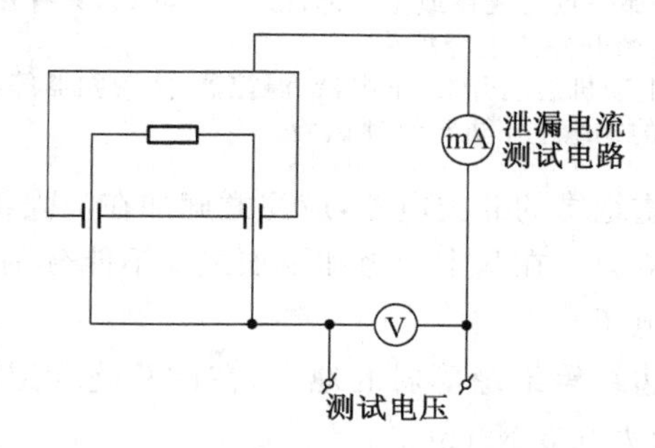

图 6-7　湿热试验后泄漏电流的测试电路图

在工作温度下，家用电热器具电气绝缘应能承受历时 1 min 的正弦波、频率为 50 Hz 的耐压试验。

其试验压力：承受安全特低电压的基本绝缘为 500 V；其他基本绝缘为 1 000 V；附加绝缘为 2 750 V；加强绝缘为 3 750 V。

在湿热试验后的冷态电气强度试验应符合表 6-2 的要求。

试验开始时，施加的电压应不大于规定值的一半，然后迅速升到规定值。在试验期间，不应发生闪络和击穿。

表 6-2　产品电气强度冷态试验要求

施加试验电压的部分	试验电压/V		
	Ⅲ类电器	Ⅱ类电器	其他电器
(1) 带电部件和仅用基本绝缘与带电部件隔离的壳体之间	500	—	1 250
带电部件和用加强绝缘与带电部件隔离的壳体之间	—	3 750	3 750
(2) 不同极性的带电部件之间	500	1 250	1 250
(3) 对于用双重绝缘的部件仅用基本绝缘与带电部件隔离的金属部件和带电部件之间	—	1 250	1 250
壳体之间	—	2 500	2 500
(4) 用绝缘材料做衬里的金属壳或金属盖与贴在衬里内表面的金属箔之间(如果带电部件和这些金属壳或金属盖之间的距离小于标准所规定的适当间隙)	—	2 500	1 250
(5) 与手柄、旋钮、夹件等接触的金属箔和它们的轴之间(如果万一绝缘失效使这些轴带电)	—	2 500	2 500 (1 250)
(6) 壳体与用金属箔包着的电源线之间或与电源线相同直径的金属棒之间(此金属棒插在电源线的位置上，固定在绝缘材料的入口套管、电线护套、电线固定器等之中)	—	2 500	1 250
(7) 在绕组和电容器互相连接的那一点(如果这一点与外导线的任一接线柱之间发生谐振电压 U)和壳体之间	—	—	$2U$+1 000
仅用基本绝缘与带电部件隔离的金属部件之间	—	$2U$+1 000	

注：① 不同极性带电部件之间的试验只能在不损坏电器的前提下在必要断开的地方进行。

② 括号内的值适用于0类电器。

③ 绕组和电容器相连接的那一点与壳体或金属部件之间的测试，只有在正常运转时绝缘会经受谐振电压的情况下进行，其他部件要断开并使电容短路。

④ 在有微隙结构的开关、电动机启动开关、继电器、温控器、热脱扣器等的触头之间，或者连接在不同极性的带电部件之间的电容器的绝缘上不进行该项试验。

对兼有加强绝缘和双重绝缘的Ⅱ类电器，应注意施加在加强绝缘上的电压不致使基本绝缘或附加绝缘承受过大应力。在基本绝缘和附加绝缘不能分别试验的情况下，提供的绝缘应承受加强绝缘规定的电压。

对绝缘下有锐利金属边缘等绝缘薄弱的地方，在试验绝缘层时，应用一个沙袋将金属箔紧压在绝缘上，其压力约为0.5 N/cm^2。

工作温度下和湿热试验后，器具的泄漏电流不应过大，其值不得超过下列数值：带有可拆开或单独断开电热元件的固定式Ⅰ类电热器具为0.75 mA或按每个(组)元件的额定输入功率每千瓦0.75 mA计算，两者中取较大值，但整个器具最大泄漏电流值为5 mA；其他固定式Ⅰ类电热器具为0.75 mA或按器具的额定输入功率每千瓦0.75 mA计算，两者中取较大值，但最大泄漏电流值为5 mA。

并且泄漏电流应在以下规定的部位上测量：

第一，在电源的任一极与易触及的金属部件或紧贴在绝缘材料表面的金属箔之间进行，金属箔面积不超过20 cm×10 cm；

第二，在电源的任一极与Ⅱ类器具的、仅以基本绝缘和带电部件隔开的金属部件之间进行。

6.5.2 防触电保护

防触电保护检查的主要目的是限制产品外壳在非必要时尽可能不开或少开洞孔，以防止人体与带电部件接触造成触电的危险。

安全标准规定：家用电器的结构和外壳应具有良好的触电保护，除工作和使用时必须的洞孔外，均不得随意开孔，以保证使用者不与带电部件发生意外接触；即使可拆卸零件，拆除后也应如此。

Ⅱ类器具中，仅用基本绝缘与带电部件隔离的金属件应视为带电部件，在该类器具中不能有与上述部件易于接触的孔。除另有规定外，工作电压不超过24 V的部件不作为带电部件考虑。这就是说，工作电压24 V以下的器具是允许人体触及带电部件的，而24 V以上的器具是不允许人体触及带电部件的。

防触电保护不包括不需使用工具便可直接接触的螺旋形熔断器。对于可拆卸的发热元件的接头装置所使用的插座，在设计前，需考虑当拆卸发热元件时能防止与带电部件的偶然接触，是否合格可通过观察和用标准试验指来检查。标准试验指如图6-8所示。

O类和Ⅱ类器具的孔及Ⅰ类器具的孔(不包括金属部件接地的孔和提供灯帽、插座入口的孔)，用图6-9所示的测试销测试。在每个可能的位置上都需用试验指和测试销检查，但用力无须过大。在地板上使用和质量超过40 kg的器具，测试时不要使其倾斜。

试验指不能触碰到裸露的带电部件及仅用油漆、磁漆、普通纸、棉织物、氧化膜、玻璃粉或密封膏作保护的带电部件。此外，对于Ⅱ类器具用测试销检查洞孔，合格者应不能触及裸露的带电部件；然后再用标准试验指检查，合格者应不能触碰到仅靠基本绝缘与带电部件隔离的金属部件。

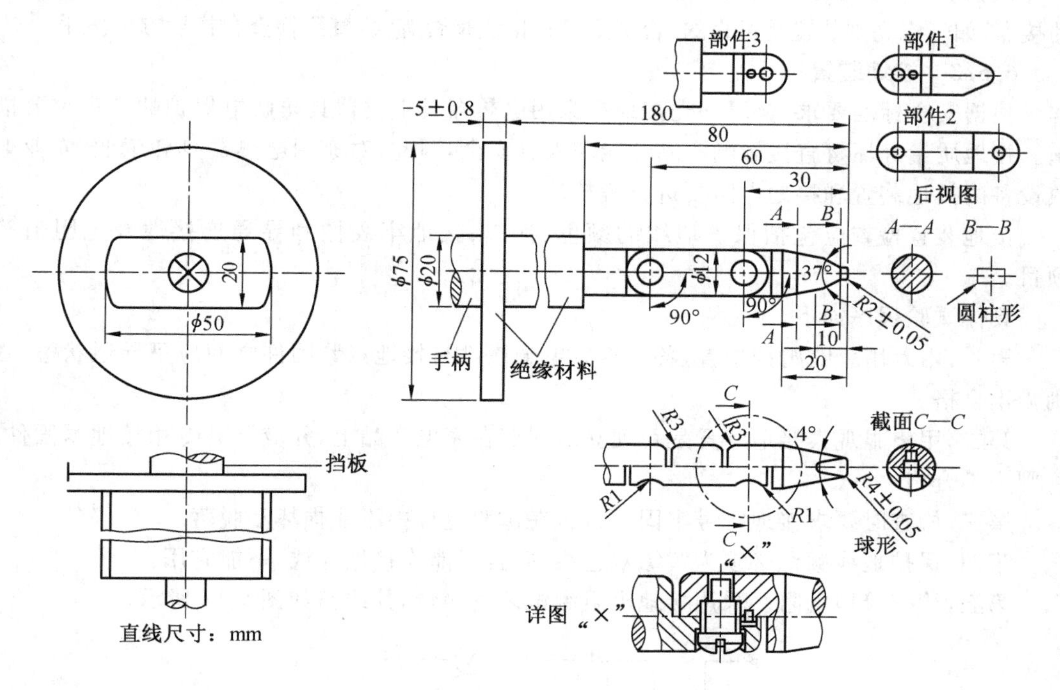

图 6-8　标准试验指

除Ⅱ类器具外，对于仅用一个电源开关的电热电器，其可见光电热元件的带电部件和支撑件测试不需拆开盖子便可从外边清楚地看到这些部件与元件的接触，应当用测试针测试，并无须用力过大。测试针不能触碰到带电部件为合格。测试针如图 6-10 所示。

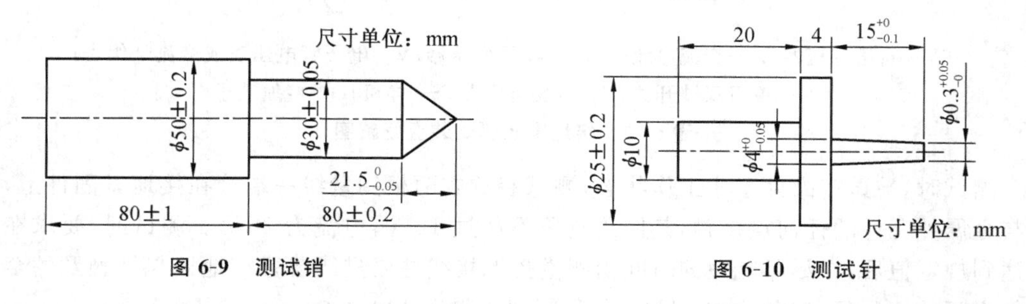

图 6-9　测试销　　　　图 6-10　测试针

防触电保护检查主要是用标准试验指来测试，同时用一个电触指示器来显示和带电部件的接触。电触指示器的接线图如图 6-11 所示。电触指示器最好采用灯泡，其电压不低于 40 V。

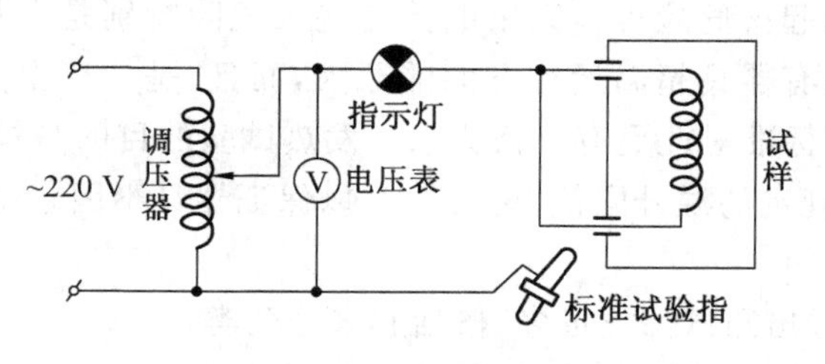

图 6-11　电触指示器接线图

试验前要检查该装置是否可靠,方法如下:用标准试验指接触灯泡引出线和产品电源线的接点,如灯泡亮则装置是可靠的,否则要检查接线是否有误,直到检查合格后方可使用。

6.5.3 接地装置

根据安全标准要求,金属外壳接地是家用电热器具Ⅰ类器具防触电保护的一项重要措施。接地质量好坏将直接影响产品性能和人身安全,因此,对家用电热器具和工业、农业电热设备的接地装置和接地电阻要进行考核。

接地装置检查应包括保护地线的颜色、标志、接地牢固性和导通连接性及电阻值等项目。

具体试验程序如下:

第一,用万用表欧姆挡检查,各外露导电金属件与接地点紧固件之间应呈导通状态,否则为不合格。

第二,用肉眼观察接地装置是否独立地固定在家电产品上,并应配有专用接地紧固件,否则为不合格。

第三,检查时要求接地符号牢固、耐用,在试验过程中不能损坏和脱落。

第四,保护地线颜色必须为黄绿双色线,并且只能作接地连线,不能它用。

第五,检查接地电阻。采用接地电阻测试装置测量,其线路如图 6-12 所示。

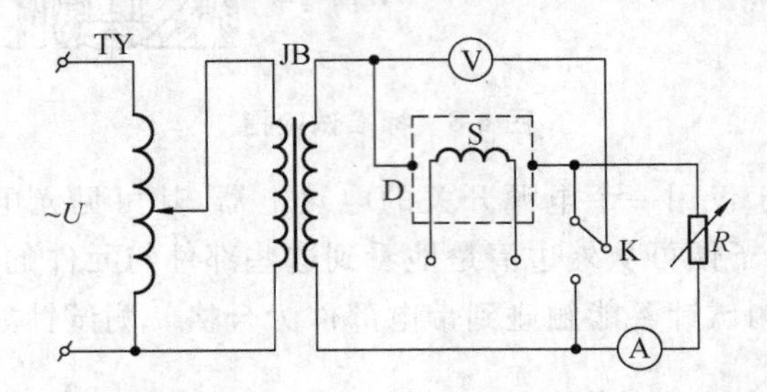

TY—自语变压器;A—交流电流表;JB—降压变压器;V—电子管电压表或交流毫伏表;
K—单刀双掷开关;R—可变电阻器;S—样机;D—接地端子

图 6-12 接地电阻测试装置线路图

测试时,被试产品处于非工作状态,测试装置的两根测量线一端接在接地紧固件上,一端与金属外壳件的任何点接触,其回路电压不超过 12 V,电流为 25 A。测试时,要求在电源达到规定值后,在尽可能短的时间内测量接地接线柱或进线装置接地极与易触及的金属部件之间的电压降,按公式 $R=U/I$,其计算值不得大于 0.1 Ω。

6.5.4 发热试验

发热试验(又称为温升试验)对于电热器具来说十分重要。上述家用电器除了触电危险外,尚有机械危险和起火危险等。家用电器的起火危险特别是电热器具的起火危险,除电气方面的原因外,尚有器具超温运行方面的原因,而且,是一个主要方面,这已引起世界各国的重视,美国 UL 标准对此更有严格要求。发热试验的目的是检查器具在运行中各部位的温升不能超过所规定的温升限值,见表 6-3,以保证器具不因超温而引起人的灼伤或导致火灾危险等。

从表 6-3 中可以看出测试部位很多,概括起来分两类:

第一,绕组温升用电阻法测定;

第二,其他金属部件及绝缘表面的温升用热电偶或温度计法测定,标准规定电热器具均放在标准测试角内进行。

表 6-3　产品温升限值

测试部位	温升/K	测试部位	温升/K
绕组		脲醛树脂	50
A 级绝缘	60	用下列材料制造的模压件:	
E 级绝缘	75	含纤维填料的酚醛	70
B 级绝缘	80	含矿物质填料的酚醛	85
F 级绝缘	100	三聚氰胺甲醛	60
H 级绝缘	125	脲醛	50
电器插头的插脚		玻璃纤维增强聚酯	95
在高温情况下使用	115	硅橡胶	130
在热态情况下使用	80	聚四氟乙烯	250
在冷态情况下使用	25	用作附加绝缘或加强绝缘的纯云母反烧结陶瓷材料	385
固定式电器外导线的接线柱,包括接地接线柱(带电源的固定式电器除外)	45		
开关和温控器周围		热塑性塑料	—
没有 T 标志	15	普通木材	
有 T 标志	T-40	测试角和木箱的壁、上板、下板及支架	45
橡胶或聚氯乙烯绝缘导线		长期连续工作固定式电器	
没有 T 标志	35	其他电器	50
有 T 标志	T-40	电容器的外表面	
附加绝缘用的电线护套	20	有最高工作温度 T 标志	T-50
作衬垫或其他零件用非合成橡胶		没有 T 标志	
作附加绝缘或加强绝缘	25	用于抑制干扰的小陶瓷电容器	35
其他情况	35	其他电容器	5
E26 型和 E27 型灯座		无电热元件的电器外壳(不包括正常使用中握持的手柄)	45
金属型或陶瓷型	145	连续握持的手柄、旋钮、夹子等	
非陶瓷绝缘型	105	金属制	15
E14 型、B15 型和 B22 型灯座		陶瓷或玻璃材料制	25
金属型或陶瓷型	115	模压材料、橡胶或木材	35
非陶瓷绝缘型	75	短时握持的手柄、旋钮、夹子等	
有 T 标志	T-40	金属制	20
除导线和绕组外所用的绝缘材料		陶瓷或玻璃材料制	30
浸渍或涂敷过的纺织品、纸或纸板	55	模压材料、橡胶或木材	45
以下列材料为黏合剂的层压板:		与闪点为 t 的油接触的部件	T-65
三聚氰胺-甲醛、酚醛树脂或酚-脲醛树脂	70		

注:① 表中数值以环境温度 40 ℃作为计算温升的基准。

② 铜绕组的温升值按下式计算:

$$\Delta t=\frac{R_2-R_1}{R_1}(235+t_1)-(t_2-t_1)$$

③ T 表示最高工作温度。对该项试验如制造厂提出要求标明单一额定值的开关或温控器,可以认为是无最高温度标记。

测试角由两块成直角的边壁、一块底板和一块顶板(如有需要时)组成,这些边壁、底板都由涂有无光黑漆的 20 mm 厚的胶合板制成。一般可以做一个通用的测试角,宽度可以考虑 800 mm 左右,高度 1 000 mm 左右,器具与测试角边壁距离通常应尽量靠近,以严格条件模拟实际使用位置放置,但不应损坏测试角。同时,样品在测试角底板上的投影边缘距测试角非直角边壁两底边的最短距离要大于或等于 50 mm。

用来测定直角壁、底板、顶板表面温升的热电偶要嵌入它的表面下,与铜或黄铜制成的涂黑小圆片的背面相连。圆片直径 15 mm、厚 1 mm,并安放在该表面平齐位置上。

在直角壁、底板、顶板表面安放的热电偶之间的中心距离考虑 100 mm 为好。

6.5.5 爬电距离和电气间隙

在两个导电部分之间沿绝缘材料表面的最短距离称爬电距离(creepage distance)。两导电部分之间的最短直线距离称电气间隙(clearance)。

由于爬电距离和电气间隙的大小与产品的安全性能直接相关,有时也危及人身安全,因此,正确设计选择不同极性带电体之间及带电体与导电部件之间的距离也是一种防触电保护措施。实验证明,在 0 ℃和一个大气压的条件下,1 mm 空气间隙可承受 3 000 V 的电气强度,但这一点往往不被制造部门所重视。

爬电距离和电气间隙与电器产品的额定工作电压、防触电保护等级及外壳防护等级有关,也就是说与绝缘类型有关,这可从表 6-4 中明显看出。

表 6-4 电气产品爬电距离与工作电压的关系 mm

各种情况	Ⅲ类电器		其他电器					
			工作电压 ≤130 V		工作电压 >130~250 V		工作电压 >250~440 V	
	爬电距离	间隙	爬电距离	间隙	爬电距离	间隙	爬电距离	间隙
不同极性的带电部件之间								
(1) 有防止污物沉积的保护	1.0	1.0	1.0	1.0	2.0	2.0	2.0	2.0
(2) 无防止污物沉积的保护	2.0	1.5	2.0	1.5	3.0	2.5	4.0	3.0
(3) 漆包线绕组	1.0	1.0	1.5	1.5	2.0	2.0	3.0	3.0
带电部件与其他基本绝缘的金属部件之间								
(1) 有防止污物沉积的保护属陶瓷材料或纯云母等属其他材料	1.0	1.0	1.0	1.0	2.5	2.5	—	—
(2) 无防止污物沉积的保护	1.5	1.0	1.5	1.0	3.0	2.5	—	—
(3) 带电部件为漆包线绕组	2.0	1.5	2.0	1.5	4.0	3.0	—	—
(4) 对O,OⅠ类、Ⅰ类电器的管状铠装发热元件末端、	1.0	1.0	1.5	1.5	2.0	2.0	—	—
带电部件与加强绝缘的其他金属部件之间	—	—	1.0	1.0	1.0	1.0	—	—
(1) 带电部件为漆包线绕组	—	—	6.0	6.0	6.0	6.0	—	—

续表

距离	Ⅲ类电器		其他电器					
			工作电压 ≤130 V		工作电压 >130～250 V		工作电压 >250～440 V	
	爬电距离	间隙	爬电距离	间隙	爬电距离	间隙	爬电距离	间隙
(2) 其他带电部件	—	—	8.0	8.0	8.0	8.0	—	—
用附加绝缘隔离的金属部件之间			4.0	4.0	4.0	4.0		
在电器安装面的凹槽中的带电部件与固定面间	2.0	2.0	6.0	6.0	6.0	6.0	—	—

安全标准规定:爬电距离和电气间隙不应小于表 6-4 中所示的数值。

爬电距离和电气间隙的测试仪器可以采用标准试验插板和游标尺。

从表 6-4 中可以看出,爬电距离和电气间隙通常在 2 mm 以下,因此可以做一个 3 mm 厚的标准试验插板或再做几个不同厚度的插板进行检查。对被检查部位用标准试验插板进行插试,看是否能插入,若插不进去,说明不合格。

判定爬电距离测量部位十分重要,例如琴键开关的测量部位应为触头所连金属之间、触头所连金属与支架之间及和固定该开关的外壳之间。定时器的具体测试部位应为触头所连金属与齿轮及其他金属之间。同时,在测量时要注意对不同极性存在电位差的电器如电扇用带多抽头的电抗器,首先,测量出相邻电极间的电压值,然后,按表 6-4 来确定其最小距离。接线端子和易触及的金属部位之间的电气间隙,应在螺钉或螺母尽可能松的情况下进行测量。对于非圆头螺钉或螺母,也应在最不利的位置上测量。

对于工作电压小于或等于 250 V 的穿过金属部件之间绝缘体的距离,如果它们是用附加绝缘隔离的,则不应小于 1.0 mm;如果它们是用加强绝缘隔离的,则不应小于 2.0 mm。

6.6　产品安装

电热设备安装的最大问题是接地线,目前情况是:无论是老厂房还是新建企业,除本单位有特殊要求外,一般都无接地线网。因此,新购置电热设备的接地线在安装时就无法处理,许多单位都把接地线接到自来水管上,这是一种不安全措施。通常水管接地不好,加上有的水管接头、水表采用塑料件,一台设备漏电,所有与该台水管相连的邻接的水管都可能带电,这是很危险的。

保护接地注意事项如下:

第一,保护接地的接地电阻最好在 4 Ω 以下(当变压器容量不大于 100 kVA 时,可取 10 Ω)。

第二,接地体可用壁厚不小于 3.5 mm 的钢管或厚度不小于 4 mm、截面积不小于 100 mm^2 的扁钢,在可能有强烈腐蚀性土壤的条件下,应当采用镀锌的导体及管子,也可用铜管。

第三,接地引入线应采用截面积小于小 1.5 mm^2 的多股绝缘铜线,中间不得有接头。

在无法采用保护接地和保护接零的家庭可以采取如下几种措施:

(1) 保护切断。这是一种专门用来保护人身安全、防止人体触及带电的用电设备金属外壳或相线造成触电伤亡事故，或者用来防止因电路和用电设备的接地故障和严重的漏电事故而造成火灾、爆炸事故，有的还具备保护电器设备，使之免受过流、短路等不正常情况的危害的一种保护装置。漏电电流(剩余电流)动作保护装置(又称漏电开关、触电保安器)就是其中一种。

(2) 保护报警。这种装置可自动报警和显示。

(3) 采取隔离措施。

① 位置隔离——就是使人体不直接接触或靠近器具的带电部分，甚至不接触器具本身，如常见的采用拉线开关、微波遥控开关等。

② 电气隔离——就是使用隔离变压器，使中性点接地的网络变为中性点不接地的网络，从而切断故障电流的回路。

(4) 采取绝缘措施。

① 增加绝缘性能——除优先选用具有基本绝缘和附加绝缘的双重绝缘产品外，注意选择具有全塑料外壳的产品，如全塑暖风机、电吹风等。

② 增加辅助绝缘——对于易引起使用环境恶劣的器具，可以在人站的位置上垫上一块绝缘橡胶垫、木栅垫等。

(5) 安装安全电压供电的家用电器产品。我国国家标准 GB 3805—83 规定 50 V 以下为安全电压，其额定值等级为 42 V，36 V，24 V，12 V，6 V；对人体直接接触的电热设备，如电发梳、电推剪、烘发机、电热毯(褥、垫)、电热鞋、电热扇、空调、电焊机、盐浴炉、电解炉等应尽量设计成安全电压，安全电压必须由安全电源(如安全隔离变压器)供电。

当电气设备采用了超过 24 V 的安全电压时，必须采取防直接接触带电体的保护措施。

总之，无论是安装器具的保护接零还是保护接地，或者是紧固式电热器具设备的安装，都应请安装部门的合格专业人员负责安装。

同时，紧固式电热器具的保护线或保护端子必须固定连接到建筑物中固定设置的保护线上，不得采用插接方式。导线连接处如果是不同金属，应能防止电化腐蚀。工作时产生高温的紧固式电热设备不得安装在可燃物附近。

6.7 产品使用方面

许多人对正确使用电热设备问题不够重视，认为很简单而不以为然，其实详细阅读产品使用说明书，正确使用电热设备，对提高设备的使用寿命，防止触电事故的发生，都具有十分重要的意义。

用湿手去操作器具开关或插、拔电源插头，或触碰器具的金属外壳是造成触电的重要原因之一，因此在使用器具过程中，绝对禁止用湿手去触及，同时也不能用湿手去更换电气元件或灯泡。需要移动设备时，应先切断电源。严禁用拖拉导线的办法拖拉设备或拉、拔导线插头，这样很容易使电源线根部或插头根部接头松动或拉断，从而有可能使设备外壳碰上松动的通电导线而带电，引起触电。对无自动控制的电热设备，在人员离开现场或不使用设备时，应将电源切断。

对能产生有害辐射的设备，使用人员必须与正在工作的设备保持说明书中规定的安全距离。当设备出现异常气味、噪声和温度时，应停止使用并进行检查，也不要将设备在湿热、灰尘多或有易燃、腐蚀性气味的环境中存放和使用。工作时能产生高温的电热器具也不得放在可燃物品附近使用。设备应安放在固定位置,尽量不要移动,要保持其干燥和清洁。

禁止以非熔断丝的其他金属丝来更换熔断丝。更换的熔断丝应符合原出厂标明的规格,也禁止用一般胶布或伤湿止痛膏之类的非绝缘用品来代替电工胶布。电热设备用低压熔断器或漏电电流动作保护器保护时,非经专业人员按防触电保护标准重新核算,不得改变其整定值。

6.8　产品检修方面

发生触电事故的电热设备,有的是设备本身存在问题,而使用者未能及时发觉而造成的。不懂电气专业知识的人不要随意拆、修电热设备,这是很危险的。电热设备的修理必须请专业修理人员或送检修中心。

各检修中心应具备必要的仪器设备、材料和工具,仪器仪表的精度要达到标准要求。上岗检修人员必须经质量监督部门考试合格,仪器设备也必须定期复检合格,以保证检修产品的质量,特别是电气安全性能。

修理器具时,如发现绝缘损坏,电缆或软线护套破裂,保护线脱落,插头、插座、开关箱等电气装置开裂等影响安全的故障时,必须主动修复,以消除安全隐患。所有设备修理后都必须进行绝缘电阻的检查,其绝缘电阻的阻值必须符合安全标准的要求。

综上所述,除了安全技术措施外,还有更重要的安全组织措施,如对制度不严、无操作规程、无安全检查、缺乏安全用电知识、现场混乱等加以整顿。从某种意义上来看,组织措施比技术措施更为重要,组织措施与技术措施是互相联系、互相依赖、互相配合的。由此可见,必须重视电气安全综合措施,搞好电气安全管理工作。

6.9　电热设备防火

因为电热设备失常,如过载、短路、漏电、电火花或电弧产生火源而引起火灾,称为电气火灾。

电热设备导线的绝缘材料,大都是可燃材料,属于有机绝缘材料的有油、纸、麻、丝和棉的纺织品、树脂、沥青、漆、塑料、橡胶等。只有少数属于无机材料,如陶瓷、石棉和云母等。过载使导体中的电能转变成热能,当导体和绝缘物局部过热,达到一定温度时,就会引起火灾。

短路时,在短路点或导线连接松弛的电气接头处,会产生电弧或火花。电弧温度很高,可达6 000 ℃以上,不但可引燃它本身的绝缘材料,还可将它附近的可燃材料、蒸气和粉尘引燃。电弧还可能由于接地装置不良或电气设备与接地装置间距过小,过电压时使空气击穿引起。切断或接通大电流电路时,或大截面熔断器爆断时,也能产生电弧。

接触不良,会形成局部过热,造成潜在点火源。

电热器具(如电炉、电熨斗等)、照明灯泡,在正常通电状态下,就相当于一个火源或高温热源。当其安装不当或长期通电无人监护管理时,就可能使附近的可燃物受高温而起火。

电气火灾和电的发展与广泛应用分不开，不管是强电领域还是弱电领域都有电气火灾问题。随着工业生产的发展，电气防火问题越来越引起人们的重视，电气防火是伴随着消防科学的发展而发展起来的。

火灾发生时，电器和电气线路都可能是带电的。根据现场条件，允许断电的应断电灭火，无法断电的则带电灭火。

(1) 电击危险和断电　电器和电气线路起火时，如果没有及时切断电源，灭火人员的身体或手持的消防器械触及带电部分会造成电击；使用导电的灭火剂，如水枪射出的直流水柱、泡沫灭火机喷出的泡沫也可能造成电击；火灾发生后，电器和电气线路可能因绝缘损坏而漏电，电线可能断落接地，造成电器的金属外壳、正常时不带电的金属构架与地面导电，并由此导致接触电压或跨步电压电击的危险。

因此，发现起火后，首先要设法切断电源。切断电源应注意以下几点：

① 火灾发生后，由于受潮、烟熏或高温烘烤，开关电器的绝缘能力降低，因此，应根据情况利用绝缘工具拉开开关。

② 在线上装有电磁接触器的情况下，应先拉开电磁接触器，后拉开开关，以免引起弧光短路；在装有分开关和总开关的情况下，宜先断开分开关，后断开总开关。

③ 剪断电线时，不同相的电线应在不同的部位剪断，以免剪断电线时形成短路；剪断空中电线时，剪断的位置应选择在电源方向的支持物附近，以避免电线剪断后断落下来造成短路和跨步电压电击事故。

二氧化碳灭火器由钢瓶、喷筒、压把等组成。其钢瓶内充装有压缩为液态的二氧化碳，工作压力设计为 15 MPa。使用时，在距离火源 5 m 处，将喇叭状喷筒对准火源，拔出保险销，压开或拧开阀门，即可喷射二氧化碳灭火。二氧化碳灭火器可用于带电灭火，适用于精密仪器、贵重设备、图书资料的灭火。使用时应注意防止冻伤手部和引起窒息。平时应置于阴凉、干燥、通风及取用方便之处，不得在靠近火源及强腐蚀源处存放。每半年称重一次，减轻 50 g 或原质量的 1/10 时应当充气。

卤代烷灭火器(因环保问题应较少使用)主要有 1211(二氟一氯一溴甲烷)灭火器和 1301(三氟一溴甲烷)灭火器。灭火器由钢瓶、喷筒、压把等组成。其钢瓶内充装有灭火剂和压缩氮。使用时在距离火源 5 m 处，将喷嘴对准火源，拔出保险销，压开阀门，即可喷射灭火剂灭火。不用时应置于阴凉、干燥、通风处及取用方便之处，不得靠近火源及强腐蚀源处存放。每半年称重一次，减轻原质量的 1/10 时应当修理。

干粉灭火器以钾盐或钠盐干粉为灭火剂，有储气式和储压式两种类型。储压式的结构与卤代烷灭火器相似。储气式的带有内置的或外附的二氧化碳钢瓶。使用时在火源近处，将喷嘴对准火源，提起拉环或压下压把，即可喷射灭火剂灭火。干粉灭火器可用于带电灭火，适用于石油及石油制品、天然气的灭火，不宜用于精密仪器、贵重设备的灭火。不用时应置于阴凉、干燥、通风及取用方便之处，应避开高温、潮湿及强腐蚀源之处。每年检查一次，检查干粉是否受潮或结块；检查二氧化碳钢瓶是否减轻，减轻原质量的 1/10 时应当修理。

化学泡沫灭火器由筒体、内瓶胆、喷嘴等组成。内瓶胆内装有酸性的硫酸铝水溶液，筒体内装有碱性的碳酸氢钠水溶液。

④ 切断电源的位置应选择适当，切断电源不得影响灭火工作。

⑤ 电缆和电容器切断电源后可能带有较高的残留电压，切断时应注意防范电击的危险。

(2) 带电灭火　为了争取灭火时间，防止火灾扩大，来不及断电；或因生产需要及其他原因，不允许停电，则需要带电灭火。带电灭火应注意以下问题：

① 正确选用和使用灭火器。常用的灭火器有二氧化碳灭火器、干粉灭火器、卤代烷灭火器和泡沫灭火器。

两种水溶液混合时发生化学反应生成大量泡沫，构成灭火剂和压力源。使用时，在距离火源 8～10 m 处，将灭火器上下颠倒过来，将喷嘴对准火源，即可喷射灭火剂灭火。泡沫有一定的导电性，不可用于带电灭火(泡沫对电气绝缘有害，也不宜用于已停电的电气设备的灭火)，不适用于醇、醛、醚、酮等水溶性液体的灭火。不用时应置于阴凉、干燥、通风及取用方便之处；应避开高温，防止日晒，冬季应注意防冻；应经常疏通喷嘴。每年应检查一次药液是否失效。

② 用水枪灭火时宜采用喷雾水枪。流过喷雾水枪水柱的泄漏电流很小，带电灭火比较安全。用普通的直流水枪带电灭火时，为防止电击的危险，应将水枪喷嘴接地(接向埋入地下的接地体，或接向地面上的金属接地网，或接向粗铜线编成的网络带)，也可以让灭火人员穿上均压服或戴上绝缘手套，并穿上绝缘靴。

③ 灭火人员及其所携带的灭火器材应与带电体保持一定的距离。低压带电体不宜小于 0.1 m，10 kV 带电体不应小于 0.4 m，35 kV 带电体不应小于 0.6 m。

④ 对架空线路或其他空中设备进行灭火时，人与带电体之间的仰角不应超过 45°，以防止导线断落下来危及灭火人员的安全。如带电导线断落地面，应划出危险范围，以防止跨步电压电击。

第 7 章 典型电热设备介绍

现代电热设备有空间电加热、液浴、假液态、真空、固体和气—液—固三相电加热 6 类 2 000 多种。本章选择部分典型电热设备(器具)分别加以诠释。

7.1 空间电热设备

电热设备所用电热元件的电—热转换方式不同,分为电阻式、红外式、感应式、微波式、电拆式等几大类。还有利用电极与电极之间或电极与工件之间产生放电,促使空气电离形成电弧发出高温来加热的电弧式电热器具(设备),它多应用于工业生产和家用电器产品中,这类产品统称为空间电加热设备。

7.1.1 生活用电热设备(器、具、炉、装置)

生活用电热设备的电加热方式又可分为直接电加热方式和间接电加热方式两种。

直接电加热是将电流直接引入被加热物体,通过其本身的电阻发热达到加热目的。例如,利用水本身的电阻对水加热的热水器等产品均属直接电热。采用直接电热法时,待热物体的两端直接接到输电线路中,其两端电位差用一个有抽头的变压器或一个电阻器来调节工作电压或工作电流。在热水器内,电位差保持不变,而水的电阻则通过改变电极的位置和面积或水位高低来调节。凡是利用直接电热法来加热的物体,其本身必须具有一定的电阻值。如果本身电阻值太小(电的良导体)或太大(电的绝缘体),都不适于采用直接电热法。

与直接电热法相反,在间接电热法中,通电发热的电阻不是被加热的物体,而是另一种专门材料制成的电热元件。电流使电热设备中的电热元件产生热量,再利用传热方式(辐射、对流和传导)将热量传送到被加热物体,主要用来加热和干燥。这种间接电热法是目前使用最为广泛的一种形式。

空间加热器,按照热的传递方式可分为辐射式、自然对流式、强制对流式三种;按照储热情况,可分为直热式和储热式两种;按结构形式又可分为台式、柜式、壁式、滚筒式等。

(1) 辐射式空间加热器　辐射式空间加热器包括反射电暖器(炉)和充油电暖器(炉)。它们的热传递方式以辐射为主,在结构上,它们都是利用反射板或散热管、散热片,直接将发热元件发出的热量辐射到空间,以提高室温的取暖加热器具。品种如下:

① 辐射式电暖器。其结构如图 7-1 所示。

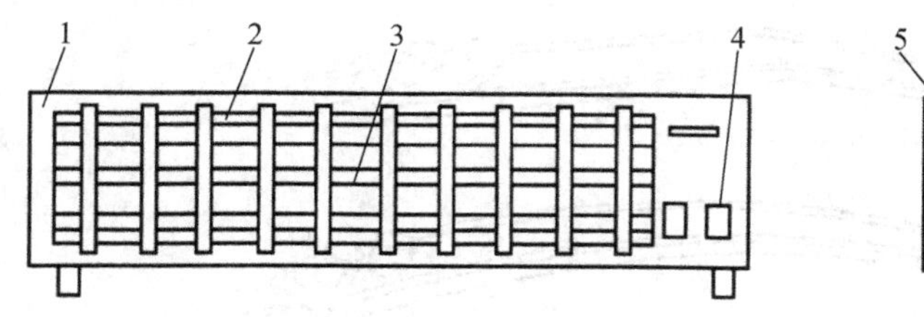

1—外壳；2—防护栏；3—辐射石英管电热元件；4—功率调节开关；5—反射板

图 7-1　辐射式电暖器结构示意图

② 电热毯(毡、带、履带)加热器。电热毯是电热被、电热褥、电热垫和电热褥垫、电热扁带、电热卷带、电热履带的统称,电热毯的种类很多,若按其功能可分为:a. 普通型;b. 调温型;c. 控温型;d. 限温型;e. 低压安全型;f. 理疗专用保健型等。

普通型电热毯由电热线和开关等元件构成,结构简单、价格低廉、实用性强,在大棚农业、生物工程和城乡居民生活中广泛使用。

调温型电热毯包括二极管整流式、串接电容式、电热线串并联换接式、可控硅调相式等。这种电热毯可根据使用者的需要,通过调温电路中的元器件,改变温度,是一种较理想的取暖器。这种电热毯因为增加了调温元器件,所以价格比普通型稍高些,但使用方便、安全可靠。

控温型和限温型电热毯是电热毯中较高档的产品,它内含感温线——电子调节式及双金属温控器式,能自动控温或限温,安全性更高。

低压安全型电热毯可将 220 V 交流电经变压器降为 24 V 以下安全电压,使用这种电热毯不会造成触电事故。

工程专用限温型电热毯既可取暖,也可用于某些工程的去应力回火、大型工程零件局部热处理加工。带型电热器制成扁带状,宽度可为 25～37 mm,厚度 6～9 mm(见图 7-2)。

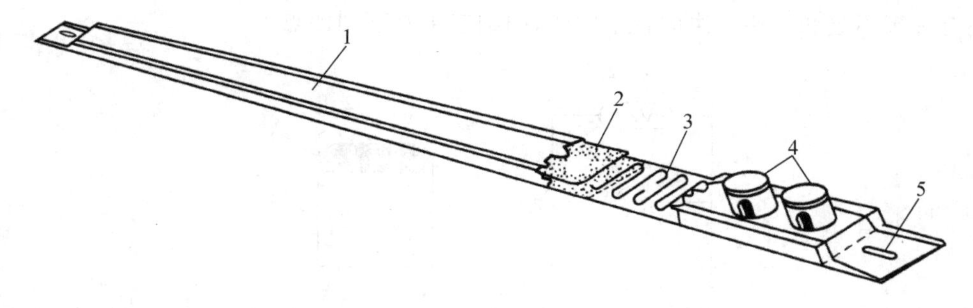

1—带型电热器本体;2—矿质(云母或 MgO)绝缘材料;3—镍-铬电阻丝;4—连接器;5—安装孔

图 7-2　带型电热器元件

电热器元件可使用最流行的长度,也可定制任何专用长度。电接头可安置在带型电热器的相对两端,或两接头可安装在带型电热器的一端。带型电热器可在其扁平边处弯曲,并在购买后再造型以适应特殊热成形的需要。带型电热器通常弯成开口的 V 形或 C 形(见图 7-3)。弯曲的目的是在热塑性塑料片材与电热器元件的中心达到较大的距离,而靠近大部分热逸散的边缘距离较近。电热器元件的造型仅在需要相同电热条件来生产类似产品时有用。电热器元件的多次弯曲会使装置受损,并且烧断的机会大为增加。

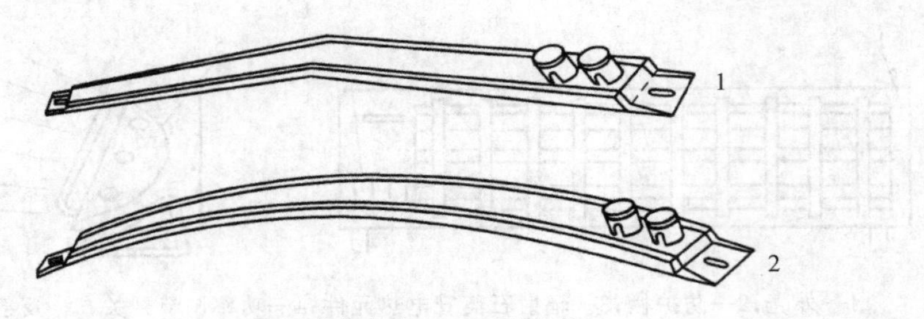

1—V形弯曲式；2—C形弯曲

图 7-3 弯曲带型电热器元件

带型电热器元件可相隔某一距离或相互靠近安置在热成形用烘箱中。当其相互依次安置时，即形成适用于热成形的优良辐射热放射表面。然而，热效率不是最好，因为带型电热器的背面产生浪费的热能。浪费的热能不能回收或反射回片材，热量正好能使设备或空间的剩余部分受热，并最后逸散于车间空气中。逸散的热量可使操作区在冬季比较舒适，但在夏季则难以忍受。在持续的过分热环境中，寻求解决办法的操作人员可能被迫打开门窗，或依靠任何能得到的通风源来产生穿堂风。有穿堂风的车间环境形成“无效热”时能影响热成形的结果。许多人认为，带型电热器元件是最耐久不损坏的电热器元件，因而普及率高。这类电热器元件能给用户提供多年无故障服务。

(2) 热风器　图 7-4 所示为热风器线路和结构示意图。发热元件是 ϕ70 mm、厚度为 10 mm 的蜂窝式 PTC 电热元件，在厚度方向约有 1 800 个小通孔，当接通电源时，风扇旋转，PTC 电热元件也开始发热。由于风不断通过小孔，PTC 有良好的散热条件，在 25 ℃时可发出500 W 功率，若因故障风扇停止转动，PTC 散热系数降低，则 PTC 发热功率能自动降至51 W，这就可以防止因大量发热而发生意外事故，这是其他电热元件做不到的。PTC 电热元件适于低温的器具，如脚炉、取暖炉、热风扇等产品。这种应用只需一个简单 PTC 电热元件就可以，制作简单，使用价值大。但使用在需要大热量热风调温机和热风干燥机上，还有许多不足和有待解决的技术问题，归纳起来有下列四点。

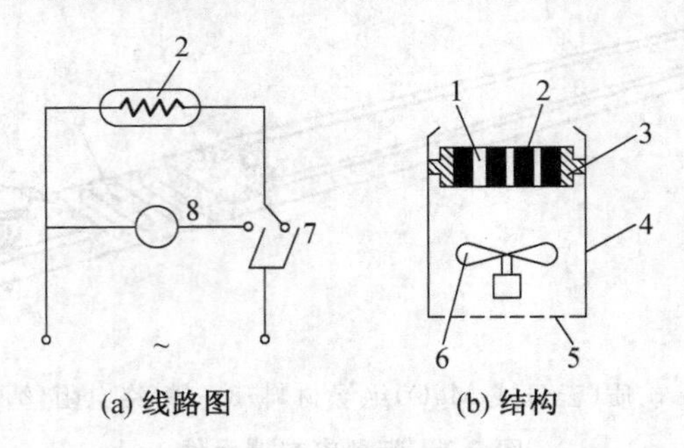

(a) 线路图　　(b) 结构

1—小通孔；2—PTC；3—耐热绝缘支撑；4—框架；
5—进气口；6—风扇叶子；7—开关；8—风扇

图 7-4 热风器线路和结构示意图

第一，不能产生过高的温度。一般从发热体取得大量热能都希望发热体发出的温度高一些，而目前 PTC 电热元件的最高温度被限制在 300 ℃以下，发热量有一定的局限性。

第二，PTC 发热材料导热程度低。PTC 的热导率很低，甚至比合金电热元件低两位数，这是因为发热体内部产生的热传到表面需要较长时间。使用较大功率时，实际上只是利用了表面的热而不能利用内部发生的热，这就使得PTC电热元件的功率不能进一步提高。

第三，存在着电压不平衡和电气输入振荡等现象。这些现象的出现主要是因为PTC元件导热能力低。因为发热体的冷却首先是由表面开始的，这就形成发热体温度分布不均匀，高温比低温的地方阻抗高。在高温和低温部分并存的情况下，电压主要分布在高温部分，这是电压不平衡的现象。此时，电流被高温部分的高阻抗所阻断而不易通过，因而电流主要向低阻抗部分流动，所以，引起电流流动的不均衡现象。电流的不均衡促使温度重新分布，随着时间的推移不均衡现象也在周期变化，即引起所谓摇摆振荡的现象，最终表现在PTC电热元件的输入功率出现超低频振荡现象。这一现象往往给设计带来麻烦。

第四，由于非线性电阻效应导致电场强度不能过高。在PTC区域发热体阻抗之所以高，是因为如上述粒场的电位“山”高，这个“山”的形状对电场是很敏感的，在强电场上从“山”的一方看“山”高度要低，电流容易通过。这种现象叫作非线性电阻效应，这是一种绝缘破坏，表示已失去了壁垒的限流功能，结果引起电流迅猛流通。所以PTC电热元件不能承受更高的电压，这种对电热元件在应用方面的限制也是在设计时必须考虑的问题之一。

上述四点是PTC作为大功率发热体在应用上存在的一些问题。其中，PTC发热体的导热程度低是最根本的问题，但在设计制造中如果能注意，一些问题也能在一定程度上得到解决：尽可能选择居里点高的材料；选择能从表面通过电流的电极结构；PTC发热体的厚度如能薄一些，则能弥补低导热的缺点；单位的表面体积在结构上要尽量扩大；考虑非线性电阻效应，适当选择电场强度。

(3) 电热水器　电热水器是给人们提供开水或温水的电热器具。其类型很多，大体上可分为饮食用电热水器和浴用电热水器。

最典型的饮食用电热水器是电热杯、电热壶和电沸水器。电热杯和电热壶主要由杯体(或壶体)、手柄(或提手)和底部的电热元件等组成。储存式电沸水器类似放大了的电热杯，其电热元件也装在底部。为了防止无水时烧坏电热元件，装有干簧管式水位开关，以保证水位降低到极限位置时自动断开电源。流动式电沸水器的原理如图7-5所示。冷水在沸腾腔经加热沸腾后注入开水储存箱，当开水储存箱内液面升高到限定位置时，液位继电器动作，电热元件自动断开电源，进水阀门自动关闭。

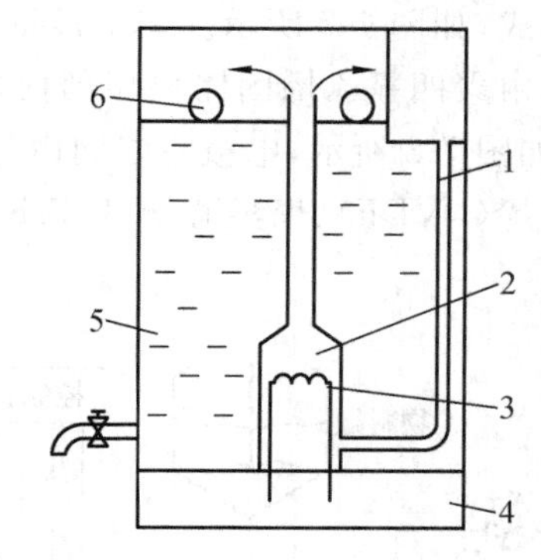

1—进水管；2—沸腾腔；3—电热元件；4—控制室；5—开水储存箱；6—液位继电器

图7-5　电沸水器原理

常见浴用电热水器的原理如图7-6所示。打开热水阀门时，在水压作用下，碟形金属薄片被推向虚线位置，电源开关接通，电热元件开始加热。操作两个阀门可以调节水温。如将电热元件分组，则可改变加热速率。

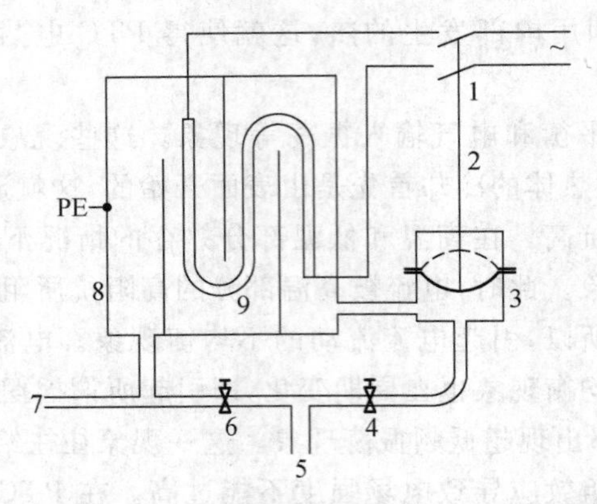

1—电源开关;2—顶杆;3—碟形金属薄片;4—热水阀;5—进水管;
6—冷水阀;7—出水管;8—水箱;9—电热元件

图 7-6 浴用电热水器原理

使用电热杯和电热壶应注意:防止无水时烧坏电热元件;防止被加热液体沸腾时溢出损害电气元件;其保护插头应与保护导体连接良好。

电沸水器和浴用电热水器的功率都比较大(2~18 kW 之间),必须从干线上接独立电源,并安装单独的熔断器或其他短路保护电器,由于使用者全身被水淋湿,电击的危险性较大,必须有可靠的防电击措施。为此,其进水管口和出水管口附近均应接保护导体。同其他电热水器一样,应注意防止水箱内无水时烧坏电热元件。浴用电热水器应由专业技术人员安装,安装后应进行必要的检查和试验。

(4) 欧姆杀菌装置　欧姆杀菌装置系统主要由泵、柱式欧姆加热器、保温管、控制仪表等组成,如图 7-7 所示。其中最重要的部分是由 4 个以上电极室组成柱式欧姆加热器。电极室由聚四氟乙烯固体块切削而成并包以不锈钢外壳,每个极室内有一个单独的悬臂电极,如图 7-8 所示,电极室之间由绝缘衬里的不锈钢管连接。可用作衬里的材料有聚偏二氟乙烯(PVDF)、聚醚醚酮(PEEK)和玻璃。

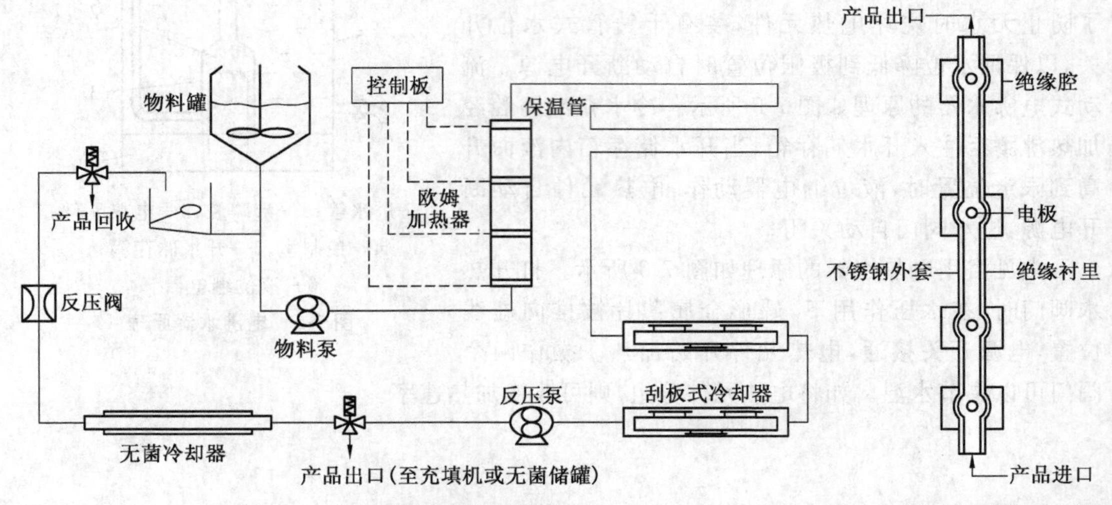

图 7-7 欧姆杀菌装置流程示意图　　**图 7-8 欧姆加热器示意图**

柱式欧姆加热器以垂直或近乎垂直的方式安装,待杀菌物料自下而上流动,加热器顶端的出口阀始终充满物料。加热柱以每个加热区具有相同电阻抗的方式配置，沿出口方向，相互连接管的长度逐段增加，这是由于食品的电导率随温度升高而增大。实际上，离子型水溶液电导率随温度增高呈线性关系，主要是温度提高加剧了离子运动的缘故。这一规律同样适用于多数食品，但温度升高黏度随之显著增大的食品除外，如含有未糊化淀粉的物料。

（5）微波式电热设备　微波式电热设备又称微波炉、电子灶、微波灶，是一种利用微波加热的新型家用电热炊具。1945 年世界上第一台微波炉的问世，使人类烹调食物的方式发生了根本的变化。微波技术先后应用在通信、雷达、导航、遥感、电视等方面。利用微波的特性作为一种能源对材料进行加热时，就引申出一种特殊加热方法——微波加热。中国从 1974 年开始研究微波加热技术应用，发展较快，至今已取得许多重要成果，微波炉已有不少厂家生产。微波加热技术已在许多领域开始应用。利用微波加热已成功地制成膨化干燥体，成为理想的方便食品。此外，在食品防霉、杀菌、解冻、发酵和烘烤点心等方面得到了广泛的应用。微波加热在轻纺工业方面的应用也很广，如皮革干燥、彩色印刷上光干燥、印花固色等都取得了较理想的效果。微波化学和微波等离子体可用来促进某些化学反应。在大规模集成电路生产中，微波也得到了应用。由于微波比红外线穿透能力大得多，因而关于微波探癌、治癌的研究十分活跃。在制药工业中，微波用于药品干燥、杀菌。在农、林业方面用于处理种子，促使种子提前发芽，杀虫、除草等。现在供工业、科研及医学等方面应用的微波有 4 个频段，见表 7-1。其中商业用、家用微波炉采用 915 Hz 与 2 450 Hz 两个频率。

表 7-1　微波加热专用频率

频率/MHz	波段	中心波长/m	频率/MHz	波段	中心波长/m
890～940	L	0.330	5 725～5 875	C	0.052
2 400～2 500	S	0.122	22 000～22 250	K	0.008

① 微波加热原理。常用的加热方式都是先加热物体的表面，然后热量由表面传到内部，而微波加热，则可直接加热物体的内部。

被加热的介质由许多一端带正电、另一端带负电的分子（称为偶极子）所组成。在没有电场的作用时，这些偶极子在介质中做杂乱无规则的运动，如图 7-9(a)所示。当介质在直流电场作用下时，偶极分子中带正电的一端向负极运动，带负电的一端向正极运动，使杂乱无规则排列的偶极子变成了有一定取向的有规则的偶极子，介质分子的极化越强，介电常数越大，介质中储存的能量也就越多，如图 7-9(b)所示。

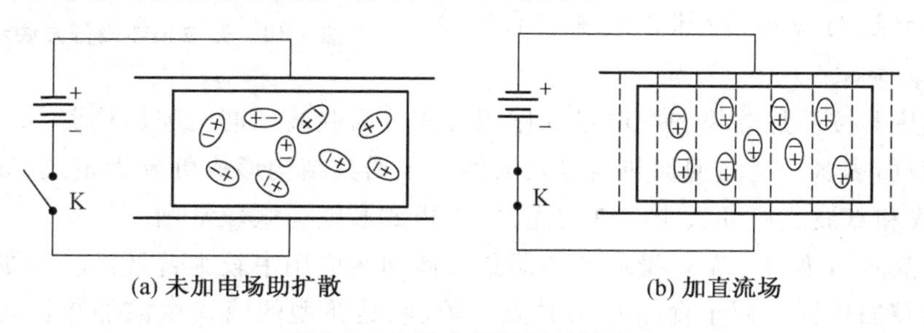

(a) 未加电场助扩散　　(b) 加直流场

图 7-9　介质中偶极子的排列

如果改变电场的方向，那么偶极子的取向也随之改变。如果电场迅速交替地改变方向，那么偶极子则随之做迅速的摆动。由于分子的热运动和相邻分子间的相互作用，偶极子随外加电场方向改变而做的规则摆动产生了类似摩擦的作用而受到干扰和阻碍，使分子获得能量，并以热的形式表现出来，表现为介质温度的升高。外加电场的变化频率越高，分子摆动就越快，产生的热量就越多。外加电场越强，分子的振幅就越大，由此产生的热量也就越大。例如，用 50 Hz 的工业用电作为外加电场，其加热作用有限。实际上常用的微波频率为 915 MHz 和 2 450 MHz，1 s 内有 9.15×10^8 次或 2.45×10^8 次的电场变化。分子有如此频繁的摆动，其摩擦所产生的热量可想而知，可以瞬间集中热量，从而迅速提高介质的温度，这也是微波加热的独到之处。除了交变电场的频率和电场强度外，介质在微波场所产生的热量的大小还与物质的种类及其特性有关。

微波加热是靠电磁波把能量传播到被加热物体的内部，这种加热方法具有以下特点：

a. 加热速度快。微波加热是利用被加热物体本身作为发热体而进行内部加热，不靠传导的作用，因此，可以令物体内部温度迅速提高，所需加热时间短。一般只需常规加热方法 1/100～1/10 的时间就可完成整个加热过程，加热效率高。

b. 加热均匀性好。微波加热是内部加热，往往还具有自动平衡的性能，比外部加热容易达到均匀加热的目的，且避免了表面硬化及不均匀等现象的发生。加热的均匀性取决于微波对物体的透入深度，也有一定的限度。对于 915 MHz 和 2 450 MHz 微波而言，透入深度大致为几十厘米至几厘米的范围，当加热物体的几何尺寸比透入深度小得多时，微波才能够透入内部，实现均匀加热。

c. 加热易于瞬时控制。微波加热的热惯性小，可以立即发热和升温，易于控制，有利于配制自动化流水线。

d. 选择性吸收。某些成分非常容易吸收微波，另外一些成分则不易吸收微波，这种微波加热的选择有利于产品质量的提高。例如，食品中水分吸收微波能比干物质多得多，温度也高得多，这有利于水分的蒸发。干物质吸收的微波能少，温度低，不过热，而且加热时间又短，因此能够保持食品的色、香、味等。

② 微波加热设备的选择。微波加热设备主要由电源、微波管、连接波导、加热器及冷却系统等组成，如图 7-10 所示。微波管由电源提供直流高压电流并使输入能量转换成微波能量。微波能量通过连接波导传送到加热器，对被加热物料进行加热。冷却系统用于对微波管的腔体及阴极部分进行冷却，冷却方式主要有风冷和水冷两种方式。

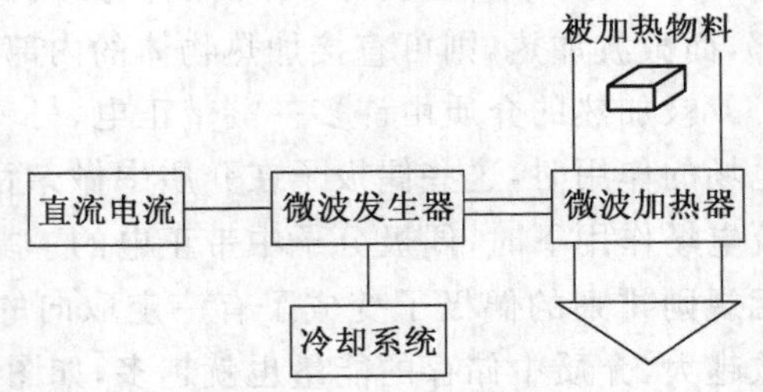

图 7-10　微波加热设备方块示意图

微波加热器按被加热物和微波场的作用形式分为驻波场谐振腔加热器、行波场波导加热器、辐射型加热器和慢波型加热器等几大类。根据其结构形式可分为箱式、隧道式、平板式、曲波导式和直波式等几大类。其中箱式、平板式和隧道式较常用。

a. 箱式微波加热器。箱式微波加热器是微波加热应用中较为普及的一种加热器，属于驻波场谐振腔加热器。用于食品烹调的微波炉，就是典型的箱式微波加热器，其结构如图 7-11 所示，由谐振腔、输入波导、反射板和搅拌器等组成。谐振腔为矩形空腔，若每边长度都大于 $1/2\lambda$，从不同的方向都有波的反射。因此，食品介质在谐振腔内各个方面都受热。微波在箱壁上损失极小，未被物料吸收掉的能量在谐振腔内穿透介质到达壁后，由于反射又重新回到介质形成多次反复的加热过程。这样，微波就有可能全部用于物料的加热。由于谐振腔是密闭的，微波能量的泄漏很少，不会危及操作人员的安全，其工作原理如图7-12所示。这种微波加热器对加工块状物体较适宜，宜用于食品的快速加热、快速烹调及快速消毒等方面。

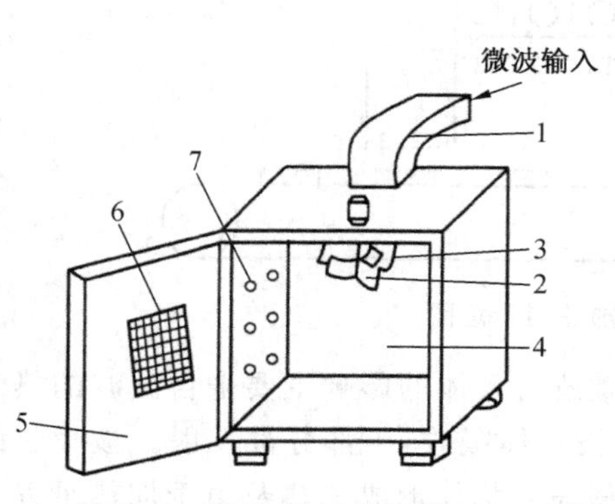

1—波导；2—搅拌器；3—反射板；4—腔体；
5—门；6—观察窗；7—排湿孔

图7-11　谐振腔加热器结构示意图

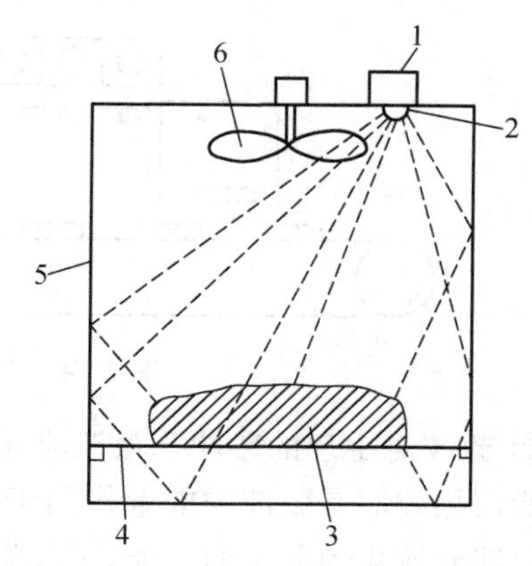

1—波导；2—搅拌器；3—反射板；
4—腔体；5—门；6—电风扇

图7-12　谐振腔加热器工作原理图

谐振腔的尺寸是由所需的场型分布决定的。谐振波长 λ 应满足下式要求：

$$\frac{1}{\lambda}=\frac{1}{2}\left[\left(\frac{m}{a}\right)^2+\left(\frac{n}{b}\right)^2+\left(\frac{p}{c}\right)^2\right]^{1/2}$$

式中，m,n,p 为任意正整数，它们的意义为沿谐振腔 a,b,c 三边上的半波长。

b. 隧道式加热器。隧道式加热器也称连续式谐振腔加热器。这种加热器可以连续加热物料，结构如图7-13所示。被加热的物料通过输送带连续输入，经微波加热后连续输出。由于腔体的两侧有入口和出口，将造成微波能的泄漏。因此，在输送带上安装了金属挡板，如图7-13(a)所示。也有的在腔体两侧开口处的波导里安上许多金属链条，如图7-13(b)所示，形成局部短路，防止微波能的辐射。因为加热会有水分的蒸发，故又安装了排湿装置。

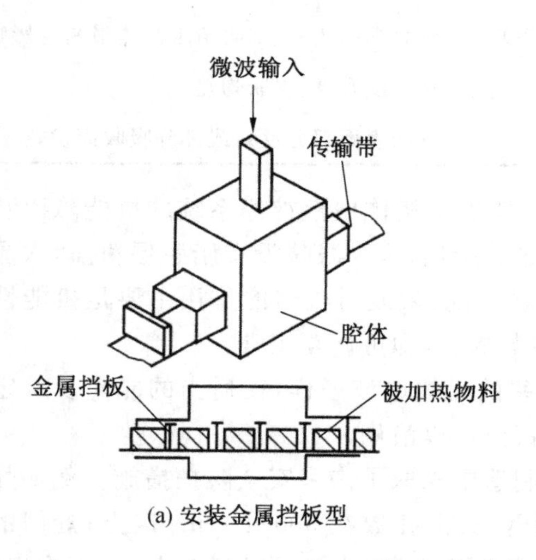

(a) 安装金属挡板型

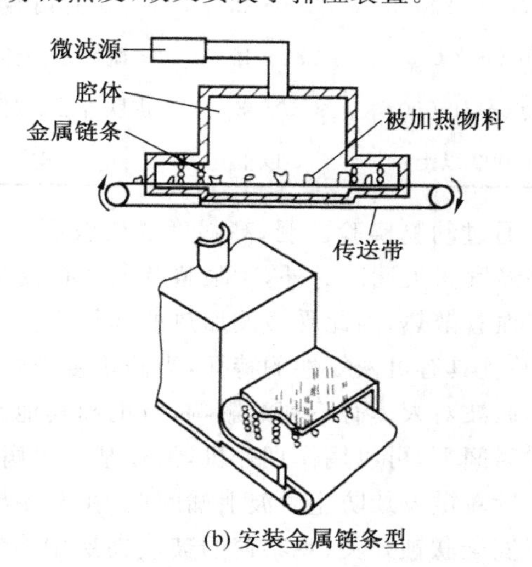

(b) 安装金属链条型

图7-13　连续式谐振腔加热器

为了实现连续化的加热操作，可利用如图 7-14 所示为多个并联的谐振腔式连续加热器。这种加热器的功率容量较大，在工业生产上的应用比较普遍。为了防止微波能的辐射，在炉体出口及入口处加上了吸收功率的水负载，这类加热器可用于奶糕和茶叶加工等方面。

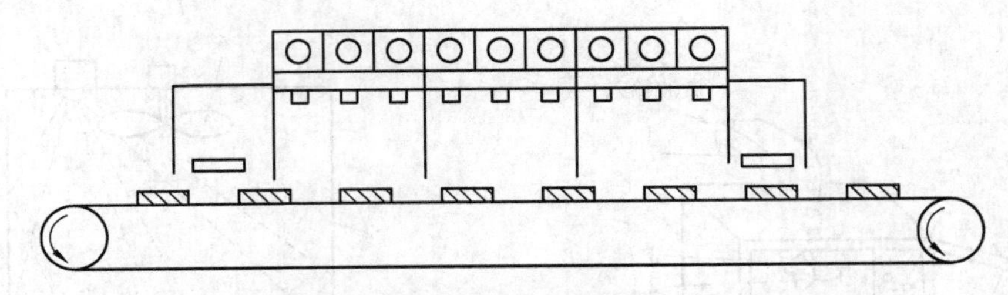

图 7-14 连续式多谐振腔加热器示意图

③ 微波对生理的影响和微波泄漏防护措施。微波对人体的影响主要来自微波的热效应。所谓热效应是微波的能量作用于物体，一部分被物体吸收，一部分被反射。被吸收的能量大部分转化为分子的动能，引起温度升高。当微波对物体形成加热及由于加热足以引起伤害作用和生理影响时，统称为微波热效应。

不同频率的微波，生物体所吸收能量的多少也不同，因此，微波对生物体的效应随频率的不同而异，见表 7-2。

从表 7-2 可以看出，随频率的升高，微波透过生物体时被吸收。当频率高至 1～10 MHz范围时，微波已不能穿透到生物体深处，只引起靠近生物体表面部分的局部伤害，这时受影响明显的是眼睛和睾丸。当频率达到 10 MHz 以上时，微波几乎不能透入体内，只是使皮肤发热。

表 7-2 微波对生物体的主要效应

频率/kHz	波长/cm	受影响的主要组织	主要生物效应
100 以下	300 以上		可穿透但不受影响
150～1 200	200～25	体内器官	人体组织过热时，使体内各器官受到损伤
1 000～3 000	30～10	眼睛水晶体、睾丸	对组织加热显著，眼睛水晶体最易受影响
3 000～10 000	10～3	皮肤外层、眼睛水晶体	随温度升高，皮肤灼热
10 000 以上	3 以下	皮肤	皮肤表面部分反射或部分吸收而发热

通过动物实验证明，高强度的微波照射，主要引起机体中枢神经系统的机能障碍及植物神经紧张失调。另外，对眼睛及睾丸有较明显的影响，因为眼睛没有脂肪层覆盖，水晶体没有血管散热，因此受微波加热的作用大。一般来说，微波对机体的作用主要是机能性改变，并且具有可恢复性的特征，当停止接触微波数周后，即可恢复正常。

微波对人体有不利的影响，但也和其他频率的无线电波一样，在适当的能量及一定的照射时间下，可以用作理疗机，治疗某些疾病，甚至可以治癌。

针对微波灶防止微波泄漏问题，在设计与制造中采取了许多安全防护措施。例如灶门有双安全联锁开关；观察窗的玻璃夹层中有铜网，其网孔数在 500 个/cm^2 以上；灶门的任何一处均可经受 0.5 kg 重的钢锤反复敲打不致变形碎裂，灶门开启寿命在 25 万次以上；

出厂前在离灶门 5 cm 处测得微波泄漏量在 1 mW/cm² 以下等。如果要进入高场强范围内进行特殊工作(修理大型微波加热器),还可穿上直径为 0.457 mm、线间隙为 1 mm 的涂银尼龙线编织的“尼龙布”工作服,这样可进入 200 mW/cm² 高场强区进行短时间工作。有了这些防护措施,只要使用者正确操作和维护,是绝对安全的。

(6) 感应式电热设备　感应式电加热又可分为铁芯感应式和无铁芯感应式两种。铁芯感应式电加热是利用变压器原理,将被加热物体当作变压器的二次绕组进行加热,如感应式电烙铁。无铁芯感应式电加热是将被加热物体置于交变磁场中,利用被加热物体在交变磁场中感应的涡流进行加热,如电磁灶(无火烹调器)。若通过 50～60 Hz 的工频电流则为工频电磁灶;若通以 15 000 Hz 以上的高频电流则为高频电磁灶。

从本质上来看,感应式电热原理也是一种电阻发热,但因电流不是直接由电源而是以感应方式产生,因此将其列为一类以示区别。这类电热器具虽然也是间接加热方式,但其热传递主要是靠传导,被加热物体(如水)总是直接与发热的器皿(如水壶)底部接触,所以热传递损失要小得多,热效率高达 75%或更高,因此应用范围较广。

早在 20 世纪 20 年代就已有将电磁感应加热方法用于烹饪的专利,但一直未能付诸实用。70 年代初期,由于电力技术与半导体技术结合而成的能量电子技术的飞速发展,才有可能获得高效的高频大功率电源,加上人们迫切需要安全、卫生、高效、节能的烹饪器具,所以实用电磁灶应运而生,成为国际市场上的一种较新型的家用电热炊具。图 7-15 所示电磁灶是用一个圆柱形铁芯,外面绕以线圈构成。铁芯可看成由许多薄圆筒组成,每一个薄圆筒可看成是一个闭合电路。当线圈中通以交变电流后,穿过每个薄圆筒横截面的磁通量就不断地变化,从而,在整个铁芯中形成一圈圈绕圆柱体轴线流动的感应电流,好像水中的旋涡一样。这种感应电流通常称为涡电流(简称涡流)。

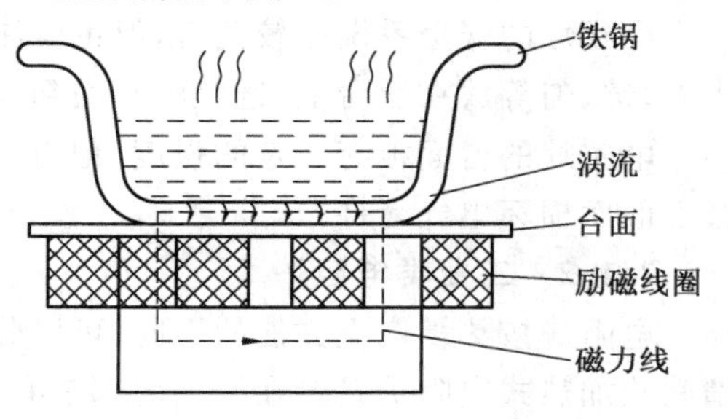

图 7-15　电磁灶加热原理

由于块状金属的电阻很小,涡电流一般都很大,因而金属块会很快发热,这一现象一般称为涡流热效应。在生产和科研中用的高频炉,就是利用涡电流热效应工作的。电磁灶常按感应加热电流的频率高低划分为低频灶与高频灶两大类。低频电磁灶是用50 Hz工频电流,通过感应加热线圈加热炊具的,故又称工频电磁灶。高频电磁灶是把工频电源变成 15 kHz 以上的高频后,通过感应加热线圈加热电热炊具的。采用低频感应加热方式时,不必设置高频电力转换装置。为了降低噪声、提高效率,需要采用特殊的烹饪锅。当采用高频感应加热方式时,不必用特殊烹饪锅,却需要增设电力转换装置。由于两种类型各有优缺点,所以目前各国同时发展。工频电磁灶的基本结构,是由励磁线圈、励磁铁芯、灶台台面、壳体、锅体和控制元件等组成,如图 7-16 所示。高频电磁灶 CS-150 型的结构如图 7-17 所示。

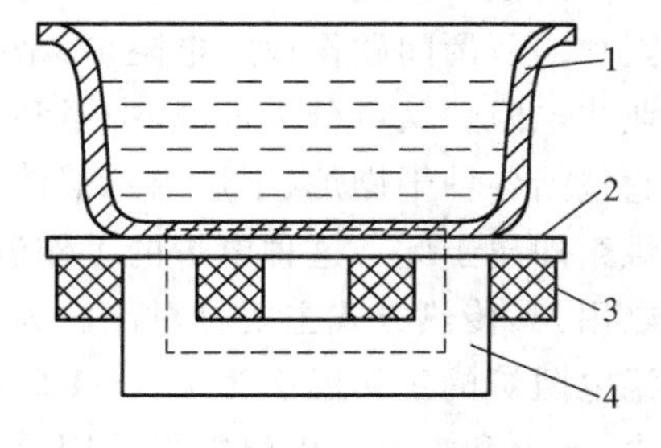

1—烹饪锅;2—灶台台面;
3—励磁线圈;4—励磁铁芯

图 7-16　工频电磁灶结构示意图

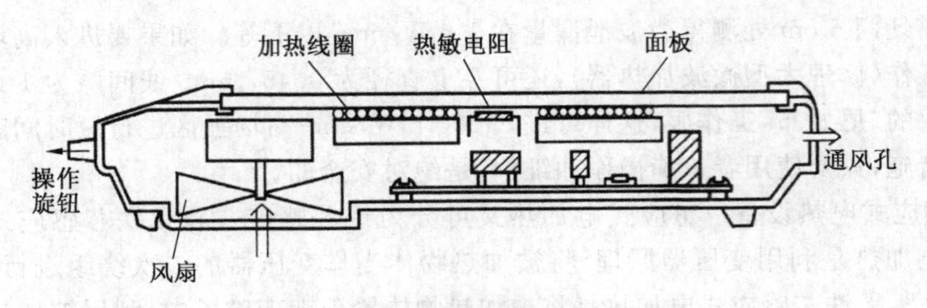

图 7-17　CS-150 型高频电磁灶的结构

电磁灶使用方便，只要按使用说明书上所要求的操作就可以了。如果自己另选锅时，一定要用铁磁性材料的锅，锅的底部尽可能大而平。如果为了烹饪传统的风味不得已必须用陶瓷类锅时，可以选取底部平而薄的砂锅，并在锅的里面放进一块铁磁性不锈钢板。

电磁灶可以进行煮、蒸、焖、炸、烧、炒等多种烹饪。针对不同操作可以随意调节温度，但应防止锅体干烧。

电磁灶的安全系统虽较完备，但也应注意尽量避免不按规程操作，防止金属物如汤匙、小刀、铲、勺等放在灶台上，避免汤水溢到灶台面上。

电磁灶的台面板有一定的强度，但万一出现破裂时应停止使用，免得汤水溢出漏入台板下面而损坏电气元件。

7.1.2　工业类电阻炉

电阻炉按热量产生方法的不同，可以分为间接加热式电阻炉和直接加热式电阻炉。所谓间接加热式电阻炉是指在炉子内部装有特殊电阻材料做成的加热元件或能导电的液体，当电源接在加热元件或加于导电液体时，加热元件或导电液体所产生的热通过传导、对流和辐射作用，间接地传到放在炉内的炉料上而使之加热。在直接加热式电阻炉中，电源是直接接在被处理的材料上使之加热的。

工业上用的电阻炉绝大多数是间接加热式电阻炉。

间接加热式电阻炉，按炉子的作业方式，可以分为间歇作业式电阻炉和连续作业式电阻炉。所谓间歇作业式电阻炉，是指在电炉加热过程中不进行进出炉料的电阻炉。间歇作业式电阻炉又可分为低温、中温和高温三类。低温电阻炉的工作温度一般在 700 ℃以下，它包括各种干燥炉(干燥箱)、钢件回火炉、轻合金零件的热处理炉和加热炉，工厂中常用的烘箱即属于此。这种电炉的工作温度一般不超过 300 ℃，可用于 300 ℃以下作加热与干燥之用，其传热方式主要是对流。为了提高传热效果，可以在炉内装风扇进行强迫通风。中温电阻炉的工作温度为 700～1 200 ℃，其传热方式主要是辐射，主要用于一般钢制品的回火、退火和淬火。中温电阻炉用得最广的是箱式炉和井式炉，适宜于轴、管类等长形工件的热处理。高温电阻炉的工作温度在 1 200 ℃以上，可供高级合金钢件热处理及金属的烧结和熔化之用。

连续作业式电阻炉与间歇作业式电阻炉不同：连续作业式电阻炉一般都有两个炉口，一个是进料口，一个是出料口。工作时，被加热的炉料从进口进入炉中，沿着炉长逐渐移动并被加热，在加热过程结束以后，炉料从出料口出来，因此整个作业是连续不断地进行的。

连续作业式电阻炉结构比间歇作业式要复杂，因为需要有移动工件的机构。连续作业式电阻炉按工作温度可分为低温、中温、高温三类。各类电阻炉所用的加热元件及炉墙结构等，基本上都和同温度的间歇作业式电阻炉相同。低温炉一般配有风扇。电阻炉的分类及适用范围见表7-3。

表7-3　电阻炉的分类及适用范围

分类方式	间接电加热	直接电加热
基本原理	利用电流通过电阻产生的热量加热	电流直接通入工件，利用自身电阻发热而加热
适用范围	钢磁材料、焊接体、铜、铜合金等的加热、保温、退火、淬火等热处理工作，粉末冶金的压制焙烧、油漆烘干等	碳素材料石墨化、碳化硅制造、石油管线保温、防止地面冻结和地板加温，物料干燥、烧结、钎焊、熔化等
炉　型	间歇式：箱式炉、井式炉 连续式：推送式、步进式、滚筒式 盐浴炉：电极式、坩埚式	石墨化炉、碳化硅炉、焦炭和无烟煤焙烧炉等

热处理电阻炉功率的大小与炉子的生产任务、工件的加热温度、热处理工艺时间、炉子的结构和作业制度等因素有关。计算功率的方法有经验法和理论法两种。经验法计算简便，但局限性大，仅适用于某种类型的炉子，对有实际经验的设计人员，选用针对性强的经验计算法确定功率迅速准确。理论法采用热平衡计算综合考虑了影响功率的各种因素，有普遍意义，结果比较准确可靠，但计算程序较繁杂，计算中涉及不少参数，若选用不当，也会造成大的误差。热平衡计算法可帮助设计者分析讨论影响炉子功率的各种因素。对某些特殊的炉子，或设计者缺乏实际经验，采用热平衡计算法比较稳妥。

(1) 经验计算法

① 炉膛容积与炉子功率。根据经验统计，一般箱式电阻炉和井式电阻炉的炉膛容积V(m^3)与炉子功率P间可按如下公式计算：

炉温　1 200 ℃　　$P=(100\sim150)\sqrt[3]{V^2}$　　(7-1)

炉温　1 000 ℃　　$P=(75\sim100)\sqrt[3]{V^2}$　　(7-2)

炉温　700 ℃　　$P=(50\sim75)\sqrt[3]{V^2}$　　(7-3)

炉温　400 ℃　　$P=(35\sim50)\sqrt[3]{V^2}$　　(7-4)

要求快速升温或生产率高的炉子，上述参数应取上限值，对于井式电阻炉，一般宜取下限值。

上述P与V的关系已制成图表，如图7-18所示，可直接确定功率。

中温(700～950 ℃)井式电阻炉，还可按下式确定功率：

$$P=50DH$$

式中，D为炉膛砌砖体内径，m；H为炉膛砌砖体深度，m。

② 按炉膛面积确定功率。表7-4是每平方米炉膛内表面积的功率值。炉子功率即等于该值乘以炉膛内总表面积。

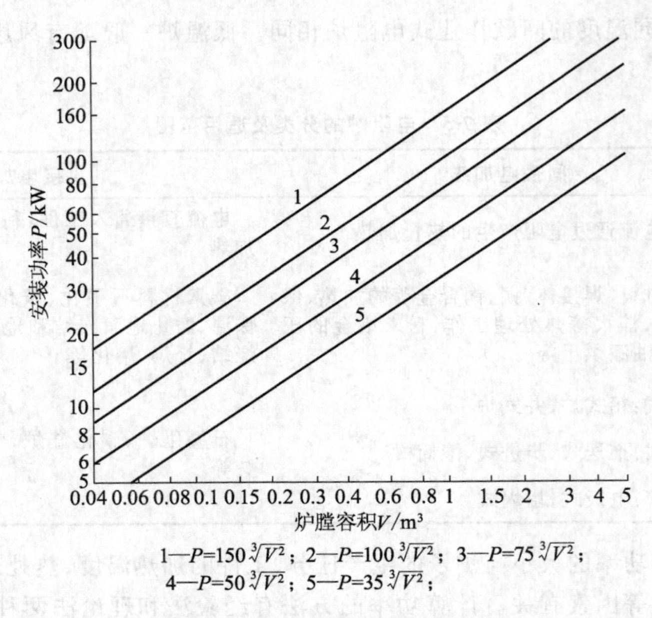

1—$P=150\sqrt[3]{V^2}$；2—$P=100\sqrt[3]{V^2}$；3—$P=75\sqrt[3]{V^2}$；
4—$P=50\sqrt[3]{V^2}$；5—$P=35\sqrt[3]{V^2}$；

图 7-18　炉膛容积和功率的关系

表 7-4　炉膛每平方米表面积功率　　kW/m²

炉膛温度/℃	每平方米表面积功率	炉膛温度/℃	每平方米表面积功率
1 200	15～20	700	6～10
1 000	10～15	400	4～7

③ 类比法。类比法就是与同类型的炉子相比较估算功率。应尽量参照与所设计炉子很相近，且性能良好的炉子，确定所设计炉子的功率。如果与所参照的炉子的某些参数不同时，可根据实际情况适当增减，以估算所设计炉子的功率。这种方法很简便，生产中经常采用。

经验确定功率的方法很多，但应注意其针对性，否则将造成很大的误差。

(2) 理论计算法　理论计算法就是用热平衡计算的方法来确定炉子的功率。炉子和工件在不同阶段所需的热量不同，一般情况下，炉子和工件在升温加热阶段所需热量最大，因此，热平衡计算应以升温加热阶段所需的热量来确定功率。如工件退火处理，一般为工件随炉升温，则计算热平衡时，应包括升温加热阶段炉子和工件单位小时所需的最大热量。若为工件淬火处理，一般为炉子升温后再装工件，则炉子升温所需的热量就不必计入。强调指出：不能按整个周期的平均小时热量支出来确定功率。下面介绍周期作业电阻炉热平衡计算方法，供选用。

① 加热工件所需的热量(一般称为有效热量)：

$$Q_{件}=g_{件}(c_2t_2-c_1t_1)\frac{\tau_{周}}{\tau_{加}} \tag{7-5}$$

式中，$g_{件}$ 为炉子的生产率，kg/h；t_1，t_2 为工件入炉前的温度和最终加热温度，℃；c_1，c_2 为工件在温度 t_1 和 t_2 时的平均比热容，kJ/(kg·℃)；$\tau_{周}$ 为工件热处理过程的周期(包括加热、保温、炉内冷却和装出料辅助时间)，h；$\tau_{加}$ 为工件入炉后加热到最终加热温度 t_2 所需的加热时间，h。

② 加热辅助工夹具（料筐、料盘、支承架等）所需的热量：

$$Q_{辅}=g_{辅}(c_2t_2-c_1t_1)\frac{\tau_{周}}{\tau_{加}} \tag{7-6}$$

式中，$g_{辅}$ 为每小时加热辅助工夹具的质量，kg/h；t_1，t_2 为辅助工夹具入炉前和最终加热温度，℃；c_1，c_2 为辅助工夹具在 t_1 和 t_2 时的平均比热容，kJ/(kg·℃)；$\tau_{周}$ 为辅助工夹具热处理过程中的周期（包括加热、保温、炉内冷却和装出料辅助时间），h；$\tau_{加}$ 为辅助工夹具入炉后加热到最终加热温度 t_2 所需的时间，h。

③ 加热可控气氛所需的热量：

$$Q_{控}=V_{控}(c_2t_2-c_1t_1) \tag{7-7}$$

式中，$V_{控}$ 为可控气氛每小时的平均耗量，m^3/h，可按炉膛有效容积乘以换气次数估算，一般周期作业炉换气次数为 3～5，连续作业炉换气次数 1～3；t_1，t_2 为可控气氛入炉前和最终加热温度，℃；c_1，c_2 为可控气氛在 t_1 和 t_2 时的平均体积比热容，kJ/(m^3·℃)。

④ 通过炉衬的散热损失 $Q_{散}$。此项热损失是指炉膛内热量通过炉墙、炉顶、炉底散发到车间的热损失。在冷炉升温阶段，炉衬传热为不稳定传热，炉衬热损失包括砌体蓄热和向外散热，计算甚为复杂且不准确。升温阶段炉衬散热量相对砌体蓄热来说小得多，一般只计算砌体蓄热量就可以近似代表炉衬的热损失。在保温阶段，当炉衬达到稳定传热时，其热损失是炉衬向外散热。一般热处理的炉衬常为耐火层和保温层，通过炉衬的散热量可用下式计算：

$$Q_{散}=\frac{t_1-t_0}{\dfrac{S_1}{\lambda_1F_{m1}}+\dfrac{S_2}{\lambda_2F_{m2}}+\dfrac{1}{a_{Ⅱ}F_3}}\times 3.6 \tag{7-8}$$

式中，t_1 为炉膛内壁温度，℃，一般可用保温阶段的炉温代替；t_0 为炉外车间空气温度，℃；可取 20 ℃；λ_1，λ_2 为耐火层和保温层材料的平均热导率，W/(m·℃)；S_1，S_2 为耐火层和保温层的厚度，m；$a_{Ⅱ}$ 为炉壳外表面对周围空气的综合传热系数，W/(m^2·℃)；F_{m1}，F_{m2}，F_3 为分别为炉衬耐火层、保温层的平均面积和炉壳外表面积，m^2。

对炉墙、炉顶、炉底各部分应分别计算散热损失，然后求得散热损失的总和。这部分计算相当烦琐，如果炉衬材料和厚度选择合理，保证表面温升不超过 60 ℃时，对高、中温炉还可近似用下式计算：

$$Q_{散}=qF_{总}=(1\ 250\sim2\ 500)F_{总} \tag{7-9}$$

式中，$F_{总}$ 为炉子外壳的总表面积，m^2；q 为热流，50 kJ/(m^2·h)，与炉壳表面状况及外壁温度有关，刷银粉漆的炉壳温度小于 50 ℃时取下限，大于 50 ℃时取上限。

⑤ 通过开启炉门的辐射热损失：

$$Q_{辐}=5.675\times\left[\left(\frac{T_1}{100}\right)^4-\left(\frac{T_2}{100}\right)^4\right]\times 3.6F\phi\delta_t \tag{7-10}$$

式中，T_1 为炉膛内部的绝对温度，K；T_2 为炉外车间空气的绝对温度，K；F 为炉门开启的面积，m^2；ϕ 为炉口辐射遮蔽系数；δ_t 为炉门开启率，对常开炉门 $\delta_t=1$，若炉子平均每小时开启时间为 15 min，则 $\delta_t=\frac{15}{60}=0.25$，在炉门关闭时间内，其热损失按炉墙散热损失计算。

⑥ 通过开启炉门的溢气热损失：

$$Q_{溢}=Vc\left(\frac{t_2+t_1}{2}\right)\delta_t \tag{7-11}$$

式中，t_1 为炉外车间空气温度，℃；t_2 为炉内热空气温度，可近似取炉温，℃；c 为空气在 t_1～t_2 之间的平均体积比热容，kJ/(m³·℃)，查附录 A；δ_t 为炉门开启率；V 为进入炉内的冷空气量，m³/h(气体标准状态)。一般电阻炉 V 可按下式近似计算：

$$V=2\ 200BH\sqrt{H} \tag{7-12}$$

式中，B 为炉门的宽度，m；H 为炉门的开启高度，m。

⑦ 其他热损失 $Q_{他}$

此项热损失包括未考虑到的各种热损失及一些难以计算的损失，如炉衬砖缝不严、炉子长期使用后保温材料性能和炉子气密性能降低，以及热电偶、电热元件引出棒的热短路所造成的热损失。$Q_{他}$ 一般可取炉衬散热损失 $Q_{散}$ 的 50%～100%，或总损失 $Q_{总}$ 的 10%。

$$Q_{他}=(0.5\sim1.0)Q_{散} \tag{7-13}$$

或

$$Q_{他}=10\%Q_{总} \tag{7-14}$$

电阻炉的热支出项目与其他作业方式有关，对于连续作业炉或长时间在恒温下工作的周期作业炉(如淬火用箱式炉)，可不考虑砌体的蓄热损失。总的热量支出有以下各项

$$Q_{总}=Q_{件}+Q_{辅}+Q_{控}+Q_{散}+Q_{辐}+Q_{溢}+Q_{他} \tag{7-15}$$

在实际计算时，还应结合炉子具体情况决定，如没有辅助工夹具，也没有通入可控气氛，则 $Q_{辅}$ 和 $Q_{控}$ 均为零。对工件随炉升温的，热量支出项还应包括 $Q_{蓄}$。将热量换算为功率 $P_{总}$

$$P_{总}=\frac{Q_{总}}{3\ 600} \tag{7-16}$$

式中，3 600 为换算系数(1 kW=3 600 kJ/h)。

从热平衡的观点来看，$P_{总}$ 就是炉子在加热阶段所需的功率。但是，考虑到车间电压有时降低或电热元件老化引起功率下降及炉衬使用一段时间后破损引起散热增加等因素，设计的炉子功率应有一定的储备。K 为功率储备系数，对于周期作业炉 $K=1.3\sim1.5$；对于连续作业炉 $K=1.2\sim1.3$。

炉子的设计功率

$$P_{设}=KP_{总} \tag{7-17}$$

电阻炉的热效率 η 可用下式表示

$$\eta=\frac{Q_{件}}{Q_{总}}\times100\% \tag{7-18}$$

η 是衡量炉子热利用率的重要指标，如果 η 值过小，则说明炉子的设计使用不合理。一般电阻炉的热效率为 40%～80%。

周期作业炉的空炉升温时间 $\tau_{升}$ 可用下式近似估算

$$\tau_{升}=\frac{Q_{蓄}}{3\ 600P_{设}} \tag{7-19}$$

式中，$Q_{蓄}$ 为在升温阶段炉子砌体及其他炉内构件的蓄热，kJ；$P_{设}$ 为电阻炉的设计额定功率，kW。

$$Q_{蓄}=V_1\gamma_1(c_1't_1'-c_1t_0)+V_2\gamma_2(c_2't_2'-c_2t_0) \tag{7-20}$$

式中，V_1，V_2 为耐火层和保温层体积，m³；γ_1，γ_2 为耐火层和保温层的体积密度，kg/m³；t_1'，t_2'为耐火层和保温层在炉子工作温度时的平均温度，℃；t_0 为室温，℃；c_1'，c_2'为耐火材料和

保温材料在温度为 t'_1 和 t'_2 时的比热容，kJ/(kg·℃)；c_1，c_2 为耐火材料和保温材料在温度为 t_0 时的比热容，kJ/(kg·℃)。

周期作业电阻炉为间歇使用，空炉从室温升到工作温度的时间不能太长，否则影响生产。因此，应根据热平衡计算所确定的功率 $P_{设}$，对炉子的升温时间进行校核。一般周期作业电阻炉从室温升到额定工作温度的时间为 3～8 h，若升温时间太长，说明功率 $P_{设}$ 不够，应适当增大功率 $P_{设}$，保证在规定时间内能使空炉从室温升到额定工作温度。在此还必须说明：计算 $Q_{蓄}$ 时，t'_1 和 t'_2 一般均取炉子在额定工作温度下已处于稳定态传热条件的耐火层、保温层的平均温度，这比炉子升温时实际的耐火层、保温层的平均温度要高得多，因此，计算求得空炉升温时间 $\tau_{升}$ 比实际需要的要长。

(3) 电阻炉功率的分配　由于炉膛内各部分的传热条件和炉气运动状态有差异，为了保证炉膛内温度的均匀性和满足热处理工艺的要求，电阻炉的功率应根据具体条件适当分配，分区段布置电热元件，并分区段单独控温。炉膛内表面的单位负荷不能超过 35 kW/m^2。对于炉膛长度不超过 1 m 的炉子，一般可将功率均匀分配在炉内两侧墙和炉底上。对大型的箱式炉，通常在靠近炉门口处增加一些功率，即在占炉长 1/4～1/3 处，其功率比平均功率增加 15%～25%，大型箱式炉可在炉门上分配一些功率。

常用电阻炉的技术参数见表 7-5。

表 7-5　常用电阻炉的技术参数

种类	型号	功率/W	电压/V	相数	成套范围
箱式炉	RJX14～15	14～15	220/380	1/3	变压器、温控箱、热电偶
	RJX25～220	25～200	380	3	变压器、温控箱、热电偶
	SL71～41	80～280	380	3	变压器、温控箱、热电偶
井式炉	RJJ25/260	25～260	380	3	温控箱、电子电位差计、电控仪、热电偶
	SL120～180	120～180	380	3	温控箱、热电偶、电子电位差计、油压装置及控制箱
盐浴炉	DYD20～75（电极式）	20～75	220/380	1/3	变压器、温控箱、高温毫伏计、辐射高温计
	RYG10～40（坩埚式）	10～40	220/380	1/3	温控箱、热电偶
粉末冶金烧结炉	RJK45～84	45～84	380	3	变压器、温控箱、高温毫伏计、热电偶
传送带式	RJC35～55	40～65	380	3	控制箱

① 中温箱式炉。炉子结构如图 7-19 所示。RX 系列中温箱式电阻炉的型号和技术规格见表 7-6。RX 系列中温箱式电阻炉的工件在空气介质中加热，工件容易氧化脱碳。在 RX 系列型号末尾加 Q 符号的，如 RX-18-9Q，则为滴注式中温箱式电阻炉，这种炉子设有滴注系统，炉门密封性好，向炉内滴入甲醇或煤油等有机液体，直接在炉内高温裂解后，产生还原性保护气氛，可以有效减轻工件加热时的氧化脱碳。

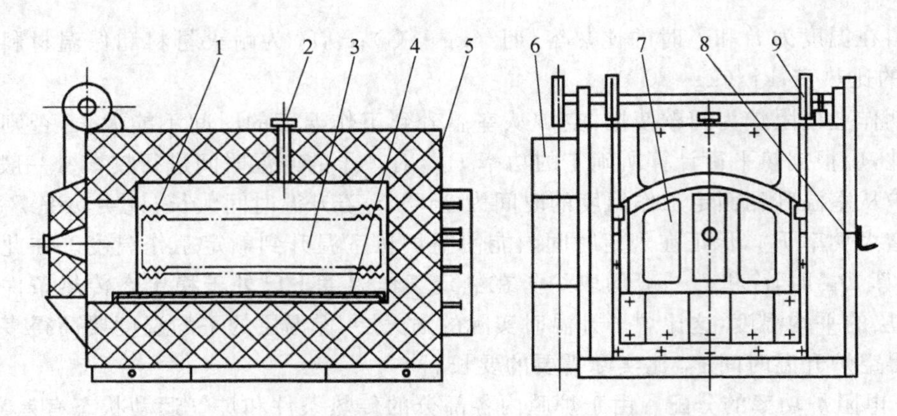

1—电热元件；2—热电偶孔；3—工作室；4—炉底板；5—外壳；
6—重锤筒；7—炉门；8—手摇链轮；9—行程开关

图 7-19　中温箱式电阻炉结构

表 7-6　中温箱式电阻炉型号及技术规格

名称		单位	技术规格				
			RX-18-9	RX-35-9	RX-55-9	RX-75-9	RX-95-9
额定功率		kW	18	35	55	75	95
额定电压		V	380	380	380	380	380
额定温度		℃	950	950	950	950	950
加热区数			1	1	1	2	2
相　数			1	3	3	3	3
电热元件连接方法			串联	Y	Y	Y	Y
炉膛尺寸	长	mm	650	950	1 200	1 500	1 800
	宽	mm	300	450	600	750	900
	高	mm	250	350	400	450	550
空炉损耗轴功率(850℃)		kW	≤5	≤7	≤9	≤12	≤15
空炉升温时间(20～850℃)		h	≤2.5	≤2.5	≤2.5	≤3	≤3.5
一次最大装炉量		kg	90	200	350	500	800
质量		kg	约 1 200	约 2 600			约 6 000

炉内最高温度为 950 ℃，电热元件常用铁铬铝电阻丝绕成螺旋体，安置在炉膛两侧和炉底的搁砖上，炉底的电阻丝上覆盖耐热钢炉底板，上面放置工件。大型箱式电阻炉也可采用在炉膛顶面、后壁和炉门内侧安装电热元件。炉衬耐火层一般采用体积密度不大于 1.0 g/cm³ 的轻质耐火黏土砖。近年来推广采用体积密度为 0.6 g/cm³ 的轻质耐火黏土砖作耐火层。保温层采用珍珠岩保温砖并填以蛭石粉、膨胀珍珠岩等，也有的在耐火层和保温层中间夹一层硅酸铝耐火纤维，这种新结构的炉衬保温性能好，可使炉衬变薄、重量变轻，因而有效地减少了炉衬的蓄热和散热损失，降低了炉子空载功率和缩短了空炉升温时间。

② 高温箱式电阻炉。主要用于高铬钢模具和高速钢刃具等的热处理，按最高工作温

度可分为1 200 ℃和1 350 ℃两种。由于加热温度高，工件极易氧化脱碳，因此必须装置保护气氛或采取其他保护措施。

1 200 ℃高温箱式电阻炉电热元件采用0Cr27Al7Mo2高温铁铬铝电热材料，炉底板用碳化硅板制成。炉子其他部分的结构与中温箱式电阻炉相近，由于炉温更高，所以应增加炉衬厚度，炉口壁厚也需增加，以减少散热损失。目前已定型生产的最高工作温度为1 200 ℃的高温炉（RX_3-1200）有20 kW，40 kW，65 kW，90 kW，115 kW五种规格，RX系列型号末尾加Q符号的如RX-20-1200Q，则为有保护气氛装置的。

1 350 ℃高温箱式电阻炉，一般均采用碳化硅棒为电热元件，最高工作温度为1 350 ℃。碳化硅棒一般均垂直在炉膛两侧，也有的布置在炉顶和炉底处。炉子结构如图7-20所示。

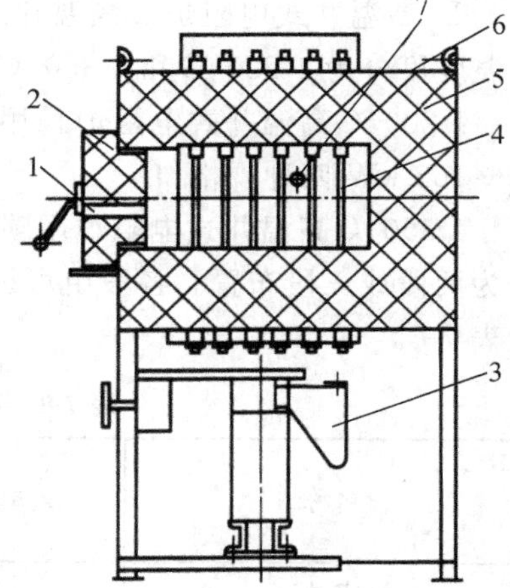

1—观察孔；2—炉门；3—变压器；4—碳硅棒；5—炉衬；6—炉壳；7—热电偶孔

图7-20　高温箱式电阻炉结构

碳化硅棒的电阻温度系数很大，而且，在使用过程中碳化硅棒逐渐老化，电阻值显著增加，为了稳定碳化硅棒的功率，并便于调节，所以必须配备多级调压变压器。

高温箱式电阻炉的炉衬通常有三层：用高铝砖砌耐火层；用轻质耐火黏土砖砌中间层；外层则为保温填料。炉底板用碳化硅或高钼砖。

目前已定型生产的RX系列高温箱式电阻炉，其型号及技术规格见表7-7。

表7-7　高温箱式电阻炉型号及技术规格

名称		单位	型号及技术规格		
			RX-14-13	RX-25-13	RX-37-13
额定功率		kW	14	25	37
电源电压		V	380	380	380
工作电压		V	130～355	185～405	200～470
额定温度		℃	1 350	1 350	1 350
相　数			3	3	3
电热元件连接方法			Y	Y	Y
空炉损耗功率		kW	≤6	≤8.5	≤12.5
空炉升温时间		h	≤3	≤3.5	≤5
炉膛尺寸	长	mm	520	600	810
	宽	mm	220	280	560
	高	mm	220	300	375
外形尺寸	长	mm	1 170	1 500	1 700
	宽	mm	1 200	1 428	2 020
	高	mm	1 654	1 839	2 000
碳化硅棒数量		支	12	12	18
最大一次装载量		kg	120	约240	约797
质　　量		kg	840	1 500	3 000

此外，用二硅化钼作电热元件的高温箱式电阻炉，其最高工作温度可达 1 600 ℃。

③ 高温井式电阻炉。高温井式电阻炉的炉型结构与中温井式电阻炉相似，按最高工作温度可分为 1 200 ℃和 1 350 ℃两种。

1 200 ℃高温井式电阻炉采用 0Cr27Al7MO2 高温铁铬铝电热元件加热，炉子功率有 50～165 kW 四种规格。

1 350 ℃高温井式电阻炉用碳化硅棒为电热元件。碳化硅棒水平安装于炉膛两侧，并分为两段或三段布置。各段由可调变压器分别控制。高温井式电阻炉的型号及技术规格见表 7-8。

表 7-8 高温井式电阻炉的型号及技术规格

名称		单位	型号及技术规格		
			RX-14-13	RX-25-13	RX-37-13
额定功率		kW	25	65	95
电源电压		V	380	380	380
工作电压		V	185～405	91～163.5	91～163.5
相　数			3	3	3
连接方法			Y	Y	Y
额定温度		℃	1 350	1 300	1 300
炉膛尺寸	长	mm	300	300	300
	宽	mm	280	300	300
	高	mm	600	1 260	2 207
外形尺寸	长	mm	1 110	1 904	1 904
	宽	mm	1 115	1 590	1 590
	高	mm	1 425	2 600	3 600
最高工作温度时的空载功率		kW	≤12	≤28	≤34
生产率	最大	kg/h	—	255	264
	实际	kg/h	—	50	100
质量		kg	—	4 700	5 800

高温井式电阻炉用作细长高速钢拉刀或高合金钢工件的淬火加热，但工件容易氧化脱碳，必须有严格保护措施，目前已很少用，大都改用高温盐浴炉加热。

④ 井式气体渗碳电阻炉。RQ 系列井式气体渗碳电阻炉的结构如图 7-21 所示，其型号及技术规格见表 7-9。

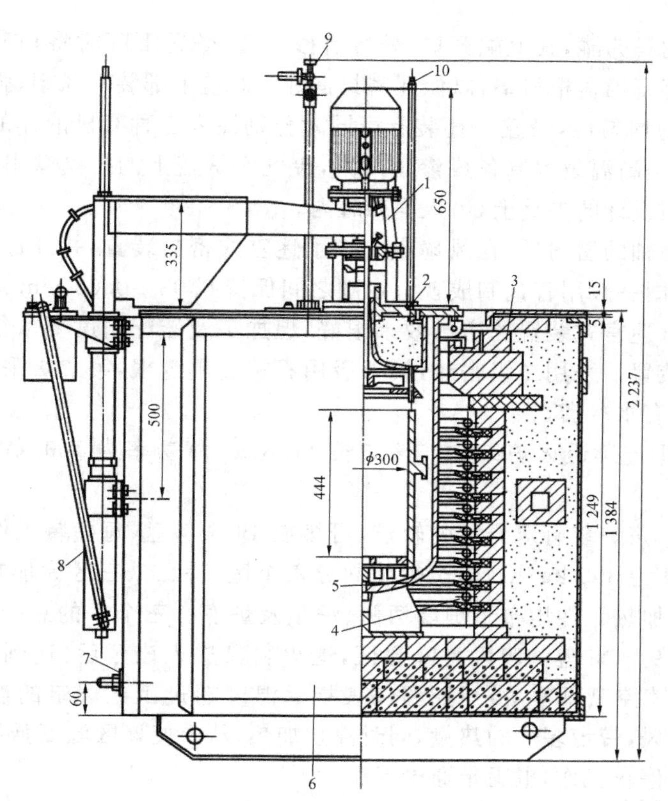

1—风扇机架；2，3—炉盖；4—电热元件；5—马弗罐；6—炉壳；

7—接地装置；8—泵油管；9—滴量器；10—废气排口管

图 7-21　RQ 系列井式气体渗碳电阻炉

图 7-9　RQ 系列井式气体渗碳电阻炉型号及技术规格

名称		单位	型号及技术规格					
			RQ-25-9	RQ-35-9	RQ-60-9	RQ-75-9	RQ-99-9	RQ-105-9
额定功率		kW	25	35	60	75	90	105
额定电压		V	380	380	380	380	380	380
相　数			3	3	3	3	3	3
加热区数			1	1	2	2	2	2
电热元件连接方法			Y	Y	Y：Y	Y：Y	Y：YY	Y：YY
额定温度		℃	950	950	950	950	950	950
装料筐尺寸		mm	ϕ300×450	ϕ300×600	ϕ450×600	ϕ450×900	ϕ600×900	ϕ600×1 200
外形尺寸	长	mm	1 620	1 620	1 780	1 780	1 820	1 820
	宽	mm	1 234	1 234	1 436	1 436	580	1 580
	高	mm	2 000	2 200	2 265	2 600	2 750	2 990
空炉损耗功率 850℃		kW	≤7	≤8	≤11	≤14	≤16	≤18
空炉升温时间（20～950℃）		h	≤2	≤2	≤2.5	≤2.5	≤3	≤3
最大一次装载量		kg	50	100	150	220	400	500
质量		kg	约 1 740	约 1 910	约 2 600	约 2 960	约 3 700	约 4 000

RQ 系列井式气体渗碳电阻炉的最高工作温度为 950 ℃，该炉型的主要结构特征是炉

膛内有一耐热钢的马弗罐，其上端开口，外缘有砂封槽，炉盖下降时将马弗罐口盖住，两者连接的法兰盘上有石棉盘根衬垫，以保证密封良好。炉盖下部装有风扇，强制炉气循环，以提高炉气和炉温的均匀性，炉盖上还装有可同时分别注入三种有机液体的滴量器，有机液体滴入马弗罐内，经高温裂解制备成渗碳气氛，废气经炉盖上的排气管引出并点燃。工件可放在料筐或专门设计的夹具上，吊入马弗罐内。

为了保证风扇轴的密封性，在风扇轴上加了迷宫式密封装置，并外加水冷套。迷宫式密封装置的动、定圈一般用青铜制成，动、定圈之间保持 0.03～0.06 mm 的间隙，其间涂有二硫化钼润滑脂。迷宫式装置的密封效果很好，但加工及装配精度要求很高。此外，还有一种活塞环密封装置。采用二级密封，第一级用石棉石墨盘根，第二级采用六个标准的活塞环密封，外圈仍有水冷套。

⑤ RJT-160 型连续退火炉结构。该炉长 11.8 m，总功率为 160 kW，炉子结构如图 7-22 所示。

a. 炉体部分。该炉装有双排滚轮轨道，可排放 19 个料盘，每盘装工件 250 kg，总装炉量为 5 t，生产效率为 300 kg/h。整个炉膛共分六个区，一、二、三区为加热、保温区。为使加热均匀，一区的加热元件均布于炉墙两侧、炉顶及炉底。三个区的总功率为 140 kW，共长 5.3 m，可停放 9 个料盘。四区为降温区，退火料盘进入该区后，达到等温球转变温度（700～710 ℃）。其控温原理是：当控温仪表指示温度超过工艺规定的温度时，鼓风机开动，六个通风管进风，带走多余的热量，同时停止加热，从而使该区温度强制达到工艺要求，此后，鼓风机自动停止工作，电阻带通电保温。

五区为工件继续等温转变区，功率为 20 kW，长度为 2.158 m，可停留 4 个料盘，工件在该区完成等温球化过程。

六区是快速降温区，工件降至 650 ℃以下出炉，该区不设电阻带。

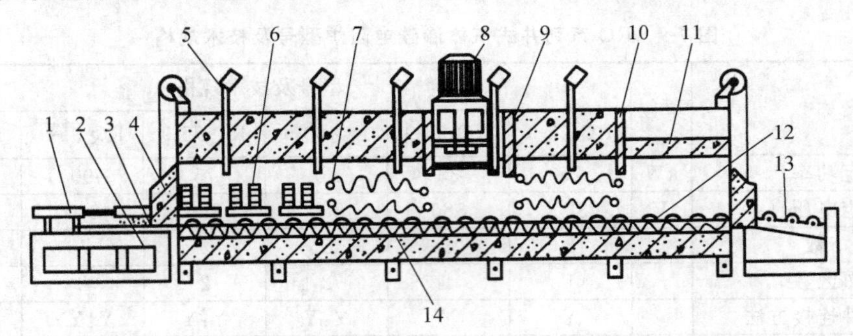

1—推杆油缸；2—进料架；3—料盘；4—炉门；5—热电偶；6—工件；7—电阻带；
8—搅拌风扇；9—通风气管；10—区隔墙；11—炉体；12—炉内滚道；13—出料架；14—输送辊子

图 7-22 RJT-160 连续退火炉

为保持各区的预定温度，防止炉内热空气对流，三、四、五、六各区间增设隔墙。

b. 液压推杆部分。液压系统采用集成油路，推力可在 14.7～44.1 kN(1.5～4.5 t)之间调整，推杆行程 1 230 mm。退火零件直接码在盘内，置于炉前的滚轮道上，由液压推杆推进炉内，同时从后炉门顶出一盘退过火的零件。

c. 电气控制系统。电炉的全部操作过程，在炉前的控制台上进行。进出料及炉门升降均设有限位装置，按预定工作顺序自动运行。根据推料周期调整时间继电器，时间一到，推料油泵开动，炉门提升，推杆推料后退回，炉门关闭。同时，还可将指令开关置于手动位置，上述各动作便可通过相应的开关，手动单独进行。

⑥ 滚动底式炉。炉型结构如图 7-23 所示。该炉的炉底上有几条耐热钢轨道，在轨道的 V 形凹槽放若干耐热钢制的滚球或滚轮，然后在其上放耐热钢炉底板，炉门外设有带滚道结构的装料台，耐热钢炉底板可方便地沿轨道进出炉膛，因此采用吊车装卸大而重的工件。滚动底式电阻炉目前已定型生产的功率为 100 kW，其最高工作温度为 950 ℃，适用于大中型热锻模和其他大、重件的热处理。这种炉型装卸大、重工件方便，炉底板移出炉外的热损失也较小，炉子的密封性好，炉温均匀性也较好；缺点是耐热钢用得较多，装料台等机构较复杂，造价高。若有几台滚动底式炉时，可用一台可移动的装料台装卸工作，这样比较经济。

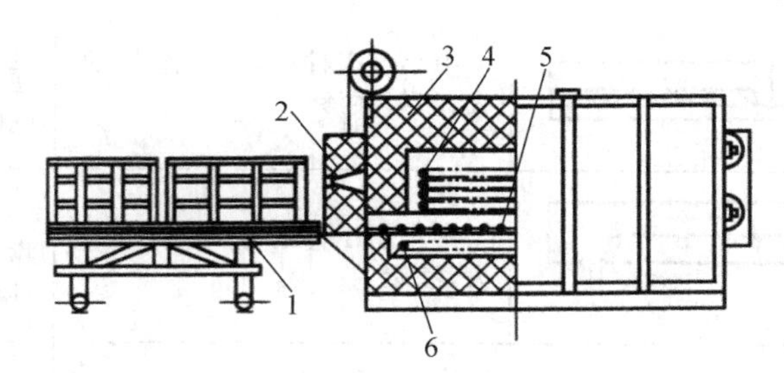

1—装料台；2—炉门；3—炉衬；4，6—电热元件；5—耐热钢滚轮

图 7-23　滚动底式炉

⑦ 台车式电阻炉结构如图 7-24 所示。

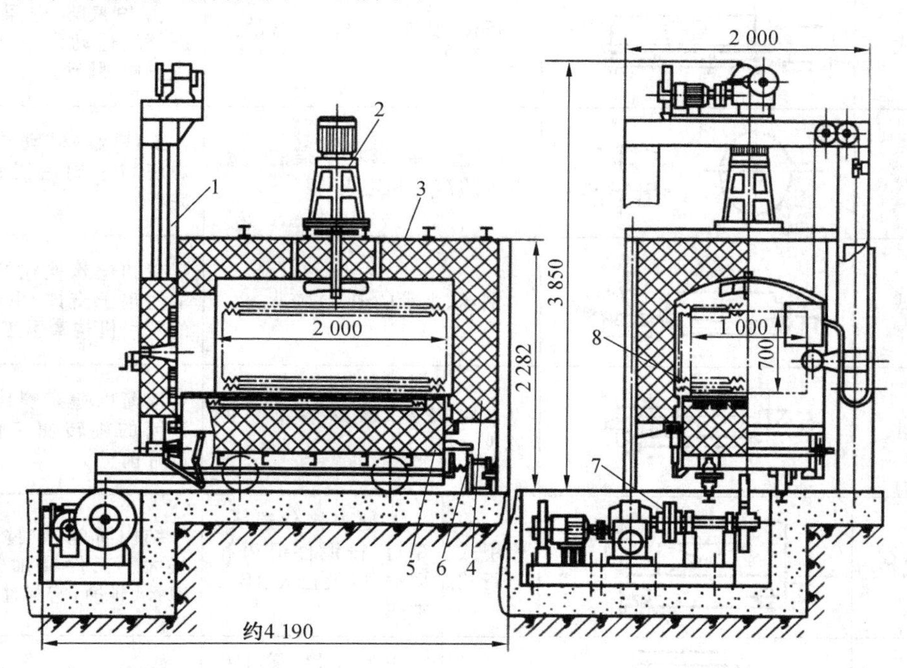

1—炉门装置；2—风扇；3—炉壳；4—炉衬；5—台车；6—台车接线板；7—台车拖动装置；8—电热元件

图 7-24　台车式电阻炉结构

⑧ 连续作业电阻炉。连续作业电阻炉的功率分配要根据各区段工件的吸热量与炉子

的散热量多少来确定。在加热区工件的吸热最多，在均热区工件的吸热量显著减少，而在保温区工件基本上不吸收热量。因此，加热区的功率应当是最大，均热区的功率要降低一些，保温区的功率最小，它主要用来补偿炉体的散热损失，维持保温区的恒温。

表 7-10 是几种常见的连续作业电阻炉的形式。

表 7-10　连续作业电阻炉的形式

型式	炉形示意图	用途	说明
输送带式（网带式）			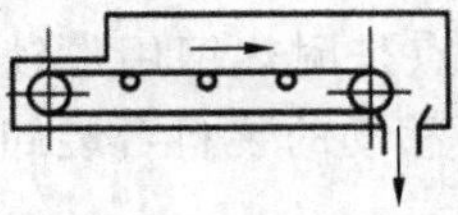 工件放在传送带（或网带）上连续向前输送
推杆式	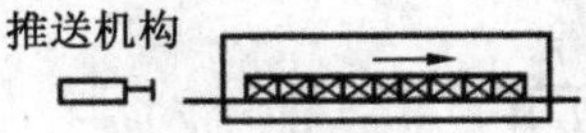 推送机构	中小型工件的淬火、正火、回火、碳氮共渗	工件放在料盘上，料盘在炉底导轨上向前移动（脉动）
振底式		中小型工件的淬火、正火、回火、渗碳	工件直接放在炉底上，靠炉底的往复振动使工件前进（脉动）
辊底式		螺栓、垫圈等中小型工件的正火、退火、淬火	作为炉底的辊子由电动机驱动，工件在炉辊上输送
步进式		板簧、长轴、管材、棒材的正火和淬火	由炉底步进梁的升、进、降、退动作，一步步输送工件（脉动）
转底式	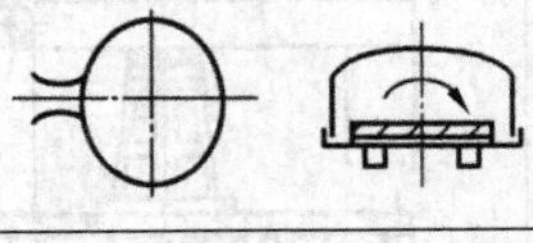	中型工件、形状复杂的大型齿轮的淬火和正火	工件放在转动炉底上，炉底转一周后工件加热完毕
牵引式	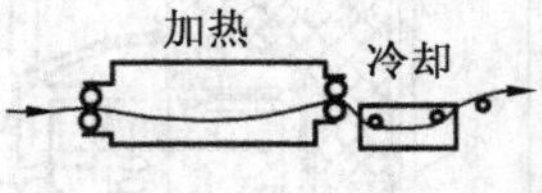 加热　冷却	钢丝、钢带的退火、淬火	带和丝悬挂在炉内，两端用辊子支撑，由出料端的牵引机构牵引工件
滚筒式	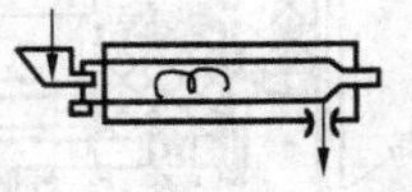	轴承滚柱、滚珠等小零件淬火	滚筒内壁有螺旋片，以滚筒的旋转使工件沿螺旋片前进
台车式炉	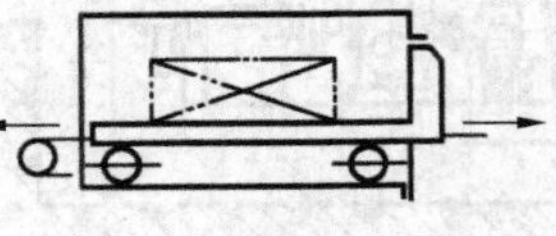	牵引式 自行式　大型焊接件退火，型材、铸锻件退火和回火，以及正火、淬火加热	结构简单，炉膛容量可很大。工件在加热时无摩擦、碰撞，密封性差
倾倒式炉	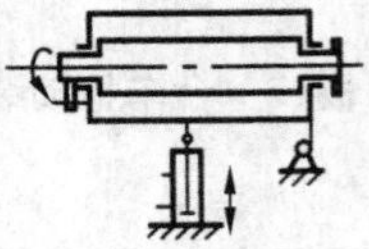	机械式 液压式　小型球状、圆柱状工件和小型冲压件光亮热处理和气体化学热处理	密封性好，加热均匀，工件在加热时互相摩擦、碰撞

续表

型式	炉形示意图	用途		说明
盐浴炉联动机		移动式旋转式	主要用于刃、量模具热处理和小型精密工件热处理	对工艺的适应性好，且不需大量耐热材料
密封箱式炉		前传送式、前后传送式	中、小件的光亮(清洁)热处理和气体化学热处理	结构较复杂，密封性较好，机械化自动化程度较高
真空炉			高速钢工件和模具的淬火，软磁性材料退火，不锈钢和对氧、氮敏感的材料的热处理和化学热处理	系统密封要求高，结构复杂，设备投资大

南京摄山电炉总厂1990年生产的用于轴承套圈保护气氛淬火、回火的连续热处理链带炉机组，该机组由阶梯式自动上料机、网带式三功能清洗机、链带式保护气氛淬火炉、网带式淬火油槽、后清洗机、网带式热风循环回火炉、可控气氛装置(纯度99.999 5%的制氮机及净化、富化气装置)和微机控制系统组成，其平面布置如图7-25所示。

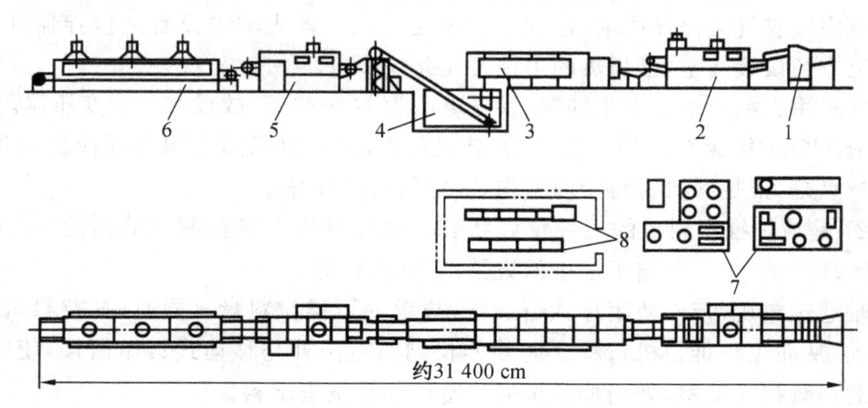

1—阶梯式上料机；2—前清洗机；3—链带式保护气氛淬火加热炉；4—淬火油槽；5—后清洗机；6—网带式回火炉；7—可控气氛装置；8—微机控制系统

图7-25　链带炉机组

7.1.3　可控气氛电热设备

可控气氛设备类型和结构繁多，但基本特征是：炉子密封性要求较高，机械化、自动化程度较高，采用抗渗碳砖，炉内气氛应较均匀，带有防爆的安全装置等。现时可控气氛炉的发展趋势是：炉气的可靠控制和保证工艺的再现性；降低气氛消耗，真空和可控气氛相结合；专用炉向多用途方向发展；安全操作设施不断完善；广泛采用微机操作和控制系统。

(1) 前后推拉料机密封箱式炉　图7-26是典型的具有前后推拉料机的密封箱式炉，是当代的主要炉型。它由前室、加热室、前室内的淬火升降台和下面的淬火油槽、前后推拉料机等组成。炉子的操作过程是，前室门开，其下的火帘着(减少空气进入前室)，前推拉料机将停放在料台上的工件推入前室，工件停在升降台的上层，前推拉料机退出前室，前室门关，火帘熄；升降台上升，加热室炉门开，后推拉料机将炉内工件推至前室的升降台下层，后推拉料机退回加热室，关炉门，升降台下降使工件淬火，紧接着开炉门，后推拉料机进入前室，将升降台上层的工件拉入加热室，关炉门；升降台上升，前室门开，火帘着，前推拉料机进入前室，将升降台下层已淬火的工件拉至装卸料台上，前室门关，火帘熄。

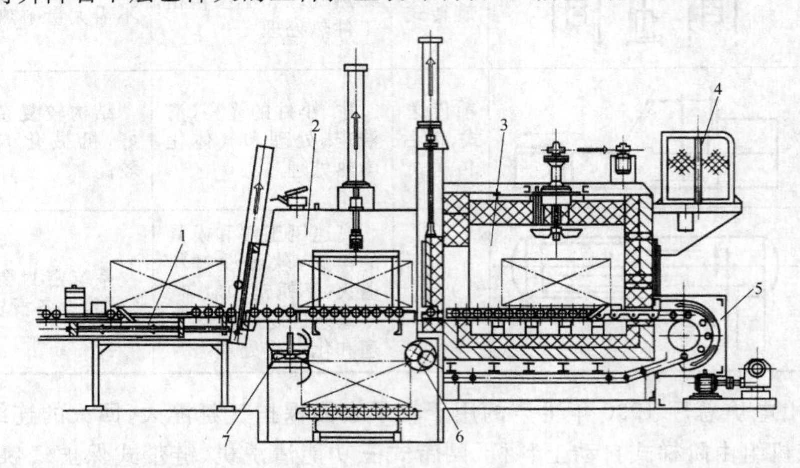

1—前推拉料机；2—前室；3—加热室；4—变压器；5—后推拉料机；6—液面泵；7—油搅拌器

图 7-26　密封箱式炉结构示意图

加热室内设有气流循环风扇，使气氛和温度均匀。淬火槽内设有油搅拌器和液面泵。有的前室上方还设缓冷室，已加热的工件可在此处缓冷。

加热室采用大截面的电阻板加热，供电电压为 10～30 V，故设有一台变压器。

(2) GKUQ 型密封箱式炉　GKUQ 型密封箱式炉，由联邦德国德固沙公司生产。该炉的主要特点是，推拉料机密封于前室内，前室门密封性好。

图 7-27 是该炉推拉料机的三种位置状态。推拉料机布置在前室的两侧（一边一个），它是一个闭环式链，其上凸出于链条的拔销，以推拉料盘。

旋转轴通过电机带动，使闭环式链旋转，拔销便可推拉料盘。同时，推拉料机可向内、外双向滑动，从而延长推拉机行程。向外伸长到前室门外与移动式料车衔接，使前室出料或把炉外的料盘拉入前室，朝内伸长至加热室给加热室进出料。

这种推拉料机简单紧凑，增强了炉子的密封性，且不用耐热钢材，因此设计新颖，比具有前、后推拉料机的密封箱式炉优越。

前室门及其提升机构如图 7-28 所示。前室门通过简单的四连杆机构连接于一个框架上。前室门的升降由框架牵动，下降到位后靠一个固定止块限位，由于四个小连杆的偏转给炉门以正压力，将前室门牢牢压紧在门框的密封条上，故其密封效果好，可使炉内压力保持在 80 mm H_2O 柱。当前室门提升时，框架带动连杆偏斜，使前室门向框架内退缩，并与门框分离，不与门框摩擦，故可采用软质密封填料，增强了密封性。

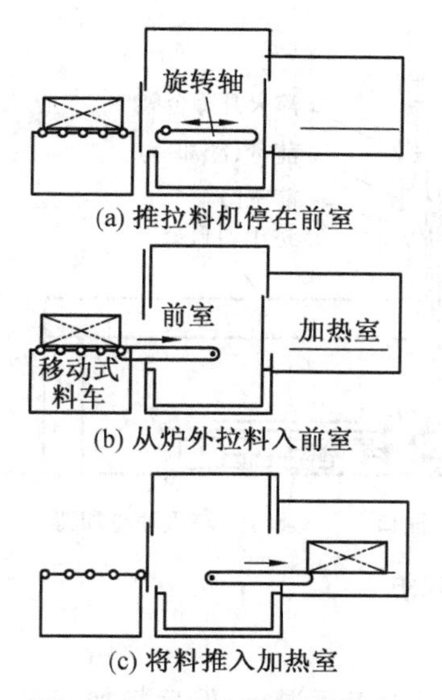

图 7-27 推拉料机运行状态

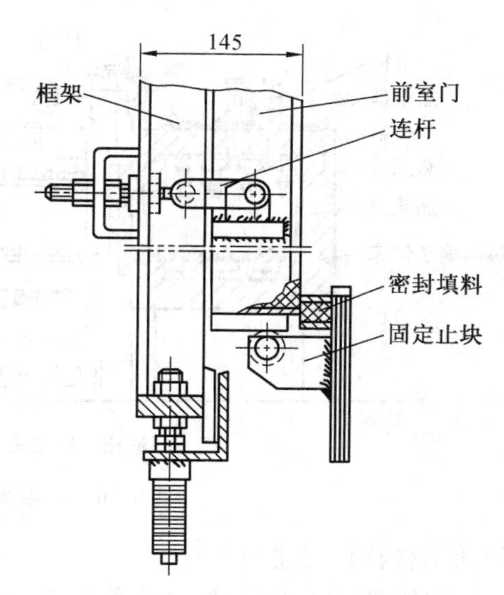

图 7-28 前室门及提升机构

整个前室门结构轻便，通过凸轮开关实现程序控制。前室门框两侧配有保险钩，一旦前室发生爆炸，可阻挡前室门飞出，防止造成大事故。

(3) 双加热室和三加热室密封箱式炉 联邦德国德固沙公司生产的双加热室或三加热室密封箱式炉，仅具有一个前室和一个推拉料机构。图 7-29 为三加热室密封箱式炉，可实现高度自动化操作。在前室的推拉料机构可左右做 90°转动，以保证工件进入任何一个加热室。三个加热室的气氛和温度可独立选择和控制，以完成不同的热处理工艺。可用燃气辐射管或电热辐射管加热，也可用二硅化钼电热元件加热，加热元件可互换。这种炉型占地面积小，效率高，能耗低。

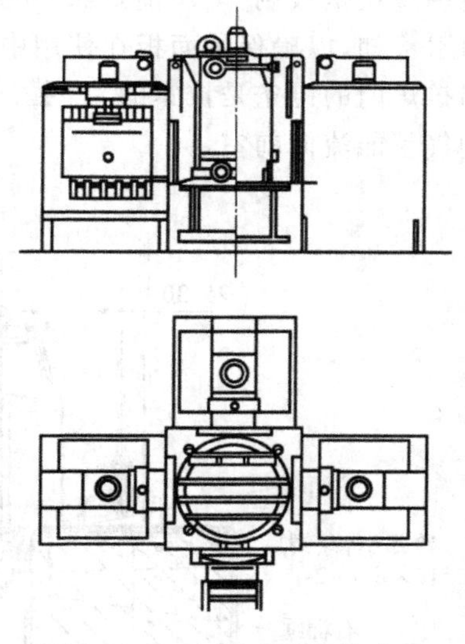

图 7-29 三加热室密封箱式炉

近十年来，国外密封箱式炉结构日趋完善，自动化程度很高。因而，热处理工件批量大而品种又较多的场合，有发展密封箱式炉生产线的趋势，它由多台密封箱式炉、回火炉和清洗机并联组成，它们之间用送料小车进行横向连接。这种生产线的主要特点是组织生产灵活，可根据生产率的大小，配置相应数量设备。

(4) 光亮热处理炉 图 7-30 是日本不二越公司生产的光亮热处理炉，采用纯度为 99.999%氮气+异丙醇气氛，炉气成分 $CO+H_2$ 的含量为 1.3%～2%，其余为 N_2。由于采用含还原组分很低的氮基气氛，因此，炉子的密封性显得特别重要。

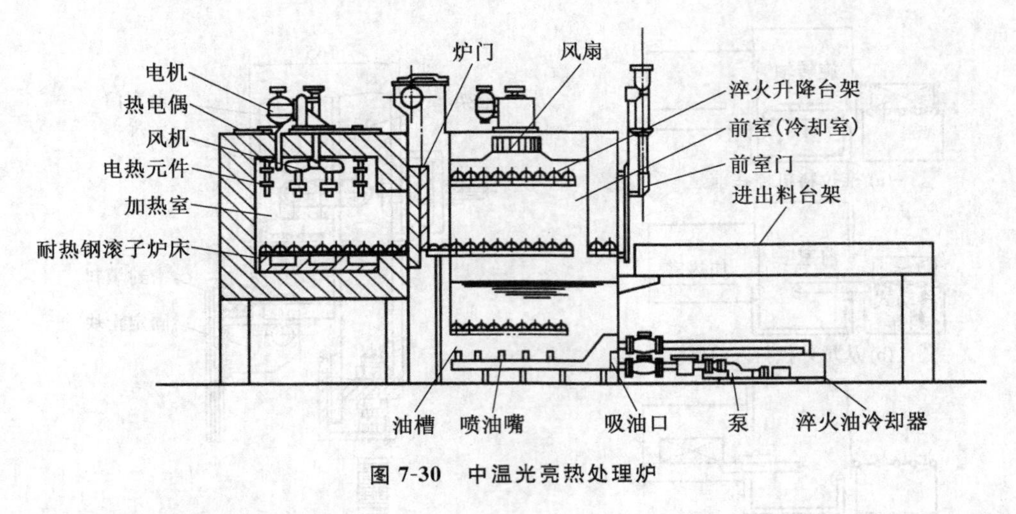

图 7-30 中温光亮热处理炉

该炉的结构特点简述如下。

炉门结构如图 7-31 所示，炉面板厚为 19 mm，钢板粗加工后退火，然后精加工至 Ra1.6，要用整块钢板制作，不能焊接；炉面板与炉壳间用 16 mm×50 mm 的扁铜管(壁厚 2 mm)通水冷却，以确保炉面板在使用中变形小。炉门在关闭时，提升炉门的链条是放松的，这时斜拉炉门的链条是拉紧的，产生一压紧分力，使炉门紧贴炉面板。炉门上有小孔，使工作炉的气氛能流向前室。

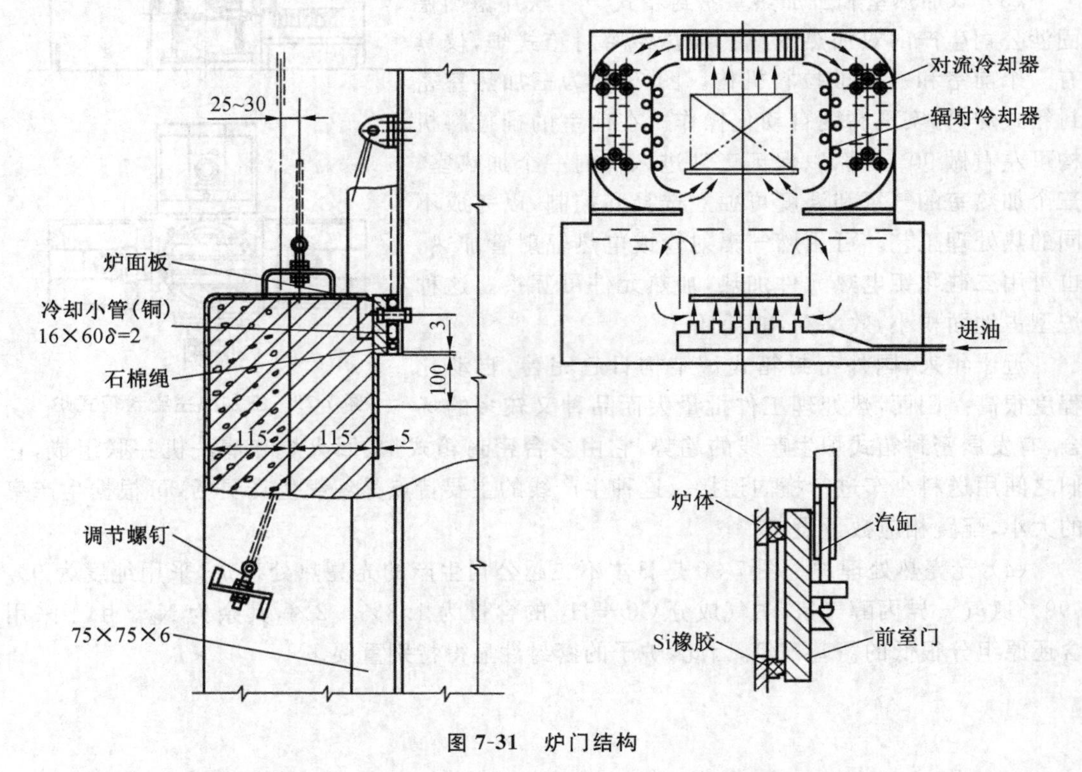

图 7-31 炉门结构

图 7-32 是前室结构。前室顶部设有冷却风扇，置工件处的风速为 12 m/s。设有辐射冷却器和对流冷却器。辐射冷却器是在导流钢板上焊上水冷却蛇形管制成，以加速高温工

件的冷却。工件温度较低时,工件的热量主要由对流冷却器传出。这两种冷却器的组合可提高工件冷却速度。

当工件淬油时,由油泵供油进行喷射冷却。这种冷却方式较油搅拌器好,冷却均匀,且冷速较大。

前室压力维持在 200～300 mmH_2O 柱,因此,前室门的密封要求很严,采用硅橡胶密封结构,用汽缸施加外力,如图 7-31 所示。

推拉料机构如图 7-32 所示。推拉料杆内套一个脱钩小杆,它由后面的小汽缸带动,在推拉料杆内做前后运动。当此脱钩小杆后退时,其头部拨块将推料头压下,而拉料头靠配重自动抬起,此时可拉料;相反,脱钩小杆向前进时,推料头抬起,可进行推料。

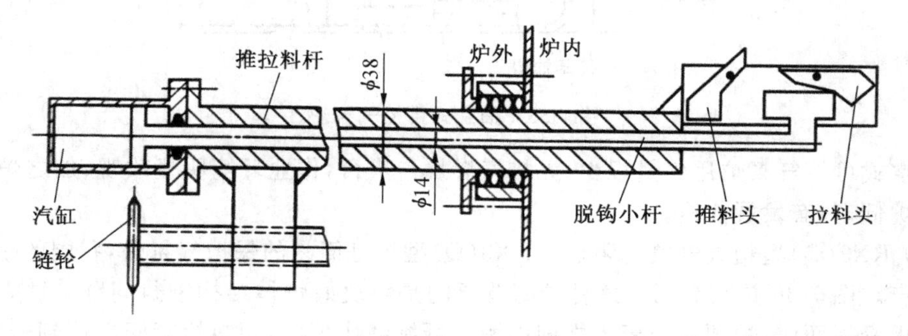

图 7-32　推拉料机构

异丙醇是靠氮气喷射入炉内的,供气系统如图 7-33 所示。氮基气氛是通过炉墙上的许多小孔进入炉内的(见图 7-34),小孔位置约低于工件高度的一半。

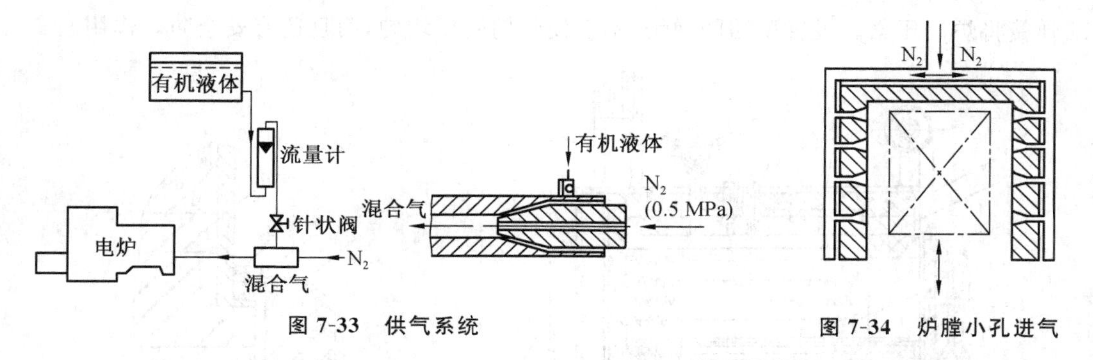

图 7-33　供气系统

图 7-34　炉膛小孔进气

(5) 抽空式可控气氛炉　抽空式可控气氛炉仍由加热室、前室和淬火油槽等部分组成,所不同的是,炉子应按真空密封设计(见图 7-35)。加热室和前室之间由真空密封门与隔热门相隔,前室与加热室设有独立的真空排气系统。前室进料后,抽真空至 133～666 Pa,充氮气;加热室抽真空,充氮气。在氮气保护下加热至渗碳温度,之后,抽真空,接着向加热室滴注有机渗碳液或通入渗碳气氛,用双参数 CO 和 O_2 量控制碳势。

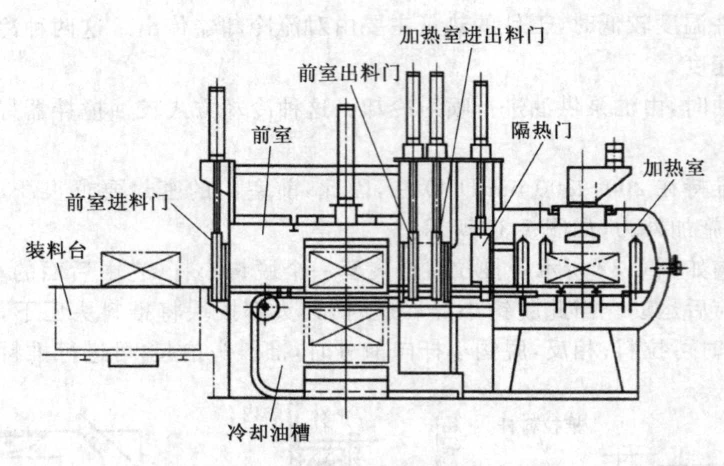

图 7-35　抽空式可控气氛炉

抽空式可控气氛炉用气量很少，无排气燃烧与火帘，作业环境明显改观，加之炉子造价较真空炉低，很有发展前途。

(6) RX3(Q)型箱式气氛电阻炉　RX3(Q)型炉是简易的保护气氛炉，我国的一些电炉厂皆生产。图 7-36 是其简图。这种炉型首要的是解决好炉体结构密封问题。炉壳采用型钢和钢板密焊而成，炉顶板与壳体之间以耐火纤维绳作填料，用螺栓紧固后达到密封要求；电热元件和热电偶引出部分应采用密封性好的密封座。炉门与炉面板之间采用如图 7-37 所示的密封形式。在炉面板的炉口四周焊一个密封槽，槽内填以耐火纤维绳作密封填料，炉门四侧板均凸出成密封面插入槽内。炉门的插入力是借助手动的机械压紧装置，通过压缩弹簧将炉门压紧。设置压缩圆弹簧，不仅使炉门受压均匀，而且还有安全防爆作用。

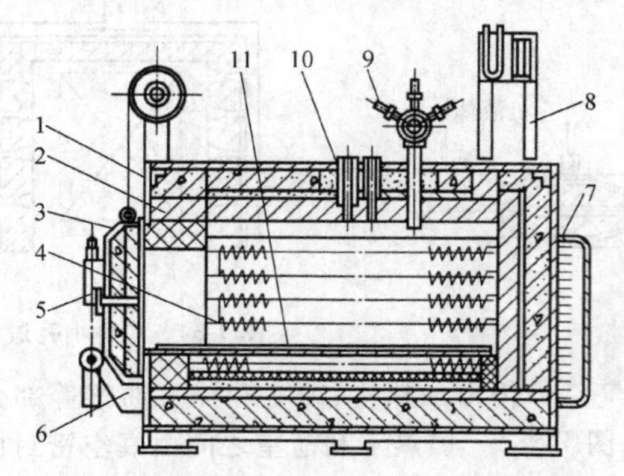

1—炉壳；2—炉衬；3—炉门机构；4—电热元件；
5—压力调节器；6—工作台；7—罩壳；8—流量控制板；
9—滴量控制阀；10—热电偶孔；11—炉底板

图 7-36　RX3(Q)箱式保护气氛炉

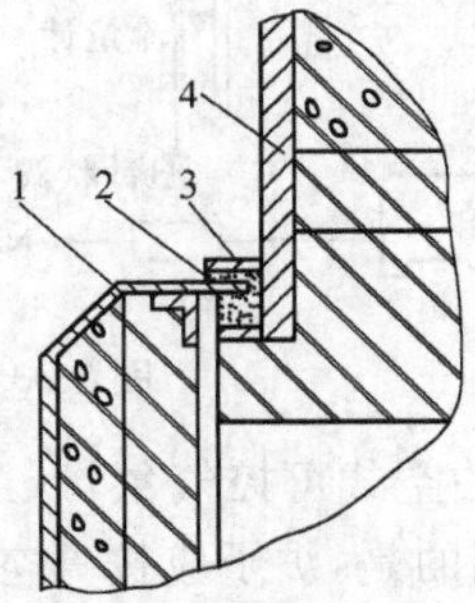

1—炉门；2—填料；3—密封槽；4—炉面板

图 7-37　炉门密封

滴注系统如图 7-38 所示。为满足几种有机液的配比需要，采用装有三只针阀的滴量控制阀。为防止生成炭黑，滴量管应水冷。压力调节器(点火装置)设在炉门上，这样使用、观察都较方便。

(7) 滚筒式电阻炉　图 7-39 所示是滚筒式电阻炉结构，适宜作小工件的渗碳、碳氮共渗、光洁保护加热等作业，炉体支撑于炉架上。炉体采用对开式结构，以便于安装马弗罐，更换电热元件和维护修理。炉衬选用 0.6 g/cm^3 的轻质耐火砖和硅酸铝耐火纤维组成的混合结构。加料、出料都在端盖处。

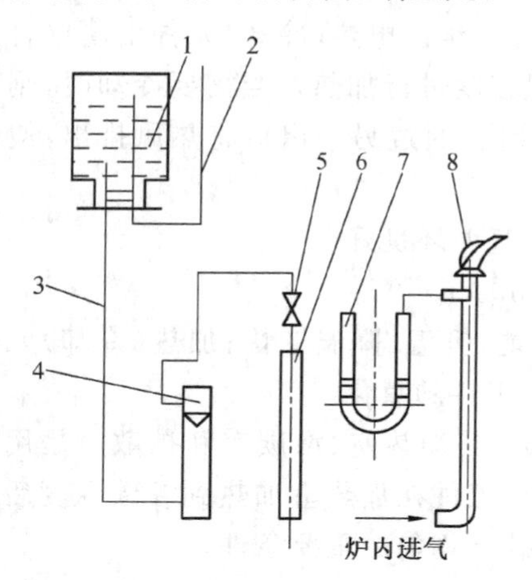

1—有机液储存瓶；2—通气管；3—医用橡皮管及夹头；4—流量计；5—滴量控制阀；6—滴量管；7—U 形压力计；8—压力调节器

图 7-38　滴注系统

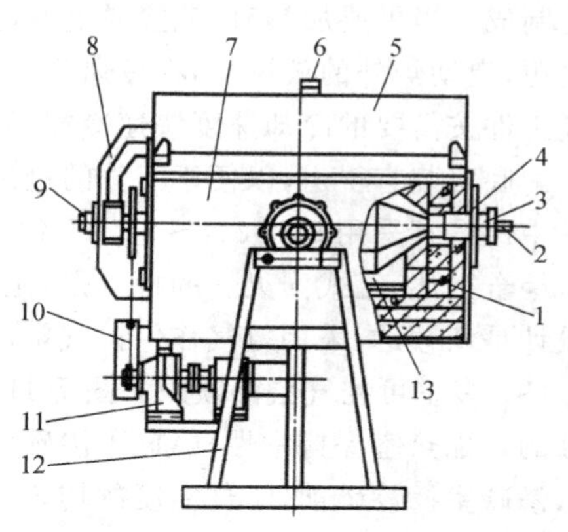

1—炉衬；2—排气管；3—端盖；4—炉罐；5—上炉体；6—热电偶座；7—下炉体；8—罩壳；9—滴管；10—链罩；11—炉罐驱动装置；12—炉架；13—电热元件

图 7-39　滚筒式电阻炉结构图

为了使马弗炉罐内工件加热均匀，炉罐采用八角形，其两端设有导向括板，使工件合理地不断翻转。炉罐的旋转速度可从 0.85～8.5 r/min 无级调速。可按工件大小合理选择回转速度，使工件呈有规则的翻动，避免工件因撞击而引起热变形，同时，使工件能充分与炉罐内的气氛均匀接触，确保渗碳件质量。

(8) 箱式回火炉　图 7-40 所示箱式回火炉，主要供齿轮及其他金属工件在中性气氛中进行退火和回火之用。其最高工作温度 7 500 ℃，由于配有炉内冷却系统，故工件可进行快速降温冷却。

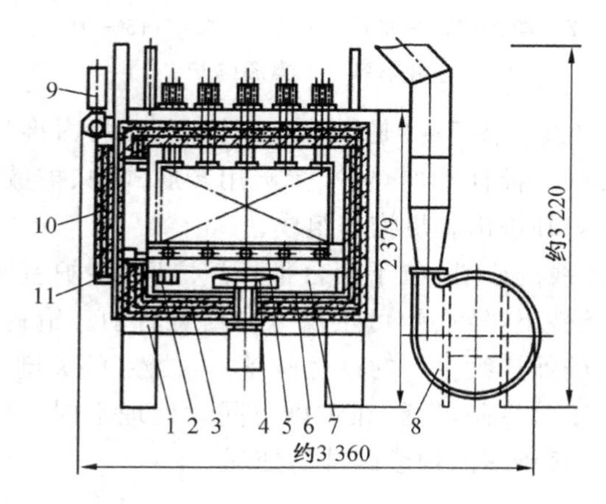

1—炉壳；2—电热元件；3—炉衬；4—风扇；5—炉底支撑座；6—导流装置；7—供气系统；8—通风装置；9—炉门启闭机构；10—炉门；11—炉门支撑体

图 7-40　箱式回火炉

炉衬采用全耐火纤维，用转卡垫圈式锚固件固定，装配时非常简便。

炉内装有气流循环风扇。导流片、导风管和装在电热元件上的矩形陶瓷管等组成了气氛导流装置。

电热(冷却)元件布置在炉膛两侧，共10组，左右各5组。电热(冷却)元件由薄壁合金管材制成。当需要加热时，就接通电源，按需要的升温速度进行加热。当需要冷却时，则切断电源，启动炉外的鼓风机，将冷风送入此薄壁合金管内，通过另一出口将热风排出，使炉膛及工件按需要的冷却速度快速冷却(见图7-40)。

炉底安装有辊道，以便于工件的进出炉，且能使炉气循环良好。

中性气氛采用99.90%～99.95%N_2，0.1～0.15 m^3/h。

综合上述，箱式回火炉的特点是：全纤维炉衬，节能，升温、降温皆快；加热(冷却)元件的设计是新颖的，采用氮气作保护气氛，避免或减少了工件的氧化。

(9) 多室可控气氛渗碳炉　图7-41是三室渗碳炉，其加热室、渗碳室和扩散室是用门隔开的。加热室保持中性气氛(不渗碳、不脱碳气氛)。工件在加热室加热到渗碳温度后才进入渗碳室。渗碳前，工件温度的均匀一致是保证渗碳层均匀的重要条件。

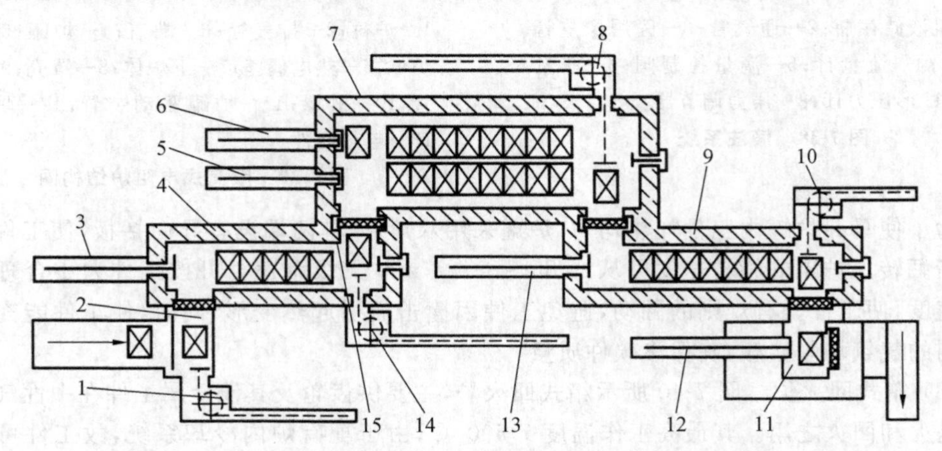

1—推料机；2—前室；3，5，6，8，10，12，13，14—推料机；4—加热室；

7—渗碳室；9—扩散室；11—冷却室；15—炉门

图7-41　三室渗碳炉

(10) 柔性渗碳炉生产线　图7-42是柔性渗碳炉生产线，由推杆式炉和转底式炉组合而成。该炉主要由前清洗机、推杆式加热炉、渗碳用转底式炉、扩散用炉、淬火槽(油、水压力淬火)、后清洗机、回火炉和进出料机构等组成。

转底式炉是整个生产线的心脏，位于两台推杆炉之间，各炉室间用中间门隔开。在渗碳温度和炉气加热一定条件下，转底炉可正反方向任意转动。给每批工件编程，确定渗碳时间及工件行程路线，以确保连续生产的最优质量。“柔性”的关键是微机控制系统。

该炉的主要特点是，工艺控制灵活，在炉内可同时处理不同渗层厚度的渗碳件。这种柔性渗碳炉生产线特别适宜于多品种渗碳件的处理。

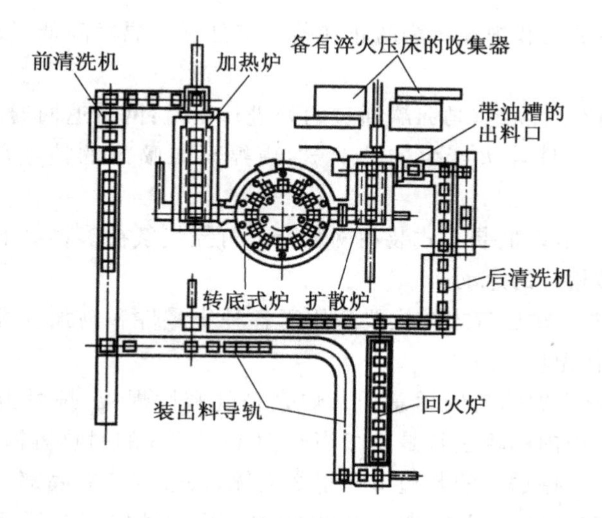

图 7-42　柔性渗碳炉生产线

（11）网带式炉　网带式炉综合了振底式炉和输送带式炉的特点，广泛用于中小轴承、纺织针件、标准件、锯条、丝攻等工件的光洁淬火、回火、渗碳和碳氮共渗等热处理，最高工作温度 900 ℃。

图 7-43 所示是网带式炉结构。炉膛内有一耐热钢马弗罐，罐底安装有耐热辊道，其上安活动炉底板，网带放在底板上。活动炉底板是由一只配有减速齿轮的电子控制电机通过偏心轮带动。当活动炉底板向前运动时，带动网带一起前进；当炉底板做返回运动时，由于网带已被驱动鼓轮 13 拉紧，网带停止不动。因此，网带随炉底板的往返运动一步一步地前进。网带运动平稳，工件不会碰撞，且通过时间恒定。炉底板的运动速度可在较大范围内调节。

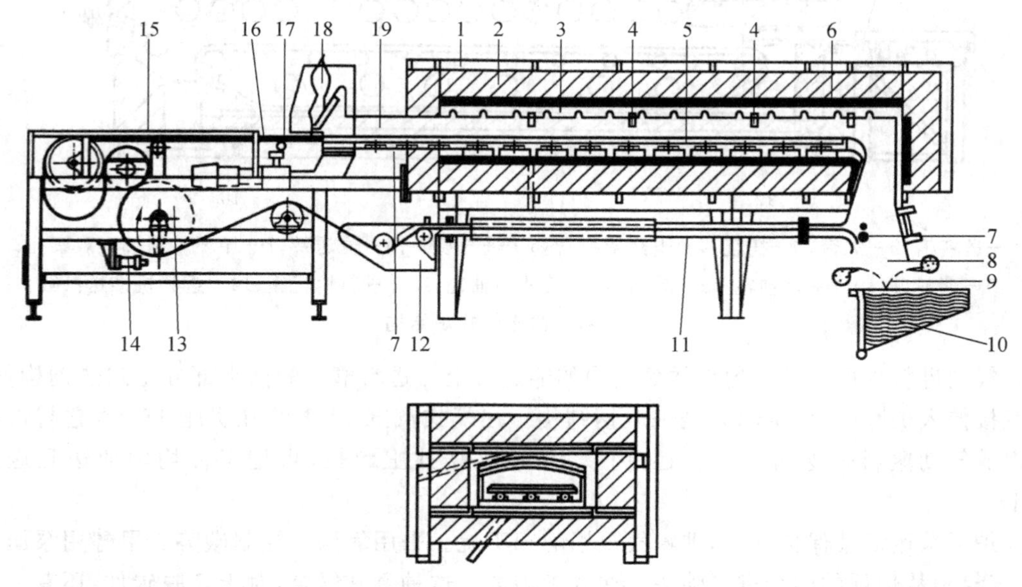

1—钢制外壳；2—隔热层；3—加热室；4—热电偶管；5—活动炉底板；6—电热元件；7—气体进口；8—滑道；9—淬火剂帘幕；10—淬火槽；11—网带退回通道；12—水封；13—驱动鼓轮；14—驱动鼓轮机构；15—装料台；16—网带；17—炉底板驱动机构；18—火帘；19—马弗罐

图 7-43　网带式炉结构

电热元件布置在炉底和炉顶。为防止在落料口处工件温度降低，故在此处也安装有电热元件。

为使炉内气氛与空气隔绝，马弗罐通过两处进行密封：网带返回通道的出口处有水封；炉子入口处有火帘。工件淬火产生的油蒸气，由循环泵喷出的油液幕隔离，使其少返回炉膛。

工件在装料台 15 上以散装方式装在网带上。可控气氛在落料口下部 7 处通入，因此，工件与气氛在炉内做相反的运动。

(12) 输送带式炉　输送带式炉主要适用于各种小零件和高强度螺栓等在可控气氛下进行热处理，最高工作温度 900 ℃。

图 7-44 是输送带式炉的结构示意图。炉壳是气密性焊接，炉衬由超轻质抗渗碳耐火砖和耐火纤维组成。炉内的输送带是用相当于 1Cr16Ni35 的耐热铸钢制造，由精密铸造的几种链板块拼合而成。输送带的紧边由托辊 3 支撑，松边直接在底部的导轨砖上拖动。输送带的主动轴辊 10 和从动轴辊 12 都采用水冷却。从动轴安装在用铜石墨合金制成的轴承套中，轴承座在上下两个水冷滑轨上滑移，由拉紧汽缸张紧。可滑移的从动轴辊的两个伸出端用密封的箱体加以密封。炉顶有循环风扇 7，它安装在气密的水冷式石墨润滑的防震轴承座上。电热辐射管呈水平布置在输送带紧边的上下两面，辐射管体是用耐热钢离心浇铸的。炉子可多区控温，功率为数百千瓦。

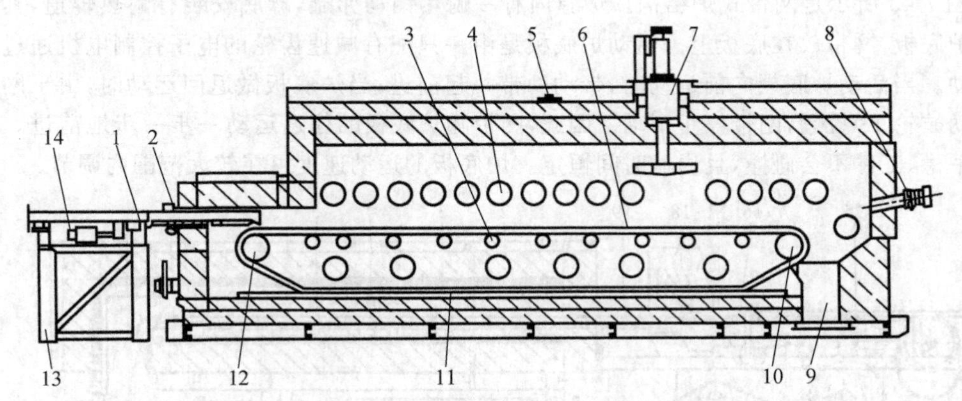

1—送料槽；2—火帘；3—托辊；4—电热辐射管；5—进气喷头；6—输送带；7—循环风扇；8—观察孔；9—落料口；10—主动轴辊；11—导轨砖；12—从动轴辊；13—进料机机座；14—进料机推送汽缸

图 7-44　输送带式炉结构

气动进料机把工件均匀地送到炉内的输送带上。送料槽 1 的前半部分是耐热钢构件，它直接伸入炉膛中，后半部分是一般钢结构。往复式汽缸 14 安装在机座 13 上，它与送料槽组成气动振料输送机。该炉还专门设置有推送式上料机，可把工件均匀地送到送料槽上。

炉子采用氮基保护气氛，即氮气＋甲醇＋丁烷。采用氧探头控制碳势。甲醇用泵压送入，气氛是从炉顶的两个进气喷头 5 送入炉内的。这种氮基气氛，对于已脱碳件，还有一定的复碳作用，可使被加热的工件的脱碳层控制在 0.015 mm 以内。

炉子的安全措施考虑周到。氮气不接通，甲醇的流量开关就打不开；当炉温低于 700 ℃时，由于低温限制仪的作用，甲醇的管路始终是关闭的。只有上述两条同时满足，甲醇管路才能接通，这之后，丁烷和火帘管路才有可能接通。

7.2 液体(相)类电热设备

液体类电热设备主要有民用和工业用两大类。

民用以食品加工用途为主，如普通电热式油炸设备、水油混合式油炸设备。

工业用以浴炉较为典型。浴炉的工作温度很宽(60～1 350 ℃)，工件在浴炉中加热与液体介质相接触，靠对流换热，换热系数很大，加上工件加热时不直接与空气接触，因此，具有加热速度快、温度均匀和不易氧化脱碳等优点。由于炉口向上，工件在浴炉中加热时，加热速度又快，所以便于对工件进行局部加热及高温短时快速表面加热。浴炉结构简单，制造方便，炉口向上，工件在悬挂状态下加热，变形较小，操作方便，便于实现机械化。浴炉按热源供给方式不同，分为外热式浴炉、管状电热元件加热浴炉及内热式电极浴炉三种。

7.2.1 普通电热式油炸设备

宾馆、饭店和职工食堂等饮食部门普遍使用电热平底油炸锅，这类油炸设备在国内外均有定型产品。该类设备的典型结构如图 7-45 所示。这种电热炸锅也称为间歇式油炸锅，其生产能力较低，一般电功率为 7～15 kW，物料篮的体积为 5～15 L。操作时，将待炸物料置于篮中放入油中炸，炸好后连篮一起取出。物料篮可以取出清理，但无滤油的作用。此类设备的油温可以进行精确控制。为了延长油的使用寿命，电热元件表面的温度不宜超过 265 ℃，并且功率也不宜超过 4 W/cm^2。

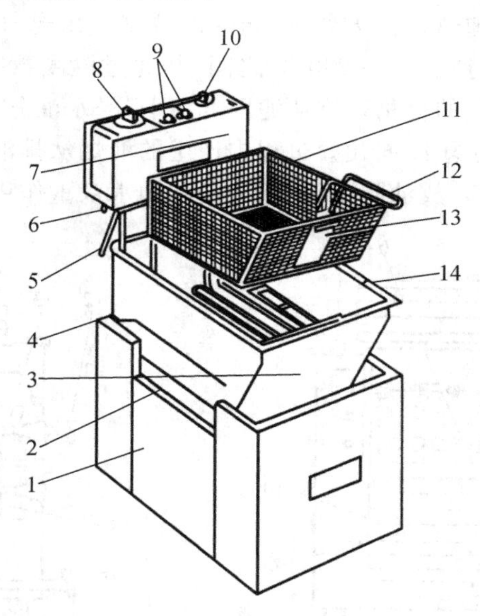

1—不锈钢底座；2—侧扶手；3—移动式不锈钢锅；4—油位指示仪；5—电缆；6—最高温度设定旋钮；7—移动式控制盘；8—电源开关；9—指示灯；10—温度调节旋钮；11—物料篮；12—篮柄；13—篮支架；14—不锈钢加热元件

图 7-45 电热油炸设备结构

7.2.2 水油混合式油炸设备

水油混合式食品油炸工艺是指在同一敞口容器内加入油和水，相对密度小的油占据容器的上半部，相对密度大的水则占据容器的下半部分，在油层中部水平设置加热器加热。水油混合式深层油炸工艺由于电热管水平布置在锅体上部油层中，油炸时食品处于油淹过电热管 60 cm 左右的上部油层中，食品的残渣则沉入底部的水中，这样在一定程度上缓解了传统油炸工艺带来的问题。因为沉入下半部的食物残渣可以过滤除去，且下层油温比上层油温低，因而油的氧化程度也可得到缓解。但油锅底部的油因为使用时间长，黏度变大，微小的食物残渣会附着于油中，使油质变坏，因此，用上一段时间后就得作为废油弃去。

显然，采用该工艺炸制食品时，加热器对炸制食品的油层加热升温，同时，油水界面处设置的水平冷却器及强制循环风机对下层的冷却将温度控制在 55 ℃以下。炸制食品时产生的食物残渣从高温炸制油层落下，积存于底部温度不高的水层中，同时，残渣中所含的油经过水分离后返回油层。这样，残渣一旦形成便很快脱离高温区而进入低温区，避免了前面所讲的危害，下部水层还兼有滤油和冷却双重作用。

水油混合式工艺具有限位控制、分区控温、自动过滤、自我洁净的优点。如果严格控制上下油层的温度，就可使得油的氧化程度显著降低，污浊情况大大改善，而且用后的油无须过滤，只要将食物分解的渣滓随水放掉即可。在炸制过程中油始终保持新鲜状态，炸出的食品不但色、香、味俱佳，而且外观干净漂亮。更重要的是，没有与食物残渣一起弃掉的油，更没有因氧化变质而成为废油，所耗的油量几乎等于被食品吸收的油量，补充的油量也近于食品吸收的油量，节油效果毋庸置疑。

图 7-46 所示为一台无烟型多功能水油混合式油炸装置的结构示意图。用本设备炸制食品时，将滤网 5 置于加热器 16 上，在油炸锅 10 内先加入水至油位显示仪 9 规定的位置，再加入炸用油至油面高出加热器上方约 60 mm 的位置。由电气控制系统 11 自动控制加热器使其上方油层温度保持在 180～230 ℃之间，并通过温度数字显示系统 8 准确显示其最高温度。制作过程中产生的食物残渣从滤网 5 漏下，经水油分界面进入油炸锅下部冷水中，积存于锅底，定期由排污阀 17 排出。过程中产生的油烟从排油烟孔 15 进入排油烟管 7，通过脱排油烟装置 18 排除。放油阀 12 具有放油和加水双重作用。由于加热器 16 被设计

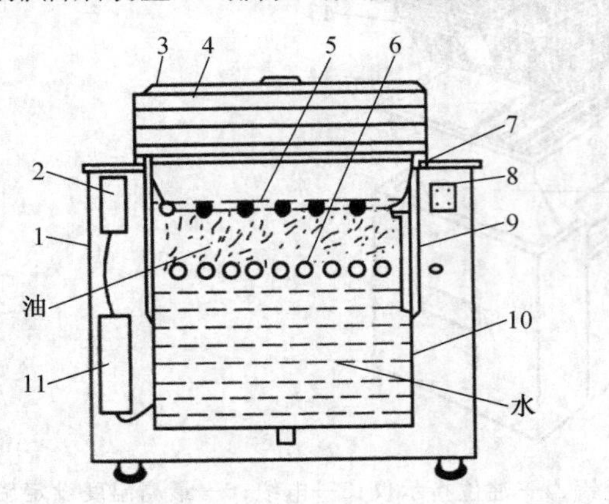

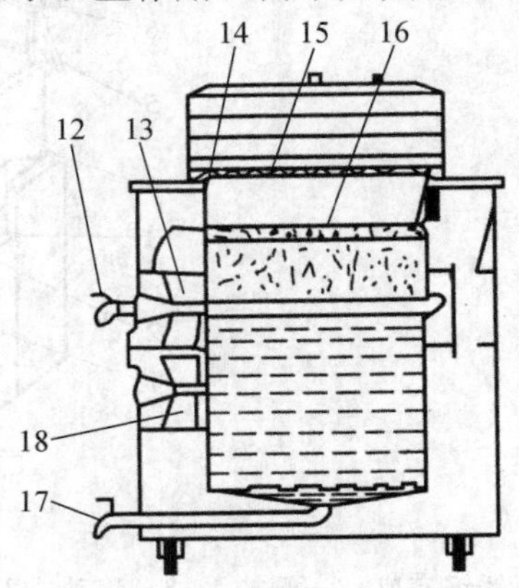

1—箱体；2—操作系统；3—锅盖；4—蒸笼；5—滤网；6—冷却循环系统；7—排油烟管；8—温控数显系统；9—油位显示仪；10—油炸锅；11—电气控制系统；12—放油阀；13—冷却装置；14—蒸煮锅；15—排油烟孔；16—加热器；17—排污阀；18—脱排油烟装置

图 7-46　无烟型多功能水油混合式油炸装置结构图

成仅在上表面 240°的圆周上发热，再加上油炸锅 10 上部外侧涂有高效保温隔热材料，这样，加热器所产生的热量就能有效地被油炸层所吸收，热效率得到进一步提高，而加热器下面的油层温度则远远低于油炸层的温度。当油水分界面的温度超过 50 ℃时，由电气控制系统 11 自动控制的冷却装置 13，立即强制大量冷空气经由布置于油水分界面上的冷却循环系统 6 抽出，形成高速气流，将大量的热量带走，使油水分界面的温度能自动控制在 55℃以下，并通过温控数显系统 8 显示出来。

间歇式水油混合式油炸设备可以设计成多种形式。图 7-47 所示为日本一家食品机械公司生产的水油混合式油炸设备，它的设计思想和工作原理与前面介绍的设备基本相同。它的基本组成部分仍为上油层、下油层、水层、加热装置、冷却装置、滤网等。冷却装置装在油水界面处，上油层的加热采用了内外同时加热以提高加热效率的加热方式，这样做还可以使上油层的油温分布更均匀。截面设计采用了上大下小的结构方式，即上油层的截面较大，下油层和水层的截面较小，这样就可以在保证油炸能力的情况下，缩小下油层的油量，以避免其在锅内不必要的停留和氧化变质。若与相同截面的设计相比，则使炸用油更新鲜，产品质量更好。

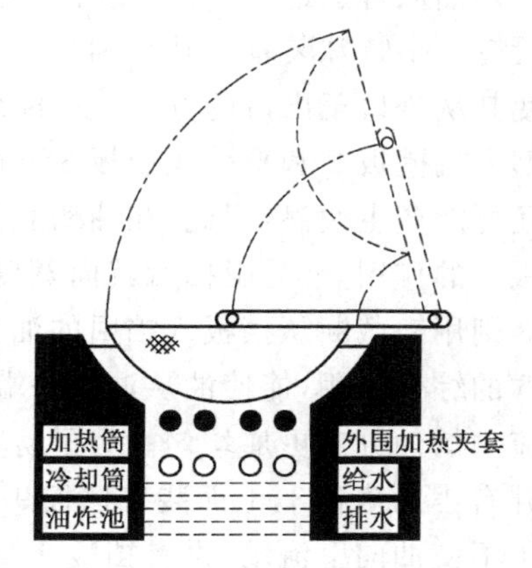

图 7-47　内外同时加热式油炸设备原理图

图 7-48 所示为连续式深层油炸锅结构图，该设备的特点是：无炸室却能使物料全部浸没在油中连续进行油炸；油的加热是在锅外进行；具有液压装置，能把整个输送器框架及其附属零部件从油槽中升起或下降；维修十分方便。它由矩形油槽 1、支架 2、输送装置 5、液压装置 8 等组成。物料从油槽输入端 3 的顶盖 4 的输入口送进油槽。油从输入端的下部由管道 6 送入。物料和油的运行方向是一致的。输送装置的下部浸没于油料 7 中。由于进料部分为倾斜段，推杆 9 便逐渐把物料从油面压向金属板 10 的下部，从而使物料一直处

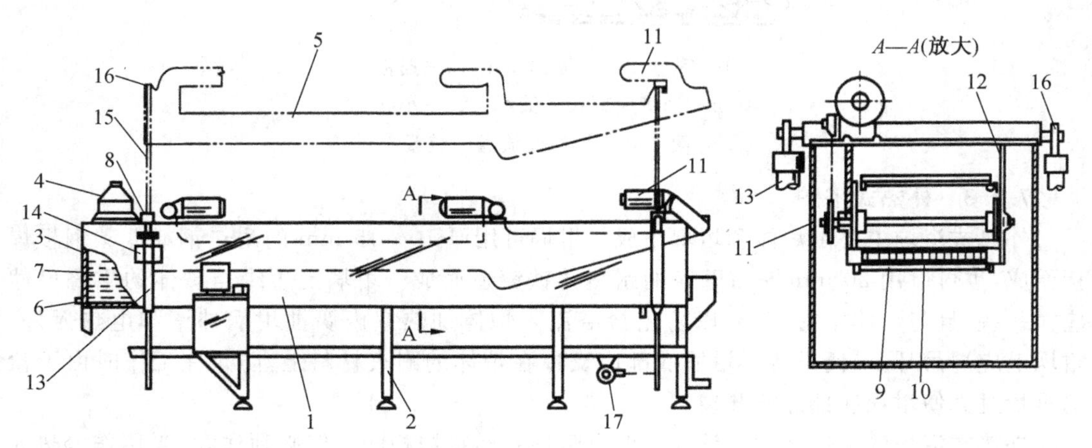

1—油槽；2—支架；3—输入端；4—顶盖；5—输送装置；6—管道；7—油料；8—液压装置；9—推杆；10—金属板；11—电动机；12—输送器框架；13—液压活塞；14—托架；15—活塞杆；16—托架；17—泵

图 7-48　连续式深层油炸锅结构图

于深层油之中,并从热油中送出。出料输送器由电动机 11 带动,一端浸在油里,另一端高于油槽之上。不同的油炸时间是通过调整输送装置 5 的线速度来控制的。在油槽 1 的每边末端上装有液压活塞 13,它用一托架 14 连接在油槽的边壁上。活塞杆 15 以一托架 16 连接在输送器框架 12 的最末端上,当活塞 13 通过泵 17 运动时,活塞杆 15 将垂直地升高,使整个输送器 5 离开油槽,以便维修和保养。

热油从管道送入油槽,受流速的影响会形成漩涡,把碎屑捕集在油中。因此,在进油部分设有一个特殊装置,如图 7-49 所示,使油从管道送入油槽后能沿宽度方向均匀分布,并能使其从进口至出口的方向上平滑地流动。热油通过一系列管道 1 送来,这些管道安装在油槽末端壁板 2 和平卧式挡板 3 下面,挡板安装在壁板 2 上并与油槽底部 4 平行。仅这样做还可能产生漩涡,因此,在油槽底部 4 上垂直地装置挡板 5,其高度略高于进油管。由于挡板 6 的作用,油受阻挡后就向宽度方向流去,使油在整个油槽宽度方向上分布均匀。挡板 3 则用来截断从挡板 5 挡回的油上升流动的路程,强使油与槽底平滑流动。由于挡板 3 和 6 的综合作用,能使油从油槽一端至另一端非常平滑地流动而很少产生漩涡。筛网 6 可使流动的油分布更加均匀。为了防止物料在油槽角落的聚集,在挡板 3 靠近两边角落的地方开有小孔 7 和 3,上面装有挡板 9 及 10,油从小孔 7 和 8 流出后把角落里的碎屑冲走。但为了不使油向上流动,设有挡板 9 及 10。这样,油还是流向油槽底部,从而使加热油平滑一致地流向出口。

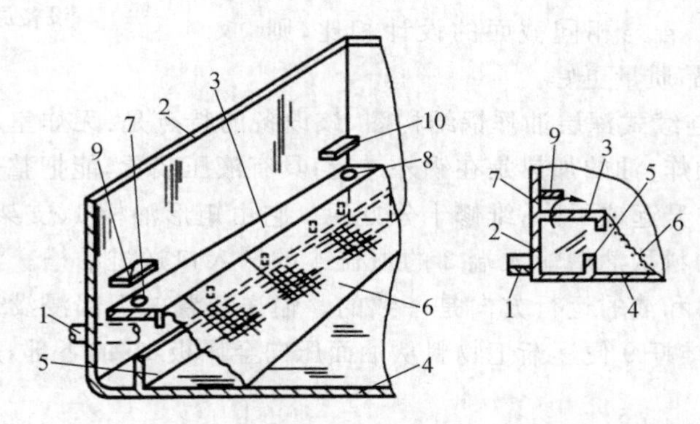

1—管道;2—壁板;3,5,9,10—挡板;
4—油槽底部;6—筛网;7,8—小孔

图 7-49 控制油流通的装置

7.2.3 外热式浴炉

外热式浴炉主要由炉体和坩埚组成。坩埚可用厚 10~15 mm 的耐热钢或低碳钢板焊接而成,也可以用 20 mm 左右壁厚的耐热铸铁铸造而成。坩埚上边缘与炉体的重叠尺寸应大一些,且与炉体紧密相接,以防止盐浴流入炉体加热室内腐蚀坩埚外壁和电热元件。坩埚上应焊吊耳,以便吊装。坩埚底部应支撑在炉体的耐火材料上,防止在工作时由于盐的重量过大使坩埚底部焊缝开裂。

外热式浴炉的炉体结构设计与一般电阻炉和燃料炉相同。但必须注意,当用作电热元件加热时,布置的高度要略低于坩埚内液体介质的高度,否则坩埚壁会因局部过热及氧化而过早损坏;当用燃料加热时,燃烧器应沿炉膛内壁切线方向布置,低于介质液面高度,否则也会引起坩埚早期损坏。

外热式浴炉的热源有电能及各种燃料，图 7-50 和图 7-51 分别为外热式盐浴电阻炉和外热式坩埚燃料浴炉。

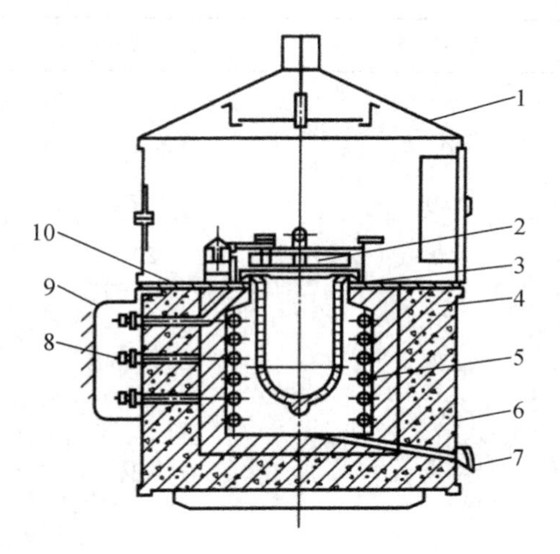

1—排气罩；2—炉盖；3—坩埚；4—炉衬；5—电热元件；6—炉壳；7—流出孔；8—接线柱；9—保护壳；10—面板

图 7-50　RYG-20-8 型外热式盐浴电阻炉

(1) 外热式盐浴电阻炉　外热式盐浴电阻炉我国目前有 RYG 系列三个规格，最高工作温度为 850 ℃，其技术规格见表 7-11。图 7-50 为 RYG 系列外热式盐浴电阻炉的结构，这种炉子可用来进行碳钢及合金钢的淬火、回火加热和各种液体化学热处理。

外热式盐浴电阻炉的主要优点是不需要变压器，启动操作方便；缺点是必须用金属坩埚，热惰性大，坩埚内外温差大，随工作温度升高，坩埚寿命急剧缩短，因使用温度不能太高，应用受到限制，一般常用于 700 ℃以下。

目前外热式坩埚燃料炉尚无标准产品，大部分为工厂自行设计制造。图 7-51 为用燃料加热的外热式坩埚炉，该炉为圆形，燃烧器沿炉膛内壁的切线方向布置，坩埚与炉壁距离约为 150 mm。燃气从燃烧器中喷出后在炉膛内燃烧，燃烧产物绕坩埚旋转流动，最后由下排烟口排出。

(2) 管状电热元件加热的浴炉　该炉结构见图 7-52，它由管状电热元件、坩埚和炉衬等构成。硝盐炉、碱浴炉、油炉均可采用管状电热元件加热，主要用于550 ℃以下的钢件回火、等温淬火和铝合金淬火加热。

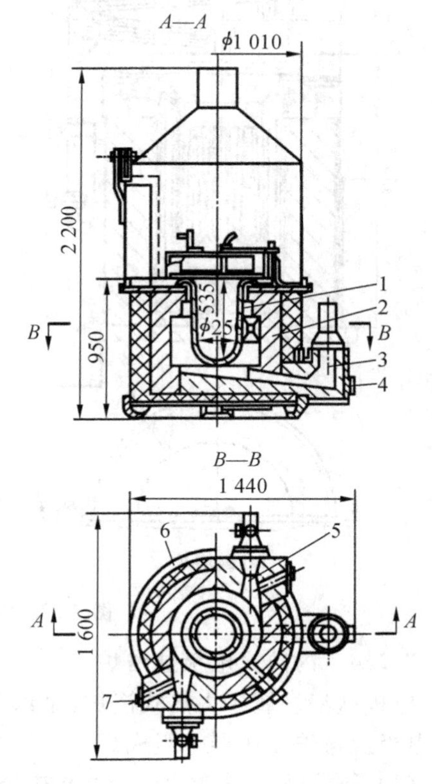

1—坩埚；2—炉衬；3—烟道；4—流出孔；5—燃烧器；6—炉壳；7—点火孔

图 7-51　外热式坩埚燃料浴炉

表 7-11　外热式盐浴电阻炉的技术规格

参数	炉子型号		
	RYG10-8	RYG20-8	RYG30-8
坩埚尺寸/mm			
直径	200	300	400
深度	350	555	575
额定功率/kW	10	20	30
相数	1	3	3
电压/V	220	220/380	220/380
加热段数	1	1	1
最高工作温度/℃	850	850	850
生产率/(kg/h)	30	80	130
电炉质量/t	1.2	1.3	1.6

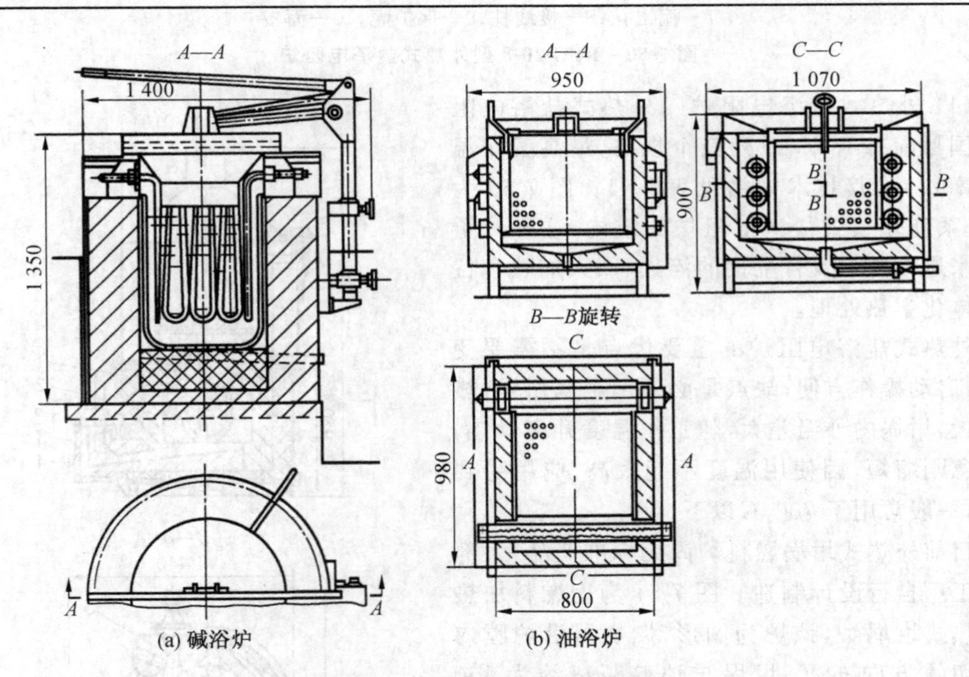

(a) 碱浴炉　　(b) 油浴炉

图 7-52　管状电热元件加热的浴炉

7.2.4　内热式电极盐浴炉

电极盐浴炉属于内热式浴炉，是以熔盐本身为电阻，电流通过熔盐而发热，由炉体、坩埚、电极及盐炉变压器等组成。

(1) 分类及工作原理　电极盐浴炉按炉温可分为低温(＜650 ℃)、中温(650～1 000 ℃)和高温(1 000～1 300 ℃)三种。低温炉常用于高速钢的分级淬火和回火，坩埚用低碳钢板焊成为好，也可用耐火材料砌成。中温炉主要用于高速钢和高合金钢件的淬火加热。中、高温炉的坩埚一般都用耐火材料砌成。

电极盐浴炉按电极在坩埚内布置方式不同，可分为插入式电极盐浴炉和埋入式电极盐浴炉两种，如图 7-53 和图 7-54 所示。

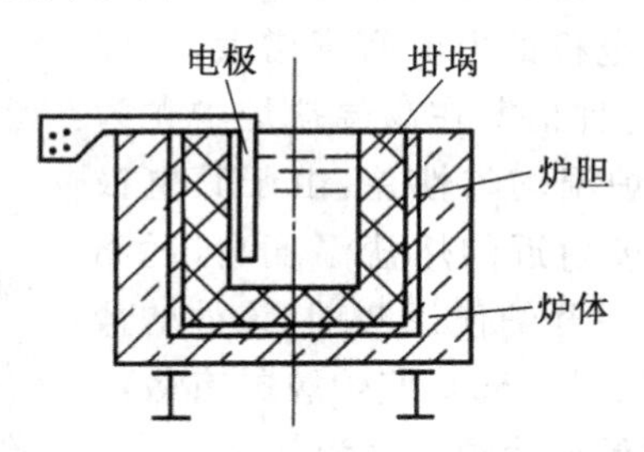

图 7-53　插入式电极盐浴炉示意图

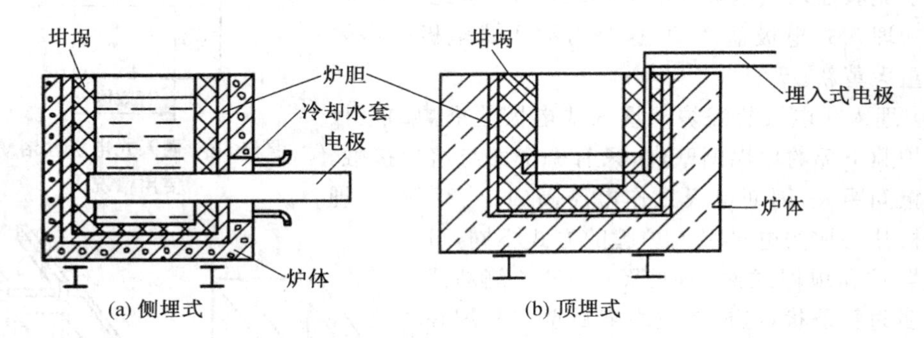

图 7-54　埋入式电极盐浴炉示意图

电极盐浴炉的工作原理是：在电极间通入低压（安全电压 36 V 以下）、大电流（几百至几千安培）的交流电，利用熔盐本身的电阻产生的热量将盐熔化，并加热到工作温度。

以插入式电极盐浴炉为例，熔盐在电磁作用下，具有明显的搅拌作用。图 7-55 为熔盐的电磁搅拌作用示意图。当电流通过电极时，电极周围产生磁场，磁力线方向按右手定则决定。又根据左手定则，磁场、电流与导体质点的受力方向相互垂直，两电极间任一位置的熔盐（导体）即受一向下的力而运动，盐面的熔盐随之补充。如电流为相反的方向，磁力线也随之改变方向，但电极间熔盐质点的受力方向却始终向下。熔盐在电磁作用下强烈循环，有明显的搅拌作用，促使熔盐温度均匀。

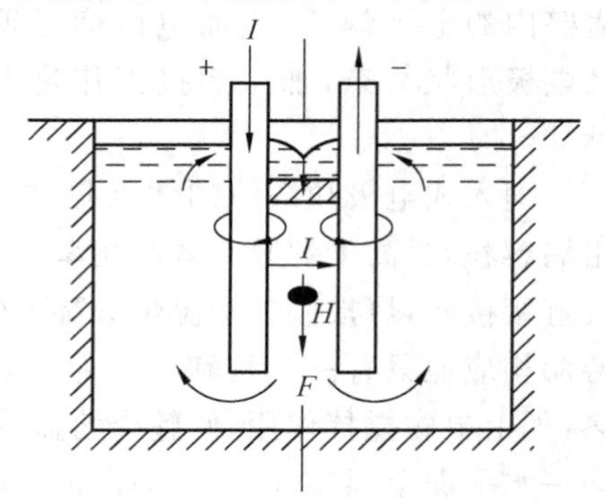

图 7-55　熔盐的电磁搅拌作用

（2）插入式电极盐浴炉　插入式电极盐浴炉的结构如图 7-53 所示，它的电极由坩埚上方直接插入盐槽中，电极和坩埚可分别制造及更换。电极一般为棒状，断面常用圆形，少数电极用板状。电极材料一般用低碳钢，个别也有用不锈钢（抗硝盐腐蚀）或高铬钢（抗高温氧化）。电极电压通常为 5.5～17.5 V。用棒状电极时，由于其电极间距小（20～70 mm），电极间的熔盐内电流密度高，所以电极区内的熔盐受电磁搅拌作用强烈。坩埚炉膛形状有方形、圆形或多角形。小功率盐浴炉用单相，大功率的用三相。

插入式电极盐浴炉的优点是：结构简单，坩埚和电极可单独更换，电极的制造、装卸方便，电极间距可调。其缺点是：坩埚容积利用率低，一般仅为 2/3，其余 1/3 被电极区所占据,不能用于加热工件,浪费大量电力;电极寿命短,由于电极自上方插入盐浴,电极与盐面交界处极易氧化,造成缩颈现象(见图 7-56):缩颈处电极的电流密度增大,温度升高,更加速了电极的烧损,这种情况在高温盐炉中尤为突出,因而其电极寿命很短;炉温均匀性差,由于其电极布置在炉膛一侧,因此,在电极附近的熔盐温度高,远离电极一侧的坩埚底部温度低,在开炉使用初期,该处的盐不能熔化,形成“炉底斜坡”(见图 7-56),使炉膛的有效深度大大减小。此种情况在中、低温盐炉中最为常见。

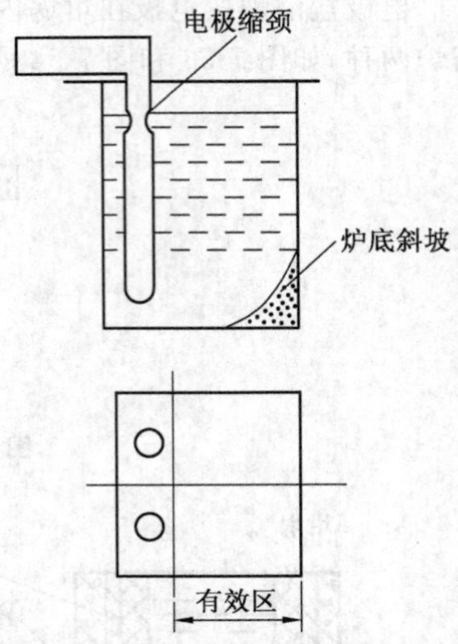

图 7-56　插入式电极盐浴炉的使用情况

为了克服插入式电极盐浴炉的缺点,20 世纪 70 年代研制成功埋入式电极盐浴炉,这是对插入式电极盐浴炉的一次重大革新。

(3) 埋入式电极盐浴炉　埋入式电极盐浴炉的电极砌筑在炉膛下部的坩埚侧壁内,只有一个面与熔盐接触,而且电极间距大,因而电极工作电压高(11～35 V)。埋入式电极盐浴炉按电极引入炉膛的方式不同,可分为侧埋式和顶埋式两种(见图 7-57)。侧埋式电极大多为直条状,电极穿过坩埚后壁水平埋在坩埚的两侧壁内(见图 7-57(a)),为防止坩埚漏盐,电极柄处一般有水冷套。顶埋式电极柄由顶部垂直埋入坩埚壁中,下端再与埋在炉膛下部坩埚壁内的电极焊透,因而电极柄无须水冷套,但其电极形状复杂,加工焊接工作量大,坩埚砌筑麻烦。

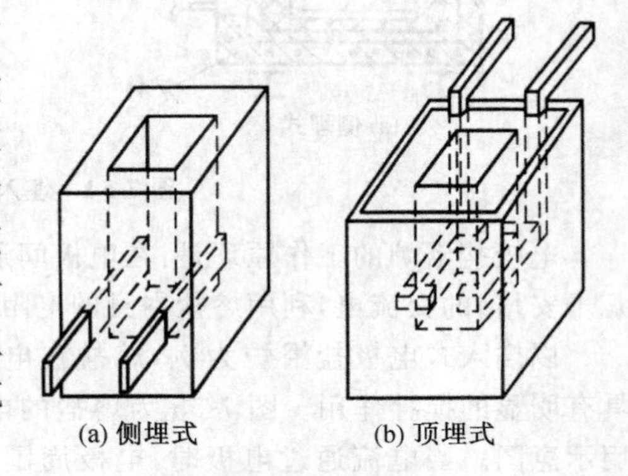
(a) 侧埋式　(b) 顶埋式

图 7-57　埋入式电极盐浴炉

埋入式电极盐浴炉的优点是:由于电极不占坩埚容积,提高了炉膛有效利用率,在生产率相同时可节电 20%左右;电极寿命长,不与空气直接接触,烧损慢。中温炉和高温炉的电极寿命分别为半年和 40～45 天,而插入式电极寿命相应地只有一个月和一周左右。由于电极埋在盐槽底部,有利于熔盐的自然对流换热,加上电磁搅拌作用,使整个熔盐内温度较均匀。一般沿深度方向的温差在 10 ℃以内,同一水平面上温差 3～4 ℃,而插入式分别为 10～25 ℃和 10～15 ℃,而且操作方便,启动快,捞渣容易。

其缺点是:坩埚砌筑麻烦,寿命短。一般中温炉坩埚寿命为 0.5～1 年。由于电极砌死在坩埚侧壁内下部,使用时电极间距无法进行调节,若电极尺寸设计不当,容易造成功率过大或过小,对三相盐炉还会造成三相电流不平衡,严重时甚至使盐炉无法正常工作。电极与坩埚不能单独更换。

浴炉常用浴剂的种类及其使用温度范围见表 7-12。

表 7-12　浴炉常用浴剂的种类、熔点及其使用温度范围

(a)

介质成分/%质量	熔点/℃	使用温度范围/℃	介质成分/%质量	熔点/℃	使用温度范围/℃
100%$BaCl_2$	962	1 100～1 350	100%$NaNO_3$	308	350～600
100%NaCl	800	850～1 100	100%$NaNO_2$	217	300～550
100%KCl	776	800～1 000	100%NaOH	322	350～700
100%$CaCl_2$	772	800～1 000	100%KOH	260	400～650
100%KNO_3	333	350～600	100%Pb	327	350～850

(b)

油 浴	闪点/℃	使用温度范围/℃	油浴	闪点/℃	使用温度范围/℃
24 号汽缸油	240	≤210	65 号过热汽缸油	325	≤300
38 号汽缸油	290	≤250	72 号过热汽缸油	340	≤300
52 号过热汽缸油	300	≤260			

几种熔盐的物理性能见表 7-13，熔盐的电学性能见表 7-14 至表 7-16。

表 7-13　几种熔盐的物理性能

物理性能	碱金属亚硝酸盐和硝酸盐的混合盐	碱金属硝酸盐的混合盐	碱金属氯化物和碳酸盐的混合盐	碱金属氯化物的混合盐	碱金属与碱土金属氯化物的混合盐	碱土金属氯化物
熔点/℃	145	170	590	670	550	960
密度(25℃)/(kg/m³)	2 120	2 150	2 260	2 050	2 075	3 870
工作温度/℃	300	430	670	850	750	1 290
在工作温度时的密度/(kg/m³)	1 850	1 800	1 900	1 600	2 280	2 970
固体比热容/[kJ/(kg・℃)]	1.34	1.34	0.96	0.84	0.59	0.38
液体比热容/[kJ/(kg・℃)]	1.55	1.51	1.42	1.09	0.75	0.50
溶解热/(kJ/kg)	127.7	230.3	368.4	669.9	345.4	182.1

图 7-14　氯化钡与氯化钠混合盐在 900 ℃的电导率(γ)和电阻率(ρ)

氯化钡/%	0	35	52.5	65.4	74.5	88.2	95.0
γ/(Ω/cm)	3.75	3.11	2.74	2.59	2.3	2.2	1.94
ρ/(Ω・mm²/m)	2 660	3 210	3 658	3 860	4 320	4 520	5 150

表 7-15　氯化钡与氯化钠在不同温度下的电导率(γ)和电阻率(ρ)

温度/℃		800	900	1 000	1 100	1 200	1 300
氯化钠	γ	3.330	3.770				
	ρ	3 000	2 660				
氯化钡	γ			2.050	2.310	2.520	2.740
	ρ			4 870	4 330	3 960	3 650

表 7-16　氯化钡与氯化钠混合盐在 900 ℃的电导率(γ)

$NaNO_3$（熔点 308℃）	温度/℃	320	350	380	400	420	440	480	500
	电导率/(Ω/cm)	1.027	1.173	1.305	1.384	1.458	1.528	1.658	1.716
KNO_3（熔点 333℃）	温度/℃	340	380	400	420	450	500		
	电导率/(Ω/cm)	0.634	0.760	0.821	0.882	0.970	1.107		

(4) 电极盐浴炉的启动　固态盐的电导率很小，所以电极盐浴炉不能用电极直接启动。下面介绍几种常用的启动方法。

① 金属启动电阻。用金属启动电阻通电后产生的热量将盐熔化，然后在熔盐导电的情况下，再用电极通电将熔盐加热至工作温度。金属启动电阻一般用低碳钢制成。

插入式电极盐浴炉的金属启动电阻带如图 7-58 所示。金属启动电阻带用 20 mm×20 mm 方形低碳钢制成，展开长度约 1 500 mm，其截面电流每平方米不大于 20 A。金属启动电阻带尽量靠近电极，使电极附近的盐能较快熔化，以缩短启动时间。

埋入式电极盐浴炉的金属启动电阻可用直径 16～20 mm 的低碳钢绕成螺旋状，螺旋直径可选用 80～120 mm，共 4～6 圈，螺距 25～35 mm，如图 7-59 所示。金属启动电阻两端与电极之间应各留出 5～10 mm 空隙，避免使用时启动电阻碰到电极。启动电阻放置位置应靠近主电极，以保证主电极附近的盐经启动电阻熔化后立即导通主电极，缩短启动时间，一般在 3 h 内就能从冷炉升至工作温度。如果启动电阻位置远离主电极，将大大延长启动时间。

启动电阻引出棒的截面尺寸不应过大，以便开炉启动时使启动电阻引出棒周围的盐能同时熔化，这样底部盐便与大气相通，以免底部盐熔化后体积膨胀，发生熔盐喷射现象。启动电阻引出棒的截面积一般应比启动电阻的截面积大一倍，截面太小容易烧损。

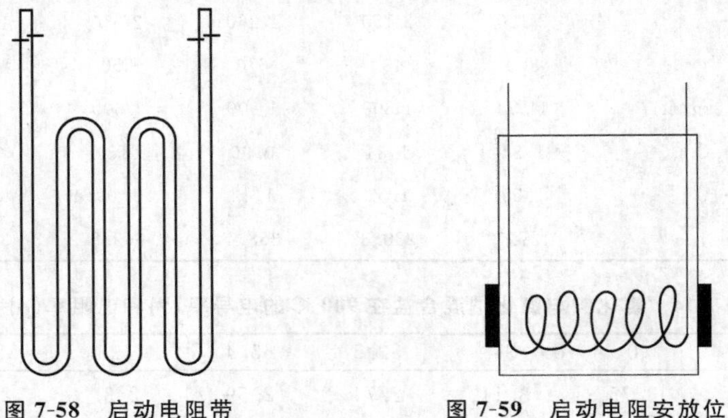

图 7-58　启动电阻带　　图 7-59　启动电阻安放位置

每次停炉前将启动电阻放入熔盐中。启动电阻在盐槽中的位置要尽量靠近主电极，同时应尽可能放在坩埚底部。一般采用单相启动电阻。由于启动电阻的冷态电阻小，为防止启动电流过大，盐炉变压器最好先用低挡，待启动电阻温度升高后，再提高挡数，当主电极之间的盐熔化后，立即将启动电阻与电极柄脱开，随后将盐炉变压器调到高挡，使熔盐直接通电加热，这样既缩短了启动时间，又延长了启动电阻使用寿命。

② 加入“654”碳粉直接启动。近年来用“654”碳粉(主要是活性炭，并加入一定数量的中性盐制成)造渣，并在炉底加一块低碳钢辅助底板作为埋入式电极盐浴炉的直接启动方法。使用时在熔盐表面撒一定量“654”碳粉，使其在随后的熔炼过程中与盐浴中的含铁氧

化物作用，形成烧结物。烧结物密度大，能沉底，且具有较大的电导率。通过辅助底板与主电极构成通路，使盐在较短时间内熔化，如图7-60所示。“654”碳粉含有碳成分，不能用于硝盐内，以免爆炸。

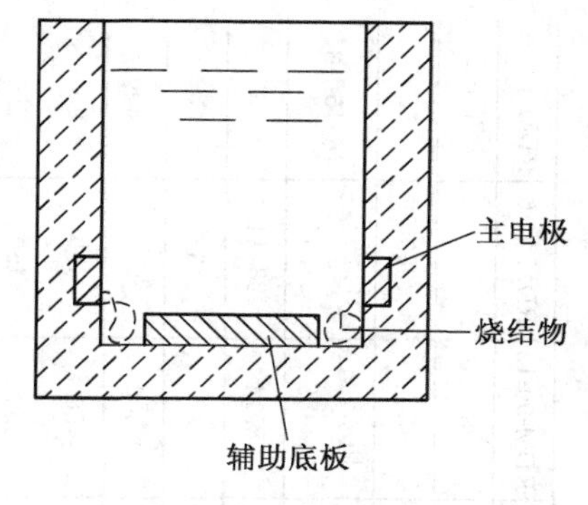

图7-60 碳粉直接启动盐炉示意图

用此法启动盐炉，造渣需要一个过程。在“654”碳粉和铁的氧化物尚未形成烧结物前，盐炉还需用金属启动电阻进行启动，只有在形成烧结物后方可直接启动。直接启动法的优点为不用装卸启动电阻，大大减轻了劳动强度。

③ 高电压击穿炉渣启动。电极盐浴炉启动还可采用盐渣击穿启动。盐炉启动时，在电极两端施加较高的电压（110～380 V），将沉积于坩埚底部的炉渣击穿导电。击穿导电后仍不能立即改用盐炉变压器供电，因这时的熔盐电阻很大，而盐炉变压器的电压太低，不足以使其导通，故仍需施加较高的电压。为防止电流过大，需逐渐降压供电。所以，此种启动方法需配备一套可控硅调压器，或将盐炉变压器进行改装，以便盐炉启动时能输出较高的电压。

为缩短击穿的距离，降低电极之间的电阻，有的在盐槽底部放置铁板，但应注意防止电极被短路。

目前电极盐浴炉的快速启动方法很多，除高电压击穿快速启动外，尚有副电极快速启动法、小熔池快速启动法、导流器法、中性板启动法等。以上各种启动方法中，除金属启动电阻使用较为成熟外，其余各种直接快速启动方法还在不断试验改进中。

RDM系列埋入式电极盐浴炉规格与主要产品参数见表7-17。

7.2.5 流动粒子(假液态)电加热设备

流动粒子电炉与内热式热处理盐浴炉从热源和热交换形式来说，基本是一样的。它们都利用电流在液态或假液态导体介质内的电热效应产生热能，然后依靠介质本身以对流或直接传导等热交换方式，将热能传给工件。所以流动粒子电炉的设计，从设计步骤、计算来说，基本上和盐炉相似。只是由于流动粒子电炉在流态化技术上的一些特点，为了尽量减少流化床内产生流股的因素，获得较宽的密相液态料层，以便得到较好的流化质量和控温质量，在设计前，对于炉型、炉膛尺寸、电极布置、流化气及电功率选配等因素，都要根据流动粒子炉的特定条件进行慎重考虑。

“流态化”是指固体粒子受到流体浮力的作用后悬浮起来，粒子在流体推力的作用下相互分离，上下、左右碰撞运动的过程，又叫作流化、假液化、沸腾过程等。公元前约30年中国发明了鼓风筛选谷物、浮选法淘金等，形成了利用风力、水力流化固体粒子的古典流态化技术。工业上大规模应用流态化技术是从20世纪初开始的。1921年，德国第一台流化床煤气发生炉——温克勒气体发生炉问世。1948年，美国建立的大型浮砂床干燥器，显示出了流化床设备生产力大、效率高等优点（这台干燥器直径1.73 m，每小时可处理50 t矿石）。

因为流态化设备生产能力大、效率高、可控因素多，很快在化工、石油、机电、塑料、航空、食品、原子能和冶金工业部门引起重视。

表 7-17 **RDM** 系列埋入式电极盐浴炉规格与主要产品参数

名称		单位	RDM-20-8	RDM-25-13	RDM-30-8	RDM-45-13	RDM-30-6	RDM-45-8	RDM-70-13	RDM-45-6	RDM-70-8	RDM-90-13	RDM-90-6	RDM-130-8
额定功率		kW	20	25	30	45	30	45	70	45	70	90	90	130
电源电压		V	380	380	380	380	380	380	380	380	380	380	380	380
电极电压范围		V	12～29.2	12～29.2	14.48～30.74	14.40～30.50	14.48～30.74	14.48～30.59	16.15～34	14.48～30.59	16.15～34	16.25～34.55	16.25～34.55	16.15～34
额定电极电压		V	24	24	25.12	25.2	25.12	25.1	28	25.1	28	28.14	28.14	28
相数					3	3	3	3	3	3	3	3	3	3
额定工作温度		℃	850	1 300	850	1 300	650	850	1 300	650	850	1 300	650	850
炉膛尺寸	长	mm	200	200	300	300	350	350	350	450	450	450	900	900
	宽	mm	200	200	250	250	300	300	300	350	350	350	450	450
	深	mm	600	600	700	700	700	700	700	700	700	700	700	700
空载功率		kW	8	13	13	26	8	18	36		24	50		50
主体外形尺寸	长	mm	860	860	960	1 060	1 010	1 010	1 110	1 110	1 110	1 210	1 560	1 560
	宽	mm	860	860	910	1 010	960	960	1 060	1 010	1 010	1 110	1 110	1 110
	高	mm	935	935	1 070	1 070	1 070	1 070	1 070	1 070	1 070	1 070	1 070	1 070
质量		kg	1 000	1 000	1 230	1 360	1 520	1 530	1 730	1 627	1 640	1 770	2 700	2 670
设计用盐			70%$BaCl_2$ 30%NaCl	100%$BaCl_2$	70%$BaCl_2$ 30%NaCl	100%$BaCl_2$	50%$BaCl_2$ 20%NaCl 30%KCl	70%$BaCl_2$ 30%NaCl	100%$BaCl_2$	50%$BaCl_2$ 20%NaCl 30%KCl	70%$BaCl_2$ 30%NaCl	100%$BaCl_2$	50%$BaCl_2$ 20%NaCl 30%KCl	70%$BaCl_2$ 30%NaCl

(1) 原理　机械零件、刀具、工具等在制造过程中，如果在接触空气的条件下加热，工件经常会发生氧化、脱碳及变形。因此，为了提高产品质量，充分发挥钢材的成分所能提供的潜在性能，避免上述不利因素的影响，如何改进、研制更理想的加热设备，就成为热加工专业人员关心的一项重要课题。在加热设备的改进发展过程中，真空炉、可控气氛炉、盐浴炉等加热炉，尤其受到了重视、研究和运用。20 世纪 50 年代，一种新型的少氧化、升温快、省电、生产效率高、工件处理后质量好的无公害加热设备——流动粒子电炉，引起了广大专业人员的关注。

流动粒子电炉的炉膛内不是用熔盐或熔化了的金属作为加热介质，也不是在真空状态下加热，而是在炉膛内装上一定数量的固体小粒子(如石英砂、刚玉砂、锆砂、金属微粒、石墨粒子等粒子)，从炉体底部向炉膛内提供一定流量的气体(见图 7-61)，造成固体粒子悬浮翻腾，形成类似液体沸腾一样的假液态的加热炉，在金属加热设备系列型谱中称为流动粒子炉。

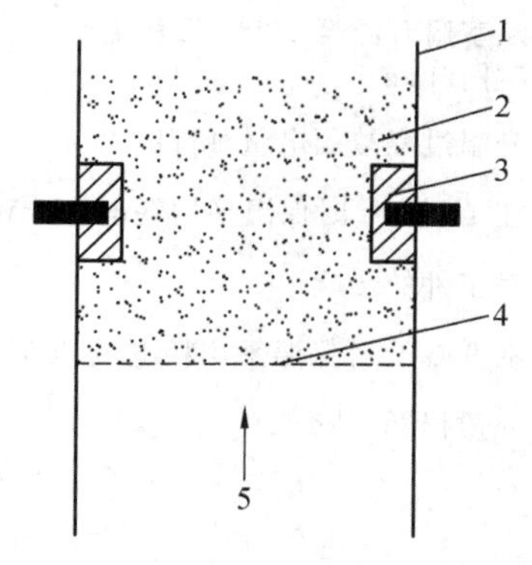

1—炉壁；2—固体粒子；3—电极；
4—透气元件；5—气体入口处

图 7-61　流动粒子炉原理示意图

流动粒子炉与其他类型浴炉一样，也分为内热式和外热式两种。图 7-62 是利用设置在炉内的电极将电能供给导电石墨粒子，石墨粒子在电场作用下，既依靠自身的电热效应发热，又依靠其本身部分燃烧所产生的热量对炉内物体加热，这种流动粒子炉称为内热式流动粒子炉，简称为流动粒子炉。图 7-63 为利用加热元件间接加热非导电体介质(如砂子、玻璃球等)的外热式流动粒子炉。

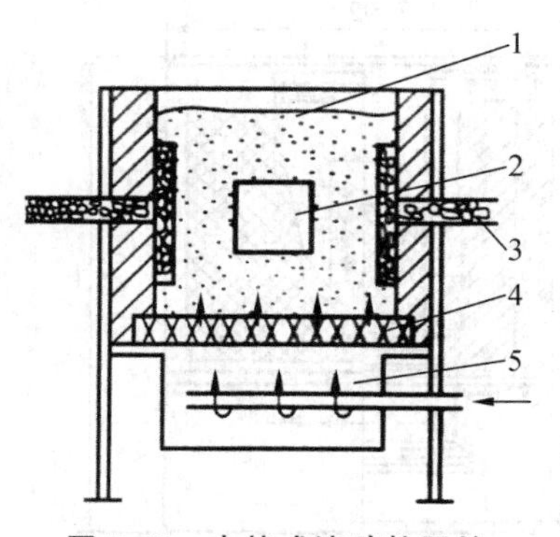

图 7-62　内热式流动粒子炉

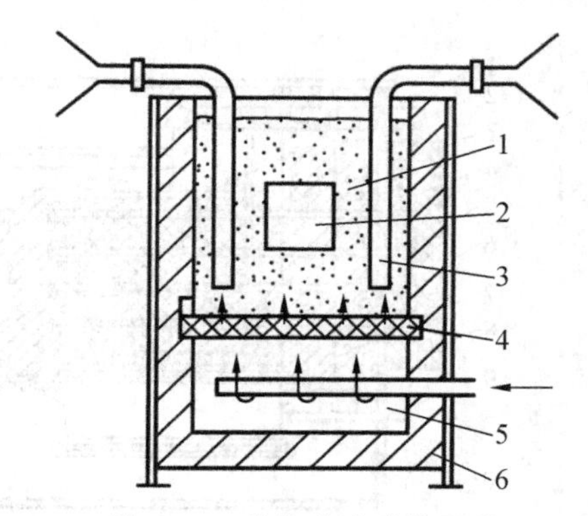

图 7-63　外热式流动粒子炉

1—固体粒子；2—工件；3—加热器；4—透气元件；5—风室；6—炉体

表 7-18 列出流动粒子炉与盐浴炉主要参数的比较，从中可以看出它的一些特点。

诚然，假液态作业的流动粒子电炉与常见熔液炉相比，有会产生溢流的缺点，而且，操作电压多在 32 V 以上，但是，由于这种炉子处理后的工件表面质量较好，而且具有炉膛升温快、炉龄长、操作方便、节电等长处，所以研制者甚为踊跃。

表 7-18　流动粒子炉与盐浴炉主要参数对比

项　目	盐浴炉(工作炉膛 300 mm×300 mm×450 mm)	流动粒子炉(工作炉膛 300 mm×300 mm×450 mm)
炉体造价/元	1 500	900
最高工作温度/℃	1 300	1 300
设备灵活性	高、中、低温分设	150～1 300 ℃任定
从室温升温至 1 280 ℃所需时间/min	300～400	35～75
升温过程总用电量/kWh	352	37.7
在 1 300 ℃时保温平均耗电量/kW	27.5	22.10
对工件的影响	粘盐、有浸蚀	表面光洁、少浸蚀
在 900 ℃时保温平均耗电量/kW	15～17	8～10
介质损耗/(kg/h)	0.6～0.8	(在 1 300 ℃时)2±0.5
操作情况	(1) 要启动电极,工件要烘干 (2) 盐浴要脱氧 (3) 淬火后要去盐 (4) 炉墙电极腐蚀大 (5) 盐汽有毒,劳动条件差	(1) 工件带水入炉不会爆炸 (2) 淬火后表面光洁 (3) 可任意调节温度 (4) 开、关炉方便,劳动条件好 (5) 炉墙及电极寿命长

(2) 炉体和供电方案　中国第一台流动粒子电炉(电云炉)炉体和电气控制如图 7-64、图 7-65 所示。流动粒子电炉之前各种常见供电方案的比较见表 7-19。

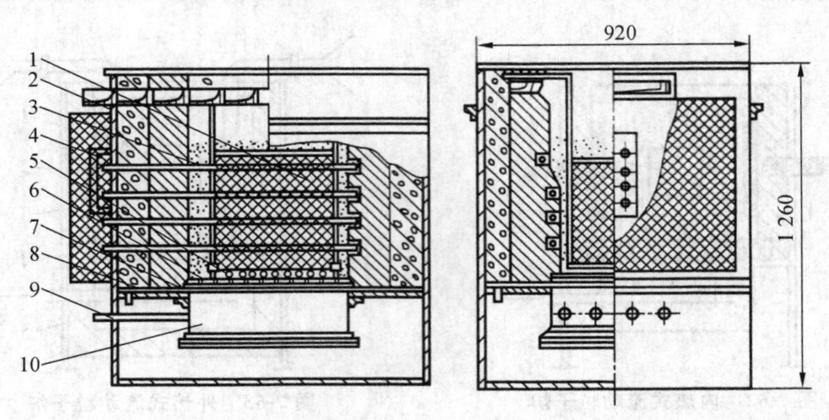

1—屏蔽(同电位)网篮;2—吸尘器;3—八根石墨电极;4—安全罩;5—耐热砂;6—金属丝布透气板;7—上炉体炉底板;8—下炉体;9—四根进风管;10—单层风室

图 7-64　流动粒子电炉(电云炉)炉体

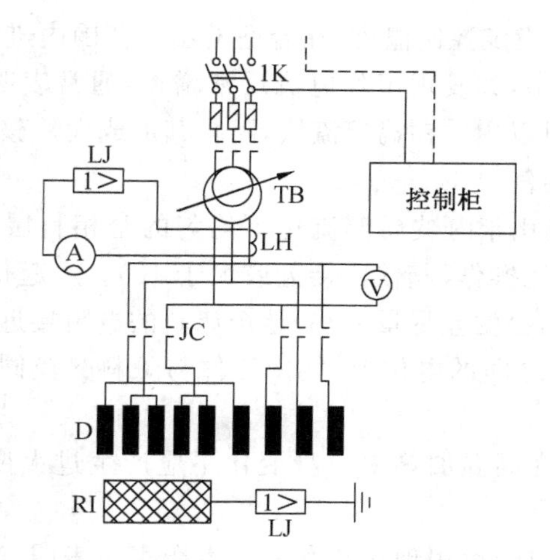

1K—铁壳开关；TB—40 kW 三相调压器；LH—电流互感器；D—石墨电极；
LJ—过流继电器；RI—炉内屏

图 7-65　电云炉电气控制原理图

表 7-19　流动粒子电炉之前各种常见供电方案的比较

特　征	感应调压器为主	电焊机为主	利用旧盐炉变压器为主	磁性调压器为主	可控硅调压器为主	可控硅调功器为主
已有运用功率/kW	75	75	100	100	35	120
电流输出范围/A	35～600	80～1 000	800～2 000	35～1 500	0～400	0～1 500
输出可调范围/%	5～95	30～100	30～100	7～93	0～95	0～95
噪声	小	小	大	较大	小	小
变压器相对体积	大	中	中	大	小	中
全套电器占地面积	大	中	中	大	小	中
能否与 PID 调节器相结合	能	能	否(两位式)	能	能	能
控温可达精度/℃	±15	±15	±15	≤±5	≤±5	≤±5
维修难度	大	小	小	中	大	大

(3) 生产操作　流动粒子电炉的生产操作，一般属于非安全电压(36 V 以下为安全电压)下的带电作业，因此凡接触炉子的人必须具有安全作业的知识；操作时穿着无金属钉的工作鞋，戴布制手套，以防操作时造成炉池—人—大地的漏电导电回路。

通常开炉程序如下：

① 除尘器电源合闸。

② 除尘器排气、除尘工作达到正常情况后，向炉池石墨粒子料层送风，使其达到应有的流态化状态。

③ 控制柜(如可控硅调功器)电源合闸。

④ 在排风除尘、电极水冷、控制柜内可控硅冷却及供气等确认正常的情况下，向炉子供电，供电方式可依操作者需要给予手控或自动控制。

⑤ 按热处理工艺要求设定控制温度，在合适的温度范围内进行生产。

升温阶段或生产运行中，如发现工作电流反常增大，通常表明耐热砂与石墨粒的过渡区已经出现"烧结"，这时可以用铁钩捣碎渣块，阻止其形成大片整块结渣所造成电的短路。如果烧结严重，则需停电捞渣。

⑥ 为了防止工件在流化床内被局部流化不均匀的密相料层的大电流烧伤，对于形状复杂的工件应采用大起伏比操作(起伏比接近或大于 10)。大起伏比操作可以造成较激烈的翻滚沸腾，使整个床料的密度差尽量变小，整个床料的电阻接近一致，即大大缩小了在有效加热区中工件上各棱角之间的电位差，促使工件与炉料交换同步，避免工件被大电流烧伤，并减少工件的加热变形。

⑦ 装挂工件的吊具，在高温加热中自身变化不应产生过大变形，以防工件因吊具(吊篮)变形而坠落炉底。

(4) 国内外流动粒子电炉运用现状及发展　生产实践表明，流动粒子电炉不仅适用于模具钢、结构钢、耐热不锈钢的加热，而且还成为常见钢铁、铝合金、铜合金、磁性材料等金属的无公害加热炉。为了获得优良的制品质量，人们希望经热处理后的零件有更好的表面质量。为此，防氧化、抗渗碳、不脱碳的真空加热炉、可控气氛炉等应运而生。同时，流动粒子电炉由于具有炉温较均匀、升温快、工件表面光洁、节电、灵活、设备简单、多用性强等一系列特点，仍深受热处理工作人员的欢迎。

当今流态化技术在各种热处理工艺中的应用实例见表 7-20。

表 7-20　流态化技术在热处理工艺中的应用实例

工艺名称	应用实例
(1) 淬火	合金钢、工模具钢(如长轴、锻模、压铸模、量具、塑料制品模具等)的无氧化淬火加热
(2) 等温淬火 分级淬火	合金钢、工模具钢的分级淬火；钢丝的索氏体化处理(Patonting 处理)； 弹簧钢、球墨铸铁的贝氏体等温淬火
(3) 回火	合金工具钢、高速钢真空淬火后的回火、弹簧的中温回火、调质件高温回火、厚壁大工件及工模具的低温回火
(4) 退火	铸焊工件除应力和退火、锻造余热退火，冷挤压件及冷拔钢管的再结晶退火
(5) 预热	铝压铸模使用前的预热，合金钢煅前预热
(6) 固溶处理	不锈钢的固溶处理，铝合金的固溶处理及时效
(7) 表面处理	碳钢、合金钢的渗碳及碳氮共渗，氯化钢、合金工具钢、不锈钢的渗氮、软氮化、氧氮化、发蓝处理等
(8) 其他	处理易淬火变形及开裂的零件及要求均匀热处理的工件(如轧辊、轴等)

与常规热处理技术相比，流态化热处理技术是将被处理工件浸在导热粒子流动层内，像浸在看上去像水一样翻滚沸腾的电热粒子假液状气一固相中，进行的热交换过程具有以下的特点：

① 加热强度大。流态床的传热系数比自然对流高 15～25 倍，比高速对流高 5～8 倍。由图 7-66 可见，在流态炉内工件的加热速度与盐浴炉、铅浴炉相当，明显优于普通热处理炉。当高温加热时，它的加热速度比普通热处理炉快 3 倍。由于加热速度快、热效率高，节电、节能的效果显著。

② 炉温均匀性好，适应性广，流态炉炉温均匀性一般可在±2 ℃以内。流态炉的使用温度范围宽，可从室温至1 200 ℃，且无“三废”问题。

③ 有优异的化学热处理效果，渗速快，效率高。要求渗层厚度为0.10～0.12 mm的H13热模具钢，用井式炉气体渗氮时，需72 h，而用流态炉渗氮只需16 h。

④ 炉气易调节，热处理质量重现性好。可用不同气体作流化气，实现表面化学热处理或保护加热(见表7-21)，且一般在2～3 min内，就可将炉床中99%的气氛予以更换。此外，热处理结果的重现性好，并有利于应用微机控制工艺过程。

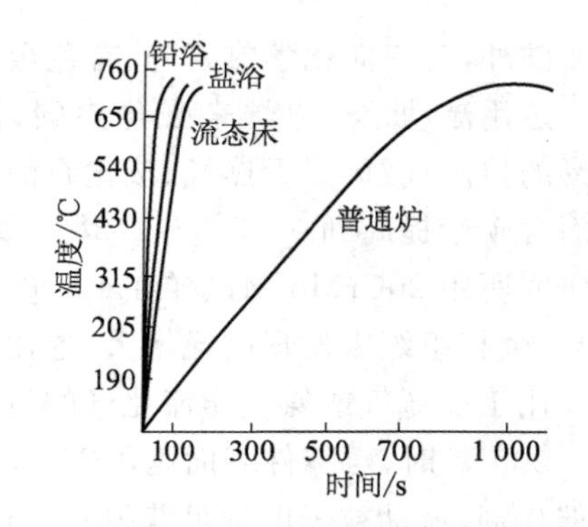

图7-66 直径15.3 mm钢棒在不同条件下的加热速度

⑤ 可一炉多用。只要改变工艺温度和气氛，各种热处理工艺即可在同一台液态炉中分期完成。加拿大Can-Eng公司的流态炉，8 h内可完成渗氮、光亮回火、光亮连火、渗氨4炉次的处理工序。

⑥ 流态热处理的成本较低。德国Schwing公司1981年时流态炉加热的生产成本为0.19马克/kg，而盐浴炉为0.34马克/kg；美国DynamicMetalTreating热处理专业厂也取得极良好的效益。可见，采用流态化热处理技术是节能及减少热处理设备投资的有效途径。

表7-21 流态炉流化气的选择

处理工艺		流化气						
		Ar	N_2	C_3H_3	CHOH	NH_3	CO_2	水蒸气
保护加热	光亮	○						
	无氧化		○					
表面处理	渗碳		○	○	○			
	碳氮共渗		○	○	○	○		
	软氮化		○	(○)		○	(○)	
	氮化		○			○		
	氧化		○					○

⑦ 冷速范围窄。流态床的冷速介于油和空气之间，可作为高合金钢的淬火、分级淬火和等温淬火的冷却介质，也可替代盐浴淬火、铅浴淬火的冷却介质。由于流态床有冷却能力范围不宽、冷却速度不够大的缺点，目前正在研究采用空心刚玉球作介质。在钢的珠光体转变温度范围内用大风量(2 m^3/h)快冷，而当冷却至马氏体区域内时，则改用小风量(0.9 m^3/h)慢冷，可减少变形。在流态床中添加水，或以氮、氢、氦为流化气，可提高其在高温区的冷却能力，氢有最大的冷速，氮的冷速最小。

(5) 流动粒子电炉设备进展　由于流动粒子电炉具有的特性，近年来在研制和多功能使用等方面都取得很大进展，除了高温(1 150 ℃以上)作业，在采用防护涂料的措施方面有所突破外，现正向化学热处理、有色金属热处理及冷却处理等各个领域发展。

运用流动粒子电炉来强化渗碳，国内外已有不少研究和成果报道，在流化气内混合25%的控制气氛（如天然气、液化石油气等），保温在950 ℃，1.5 h，可使12CrNi3钢的工件表面含碳量提高到0.95%～1.2%，渗碳层达0.8～1.0 mm深。铁道部戚墅堰机车车辆工艺研究所用20CrMo钢试样在1 100 ℃保温1 h，获得无附加气渗碳深度1.1 mm的成果，并且，金相组织未发现明显增大，这比通常气体渗碳炉渗碳速度要快1倍。

用工业氮气或氨气作流化气的流动粒子电炉，当供给100 Hz脉冲电源、电压降范围高达1 000 V时，对零件表面施用15 A/cm^{2}的电流密度，取550 ℃为氮化温度，添加氰化钡作催化剂，流动粒子电炉可获得0.7 mm/h的一次软氮化深度。

石墨粒子作淬火、正火、退火的冷却剂，可以作为仅次于水和变压器油之后的冷却剂。芜湖船厂的铝合金淬火，将80 ℃热水浴改为氧化铝流化床冷却，提高了产品质量，并每小时节约了近360度电。

大多数专家和流动粒子电炉使用者认为，针对模具的热处理具有钢种多变、批量少、品种多、技术要求高等特点，应用多功能、灵活性强的软流态热处理技术能很好地适应这些要求，且用一台流态炉即可完成工模具的退火、淬火、回火及表面处理等所有工艺。此外，对W6Mo5Cr4V2，3CrZWSV，Cr12，H13钢等工模具也可用流态床进行淬火冷却。工模具淬火后不需要清洗，表面光洁，且变形开裂倾向小。回火还可与氮化结合进行。如H13钢压铸模，在流态炉中加热至1 060 ℃保温一定时间后，即可在室温流态炉中进行淬冷，淬火不经清洗，即可入520 ℃流态炉中回火10次，第三次回火时通入N_2+NH_3流化气，回火的同时进行表面渗氮处理。

用流态炉对工模具进行退火返修，则更为方便，只需将返工的工模具放入已加热至退火温度的流态炉中，保温结束并停电后，将工件埋入刚玉砂中缓冷即可。但为防止脱碳，可通入少量氮，但无需形成流态床，待冷到约550 ℃呈暗红色时，便可出炉空冷。

对于经过真空淬火的W6Mo5Cr4V2钢、H13钢、Cr12钢工模具，用流态炉进行回火和表面处理，可获满意的结果，可克服真空炉回火加热速度慢、温度分布不均等缺点。

近年来，国外充分利用流态热处理技术的优点，已发展了一些颇具特色的流态热处理新工艺，效果较好。

美国Procedyne公司制造的流态床连续渗碳、淬火、回火装置，专门用于处理SAE8620钢汽车传动齿轮。其处理能力为272 kg/h。热处理规范为：在927 ℃渗碳84 min后，直接淬入有机溶液介质中，清洗后于177～204 ℃回火，总硬化层厚度为0.57～0.66 mm。工件每7.5 min出炉一次，炉内采用链传动，炉间用摇臂传递机构。利用流态炉较易进行CD渗碳（Carbide-dispersion Carburizing），其结果可使渗层表面碳浓度高达23%，碳化物量达50%以上，且碳化物呈细小颗粒状，均匀分布在渗碳层表面层，CD渗碳件淬火回火后可获得很高的硬度和十分良好的耐磨性。利用流动粒子电炉流态低温复合化学热处理时，工件在氮气流态床中升温后通入天然气，最后通入湿氮气30 min进行蒸汽发蓝处理，可显著提高工件的耐磨性及耐腐蚀性，且其外表面有蓝黑色的美丽光泽。经流态渗氮、软氮化或流态软氮化＋氧化处理的工件，浸入一种聚合物的乳浊液中，可使在软氮化层的外表面形成一层有机涂层，这是一层持久的、能自行愈合的薄膜。此乳浊液还能渗入软化的多孔表层，封闭孔隙。

日本Johu Arai对流态床渗铬、渗硼做了系统研究。所用的渗铬剂为1%～40%铬、0.1%～1.0%NH_4Cl，余量为Al_2O_3。渗硼剂为40%B_4C，0.1.%～1.0%KBF_4(或NH_4Cl)，余量为Al_2O_3。粉末粒度为80～150目。处理时以氩气为流化气(供应量为1.5～10 L/min)，处理温度为800～1 000 ℃。研究结果表明，渗层深度较均匀，渗剂粉末不黏结工件表面；工件或试样可直接放入处于处理温度的流态炉内，处理完毕后，可直接淬火。流态床渗铬、渗硼渗层的厚度与固体粉末渗铬(渗硼)相接近。日本国际电工(株)指出，用碳化硼、氟化硼和碳粉的混合粉粒的流态炉进行渗硼时，处理温度为1 000 ℃，用空气作流化气。因空气中的氮分压对渗硼有不利影响，所以，应控制空气的输入量。空气中的氧在与碳作用时所形成的CO和CO_2，有助于抑制FeB的形成，促进Fe_2B相的成长。日本专利介绍，在7%～2%碳化硼、21%～23%非晶态硼和硼铁粉的流态床中，在950～1 050 ℃时可成功地进行渗硼。

低温流态复合化学热处理无“三废”，不污染环境，安全无毒，可代替那些有“三废”问题的电镀、磷化和化学镀及有毒的氰化。在某些情况下可用价廉的经流态低温化学热处理后的碳钢、低合金钢代替不锈钢，经济效益显著。

1Cr18Ni9Ti、4Cr14Ni14W2Mo等奥氏体钢在采用流态软氮化并以N_2-NH_3-CO_2，N_2-NH_3-C_3H_8为流化气时，其处理结果可与液体软氮化相媲美，同时不存在“三废”问题，且操作安全可靠。

7.3 真空电热设备

“真空”这一术语译自拉丁文Vacuo，其意是虚无。其实，真空应理解为气体较稀薄的空间。在指定空间内，低于一个大气压力的气体状态，称为真空。真空状态下气体稀薄程度称为真空度，通常用压力值表示。

很早以前，人们就把真空技术用于热处理炉，进行真空退火、回火、镀膜、钎焊、烧结等。20世纪60年代以来，由于宇航及电子计算机工业等的迫切需要，美国的海斯(Hayes)公司首先研制出气体冷却式和油冷式真空淬火炉。到了20世纪70年代由于石墨材料的使用，使真空热处理炉有了较大的飞跃。真空在热处理炉及其他方面的应用，见表7-22。

表7-22 真空在热处理炉及其他方面的应用

	用途	电炉类别及其特点	适用的材料	实用举例
真空热处理	光亮退火、正火、固相除气	有炉罐式或无炉罐真空电阻炉	Cu, Ni, Be, Cr, Ti, Zr, Nb, Ta, W, Mo，不锈钢等	电器材料、磁性材料、弹性材料、高熔点金属、活泼金属等
真空热处理	淬火、回火	具有强迫冷却装置的真空电阻炉	高速钢、工具钢、轴承钢、高强度合金钢	工模具、工夹具、量具以及轴承和齿轮等机械零件
真空热处理	渗碳、离子渗碳	同上，另具有渗碳气体引入装置	碳钢、合金钢	齿轮、轴、销等机械零件
真空热处理	离子渗氮	离子氮化炉	球墨铸铁、合金钢	工模具、齿轮、轴等机械零件
	烧结	电阻烧结炉、感应烧结炉、具有热压机构的烧结炉等	W, Mo, Ta, Nb, Fe, Ni, Be, TiC, WC, VC等	高熔点金属材料、超硬质工具、粉末冶金零件

续表

用途		电炉类别及其特点	适用的材料	实用举例
真空焊接	钎焊（无助焊剂）	电阻炉、感应炉	不锈钢、铝、高温合金	不锈钢、高温合金的钎焊，如飞机零件、火花塞等
	压接	电阻炉或感应炉，加压接机构	碳钢、不锈钢	
表面处理	化学气相沉积	电阻加热、感应加热、电子束加热	金属及其碳化物、硼化物等沉积于金属或非金属上	工具、模具、汽轮机叶片、飞机零件、火箭喷嘴等
	物理气相沉积	电阻加热、感应加热、电子束加热	金属、合金、化合物等沉积于金属、玻璃、陶瓷、塑料、纸张等上	各种材料的真空涂膜制品，工具、模具的表面超硬处理等

7.3.1 真空熔炼或热处理

其特点可简述如下：

(1) 与可控气氛炉相比，不需要优质可燃气体的气源，可节省能源。真空热处理炉由于采用比热容小、隔热效果好的材料作隔热屏，因而蓄热损失较小，炉子的热效率较高，可实现快速升温和快速降温。

(2) 经真空处理的工件具有理想的表面特性，不氧化、不脱碳、不增碳，因此工件表面的化学成分和光亮度可保持不变，这样便省去处理后的加工余量，大大节约了工时和原材料消耗。工件在炉内加热缓慢，内外温差较小。热应力较小，因而变形小，产品合格率高，可以降低成本。

(3) 真空热处理对工件有除气作用，从而提高了工件的力学性能延长了使用寿命。

(4) 真空炉操作安全，工作环境好，没有污染和公害。

(5) 处理的工件没有氢脆危险。对钛材和难熔金属，在真空中处理可防止表面脆化。

(6) 真空热处理炉一次投资额较大，但只要生产任务饱满，能很快回收成本。生产过程中成本与其他炉相比并不高，加之还具有广泛的社会效益，因而真空炉将不断在热处理行业推广应用。

7.3.2 真空热处理炉类型

(1) 外热式真空热处理炉　外热式真空热处理炉应用最早，结构简单，炉罐不水冷，故也称为热壁真空炉或真空马弗炉。该炉的基本结构如图 7-67 所示。工件放在可抽真空的炉罐中，从外部间接加热。为了减少炉罐所受的压力，有时将炉罐外部的加热炉膛也抽成低真空。

这种炉子多数采用电阻加热，个别也有用气体、液体燃料加热和感应加热。这种炉子炉罐材料的选择是个关键问题，应根据不同温度选用不同的耐热钢材。表 7-23 列出了常用的炉罐材料及最高使用温度。由于炉罐外部承受一个大气压力，工作时应保持必要的高温强度(1 000 ℃)，如 ϕ500～600 炉罐，若采用耐热钢板焊接，由于受钢板厚度的限制，故必须考虑有加强筋板。采用离心铸造的方法是较理想的，一般壁厚可取 15～20 mm。

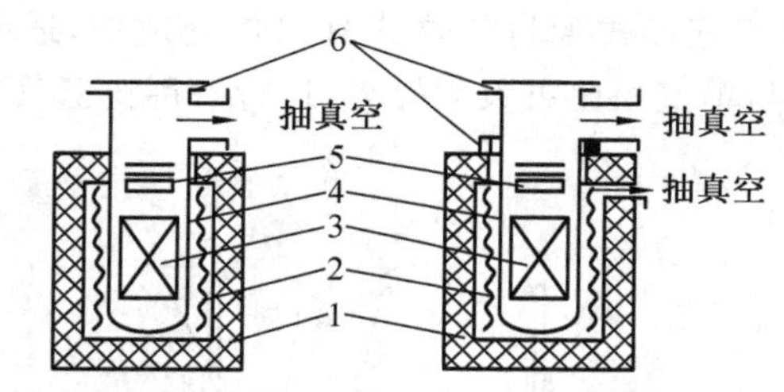

(a) 只在炉罐内抽成真空　(b) 在炉罐内外都抽成真空

1—炉衬；2—电热元件；3—工件；
4—炉罐；5—隔热屏；6—密封圈

图 7-67　外热式真空热处理炉示意图

表 7-23　真空炉常用炉罐材料与最高使用温度

最高使用温度/℃	常用(耐热)钢种
430	低碳钢
500～750	1Cr13，2Cr13，ZG40Cr9Si2
650～850	1Cr18Ni9Ti，1Cr13Si2，ZG30Cr18Mn12Si2N
900～1 100	3Cr24Ni7SiNRe，Cr18Ni25Si2，Cr25Ni20Si2，Cr23Ni18，Cr25Ni35

外热式真空热处理炉的优、缺点如下：

① 结构简单，炉子造价低，操作维护很方便。

② 由于马弗罐内没有电热元件和隔热材料等，故放气源少，又易于清理，容易获得真空。

③ 由于电热元件放在罐外，因而不存在气体放电和其他电气弊病。

但由于受马弗罐材质限制，使用温度不高。在较高温度下，罐的寿命短。再者，由于被处理件是通过罐体间接加热，所以一方面处理量不宜很大，另一方面加热和冷却时间较长，生产率低。

图 7-68 所示为双室外热式油淬真空热处理炉。这种炉型提高了生产率，还可在冷却室下方装淬火油槽，进行精密零件的真空加热淬火。在钟表行业还广泛应用石英管作炉罐，进行小零件的退火和淬火，也可用于中间烧结、真空钎焊等。

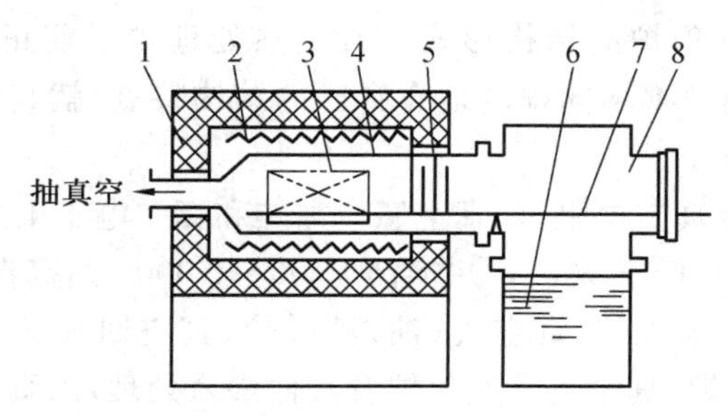

1—炉体；2—电热元件；3—工件；4—真空罐；
5—隔热屏；6—淬火油罐；7—传动机构；8—冷却室

图 7-68　双室外热式油淬真空热处理炉

图 7-69 所示是一台半连续式管材外热式真空热处理炉，适于不锈钢管、钛管、锆管等的真空退火。其生产率与单室相比可大大提高，运行费用比氢气或氨分解等气氛炉更为便宜且安全。

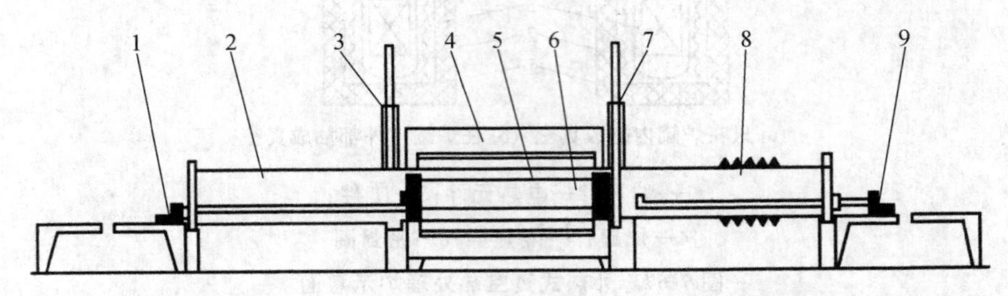

1—进料台及推床；2—进料室；3—闸阀；4—炉子；5—罐；6—载料器；7—闸阀；8—出料室及水冷区；9—出料台及推挡床

图 7-69　半连续式管材外热真空热处理炉

(2) 内热式真空热处理炉　内热式真空热处理炉，通常采用电阻加热。其电热元件、隔热屏、炉床和其他构件均安装在真空的加热室炉壳内，主要靠电热元件的热辐射对工件进行加热。炉壳一般都是双层水冷的，所以也称冷壁式真空炉。电热元件置于炉壳的中部，并围成一个加热区，在电热元件外部布置金属辐射屏或非金属隔热屏。炉床安装在加热区内，工件放在炉床上。加热电极通过炉壳引入，设计时要考虑电极的水冷和良好的密封性能。

内热式真空热处理炉的数量多，种类繁杂，是目前真空热处理炉的主流，常在退火、淬火、回火、烧结、钎焊时使用。与外热式炉相比，其主要特点如下：

① 因没有耐热炉罐，温度范围广，最高温度可达 1 300～2 200 ℃或更高。一般炉子的容量也不受限制。

② 结构较复杂，炉子造价高，但易实现全过程的自动化，工作环境好，操作安全。

③ 炉子热惯性小，加热和冷却作业循环短，热效率较高，生产率也较高。

④ 炉温均匀性好，可达±5 ℃。工件加热均匀，变形小。

⑤ 加热期间通常不需要保护气氛。

⑥ 电热元件与隔热屏。特别是非金属隔热屏及很多构件均处于真空高温下工作，常放出大量气体，因而所配备的真空系统容量要相应增大。

(3) 内热式真空热处理炉的结构形式　真空热处理炉目前正处于迅速发展阶段，各国、各厂家的真空热处理炉都不同程度地有自己的结构特点，就其分类方法来说也是五花八门。下面作一简单介绍。

① 按加热方式分，有真空电阻炉、真空感应加热和真空电子束加热等热处理炉。

② 按炉温分：低温炉，低于 700 ℃；中温炉，700～1 000 ℃；高温炉，高于 1 000 ℃。

③ 按用途分，有真空退火炉、真空气(油)淬火炉、真空回火炉、真空烧结炉、真空钎焊炉、真空渗碳及离子渗碳炉、真空离子氮化炉及其他渗入处理炉、真空热处理多用炉等。

④ 按真空度分，有低真空、中真空和高真空炉。

⑤ 按作业方式分，有周期式、半连续式和连续式真空热处理炉。

⑥ 按炉子形式分，有立式和卧式。

⑦ 按电热元件材料分，有铜丝炉、钨丝炉、碳管炉、钢管炉等。

⑧ 按冷却方式分（即按被处理的工件加热完后冷却方式来分），有自冷式真空热处理炉、气冷式真空热处理炉、油冷式真空热处理炉、水及盐浴冷却的真空热处理炉。

下面就其中两种的结构特点加以说明。

a. 自冷式真空热处理炉。其典型结构及真空系统如图 7-70 所示。这种炉型没有专门的冷却装置，系周期性工作，工件随炉升温再随炉降温，因而冷却速度很慢，生产率低；主要用于难熔金属、活泼金属、磁性合金的退火，不锈钢等材质工件的钎焊，真空除气和真空烧结等。

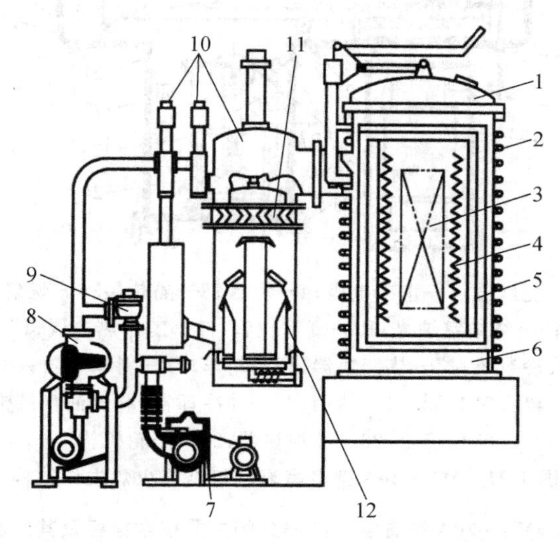

1—炉盖；2—冷却水管；3—工件；4—电热元件；5—隔热屏；6—炉体；7—机械泵；8—罗茨泵；9—旁路阀；10—真空阀；11—冷阱；12—油扩散泵

图 7-70　自冷式真空电阻炉结构示意图

这种炉子应用较早，在内热式真空热处理炉中所占的比例最大。根据不同的用途，有低温炉，也有高温炉；有低真空的，也有高真空的；有立式的，也有卧式的；有用耐火砖做炉衬的，也有用钽片、钼片做辐射屏的。

b. 气冷式真空热处理炉。工件在真空中加热，当达到工艺要求的温度和保温时间后，往炉内充入惰性（或中性）气体，启动风机进行强迫冷却，通常称为气淬。

为了克服单室炉的不足之处，又出现了双室和三室气淬热处理炉，以及水淬或硝盐淬的真空设备、真空离子氮化炉、真空离子渗碳淬火炉、真空烧结淬火炉等。用于地质钻采工具实现烧结态硬质合金二次真空淬火的 WZS-20A 多室真空炉主要结构示意图如图 7-71 所示，主要技术指标见表 7-24。

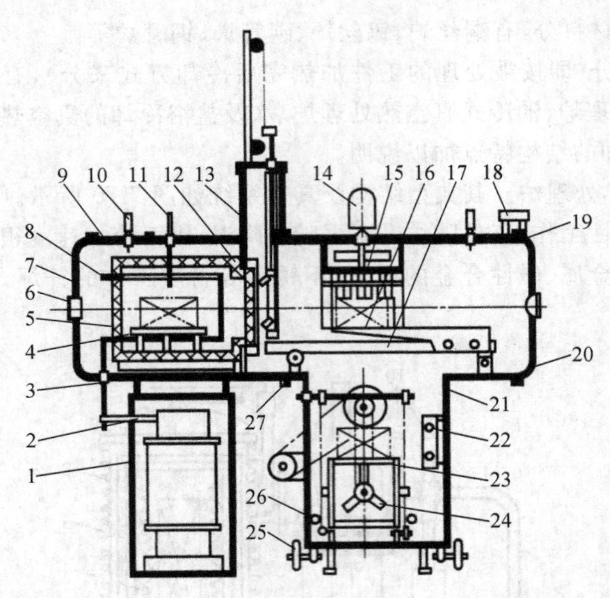

1—变压器柜;2—加热变压器;3—水冷电极;4—料台;5—隔热层;6—观察窗;7—烧结室炉门;
8—石墨加热元件;9—烧结室炉壳;10—真空规管;11—工作热电偶;12—隔热密封闸阀;
13—闸阀阀体;14—气冷风机;15—热交换器;16—料车;17—料车导轨;18—淬火室炉门吊挂;
19—淬火室炉门;20—淬火室炉壳;21—油箱;22—油冷却器;23—油淬机构;24—油搅拌机构;
25—滚轮;26—油加热器;27—凸轮机构

图 7-71 WZS-20A 型多室真空烧结淬火炉主体结构

表 7-24 WZS-20A 型真空烧结淬火炉主要技术指标及其实测结果

序号	主要技术指标	单位	产品设计要求	用户实测结果
1	有效加热区尺寸(宽×长×高)	mm	200×300×150	200×300×150
2	额定装炉量	kg	20	20
3	最高炉温	℃	1 600	1 600
4	炉温均匀度(空炉 9 点测试)	℃	10	7.5
5	加热功率	kW	20	20
6	空炉升温时间(室温→1 150 ℃)	min	30	23
7	烧结室极限真空度	Pa	≤0.366	<0.66
8	淬火室极限真空度	Pa	≤6.6	<6.6
9	压升率	Pa/h	≤0.66	0.44

(4) 抽空热处理炉 低真空和可控气氛同时应用的炉子,称为抽空炉,它是最近几年发展起来的新型炉种。最初抽空炉用于光亮退火和正火,现在可用于各类热处理作业,如渗碳,碳氮共渗,软氮化,钢材脱碳后的复碳,光亮淬火和回火,以及气体发黑(发蓝)等。抽空炉具有多种炉型,有连续作业的和周期作业的;有带马弗的和无马弗的;有井式、箱式、卧式和罩式炉等。

对周期作业的抽空炉而言,炉子的工作过程是先抽真空,后充气,随之升温工作。抽空炉一般只设置机械真空泵，抽至真空度 1 Torr 左右，这时真空气氛的相对含氧量（全部看为氧）为 0.132%。大家知道，可控气氛炉在停炉后、装料前，总要用某种气氛置换炉内空气，实践表明，每换气一次（换气量为炉膛空间容积），炉膛内的氧含量降低 2.7 倍，经 5 次全容积的换气，炉内含氧量为

$$\left(\frac{21}{2.7^5}\right)\times\% = 0.146\%$$

这就表明，换气 5 次，炉内气氛含氧量相当于抽空炉抽至 1 Torr 压力时的残余含氧量。可见，抽空炉的特点之一是节约气源。

无马弗罐的抽空炉的炉壳钢板是单层的，并不是一般真空炉那样的水冷夹层。为节约能源和便于抽真空，耐火和保温层一般用耐火纤维制作。抽空炉基本上应按真空炉结构设计，即炉壳应气密焊接，所有孔洞应按真空密封设计。安装橡胶密封圈的地方，如温度较高就应水冷却。对于连续炉，连接加热室的前室和后室，除了设隔热门外，还应分别设真空密封门。

带有前室和后室的连续式抽空炉，重新开炉生产时，加热室、前室和后室同时抽空排气，真空度抽至 0.5 Torr。然后全炉各部位都通氮气（或其他气氛）至 1 atm①。在连续生产阶段，前室进料后抽真空，充氮气；后室出料后抽真空，充氮气。加热室不用再抽真空，只通入少量氮气或其他气氛，以维持炉膛正压。

综合上述，抽空炉的最大特点是，用气量很少，仅为一般气氛炉的 1/10，而它的造价仅为真空炉的 1/2～1/3。因此，抽空炉兼有真空炉和气氛炉的优点，而克服了它们各自的缺点，可以预计抽空炉必将在我国获得发展。

由于抽空炉用气量省，可用瓶装气代替发生气。例如，带马弗罐为 ϕ600×900 mm 的抽空炉，用于光亮退火，工作阶段用氮气 100 L/h，用氢气 30 L/h。

图 7-72 是带马弗井式回火抽空炉，回火加热采用氮气和少量氢气保护。工件加热保温后，用风机鼓入空气冷却炉膛（在马弗外），从而使马弗内的工件较快地冷却。该炉也可作光亮退火用。

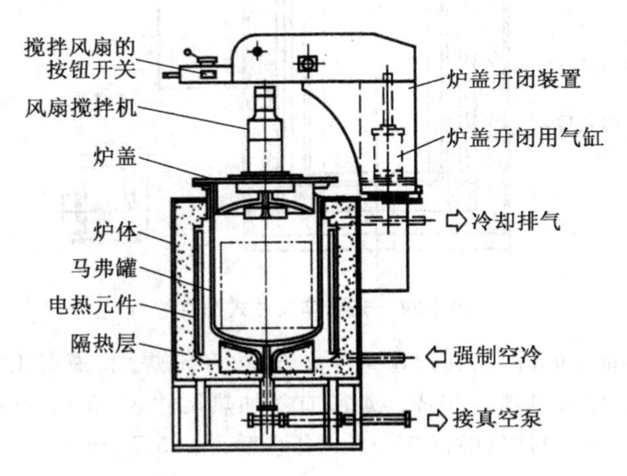

图 7-72　马弗井式光亮回火抽空炉

① 1 atm＝101 325 Pa，全书同。

图 7-73 是卧式回火抽空炉，炉内设置风扇搅拌，回火加热结束，由强制冷却风机把炉内氨基气氛抽出，经热交换器冷却后再通入炉内，加速工件冷却。

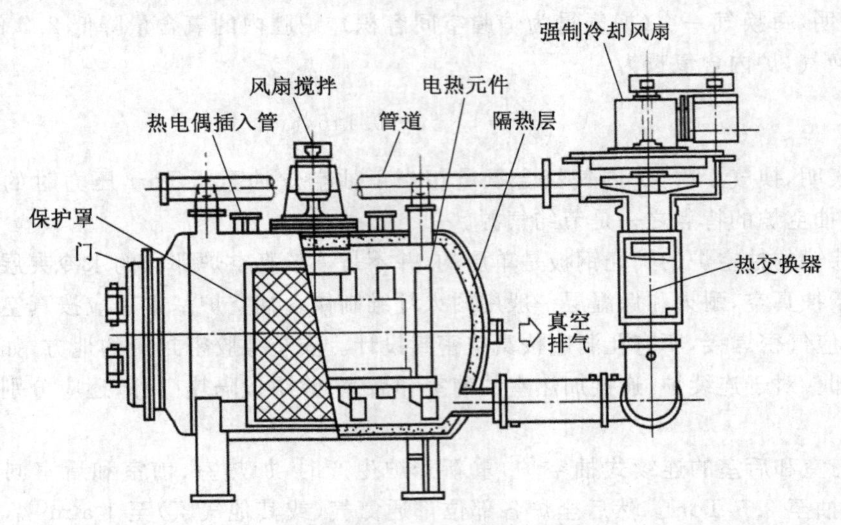

图 7-73　卧式光亮回火抽空炉

图 7-74 为无马弗光亮淬火用井式抽空炉，抽空后用氮气回充，在操作过程中，还要添加部分氢气和丙烷气，并进行气氛控制。

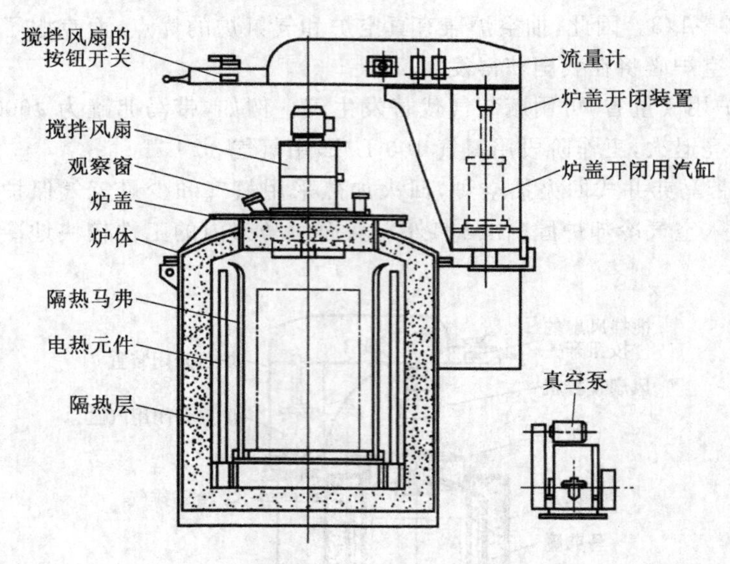

图 7-74　光亮淬火井式抽空炉

图 7-75 为双室抽空炉，供工具钢光亮淬火、退火和钎焊用，最高工作温度 1 100 ℃，它由加热室、过渡室、前室和油槽等组成。炉膛有效加热尺寸 $\phi400\times600$ mm，功率 45 kW，旋片式真空泵(1 500 L/min)抽气时间 15 min，真空度为 0.5 Torr。

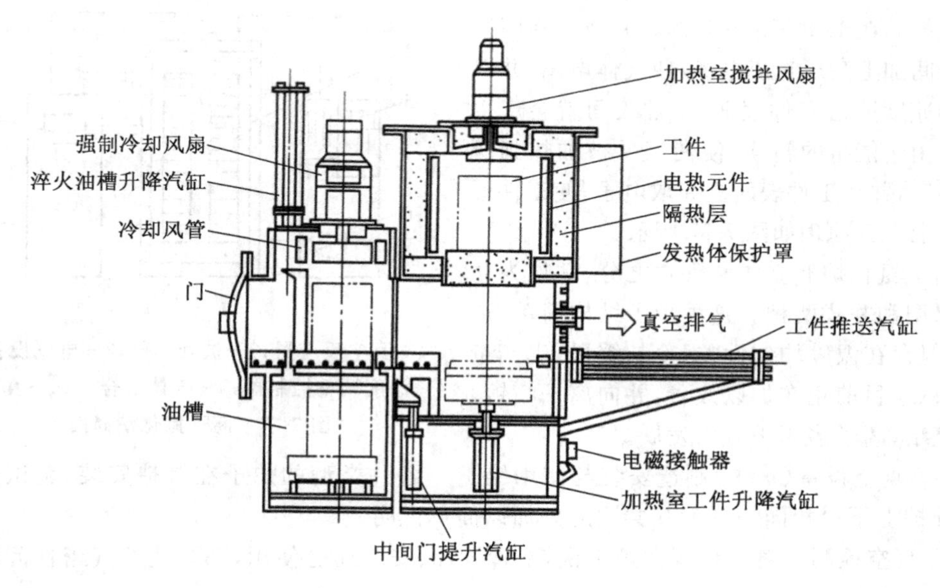

图 7-75　双室抽空炉

图 7-76 是推杆式连续抽空炉，供光亮退火和正火用。炉子由净化前室、加热室、冷却室和净化后室四部分组成。如作退火用，在加热室后三个风扇区还安装有冷却用风管，以控制工件的冷却速度。在冷却室也安装有冷却风管，使工件较快冷却。加热室通过前、后密封门与前、后室隔开，每小时仅加 1～1.5 m^3 氮气和少量富化气。加热室容积 20 m^3，比一般氮基气氛炉的耗气量少得多，并用氧探头控制碳势。炉体尺寸为 17.8 m×5.12 m×3.52 m，炉子功率 270 kW，最高工作温度 950 ℃；两台旋片真空泵，2×1.5 kW，2× 800 L/min；达到真空度 0.5 Torr，抽气时间 10 min，冷却水用量 4 t/h，冷却用送风机 5.5 kW。

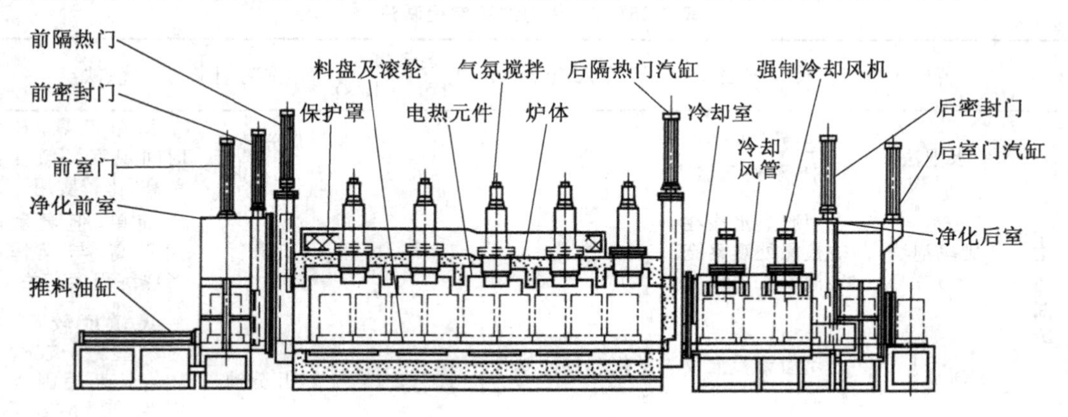

图 7-76　推杆式连续抽空炉

真空离子氮化炉(见图 7-77)是一种特殊型真空电炉。一般的离子氮化炉没有电热元件(也可装电热元件)，是利用辉光放电现象的一种氮化方法。该项新工艺与普通氮化相比，具有生产周期短，可以有效控制渗层组织，变形少，易于实现局部氮化，节约能源，节约氨气和公害小等优点。

在真空容器中，工件作阴极，容器壁作阳极，通入含氮气体，如氨气或氮与氢的混合气等。

真空度控制在 $1.3\times10^2\sim1.3\times10^3$ Pa。在阴极与阳极间加上高压直流电场，使气体电离，并以极高的速度撞击工件表面，工件表面就会产生辉光。由于能量的转换，便使工件被加热到所需的温度，并在工件表面上夺取电子，使工件形成氮化层。其原理如图 7-77 所示。

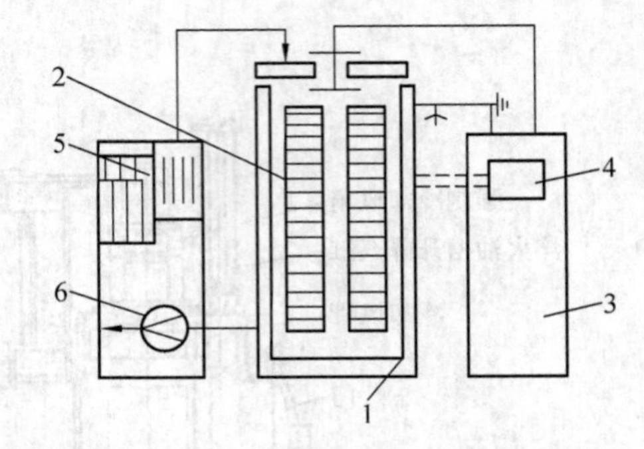

1—真空反应器；2—被处理件；3—电气设备；4—温度调整控制器；5—气体混合器；6—真空泵

图 7-77　离子氮化炉简图

离子氮化炉有立式和卧式之分，常见为立式钟罩型和井式两种。这种炉子结构简单，造价低，但存在温度均匀性差，冷却缓慢，生产量小等缺点，目前正在加以改善，并向离子喷镀、离子烧结、离子多用炉方向发展。

(5) 真空设备(炉子)制造安装与使用维护　各种类型的炉子在制造安装、调试运行、使用维护上不尽相同。现就其共同之处加以简单说明。

① 真空检测。对一台真空炉来说，不管设计、安装还是使用，都要注意气密性问题，就是处处都要考虑不许漏气。

a. 真空炉的焊缝要保证良好的气密性。不论炉壳，还是管道、炉门、各辅助室等，都有大量的焊接处，如果焊缝有夹渣、气孔等，即使有微漏，也常常造成炉子漏气率达不到要求。一般用打压试验检漏，工艺人员要考虑进行打压试验的工夹具和必备的仪表和装备。

b. 总装时，以主体为主(尤其是大型复杂的炉子)，先进行检漏试验，合格后再一个一个装上其他部件。每装上一个检漏一次，直至全部装配完毕。

检漏是一个麻烦而细致的工作。如果不按上述 b 项方法，而是操之过急，很快总装完毕，常常会返工而浪费时间。常用的检测方法有压力检漏法和真空检漏法，具体内容见表 7-25。

表 7-25(a)　常用的真空检漏法

种类	名称	检漏方法	充入流体	灵敏度/(Torr·L/s)	检漏时间	优、缺点
压力检漏法	水泡法	把被检件浸入水中，观察气泡	空气	$1\sim10^{-8}$	几分钟到几小时	简单可靠，长时间观察灵敏度更高，比较实用
	肥皂泡法	用肥皂水涂在被检漏处观察肥皂泡	空气	$10^{-1}\sim10^{-4}$	几分钟	简单，但灵敏度不高，与操作者熟练程度有关
	卤素法	用卤素检漏仪检漏	氟利昂或其他卤素体	$10^{-4}\sim10^{-8}$	几分钟	灵敏度较高，对小型炉子较适用。长期用因周围空气污染而失效
真空检漏法	热传导计法	用热偶计或皮氏计检测	二氧化碳、丁烷或丙酮涂于被检漏处	$10^{-3}\sim10^{-5}$	几秒钟	可直接利用电炉配置的真空计；灵敏度较低
	电离计法	用电离计检测	酒精、乙醚、丙酮涂于被检漏处	$10^{-6}\sim10^{-10}$	几秒钟	可直接利用电炉上的真空计；灵敏度较高，常用

续表

种类	名称	检漏方法	充入流体	灵敏度/(Torr·L/s)	检漏时间	优、缺点
真空检漏法	氦质谱仪法	用氦质谱仪检漏	氦气	$10^{-8}\sim10^{-13}$	几秒钟	对小型电炉真空度较高的较好，检漏法较复杂，中、大型炉子很少用

表 7-25(b)　常用的真空检漏法

名称	测量范围/Pa(Torr)	测量原理	测量值	指示值	优、缺点
弹簧压力表	$1\times10^{5}\sim133$ $(760\sim1)$	直接测量压力	弹簧元件的变形量	全压力	与气体种类无关，准确度低，与温度无关
麦克劳真空计	$1\,333\sim10^{-3}$ $(10\sim10^{-5})$	部分气体被隔离压缩	水银柱高度	不凝结气体的分压力	精度较高，可做绝对压力计用，有蒸汽存在时读数不准，不能连续读数
热偶真空计	$1\times10^{3}\sim10^{-1}$ $(10\sim10^{-3})$	真空度与气体的热导率有关系	热电势	全压力	测量范围广，可连续读数并可远距离操纵，读数与气体种类有关
热阴极电离真空计	$10^{-1}\sim10^{-5}$ (一般 $10^{-3}\sim10^{-7}$)	气体分子受电子撞击而电离	电流	全压力	适于高真空，可连续读数并可远距离操纵，读数与气体种类有关，管子寿命短
冷阴极电离真空计	$13\sim10^{-3}$ $(10^{-1}\sim10^{-5})$	气体分子受电子撞击而电离	电流	全压力	管子寿命长，但准确度不高，读数与气体种类有关
克努生真空计	$13\sim10^{-3}$ $(10^{-1}-10^{-8})$	热分子的动能使铂箔旋转	光点在镜面上的位置	全压力	是绝对真空计，可供校表用，不受气体种类影响，但使用时不能受震动

压力检漏法，尤其是其中的水泡法和肥皂法是真空电炉应用较多的方法。对较小的真空容器采用水泡法，把被检件浸入水中；对大件则用肥皂泡法为宜。通常向容器内充入 2～3个大气压的压缩空气，充压越高越灵敏，但必须考虑被检容器的耐压能力，特别对于有大面积平面结构的容器，要考虑其强度，并做好安全防护。

如果炉子配有扩散泵系统，可抽至高真空，并在真空度基本上不波动后，用电离计检漏法也可收到良好效果。用酒精或丙酮等溶剂分别涂于疑漏处，如动密封座、管座和法兰密封圈等，观察真空表的波动情况，对微小泄漏都可方便的检查出。

除了表 7-25 所列的几种方法外，有经验的操作者，凭着耳听、手摸，真空泥的涂刮，都可进行检漏，也可用卤灯检漏。

② 真空卫生。

a. 真空炉的真空卫生是保证炉子技术性能，保证被处理工件质量的重要条件之一。炉内各物件在安装、使用过程中始终要擦洗干净，不得有水、油垢等存在。炉子的漏气率不仅是从容器之外向内泄漏的气体量，也有容器内材料表面的放气量成分。如果炉内不卫生，抽空时间不长，测得的漏气率就不会小。擦洗炉内，一般用汽油、酒精或丙酮溶液。

b. 各动、静密封环节是炉子漏气的主要地方。密封圈装配前一定擦干净，密封槽与接触的密封面不得有划伤之处，加工粗糙度在 1.3 以上；动密封件密封处粗糙度在 1.6 以上，更不得有划痕，特别是垂直密封圈方向的表面更是如此。如遇轻微划伤，或密封圈粘接处稍有不规则，可在装配时涂上一点真空考克脂予以弥补。密封法兰的螺栓要沿四周均匀拧紧，动密封的螺母等不可拧得过紧。

c. 真空度要求较高的炉子采用不锈钢作炉壳和炉内结构件，内表面应抛光处理。一般低真空和中真空炉，均可采用碳钢作炉壳，表面抛光或去锈涂漆。

d. 真空炉应安装在清洁、少灰尘、无腐蚀性、无爆炸性气体的房间内，环境温度在 15～40 ℃，相对湿度不大的地方。在下雨或湿度较大的天气，打开炉门使炉内暴露在大气中的时间越短越好。尤其炉内有耐火砖和硅酸铝纤维毡、碳毡等隔热材料，更要注意，它们很容易吸潮。如果较长时间暴露于大气，再使用时最好预先进行一次烘炉处理。真空炉停用时一定要保持真空状态。

e. 送入真空炉被处理的工件要求洁净、干燥、无油垢和挥发物，并注意不要含有易挥发的合金元素。镀锌钢材、黄铜等含有饱和蒸汽压较高的元素，一般不应放入真空炉内，特别是不应用它来制作温度较高的结构件。

③ 使用维护的一些问题。

a. 真空系统各组件要分别按其使用说明书使用维护。机械真空泵指大型泵，出气口要安装一个排气管至室外。在使用过程中要定期换油，尤其是反复抽大气的泵，泵油内会含有大量水分，一旦真空度下降，或抽不上去，便要换油。将含水的油经 100～120 ℃加热去水后，还可再用。如系统上无截止阀，操作者一定注意，每次停泵前关上与炉体（或其他主泵）的阀门，然后手动开启放气阀，停泵向泵内充大气，以防返油。

b. 水冷系统是炉子使用时的重要部分，通常将进水与出水集中一处管理。对大型和自动化程度较高的炉子，还要安装电接点压力表和流量继电器，保证停水或水压不足、水路堵塞时及时报警。对水冷电极、扩散泵或油增压泵、炉壳等重要供水处，在炉子工作时应经常检查，并有安全水源作备用。

一般出水温度在 50 ℃左右。对天气寒冷的场地，停炉时要注意将水套内的水、泵中的水放出，以免结冻胀坏设备。对于湿度较大，真空度很高的炉子，工作时可先通 50 ℃左右热水于水套中，防止炉膛结露，影响真空性能。

c. 真空炉内的传动机构，好似机械手一样，不仅要求准确、平稳、可靠，而且，应用机电联锁。限位开关和电器触点等件，在真空中使用，电压一般选 24 V，36 V 为宜，电压过高会放电击穿。炉内如装有热交换器、液压马达、液压缸等，应经常检查，不允许有漏水、漏油现象。对真空油淬炉所用的液压站，可采用真空淬火油作液压工作介质。如遇有微漏油时，也不会污染炉内淬火油。

d. 真空炉开炉送电前要检查电极与炉壳间绝缘电阻。电压越高，要求的绝缘电阻越大，一般应在（0.5～1） MΩ 对低电压、大电流的石墨加热炉，有资料介绍，其绝缘电阻在（1～2） kΩ便可正常工作。每次开炉时，要将电极周围的油污和石墨纤维碎粉擦干净，要检查碳毡屏有无断裂和掉毛，以及与电热元件是否发生短路现象。

e. 对于各种真空淬火炉所采用的真空淬火油，用前必须进行充分除气处理。一般可加温至 50 ℃，慢慢抽空 12～24 h，并加以适当搅拌。如发现油面仍有大量气泡出现，还要延长时间。除气的真空度开始时不宜过高，防止油面“沸腾”而将油充入炉室。淬火油内不允许有水分渗入，国外已有油中渗入水量的控制指标，并有仪器检测。一般不允许超过 0.3％。

f. 为安全起见，可在炉壳的适当位置加一个防爆孔。装料室、出料室等非加热的炉室内，可安装一盏白炽灯，便于观察内部情况。

(6) 炉子性能检验　真空热处理炉设计、制造、安装调试和检验都应符合有关的国家标准。真空炉按图样和技术文件制造、安装完成后，按常规的质量检查，全部合格，在投入正常运转的条件下，进行性能考核。主要检验的内容如下：

① 真空性能的检验。极限真空度的测量，在冷态空炉情况下进行。按真空泵使用要求启动真空泵，经一段时间后，炉子应能达到技术要求中的极限真空度值。

在测量极限真空度的同时，还可检测空炉抽空时间。炉子达到极限真空度后采用关闭法，测出炉子的压升率。第一次压力读数应在关闭真空阀后 15 min 进行，使两次读数尽可能在同一台真空计上显示。

工作真空度的测量，在工业运行中进行，其装炉量和炉温应符合技术要求。

② 水路、气路、液压系统、惰性(中性)气体管路的检查与试验。

③ 电气检验。电气检验主要包括电热元件冷态电阻检测、电热元件(包括电极)对炉壳绝缘电阻的测量、各传动部件限位开关准确性及与炉体绝缘性检验、各电气联锁检验等。

④ 电热性能测试。电热性能测试内容为空炉升温时间、额定密度、空炉损耗功率、额定功率、炉温均匀性和控温精度等的测试。测试应按国家有关标准进行。

7.4　电弧炉

7.4.1　电弧炉的基本原理

电弧炉是利用电弧产生的热来熔炼炉料的一种电炉。

电弧是电流通过气体时所产生的一种放电现象，这种现象在日常生活中经常看到。例如，电车在行驶当中，车顶上导电滑块和电线之间接触不良，便会产生火花，这火花就是电弧，电焊便是利用电弧来进行钢材焊接。

气体在正常情况下是不导电的，但是气体如果受到电离，就会产生自由电子和离子，在这种情况下，气体就变得能导电了。这时如果有正极和负极两个电极，其间存在着电压，则电子和离子就会分别向正极和负极移动，这就形成了电流。在这种电流中，电子流起着主要的作用。

电弧放电的产生和维持的必要条件是从阴极发射电子，也就是阴极端头有极高的温度和阴极端头附近有一定强度的电场。

阴极端头的极高温度，通常是由离子对阴极的撞击产生的。气体的电离主要是由于从阴极发射并受到电场加速的电子同气体分子和原子碰撞的结果。其次，是由于电弧本身有极高的温度。

7.4.2 电弧炉的分类和用途

工业用电弧炉按加热方式可分为三类。

第一类是直接加热式电弧炉。在此种炉中电弧产生的过程通常是这样的：电极与炉料（导电的）间有一定的电压，当电极下降与炉料相接触时，产生强大的短路电流。这短路电流把电极与炉料接触处加热到很高的温度而使之能发射电子，当接触处炉料和电极离开后，电子受到电场的加速而使两者之间的空间受到电离，从而使空间的导电性能大大提高，形成电弧。由于电离过程实际上是在一瞬间产生的，所以在电极与炉料离开时，它们之间就产生了电弧。通过电极的调节便能控制电弧的大小，电弧的高温便把炉料加热熔化。

电弧可以用直流电产生，也可以用交流电产生。直流电弧要比交流电弧稳定，因为交流电电极电压有过零的瞬间，当电流过零时，电弧便熄灭，电弧的再形成便靠电极与炉料空间的电场强度将电离的空气击穿。一般炼钢用电弧炉，由于容量较大，故都是使用交流电，而在真空电弧炉中，为保持电弧燃烧不易熄灭，电极是由直流电供给的。

属于这类电炉的有炼钢电弧炉和真空自耗电弧炉两种。

第二类是间接加热式电弧炉。这类电炉电弧发生在两根专用的电极之间，而炉料只是受到电弧的间接加热。由于该炉噪声大，熔炼质量差等缺点，正逐渐被其他熔炼电炉所代替。

第三类是埋弧炉。这类电炉多数用来从矿石中制取各种冶金和化工原料，所以也叫矿热炉。炉子的基本结构同炼钢电弧炉相似，下面有一个用耐火材料砌制的炉膛，上面有一根或数根电极。在工作过程中，电极的下端（电弧）是埋在炉膛里面的，所以，除了电极和炉料间的电弧所产生的热以外，电流通过炉料时，因炉料的电阻所产生的热也占相当大的部分，因此，这类电炉又叫电阻电弧炉。

图 7-78 是按加热方式分类的各类电炉示意图。

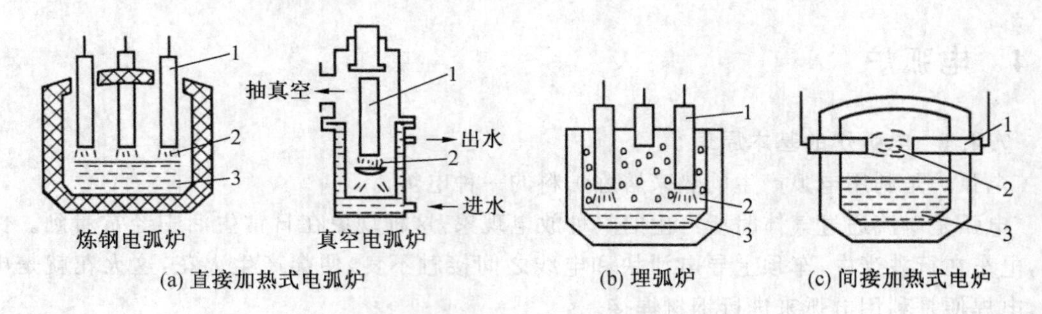

1—电极；2—电弧；3—炉料

图 7-78 按加热方式分类的各类电炉示意图

电弧炉按加热方式分类是通常的分类方法，本书便是按此分类法来叙述电弧炉的。由于真空电弧炉应用较少及间接加热电弧炉趋于淘汰，故此类电弧炉本书不予讨论。

按电弧炉冶炼过程的特点，可分为无渣法、少渣法和多渣法电弧炉。按这种特点分类，能在一定程度上反映出所采用的炉子的结构。

按电炉作业特点，可分为间歇性作业炉和连续性作业炉。

按电炉结构，可分为封闭式电炉和敞开式（开放）电炉。

按电炉熔炼用途，可分为各种产品名称的电炉，如炼钢炉、硅铁炉、电石炉、黄磷炉、刚玉炉等。表 7-26 列出电弧炉的主要用途。

表 7-26　电弧炉的主要用途

炉别	部门	用途
直接电弧炉	冶金工业	熔炼:合金钢、普通钢、难熔金属
	机械工业	铸钢
埋弧炉	冶金工业	熔炼铁合金,炼铁,重有色金属,硅钙合金
	机械工业	刚玉熔炼
	化学工业	生产电石、黄磷、二硫化碳、结晶硅、氰盐、碳化硼
	建筑工业	铸石

7.4.3　电弧炉设备

(1) 炼钢电弧炉设备

① 炼钢电弧炉的机械设备。炼钢电弧炉如图 7-79 所示。

炼钢电弧炉的本体主要由炉壳、炉盖、炉衬、电极与夹持器及升降装置、炉体倾动装置、炉盖提升和放置装置等几部分组成,一些电炉还配备排烟装置和机械化装料设备等。容量较大的电弧炉,常在炉底装设电磁搅拌器,使钢液和熔渣能向一定方向流动,使钢液温度和合金成分更为均匀,减轻搅拌和出渣的劳动强度。

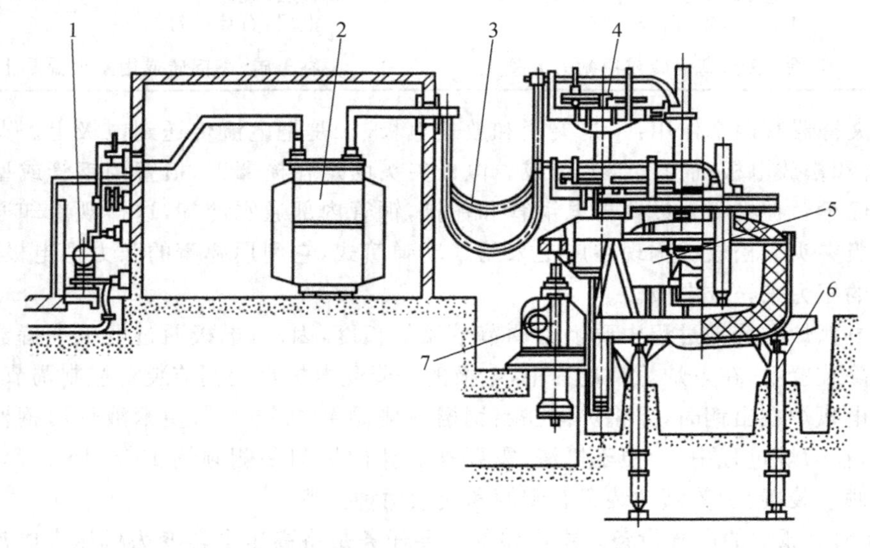

1—高压断路器;2—电炉变压器;3—水冷电缆;4—电极夹持升降机构;
5—炉体;6—倾炉机构;7—炉盖的升放机构

图 7-79　炼钢电弧炉示意图

炉壳是用钢板拼焊制成的,其上部有加固圈,大炉子炉壳上部往往做成双层的,中间通水冷却。炉壳上有出钢槽,出钢槽由钢板和角铁焊成,固定在炉壳上。炉壳上还有炉门口,供观察炉内情况、扒渣、加料等用,平时炉门关闭,炉门一般用水冷却。小型电炉的炉门是用人工启闭的,中型的炉子则用气动或液压机构启闭。

电弧炉的炉盖有一圆环形构架,称炉盖圈,它是用钢板焊接而成的,用来支承炉盖的耐火材料，为了防止变形，炉盖圈采用通水冷却。炉盖中央用耐火材料砌成圆拱形，炉盖上有三个呈正三角形对称布置的电极孔，供插入电极用。为减少电极与电极孔间隙逸出炉气，防止此部位温度过高，还采用了水冷电极密封圈。

炼钢电弧炉的炉衬按其部位可分为炉盖、炉墙、炉底和出钢槽四部分，其工作条件各不相同。炉盖承受电弧的高温，而在加料时温度又突降，温度的变化剧烈，炉墙和炉底除承受高温和急冷外，还受到钢水的冲刷和炉渣的侵蚀。炉底还受到装料时的冲击，熔化后承受钢液的全部重量。出钢槽受急热、急冷和钢水的冲刷。

炉衬按所用材料化学性质的不同，可分为碱性炉衬和酸性炉衬两种，还有采用炭砖砌筑的中性炉衬。国内炼钢电炉多数采用碱性炉衬，因为在碱性炉衬中可以造成碱性炉渣，能大量除去炉中的有害杂质硫和磷。各种炉衬常用的耐火材料见表 7-27。

表 7-27　炉衬常用耐火材料

炉衬部位	碱性炉衬	酸性炉衬
炉盖	主要用高铝砖，也可用铬镁砖	硅砖
炉墙	外层：石棉板、黏土砖、镁砖 内层：镁砂、白云石打结，或镁砂大块打结砖，或钢管(ϕ30～40)装镁砂，分层摆放，中间填镁砂加卤水打实	外层：石棉板、黏土砖、硅砖 内层：硅砖或用石英砂打结
炉底	下层：硅藻土　中层：镁砖 下层：镁砂、白云石打结	下层：硅砂 上层：石英砂打结
出钢槽	黏土砖、高铝砖或用耐火混凝土	黏土砖、高铝砖或用耐火混凝土

电极夹持器有两个作用：一是夹紧和放松电极，二是把电流传送到电极上。夹持器由夹头、横臂和松放电极机构三部分组成。电极夹头固定在横臂上，横臂用钢管或型钢等焊成矩形断面梁。在横臂上设置导电铜管和铜排，铜管内部通水冷却，这样既冷却通电铜管又冷却电极夹头。松放机构现在广泛采用气动弹簧式，它利用弹簧的张力把电极夹紧，靠压缩空气的压力来松放电极。

炼钢电弧炉在炼钢过程中要经常调节电弧的长度，因此，电极通过电极夹持器装在一个电极升降装置上，在电炉炼钢过程中，电极的升降受电极自动调节装置控制调节。

炼钢电弧炉在出钢时，要将炉体往出钢槽一侧倾倒 40°～45°，使钢液从出钢槽流出倒净。另外，在熔炼过程中，为便于扒渣，需要把炉体向炉门一侧倾倒 10°～15°。因此，电炉设有炉体倾动装置，炉体倾动装置有侧倾和底倾两种类型。

② 炼钢电弧炉的电气设备。主电路的主要任务是将高压电转变为低压大电流输给电炉，并以电弧的形式将电能转变为热能。电炉的电流是三相交流电，通常由架空线将高压电输入变电所，再由高压电缆从配电装置输到电炉变压器，电炉变压器将高压变换成低压大电流，通过导线到电极。由高压电缆至电极的电路称为电炉的主电路。主电路如图 7-80 所示，电气部分总体布置如图 7-81 所示。

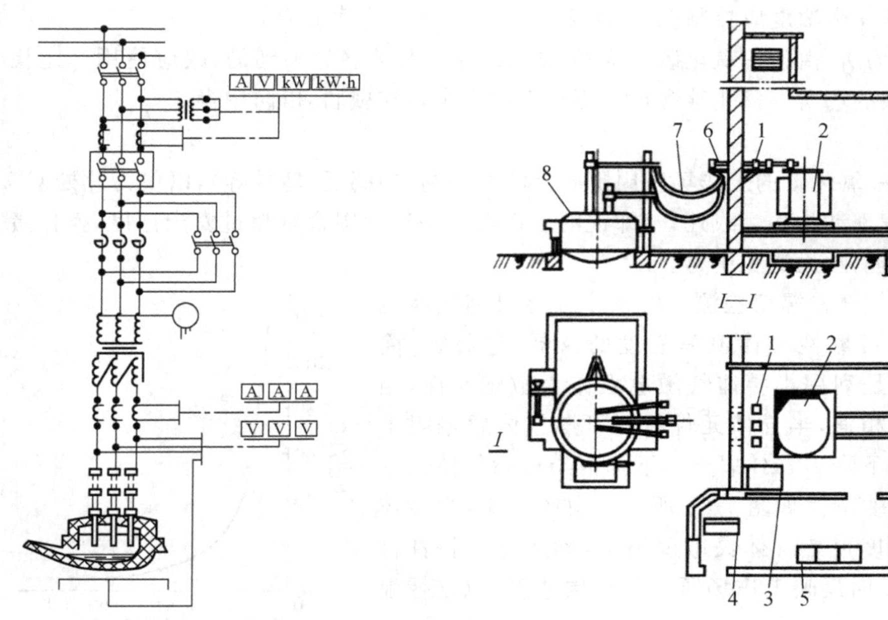

图 7-80　电弧炉主电路示意图

1—电流互感器；2—变压器；3—高压开关柜；4—电极调节设备；5—控制台；6—组合母线；7—软电缆；8—电弧炉

图 7-81　电弧炉电气部分总体布置示意图

(2) 埋弧炉设备　埋弧炉设备可分为电炉机械设备和电气设备。图 7-82 展示了一种铁合金炉及其附属设备的简图。

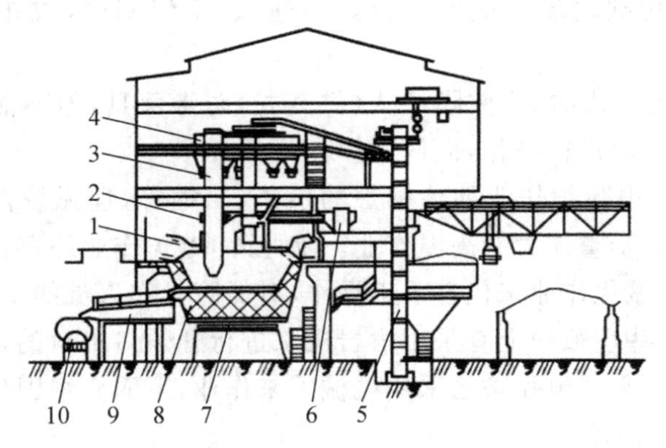

1—出气口中；2—电极夹持器；3—电极；4—加料斗；5—装料系统；6—电炉变压器；7—炉体旋转托架；8—炉体；9—出料槽；10—装料包及台车

图 7-82　一种铁合金炉及其附属设备简图

7.4.4　操作安全技术措施

(1) 防止一氧化碳中毒的安全措施　一氧化碳是无色、无臭、无味的气体，能与血液中的血红蛋白结合，使其失去载氧能力，造成组织细胞缺氧。慢性中毒时有易倦、头疼、急躁、消化不良、记忆力减退等症状。轻度急性中毒时，有心疼、心跳加速、恶心、呕吐、腹疼、全身乏力等症状。严重中毒时会昏迷、抽搐、喘息，以至窒息死亡。当空气中一氧化碳含量在 0.16%～0.2%时，人在 1～1.5 h 后会中毒死亡。当浓度增加到 0.5%以上，则人在 15 min

后即中毒死亡，其安全浓度应控制在 0.01% 以下，才能确保人身安全。

在电炉操作场所，由于一氧化碳的无色、无味特性，人是察觉不到的，故应使用一定检测手段，确定所在的场所一氧化碳含量是否对人体安全存在威胁，以防中毒。

① 检测措施。

a. 在易泄漏一氧化碳的工作场所周围放上活的动物（如鸽子、鸟类等），以作为此处 CO 增多之信号，如发现动物昏厥或死亡，即说明工作场所一氧化碳含量超过安全浓度，操作者便可进行适当处理，从而避免中毒。

b. 应用可燃气体检漏仪检测。气敏半导体可燃气体检漏仪是一种检查可燃性气体泄漏程度的仪器，它灵敏、简单。其工作原理是利用半导体气敏电阻作为敏感元件，当元件与可燃气体相遇，半导体元件吸附可燃气体后电阻下降（可由 500 kΩ 下降 10 kΩ 以下），下降值与可燃气体的浓度有关。元件气敏特性如图 7-83 所示。由图可见，半导体气敏电阻对低浓度可燃气体灵敏度很高，利用这一特性做成检测仪表，可及时反映工作场所一氧化碳浓度，以掌握泄漏程度，避免中毒。

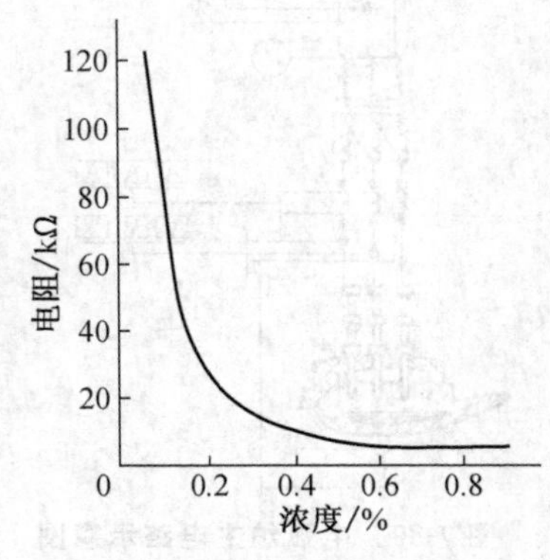

图 7-83　元件气敏特性曲线

② 设备措施。

a. 从设备方面采取措施，保证设备的密封性，减少一氧化碳气体外泄。下料管可以进行氮气封，氮气封的压力保持在 10 mm Hg。料仓内的料面应保持一定高度，不使炉内的一氧化碳从料管冒至料仓；水封应保持一定水面。

b. 在易泄漏一氧化碳的场所应保证良好的通风，不使积聚，或在该部位装设抽排风装置。

c. 操作人员到该场所去时，应戴隔绝式（供气式）防毒面具，但不能使用过滤式防毒面具，同时，两人应一前一后进行操作，以便监护。

（2）机械手作业　电弧炉作业如炼钢炉的扒渣、出钢等，埋弧炉作业如出炉、放料、堵炉口、炉面作业等，均属于重体力的高温作业。除此外，电炉作业还存在高温熔融料喷溅烧伤的危险，如果采用机械化作业来代替手工操作，对保障操作人员的安全，降低劳动强度是有效的。目前，国内某些埋弧炉上有采用凿岩机来进行开炉口出料的操作。堵炉眼则用电动或气动泥炮机操作。某些电弧炉已采用机械手来作业，下面介绍国外电弧炉上使用的机械手，其外形如图 7-84 所示。

电炉作业机械手由操作室、机械手臂部、夹钳、控制装置、电源装置、台车、台车驱动装置及油压装置构成。台车可通过轨道或安装上滚轮移动。机械手采用液压驱动，液压工作油采用不燃性机油（磷酸脂），以防止由炉口喷出的火花引起火灾事故，确保安全作业。机械手是设置在操作室的操作手柄和开关驱动控制，操作者坐在操作室内便可清楚地看到作业的部位。操作室采取封闭构造，前后窗户使用厚玻璃，即使炽热物和火焰喷出也能保护操作人员安全。该机械手的特点是机械手臂的动作（前进后退、倾斜、水平旋转等运动）可以由一个操作手柄来操纵，而将作用在臂部的外力由双向随动机构通过操作手柄传达到操作人员的手部，使操作人员能够感觉到加在臂部前端外力的作用，这样坐在操作室内的操作人员就像在操作室外直接操作一样。图 7-85 是双向随动机构的原理。

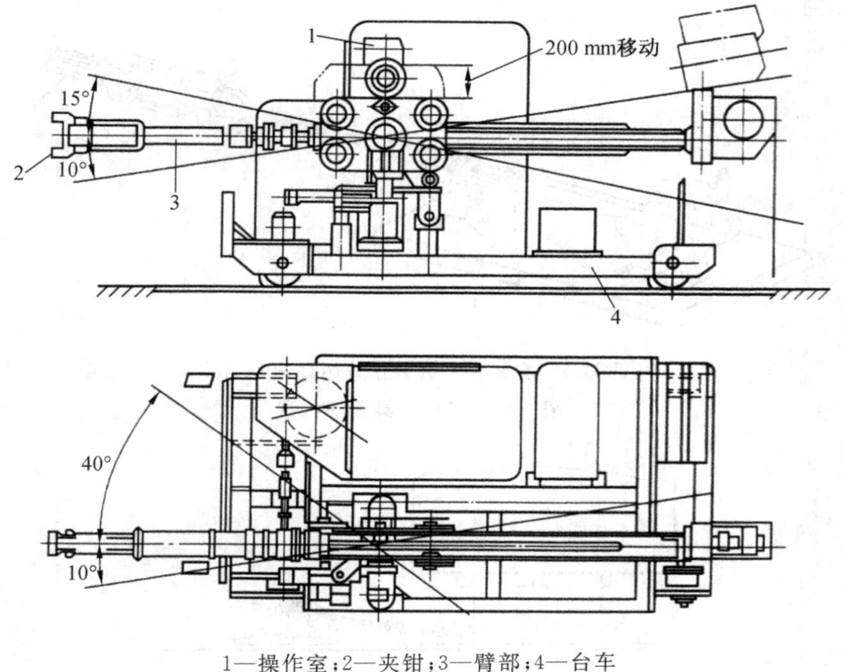

1—操作室；2—夹钳；3—臂部；4—台车

图 7-84　电炉作业机械手外形

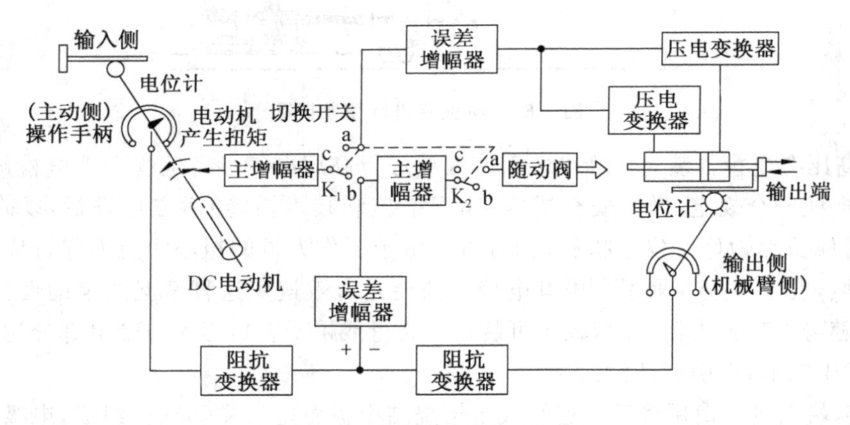

图 7-85　双向随动机构原理图

首先，将 K_1 和 K_2 开关与 c，b 相连，用电位计检测输入侧(操作手柄侧)和输出侧(机械臂侧)的位置。位置差通过误差增幅器、主增幅器放大，使 DC 电动机产生扭矩，通过上述过程使操作手柄同臂部位置一致。其次，将 K_1 和 K_2 开关与 c，a 相连，操作手柄侧的电位计和臂侧电位计的电压差，通过误差增幅器、主增幅器，在随动阀作为差电流而被输入，随动阀把和这个电流成比例的油量从给油缸驱动到臂部，最后，操作手柄的位置和臂部的位置取得一致。油缸的差压(即作用于臂部的力量)由压电变换器检出，通过误差增幅器、主增幅器放大，使 DC 电动机发生扭矩，再经由齿轮齿条的介入，最后变成力返回操作手柄处。

图 7-86 是机械手作业工具更换位置示意，图 7-87 是应用机械手进行炉面作业和出炉

口作业的示意。

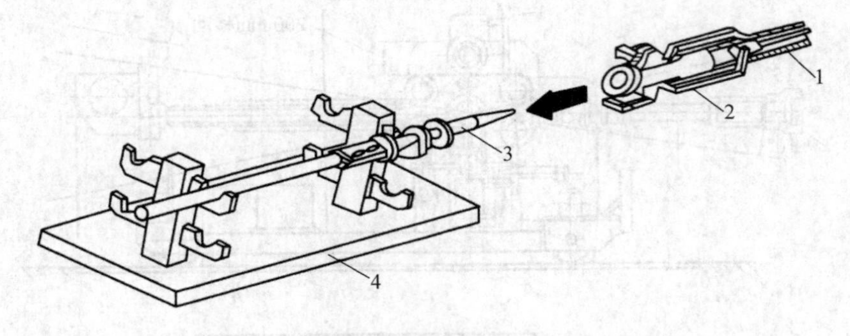

1—臂部；2—夹钳；3—各种作业用具；4—工具台

图 7-86　作业工具更换位置

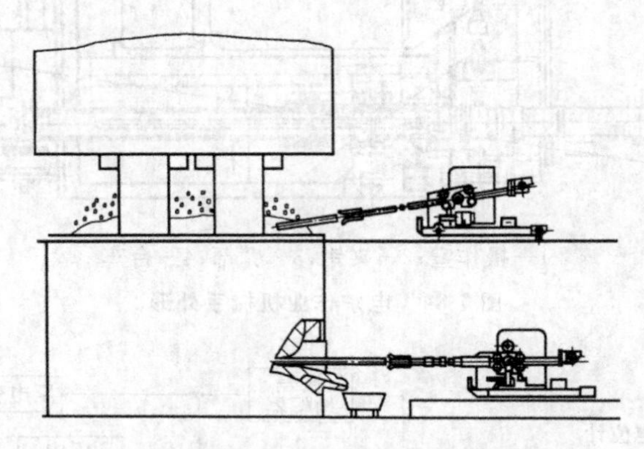

图 7-87　机械手进行作业情况

(3) 高压有电警告装置　当电气工作人员进行高压电气设备巡视和停电检修时，必须按照有关电气安全规定，做好安全措施（组织措施和技术措施）后方可进行，以确保安全。但是，有时候虽然做好了安全措施，仍有可能由于工作人员的粗心大意而靠近或误入带电设备的区域，发生事故。采用高压有电警告器便是有效避免这种情况的辅助性技术措施。工作人员随身携带警告器（体积较小可装在口袋里或帽子上），当人与带电部分达到一定距离时，便发生声响，以引起注意。

(4) 自焙电极的使用管理　连续式自焙烧结电极由电极糊和铁壳组成，电极铁壳用厚1～2 mm 的铁板制成，壳内壁有铁翅肋片，以增加电极的强度。壳内装电极糊，工作时电极糊在壳内不断烧结，又不断消耗。如果电极烧结不好，烧结速度与消耗速度不一致，电炉便无法正常运行。

图 7-88、图 7-89 和图 7-90 所示是某种组分电极糊受热焙烧时性能变化的情况。由图可以看出，电极糊在 800 ℃后烧结好，其电阻及机械强度达到使用要求。

电极的焙烧过程可分为软化、挥发和烧结三个阶段。软化阶段温度为 175～400 ℃，电极糊逐渐熔化成半流动状态。400～700 ℃为挥发阶段，电极糊的挥发物质迅速气化逸出，电极糊逐渐变稠，但仍保持可塑状态。700 ℃以上为烧结阶段，电极糊烧成坚硬的电极。

电炉在运行中进行电极烧结，是靠电弧及其熔池的热量传导，电流通过电极本身的电阻（包括颊板与电极的接触电阻），以及在敞口炉中炉面的火焰加热进行的，这种烧结是可以控制的，随着加热条件的不同及电极尺寸的不同，电极可能在导电颊板部分烧结好，也可能在颊板之上或颊板之下烧结好。

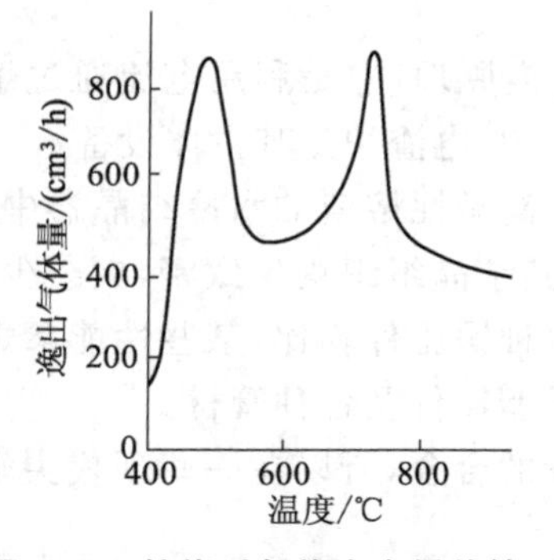

图 7-88　焙烧时气体逸出量的情况

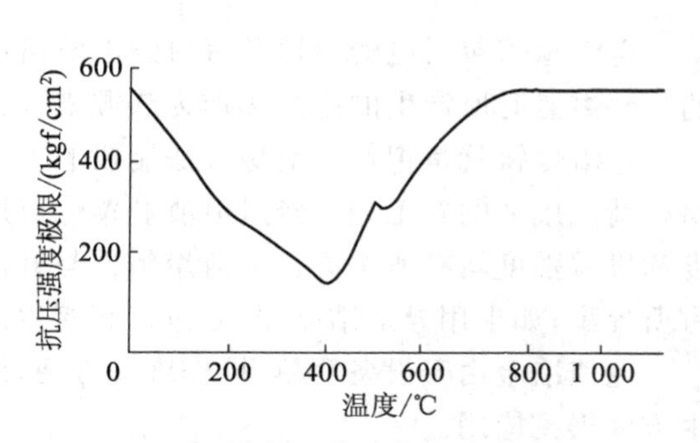

图 7-89　焙烧时电极机械强度的变化

图 7-91 示出某一硅铁电炉直径 ϕ900 mm 的自焙电极的温度分布情况。

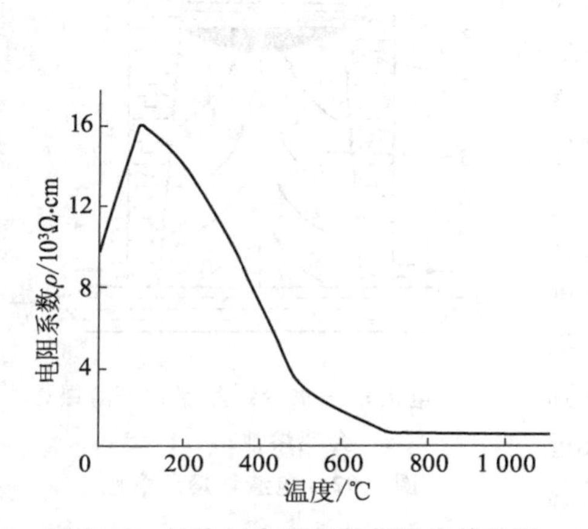

图 7-90　焙烧时电阻系数与温度的关系

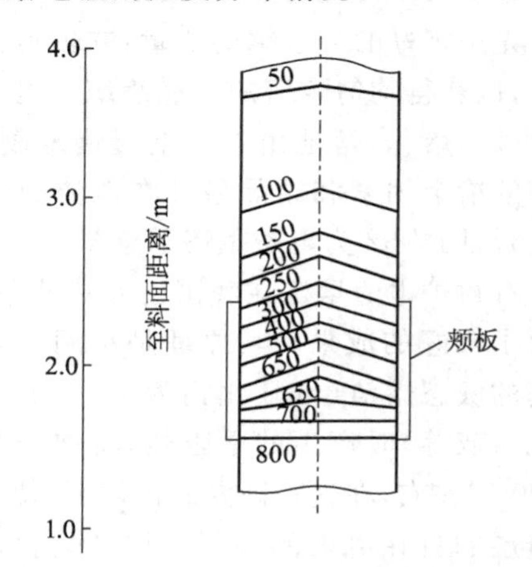

图 7-91　硅铁电炉自焙电极的温度分布

颊板上部 0.7 m 处到颊板这一段为软化区。颊板上半部为挥发区，下半部为烧结区。在电极端头部分由于电弧高温及炉料、熔池的传导热，使该部分温度高达 2 000～2 500 ℃，产生部分石墨化，使电极的电阻下降。颊板以上的电极部分不宜完全烧结（电极过烧），因为过烧对电极与颊板的接触和颊板的使用不利。颊板以下烧结（欠烧）亦是不宜的，它容易发生电极软断事故，在颊板以下烧结，常见于电极电流密度小的电炉及电极工作端较长的电炉，如冰铜电炉。

电极焙烧速度的调整，可以采用改变电极电流密度（即改变电极的直径）、电极糊组分的配比、颊板至料面的电极长度、电极的冷却情况等办法。电炉运行中采用改变电极的冷却情况来调整电极的焙烧。

电极使用管理中应注意以下几个问题：

① 电极糊在电极壳内的高度要严格控制，保持一定。

② 往电极壳内加电极糊时，应注意保持电极糊干燥、干净、不得有杂物。

③ 电极壳的连接应平整、牢固。

④ 电极壳上端开口时应用盖子盖好，以防灰尘进入。

7.5 电渣炉

电渣重熔包括电渣熔铸及有衬炉电渣熔炼，按电-热转换原理，它是利用电流通过熔融的特制熔渣时所产生的电阻热作为热源来进行熔铸或熔炼的，电渣炉是其主体设备。

电渣熔铸就是把普通冶炼方法制成的钢电极插入盛有高碱性熔渣的水冷结晶器中，再熔化精炼成形的新工艺。经过电渣炉精炼成形的熔铸件，其结晶组织均匀致密，夹杂少，纯度和机械强度均有所提高。电渣熔铸件与普通冶炼的同钢种锻压件相比，某些性能参数还有所提高；如果用异形结晶器，还可以直接生产高质量的异型铸件及各种管材。

电渣冶金由于设备简单，操作维修方便，能获得高质量的合金，所以在一些现代尖端技术方面得到应用。

电渣重熔的目的不是为了利用这个方法来配制合金或改变铸锭的形状，而是为了提纯金属及保证事先预定好的合金钢的质量，并创造良好的冷却条件，以获得均匀致密的结晶组织。电渣重熔过程是电极的熔化，熔池由下而上慢慢地凝固，从而将有利的冶金因素和结晶条件在电渣炉中得到很好的结合，图 7-92 为电渣重熔示意图。

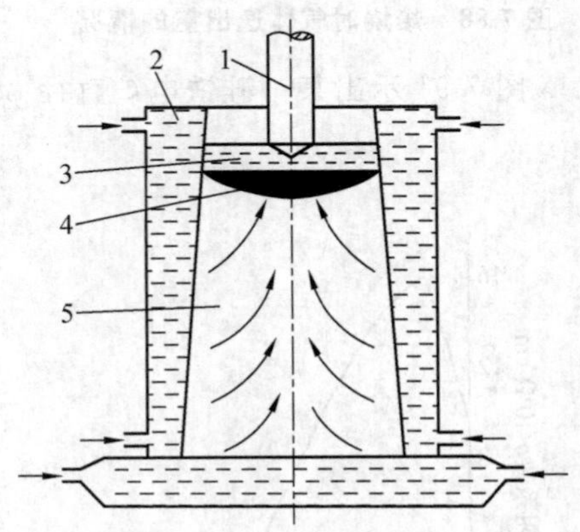

1—电极；2—水冷结晶器；3—渣层；4—金属熔池；5—铸锭

图 7-92 电渣重熔示意图

有衬炉电渣熔炼在我国已有一些单位使用，并取得了较好的成果。其原理是利用电流通过特别配制的液态熔渣(以氟化钙为主，外加少量氧化铝粉或石灰等)时产生的电阻热，将熔渣自身加热到 2 000 ℃左右，在这一高温的作用下，使不断送入过热渣层的自耗电极的端部逐层被熔化。熔化了的金属在各种复合力的作用下，以熔滴的形式，一滴一滴地穿过高温渣层。掉入集存钢水的有衬炉内，然后将钢水倒进各种铸型中，以获得合格的成形铸件。

所谓有衬炉是相对于电渣熔铸炉所用的水冷结晶器而言的，水冷结晶器系采用金属材料(铜或钢)制成，有衬炉是用薄钢板焊制一外壳，在其内壁筑制一层耐火材料(普遍采用镁砂)而成的。

有衬炉电渣熔炼和电渣熔铸相比，虽都是利用电渣，但使用技巧有所不同。

(1) 渣层过薄，电极端头露出渣面　单极电渣熔炼炉最容易产生爆渣现象，因为熔炼时的工作电压加在自耗电极端头和钢水之间所形成的高温锥体区上。当渣层过薄时，高温锥体区的上部(即和电极端头交界处)极易露出渣面产生电弧。在电弧高温作用下，熔渣强烈气化，引起飞溅。飞溅一旦产生，又使炉内渣量减少，促使电弧的恶性循环。

如发生上述现象，可一次多加一些熔渣，把电弧压灭，也可暂时停电，把熔渣一次补加够，再升压熔炼。

(2) 双极或三极熔炼时的爆渣　这种条件下的爆渣往往是一个电极端头露出渣面而产生电弧引起的。此时，只要适当地调整一下电极插入渣层的深度就可以解决。

(3) 电极插入渣层过深而引起的爆渣　当电极插入渣层过深，熔滴形成后，几乎把钢液和电极端头之间连通，此时，当熔滴脱离电极时，在断开的细脖须处，产生大量气体，这些气体在高温和强电场的作用下被电离出现电弧，引起熔渣飞溅。

遇上述情况应及时调整电极的插入深度。

(4) 熔渣过稠或过稀引起的飞溅　熔渣过稠时，电阻增大，电流减小，电极端头露出渣面引起飞溅，遇此情况可多加些萤石。

熔渣过稀也会引起飞溅，此时可适量加入一些 Al_2O_3，MgO 或 CaO 以增大熔渣的电阻。

(5) 炉内的水蒸气引起飞溅　当炉衬或熔渣未烤干时，将产生大量水蒸气，破坏了电渣层的稳定性而引起强烈飞溅，因此，炉衬和熔渣在熔炼以前一定要烘干。

(6) 二次电压过高而引起的飞溅　有衬电渣炉电源变压器二次空载电压一般选 50 V 以下，"双极串联"比"单极"熔炼空载电压可适当选高一些，如果二次空载电压选定过高容易产生电弧而引起飞溅。

7.6　工业微波加热设备

7.6.1　工业微波加热设备的基本工作原理与特点

微波是指波长很短的电磁波，其波长从 1 mm 到 1 m。一般可分为分米波、厘米波和毫米波三个波段。由于微波的频率很高，所以，在某些场合也叫作超高频。

在工业上用于加热和干燥的微波波段可以参见 P153 表 7-1。

(1) 加热原理见 P153①

(2) 特点　在工业生产中，采用微波加热与其他加热方法相比，有以下一些特点：

① 微波不但能对含水物质进行快速均匀的加热和干燥，而且，许多有机溶剂、无机盐类也呈现不同程度的微波热效应，因此，应用范围很广。

② 加热速度快。由于微波能够深入被加热物的内部，而不是依靠被加热物本身的热传导，因此，只需常规方法 l/10～l/100 的时间，就可完成整个加热过程。

③ 加热产品质量高。加热外形复杂的物体，因其加热均匀性好，故不致出现局部过热变形等质量事故。对食品的加热由于加热时间短，维生素破坏少，色、香、味等得以保持。

④ 加热反应灵敏。利用微波加热，开机几分钟便可开始运转。调整微波输入功率，被加热物的加热情况可立即无惰性地随着改变，便于温度自动控制。

⑤ 加热均匀。因微波加热是从物质的内部加热，它本身又具有自动平衡的性能，所以，可以避免常规加热过程中容易引起的表面硬化及不均匀等现象。

⑥ 热效率高，设备占地面积小。

7.6.2　工业微波加热的应用

工业微波加热设备目前多用于干燥方面，举例如下。

(1) 电影胶片的干燥　在胶片中水分和明胶结合很紧，水分子不易扩散，如采用一般的加热干燥方法，如干燥过快，会使乳剂膜逐渐硬化，而内部还很潮湿，造成皱纹。如干燥不足会使胶片相互粘连，并易发霉；干燥过度又将造成灰雾增加，出现内应力，并易产生静电。采用微波加热，因微波能贯穿乳剂层厚度，避免胶片卷曲，使胶片的物理性能与感应性能达到技术指标的要求。

(2) 皮革干燥　实践证明，用蒸汽加热的烘房干燥皮革每分钟可去掉水分 0.1%，用自然挂干每分钟可去掉水分 0.016%，而用微波干燥每分钟可去掉水分 1.6%。不仅效率高，且其物理与化学性能均比用别的干燥方法好。

(3) 生橡胶的处理　生橡胶在加工过程中需要加热，由于橡胶本身导热性能很差，加热速度很慢，将一块 90 kg 的生橡胶在烘房内加热到 38 ℃，需一周左右的时间。如采用微波，加热半小时即可完成。

(4) 熔模铸造工艺　由于蜡模需喷涂石英砂及氧化铝形成一层外壳后，将其加热融化，因此，必须将外壳烤干。由于石蜡导热性差，对于复杂形状的蜡模要用热水或烘箱加热数十分钟才能除尽石蜡，用微波融化石蜡只要几分钟即可。用于熔烧外壳，速度也很快。

7.6.3 工业微波设备的安全使用

工业微波加热设备也是电气设备的一种，在安全方面的基本要求可以参照第 1 章的有关介绍。水、汽等非电气方面的问题，在前几章中已有介绍，这里不再重复。这里仅介绍微波设备的特殊安全要求，重点介绍与人身安全有关的问题。

(1) 微波对人体的影响　微波对人身的影响大致可分两种情况：① 由于微波热感应加热作用引起的热效应；② 非致热效应。

微波对于人体的效应因频率不同而异，人体各部位在不同频率作用下的结果见表 7-2。频率在 150 MHz 以下时，一般认为电磁波透过生物体而不受影响，随着频率的逐渐升高，电磁波透过生物体被吸收而发热。

人体吸收的微波功率越大，温升越大，从而对体内各个器官产生伤害。当频率高至(1～10) GHz 范围时，电磁波已不能达到生物体的深处，只引起靠近生物体表面部分的局部伤害，这时最易受影响的是眼睛和睾丸。当频率达到 10 GHz 以上时，电磁波几乎不能透入体内，而只是皮肤发热。

(2) 微波辐射的安全标准

① 受照标准与辐射标准。受照标准是指为了保护人身安全，规定照射到人体的电磁辐射强度，也就是电磁辐射的卫生标准。在卫生学上，对电磁辐射强度的评价，对高频以 V/m(电场)、A/m(磁场)来表示；对低频用辐射功率通量密度(功率密度)，单位是 mW/cm^2 或 $\mu W/cm^2$)来表示。

辐射标准是指靠近微波和射频设备附近的最大允许泄漏能量电平，因此，受照标准和辐射标准定义不同，不能混淆。

一般来说，辐射标准所规定的数值要高于受照标准。

② 国外参考标准。早在 20 世纪 50 年代，国外就开始对射频辐射卫生标准进行研究，但由于对电磁辐射的生物学效应存在争议，所以，到目前为止，在射频辐射卫生标准上仍存有较大的分歧。现列举一些国家的日射频辐射卫生标准供参考。

a. 美国(1966 年)频率(10～100 000) MHz，最大允许强度 1 mW/cm^2。

b. 苏联(1958 年)频率(300～300 000) MHz。

最大允许强度 0.01 mW/cm^2(整天)

最大允许强度 0.1 mW/cm^2[(2～3) h/d]

最大允许强度 1 mW/cm^2[(15～20) min/d]

c. 英国(1971 年)频率(30～300 000) MHz，最大允许强度 10 mW/cm^2(整天连续照射)。

7.6.4 电磁场强度与微波漏能测量

(1) 射频电磁场强度的测试方法　我国制定的"暂行卫生标准"和"高频电磁场(近区)场强测试规范"的有关规定如下。

① 高频电磁场近区场和近区场测量特点。

a. 近区场。所谓近区场是指离场源距离 r 远小于 1/6 波长的区域,即 $r \ll \lambda/6$;而远区场是指离场源距离 r 远大于 1/6 波长的区域,即 $r \gg \lambda/6$。但习惯上,人们都以小于或大于 1/6 波长作为近区场和远区场划分界限。

以 300 kHz 的高频设备为例,其波长 $\lambda=\frac{c}{f}=\frac{3\times10^8}{3\times10^5}=1\ 000\ \text{m}$。$\lambda/6=1\ 000/6=167\ \text{m}$,因此,距离设备远小于 167 m 的区域,才是近区场,对于小于或略小于 167 m 的区域,只能说是近似于近区场。

b. 近区场测量的特点。

(a) 近区场场强测试天线,其几何尺寸应该尽可能地小。在近区场强测试中,为提高对空间某一点电磁场强度的测量精度,作为拾取该点电磁信号的天线,几何尺寸应尽量地小。因为在近区场中,空间各点的电场强度和磁场强度是随着点所在的晶体管急剧变化的(电场强度、磁场强度与 r 的高次方成反比,并且还均与 θ 角有关),所以,作为拾取某点电磁信号的天线,若尺寸过大,则在天线上所拾取的信号就不是该点的信号,而是附近若干点的几何平均值,从而影响了测量精度。

另外,近区场是感应场,若尺寸过大,则天线存在的本身就改变了原先电磁场在该点的分布,因此,所测得的场强值,代表不了原先的场强在该点的真正数值。

(b) 在近区场测量中,所测得的场强值是大量级的。一般在远区场场强测量中,其最大电场可测范围仅为 V/m 量级,但在近区场测量中,却大大超过这个数值,其最大可测范围达 kV/m 量级。这主要是由电磁波的传播特性决定的。电磁场随着距离的增加,分别按距离的立方律、平方律和直线律衰减,所以,到达远场区,场强值是较小的。而在近场区,由于距离小,衰减小,所以场强值较大。

(c) 在近区场测量中,应分别对电场和磁场进行测量。因为在近场区,电场和磁场除了分别按距离的三次方和二次方成反比变化外,还均随 θ 的变化而变化。另外在近区场中,电波的波阻抗与场源的相关性很大,是频率和距离的函数,电场强度与磁场强度之间没有固定的比例关系,所以在近区场,电场强度与磁场强度要分别进行测量,而在远区场,电场强度 E 和磁场强度 H 之间具有一定的比例关系,即 $E=377H$,所以只要测得一个,另一个也就可知了。

② 近区场电磁场强度测量仪器。

a. 高频电磁场卫生学测定仪。

(a) 主要技术特性。

大气压力:(750±50) mmHg;

环境温度:−10～45 ℃;

相对湿度:达 85%。

(b) 频率测量范围。

自 70 kHz～40 MHz 分五个波段:

第一波段:0.07～0.25 MHz(70～250 kHz);

第二波段:0.24～0.9 MHz(240～900 kHz);

第三波段:0.85～3 MHz(850～3 000 kHz);

第四波段:3～10 MHz(3000～10 000 kHz);

第五波段:10～40 MHz(10 000～40 000 kHz)。

(c) 电场强度测量范围。自 1～600 V/m 分三挡。各分挡满度场强为 600,150,30 V/m。在 3～30 MHz 波段内可直读,在仪器侧重范围以外频率,应将指示电表读数乘以频率系数 K(0.32～0.92),即为所测。在实际应用中,可根据被测设备的频率和被测点指示电表的读数,从"不同频率电场强度换算图"查得所求值。

(d) 磁场强度测量范围。自 0.5～300 A/m 分三挡。各分挡满度场强为 300,75,15 A/m。频率在 250 kHz 时可直读,在仪器测量范围以外频率,应将指示电表读数乘以频率系数 K。在实际应用中可根据被测设备的频率和被测点指示电表的读数,从"不同频率磁场强度换算图"查得所求值。

b. RJ-2 型高频电磁场近区场强测量仪。该仪器是一种专门用于测定中、短波范围近区场的电场和磁场强度的新型仪器,其主要技术性能如下:

(a) 使用条件:环境温度 10～40 ℃;相对湿度<80%;测量时人体离探头 0.5 m 以上;电池工作电压应不低于表头上的红线以下。

(b) 适用频率范围:200 kHz～30 MHz。

(c) 电场强度测量范围。自 1～1 500 V/m 分四挡:50,250,500,1 500 V/m。

(d) 磁场强度测量范围。自 1～300 A/m 分四挡:10,50,100,300 A/m;频率在 200 kHz～10 MHz 范围内,场强范围为 1～300 A/m;频率在 10 kHz～10 MHz 范围内,场强范围为 1～100 A/m。

(e) 电源。9 V,6 V 叠层电池各一块。

c. DCHY-801 型甚高频电场近区场测量仪。该仪器是专门测量超微波范围近区场电场强度的仪器,其主要技术性能如下:

(a) 使用条件:环境温度 10～45 ℃;相对湿度<80%;大气压力(750±30) mmHg。

(b) 适用频率范围:75～600 MHz。

(c) 场强测量范围:自 5～500 V/m 分四挡,即 5～25 V/m,20～50 V/m,50～150 V/m,及 100～500 V/m。

(d) 电源:该仪器 12 V 电源由两节 4F22-2 型电池供给;6 V 电源由一节 4F22-2 型电池供给。

(2) 微波漏能测量

① 可能出现的近区场测量。在微波情况下,距离小于 d 的区域属于近区场,距离大于 d 的区域属于远区场。

$$d=2D^2/\lambda$$

式中,D 为微波发射天线的直径,m;λ 为波长,m;d 为离天线的距离,m。

一般来说,微波漏能测量都是在微波设备附近、作业人员工作的部位进行,基本上属于远区场,或近似于远区场。但对某些微波下限频带来讲,也可能属于近区场范围。例如,915 MHz的微波加热设备,在距此 5 cm 处就属于近区场范围。

近区场的测量应分别对电场和磁场进行测量。作为功率密度的测量，原则上也应当分别从电场和磁场两方面拾取。考虑到人体是一种电介质，从场力效应和致热效应来看，电场起主导作用，为此，目前微波漏能仪主要是按电场分量设计的。

为解决可能出现的近区场测量，所设计的测试仪器，特别是天线均采取小型化，否则，天线的尺寸过大，将引起天线对近空间的电磁场扰动，干扰测量结果。

② 可能出现环境温度、红外线及可见光的影响。目前微波漏能的测量是基于电阻性敏感元件的热转换原理，因此，它对热、红外线和可见光同样都存在一定的敏感性，加之微波设备在向外泄漏电磁波的同时，也会伴随有少量的热和红外线的辐射，所以，必须对测量探头采取保护措施即加盖保护罩。这种保护罩必须在仪器使用的频率范围内对电磁波具有相同的透射率，而且，它的存在不改变原来电磁场分布，也就是说，要求保护罩用介电常数接近于 1 的透明隔热材料制成。

③ 可能出现电阻敏感探头烧坏。目前用于微波漏能仪探头中的电阻性材料是锑、铋薄膜，整个电阻方格中的电阻膜带由相同的锑、铋薄膜搭接而成。在锑、铋交点处构成热结点，方格中所有可见结点均为冷结点，将热结点串接起来，当微波能量输入时，热结点与冷结点之间将产生温差电势。于是，把消耗在电阻格上的被测场强转变成直流电压输出。

由于薄膜很薄、很细，若强度过大，即使仪器不是处在通电状态，也会将电阻方格中作为连接用的微细薄带烧坏。因此，在一般情况下，探头应存放在屏蔽罩内，使用时应该由远到近，量程先大后小进行测试，以防烧坏探头。

(3) 高频辐射强度测定规范(建议规范)

① 总则。

a. 本测定规范是为适应劳动保护工作的需要而制定的，主要应用于劳动保护、劳动卫生的监测工作。

b. 本测定规范适用于频率为 100 kHz～30 MHz 的电磁场感应区(一般指 $\lambda/2\pi$ 距离内)的场强测定。

c. 根据高频电磁场感应区中电场强度与磁场强度不呈固定关系的特点，感应区场强的测定应分别进行电场强度与磁场强度测定。

d. 高频电磁场感应区强度的基本计量单位是：电场强度为 V/m，磁场强度为 A/m。

② 高频感应区强度测定。高频电磁场感应区强度的测定，必须用经计量部门或指定单位检定合格的高频电磁场(近区)强度测定仪进行测定。

③ 测定方法。

a. 测定时高频设备必须按说明书规定处在正常工作状态。

b. 测定的重点是人工作地点的高频场。

c. 测定距离(指至场强仪探头天线中心点的距离)，离被测部位 20 cm 处为基本测定点。

d. 一般情况下，测定电场时探头的天线杆与被测部位面垂直，测定磁场时，探头的环状天线平面应与被测部位面平行。

e. 测定部位：以工作人员经常和主要工作位置为基本测定区。

f. 测定高度。

立姿操作为：头部(离地面 150～170 cm 处)；

胸部(离地面 110～130 cm 处)；

下腹部(离地面 70～90 cm 处)。

坐姿操作为:头部(离地面 110～120 cm 处)；

胸部(离地面 80～100 cm 处)；

下腹部(离地面 50～60 cm 处)。

g. 测定方法。以测定点上的天线中心点为中心,全方向转动探头,以指示最大的方位为测定方位。

测定时,选择作业部位进行头、胸、腹三个高度的测定。取各测试点头、胸、下腹部不同高度的均值作为各测试点的均强值,再求出总平均值。

④ 测定时的注意事项。

a. 避免人体对测定的影响。测试时,应离天线远一些。测定电场时,测试者不应站在电场天线的延伸方向上;测定磁场时,测试者不应与磁场探头的环天线面相平行。探头天线附近 1 m 范围内除操作者外避免站人。

b. 测定点附近不应有不必要的对电磁波有吸收或反射作用的物体。

7.7 感应加热设备

7.7.1 感应加热设备的原理

感应加热和介质加热的原理、特点及应用范围见表 7-28。

图 7-28 感应加热和介质加热的原理、特点及应用范围

类型	感应加热	介质加热
原理	导电体置于交变磁场中,由电磁感应的涡流及磁滞所产生的热量加热	电介质置于交变电场中,通过自身内的电偶极子的旋转运动加热
特点	(1) 熔化金属在磁力作用下能自动搅拌,质量容易控制 (2) 加热深度可根据要求加以选择,加大电流可急速加热,并可实现批量生产 (3) 可在真空或各种气氛中加热,表面氧化皮少	(1) 加热均匀,不致产生局部变形、龟裂或烧损 (2) 不受加热物体厚度和热导率的影响 (3) 一断开电源,即停止加热,不易产生过热
应用范围	(1) 金属熔炼、整体均匀加热、表面加热 (2) 高频装置可用于淬火、提纯和生长硅单晶	木材干燥、胶合板粘接、橡胶加硫、塑料和布的快速加热;食品杀菌、干燥、造纸和纺织工业的干燥过程

感应加热的基本原理是电磁感应原理,当炉料置于感应器中通以交流电后,炉料中产生与感应器中电流反方向的感应电流。由于集肤效应,电流有一定的透入深度。在这个深度范围内吸收的功率为被加热材料吸收的总功率的 86.5%,因此,根据加热需要选用透入深度是感应加热的一项重要工作。

感应加热体上电流透入深度 δ 为

$$\delta=503\sqrt{\frac{\rho}{\mu f}}$$

式中,ρ 为电阻率,Ω·m,铜及铝在 25 ℃时分别为 1.8×10^{2} Ω·m 及 2.9×10^{2} Ω·m;μ 为相对磁导率,非磁性导电体为 l;f 为加在感应器上的交流电频率,Hz,其值的选用说明

如下。

当加热物体的直径为 d，如仅考虑单位体积的加热功率最小，则 $\frac{d}{\delta} \geqslant 2.5$ 时，频率 f 可选为

$$f = 160 \times 10^6 \frac{\rho}{\mu d^2}$$

实际选用频率时，还需考虑提高发热量和效率及减少加热物体表面和中心的温差。

工频感应电热设备的主电路示意如图 7-94 所示。

不论是工频感应加热炉还是工频感应熔炼炉，基本原理都是一样的。在加热物（炉料或工件）外是一个感应线圈（又叫感应器），它与工频交流电源相连接。因感应加热设备是一个感性负载，本身功率因数很低，因此，要在它的供电回路中并联一组补偿电容器，以补偿所需的无功功率，使输入功率的功率因数达到最佳值。

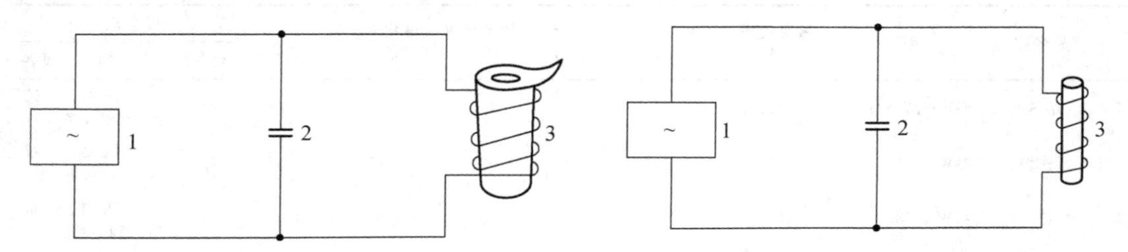

1—电源；2—电容器组；3—感应熔炼炉（或感应加热炉）

图 7-94　工频感应电热设备主电路示意图

图 7-94 中所示的感应熔炼炉是工频感应熔炼炉的一种结构形式，感应器中心没有放置硅钢片叠成的导磁用铁芯，而是放置了坩埚，炉料装在坩埚中。这种形式的感应炉全称为无芯工频感应熔炼炉，也叫坩埚式感应熔炼炉。这种炉子的工作原理是：工频电流通过感应线圈时，产生强大的交变磁场。金属炉料或工件置于交变磁场中，受其感应产生感应电势。因为炉料或工件都是导电体，当有感应电势存在时，便有感应电流在炉料或工件内流动。炉料或工件材料本身具有一定电阻，在有感应电流流动时便按电流平方与电阻乘积的关系产生热量，使炉料或工件受热升温，从而达到加热或熔化的目的。

另一种形式的工频感应熔炼炉为有芯工频感应炉：感应器中心放置硅钢片叠成的铁芯，感应线圈外有一个熔沟，熔沟内存有被熔金属。这种炉子的工作原理基本与变压器相同，如图 7-95 所示。感应线圈相当于变压器的一次线圈，熔沟内的金属相当于变压器的二次线圈。

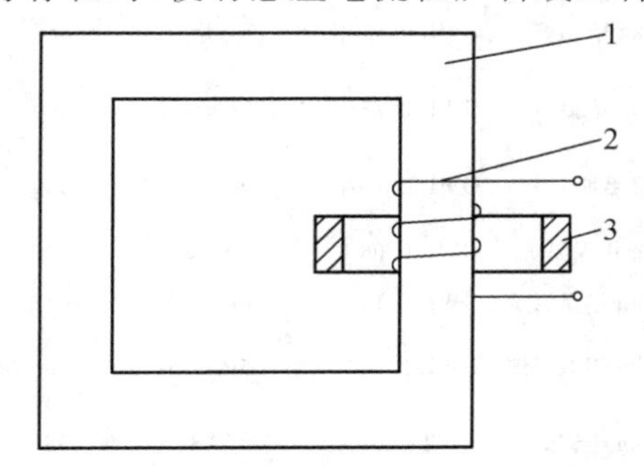

1—铁芯；2—线圈；3—深沟中的金属

图 7-95　有芯工频感应炉的工作原理示意图

7.7.2　常用感应加热设备的电气参数

工频、中频、高频感应加热设备的电气参数见表 7-29、表 7-30 和表 7-31。工频加热设备一般用于熔炼有色金属和黑色金属保温，中、高频加热设备适用于黑色、有色金属和合金的熔炼。

表 7-29　工频有芯感应熔炼、保温炉的电气参数

产品名称	型号	(功率额定/保温)/kW	(电压额定/保温)/V	主变容量/kVA	烘炉变容量/kVA	电抗器容量/kVA	升温电耗/(kWh/t)	熔化率/(t/h)
3 t 铁保温炉	GY-3-250	250/40	344/137	300	30/20	200	50	5
15 t 铁保温炉	GY-15-600	660/176	380/205	1 000	50	—	57.6	10
45 t 铁保温炉	GY-45-700	700/280	740/470	1 000	100	500	70	10.9
300 kg 熔铜炉	GYT-0.3-750	75/21	380/197	50	—	—	237	0.317
750 kg 熔铜炉	GYT-0.6-180	185/25	350	300	—	180	219	0.625
1.5 t 熔铜炉	GYT-1.5-600	600	380	—	250	—	268	2
10 t 熔铜炉	GYT-10-1300	1 300/222	290	2 000/500	3×100	—	223	5
1 t 熔锌炉	GYX-1-75	75/14	380/164	100	—	56	110	0.5
23 t 熔锌炉	GYX-23-540	540	500	—	—	—	120	4.5

表 7-30　工频无芯感应熔炉的电气参数

产品名称	型号	额定功率/kW	额定电压/V	电源相数	变压器容量/kVA	熔化率/(t/h)	电耗/(kWh/t)	成套范围	
								台/套	1 套中的电气设备
750 kg 熔铁炉	GW-0.75-315	315	500	3	400	0.45	700	2/1	变压器、电抗器、控制设备
1.5 t 熔铁炉	GW-1.5-450	450	380	3	630	0.72	630	2/1	变压器、电抗器、控制设备
3 t 熔铁炉	GW-3-780	780	500	3	1 250	1.3	620	2/1	变压器、电抗器、控制设备
5 t 熔铁炉	GW-5-1150	1 150	750	3	2 000	1.9	605	2/1	变压器、电抗器、控制设备
10 t 熔铁炉	GW-10-1890	1 890	1 000	3	3 150	3.1	600	2/1	变压器、电抗器、控制设备
10 t 熔铁炉	GW-10-2700	2 700	1 000	1	4 000	4.6	600	2/1	变压器、电抗器、控制设备
20 t 熔铁炉	GW-10-3100	3 100	3 000	3	5 000	5.5	565	2/1	变压器、电抗器、控制设备
120 kg 熔铝炉	GWL-0.12-40	40	380	1	—	0.06	670	2/1	控制设备
250 kg 熔铝炉	GWL-0.25-60	63/21	380/220	1	—	0.125	510	2/1	控制设备
300 kg 熔铝炉	GWL-0.3-145	145	380	3	调压器 200	0.27	510	2/1	变压器、电抗器、控制设备
750 kg 熔铝炉	GWL-0.75-125	125max,180	380	3 或 1	—	0.375	440	2/1	电抗器、控制设备
1 t 熔铝炉	GWL-1-390	390max,420	500	3	560	0.69	600	2/1	调压器、电抗器、控制设备
80 kg 铝保温炉	GWL-0.08-6	6～8	220	1	—	—	—	1/1	控制设备
120 kg 铝保温炉	GWL-0.12-9	9max,27	220/380	1	—	—	—	1/1	控制设备
400 kg 铝保温炉	GWL-0.4-45	45max,62	380/38～380	1	调压器 100	—	177	1/1	调压器、控制设备
300 kg 熔铜炉	GWT-0.3-160	168	380	3	调压器 200	0.22	764	2/1	调压器、电抗器、控制设备
750 kg 熔铜炉	GWT-0.75-250	250	380	3	调压器 300	0.5	380～420	2/1	变压器、电抗器、控制设备
1.5 t 熔铜炉	GWT-1.5-350	350	380	3	630	0.78	450	2/1	变压器、电抗器、控制设备
750 kg 熔锌炉	GWX-0.75-80	80	380/220	1	—	0.4	220	2/1	控制设备
1.5 t 熔锌炉	GWX-1.5-250	250	380	3	300	1.1	230	2/1	变压器、电抗器、控制设备

表 7-31　高、中频感应炉的电气参数

产品名称	型号	额定功率/kW	额定电压/V	频率/Hz	电源相数	电耗/(kWh/t)	变频电源
150 kg 中频无芯熔钢炉	GWJ-0.15-100	100	750	1 000	1	847	晶闸管变频
50 kW 中频无芯快速熔铝炉	GWX-0.04-50	50	375	2 500	3	1 000	中频机组
硅单晶高频炉	GP-20-3	20	220	2.4～4 MHz	1		电子管振荡器

7.7.3　电源装置

常用电源装置的类型及技术条件列于表 7-32 中，中频发电机组和晶闸管装置的电气参数分别列于表 7-33 和表 7-34 中。这两种电源的特性比较见表 7-36。

表 7-32　常用电源装置的类型及技术条件

技术条件	工频电源装置		中频发电机组	晶闸管中频装置	高频发生装置
	工频	倍频			
频率	50～60 Hz	150～540 Hz	500～10 000 Hz	500～50 000 Hz	50 kHz～10 MHz
基本设备	工频变压器	频率倍增器	感应电动机、中频发电机	晶闸管变频装置	磁控管或闸流管
电流穿透深度/mm	1～10	1～10	0.5～5	0.5～5	0.1～2
功率/kW	103	104	500	2 000	1 000
控制方法	功率控制	功率控制	改变励磁	改变触发角	闭环电压控制、闭环功率控制
用途	坩埚熔炼加热、锻压成形加热		连续加热、表面加热		管子焊接晶体生长区域提线

表 7-33　中频发电组的电气参数

型号	功率/kW	输入侧			输出侧			拖动电机
		电压/V	频率/Hz	相数	电压/V	频率/Hz	相数	
BP-11～41	2～15	220/380	50	3	115/230	400～1 000	1/3	异步电动机
BP-1000	10～50	220/380	50	3	115/230	1 000	3	异步电动机
BPFS	50	380	50	3	375/750	2650	1	异步电动机
BPS	1.25/2.5	380	50/60	3	150/300	950/1 420/1 900 910/1 360/1 800	3	双速异步电动机
BPT	2～4	380	50	3	115/230	400～500	1/3	同步电动机
BPZ	12～200	380	50	3	115/230	400	3	异步电动机，旋转整流器
JF	100	380	50	3	375/750	2500	1	异步电动机
JBF	13.6	380	50	3	165/385	150/180	3	异步电动机，旋转整流器
TZWS	12～200	220/380	50	3	230/400	400	3	无刷同步电动机
BL	2～8	直流 110/220	—	—	115/230	400/500	1/3	直流电动机

表 7-34　工频有芯感应熔炼、保温炉的电气参数

型号	功率/kW	输入侧			输出侧			配套电气柜数
		电压/V	电流/A	频率/Hz	电压/V	电流/A	频率/Hz	
KGPS100-1	100	380	200	50	750	250	1 000	1
KGPS100-2.5	100	380	200	50	750	250	2 500	1
KGPS250-1	250	380	440	50	750	500	1 000	3
KGPS250-2.5	250	380	440	50	750	500	2 500	2
KGPS500-1	500	660	581	50	1 000	650	1 000	视负载情况而定
KGPS500-2.5	500	660	581	50	1 000	650	2 500	视负载情况而定

表 7-35　中频发电机和晶闸管中频电源装置性能比较

主要性能指标		中频发电机	晶闸管中频电源装置
效率/%	满负荷	80～90	85～95
	20%负荷	60	90
启停速度		启动一般 3～5 s,容量越大,启动时间越长,停止一般 3～5 s	启动只需 100～500 ms,且与容量无关,停止只需几毫秒
空载损耗		约为满功率的 5%～10%	0.5%～2%
功率因数调节方式		切除电容器、继续调节	频率自动跟踪负荷变化
自动化程度		尚可,但难以提高	较高,并可继续提高
维修		需定期更换磨损件,维修量大,但只需一般技术水平	无旋转及易损件,维修少,但技术水平要求高
安装及运行		安装需基础,运行费用高	安装不需基础,运行费用低
噪声		水平安装时,在低频下噪声大,立式密封闭结构可减少噪声	噪声较低
投资费用		较低	较高

这些感应加热的电源装置合闸启动时,可能引起电网有较大的电压降。单相电源装置还会造成电网不平衡。不平衡因数可用单相负载的 kVA 值×0.1 或三相短路容量的 MVA 值×100%来表示。要求 35 kV 以上的电网不应超过 1%,35 kV 以下的不应超过 1.3%。对于装有平衡器的炉子,可超过这个限度,但每 30 min 因不平衡因数大于上述百分值的时间不能超过 5 min,这些设备也容易产生谐波,应予注意。对于电磁式倍频器的电源,要求电压及频率比较稳定,因为电压和频率微小的增加,将导致励磁电流显著增长,往往使绕组过热,因此,常在变压器初级绕组的线路上串联一个缓冲电抗器,以减少上述不良影响。

7.7.4 电容器

(1) 功能及选用　功能和选用方法见表 7-36。

表 7-36　电容器的功能和选用方法

感应加热器种类	电容器功能	选用方法
工频加热装置	补偿无功功率	按负荷最低功率因数补偿到1
中频加热装置	补偿无功功率，使负荷参数与电源装置参数相匹配	按负荷最低功率因数补偿到1，采用切换方法进行调整
高频加热装置	加热均匀介质	按被加热尺寸和振荡频率决定

（2）电容器的调节原则　为了满足感应器在不同电感时的补偿要求，接入电容器的数量应能调节。工频感应加热装置根据冶炼要求，分为固定和可调两部分，固定部分的容量一般为一半；另一半为可调部分，一般分为6组左右。中频感应电热装置所配用的电容器的分组方式，一般根据调谐方式而定，可分为3～8组。这两类装置中电容器的调节均采用自动方式，尽量做到功率因数接近于1。

7.7.5　三相平衡装置

对于单相大功率工频感应装置，为了使三相供电电路各相负荷平衡，采用图7-96所示的三相平衡装置。图中 P 为工频感应装置的有功功率，Q_L 为平衡电抗器的无功功率，Q_C 为平衡电容器的无功功率。三者的关系为：Q_L 及 Q_C 的无功功率数值等于 $P/\sqrt{3}$ 的有功功率数值。

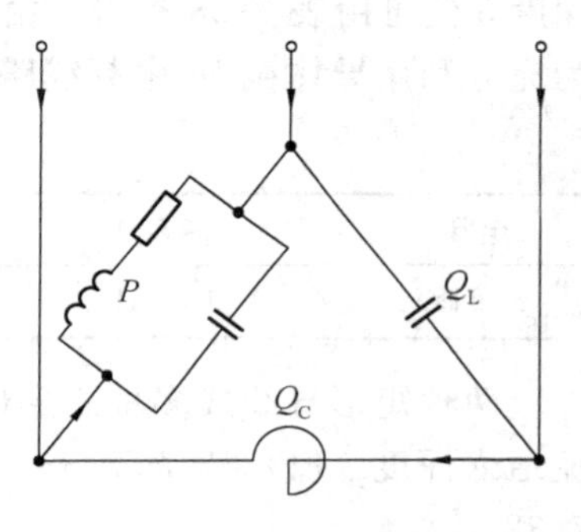

图 7-96　三相平衡装置

7.7.6　保护设备及仪表

（1）保护设备　感应加热装置的空心水冷感应圈的冷却水停止或流速过低，均将直接影响感应圈的寿命。一般应装设对冷却水停止、水压不足或水温过高的保护装置，动作于信号和切断电源。因为水温超过55 ℃时容易产生水垢，因此水温整定值不大于55 ℃。

为了防止坩埚侵蚀过度或产生裂纹而使钢水流出，烧坏感应圈，影响生产，甚至发生人身事故，一般在2 t以上的感应炉上设置泄漏保护，动作于信号。但这种报警装置经常产生误动作，如操作人员熟练，从现场可判断出炉衬损坏程度时，也可不装。目前国内不装泄漏装置报警而运行正常的也很多。

对于工频感应电路，为了防止故障短路，采用过电流保护，装于变压器一侧，动作于切断供电开关。对于400 kV·A以上的较大容量变压器最好装设过负荷保护，动作于信号。由于装设了大量电容器，当炉子在较高电压运行时，容易过补偿，造成过电压，而电容器只允许在不超过1.05倍额定电压下长期运行，即使短期过压，也不能超过1.1倍，所以对5 000 kvar及以上的大容量电容器组应装设过电压保护，动作于信号，并切断主电路。

中频感应电炉也应装设过流和过电压保护，但由于过负荷的现象甚少，一般不装设过负荷保护。

高频感应电炉的电子管振荡回路和高压整流部分要与柜门联锁，当柜门开启时，自动切断电源。

（2）仪表　根据监视工艺生产过程、调节电气参数及设计电能耗量等的需要，工频感应加热装置应设有电流表、电压表、功率因数表、有功电度表。中频感应加热装置所装设的表计与上相同，但中频机组的励磁回路中还应装设电流表，晶闸管电源装置中的直流回路应装设电流表及电压表。高频感应电热装置的仪表均为成套供应。

7.7.7 材 质

(1) 铝导体的采用　工频和中频感应加热装置的负载比较平稳，采用铝导体可满足机械应力要求，但连接时要用氩弧焊，与铜件连接时用铜铝过渡接头，容量大时可采用水冷铝管。在中频线路中，由于电流的透入深度与导体电阻率的平方根成正比。

(2) 铜管的采用　高频感应加热装置的导体短，一般采用铜管，与设备成套供应。

7.7.8 母线与电缆的选择

(1) 选择的范围　工频母线及电缆的选择与一般电力线路相同，高频母线及电缆往往成套供应，因此，仅叙述中频母线与电缆的选择。

(2) 母线　一般采用矩形母线竖放安装，母线间的间距见表 7-37。当两片母线组成回路时，母线厚度 $b\leqslant 1.2\delta$；多片母线组成回路时，母线厚度 $b\geqslant 2.4\delta$。不同频率时的电流透入深度 δ 值可由表 7-38 查得。由表 7-38 可见，铝导体的透入深度为铜导体的 1.3～1.5 倍。为充分利用导体截面，中频线路用铝导体为宜。

表 7-37　中频母线的间距　mm

电压/V	≤500	>500～1 000	>1 000～1 500	>1 500～2 000	>2 000～3 000
间距	10～15	15～20	20～25	25～30	35～40

两根矩形母线或多根矩形母线交错布置，母线间净间距为 20 mm 时，不同频率时的电流通入深度 δ 值示于表 7-38；采用管形母线，且管壁厚度 $r\geqslant 1.2\delta$ 时，δ 值也相当于表 7-38。

表 7-38　不同频率时的电流通入深度 δ 值　cm

频率/Hz	铝			铜		
	60 ℃	65 ℃	70 ℃	60 ℃	65 ℃	70 ℃
50	1.347	1.361	1.383	1.039	1.048	1.066
300	0.551	0.555	0.565	0.424	0.428	0.435
400	0.477	0.481	0.489	0.367	0.371	0.377
500	0.427	0.430	0.437	0.329	0.331	0.337
1 000	0.302	0.304	0.309	0.232	0.239	0.238

(3) 电缆及导线　在中频线路中最好不用中频电缆，如采购不便，也可采用普通的电力电缆或导线。

7.7.9 安 装

(1) 准备工作　安装前检查设备及线路，按产品说明书及线路图检查以下各项：设备是否完好；内部有无断线、脱焊、碰挤等现象；螺栓是否牢固；线路是否正确；绝缘是否合格；水冷系统及润滑系统是否正常。如为中频发电机组，还应检查轴的水平斜度，以不超过 0.4 mm/m 为宜。此外，尚需检查水压、水质是否符合说明书的要求，电源质量是否达到要求，熔丝及保护设备、报警设备是否正常。

(2) 设备安装　按产品说明书进行安装并做各种试验，试验证明各部分均完好后，再按环节调试，经过总调试成功才算合格。

(3) 母线安装　管形母线采用同轴布置，矩形母线采用平行布置。当采用多片矩形母线时，宽度相同，相邻母线接于不同极性，以提高母线截面的利用率。母线采用油浸处理的硬木、塑料或层压绝缘板制成的夹板和隔板进行安装。

(4) 电缆和导线的安装　铝包单芯电缆应利用铝护套作返回线，铠装电缆内的往返电流应平衡，多芯电缆及绝缘导线的相邻导体应尽量为不同极性，穿管绝缘导线应尽量使管内电流平衡。

(5)绝缘冷却水管的安装　连接导体与金属水管间的绝缘冷却水管，其内径和长度应保证绝缘冷却水管内的泄漏电流不超过 20～50 mA。当已知导体对地电压 U(V)，绝缘冷却水管内截面为 $S(\mathrm{mm}^2)$，冷却水电阻率为 $\rho(\Omega\cdot\mathrm{cm})$，如泄漏电流 I 控制在 15～20 mA 时，则可由下式计算出绝缘冷却水管的长度 l，即

$$l=\frac{US}{I\rho}$$

我国天然水及蒸馏水的电阻率近似值见表 7-39。

表 7-39　我国天然水及蒸馏水电阻率近似值　　$\Omega\cdot\mathrm{cm}$

水种	海水	湖水(池水)	泥水	泉水	地下水	溪水	河水	蒸馏水
电阻率	1.5	30	15～20	40～50	20～70	50～100	30～280	1 000

(6) 接地　工频与中频感应加热装置的接地与一般电力设备的相同。高频感应加热如装在屏蔽室内，则在电源滤波器处某点接地，接地电阻不大于 1 Ω；如不在屏蔽室内，则与一般电力设备的保护接地相同。

当采用同轴电缆时，其工作频率小于或等于 1 MHz 时，屏蔽层单端接地；工作频率大于 1 MHz 时，屏蔽层两端接地。

(7) 屏蔽　高频感应加热装置如产生干扰，会影响附近无线电通信、检测、控制和其他电子设备的正常工作，则应设于屏蔽室内。屏蔽室的结构及材料，应根据屏蔽要求而定。通风口及一切向室外的孔洞都要用金属网屏蔽，电气线路入口处装设滤波器。

(8) 电容器的布置　工频感应加热装置的电容器组与感应圈间的导体应尽量短，以减少损耗和电压损失。中频线路的功率损耗和电压损失比工频多几倍，特别是振荡回路，无功电流有时比有功电流高得多，因此，电容器更应靠近感应圈，尽量缩短导体长度。

7.7.10　运　行

(1) 工频感应加热装置的运行方式　小容量工频感应电炉可接自车间变压器低压侧或成组供电，容量在 1.5 t 及以上时采用专用变压器。变压器容量的选择应满足工艺要求，二次电压等级按烘炉、保温、升温、熔化各过程所需的电压来选择。频繁的电压调节采用自动操作，否则可用手动设备。为了减轻操作人员的劳动强度和减少电压切换时的停工时间，大容量工频电炉应尽量采用电动远程操作。由于装有大量的电容器组，合闸时将产生相当大的冲击电流，为了限制这个电流，采用启动电阻，将冲击电流限制在额定电流的 3～5 倍内；正常运行时将启动电阻短接，以减少损耗。

(2) 中频感应加热装置的运行方式　对于中频机组，为了使发电机能发出最大功率，必须进行调谐，使负荷参数与发电机参数相匹配，要求完全补偿负载的电感及发电机的内

电感,使发电机的负载稍呈容性。对于负载经常变动,解决的方法是改变感应器或变压器间的匝数和切换补偿电容器,后一种方法比较简便,采用较多。晶闸管中频电源装置同样也要进行调谐,运行人员要经常注意输出中频电压和电流的指示值,如果在零和额定值之间成比例变化,则说明设备在最佳匹配下运行,否则要进行调整。

为了提高中频电源装置的利用率,加热时间短的中频炉(如淬火炉),可采用共同中频电源。机组功率按最大一台设备考虑。当一台淬火炉加热终止转为喷水冷却时,即将中频电源装置切换到另一台淬火炉上,一般一台中频电源装置可接5台淬火炉。如加热时间在一个小时以上,由于空炉时间短,一般均单独供电。

多台规格相同的中频机组,经常并联运行。采用晶闸管励磁装置的,并联后能自动恒压。晶闸管中频电源装置如为完全相同的线路形式,也可并联。除去一般并联条件,如输出电压相等、输出电流同相和额定工作频率相同外,还要将主回路中滤波电抗器一分为二,串接在整流桥输出的正、负母线上,当多台运行时,每台装置上的滤波器必须分串在两侧。

(3) 高频感应加热装置的运行方式　一般接到变压器低压侧或车间配电干线上,单独运行。

7.7.11 维　护

(1) 设备运行初期,应更多注意其运行情况,因为这些设备有很多电子元件,往往要运行一段时间后才能稳定下来,应及时发现问题,消除隐患。

(2) 注意环境卫生和设备清洁,定期清除积尘,清洗冷却管中的水垢。

(3) 定期检查连接导体有无氧化发热现象,螺栓是否松动,门开关是否可靠,继电器、接触器的引线是否松动,触头是否烧损。

(4) 定期调校保护电器元件的工作性能,高、低压熔断器是否合乎要求,均压元件、涌流吸收元件等有无脱落、松动现象。

(5) 注意绝缘有无损坏,有无烧焦和爬电痕迹,电抗器等铁芯有无松动。

(6) 定期调校测量系统,保证测量正确。

(7) 定期检查各单元电压、脉冲波形及整流器、逆变器中各环节的波形。

(8) 定期检查冷却水管有无老化、弯折、水流不畅通或渗漏。

(9) 经常检查接地系统的可靠性,每年在干旱季节测量接地电压。

7.8 高能束加热设备

7.8.1 高能束加热原理和用途

(1) 原理　将适当分布的电场作用于阴极放出的电子,在电子加速的同时,调整其方向,形成电子束,这个电子束轰击到工件上将动能变为热能,使工件熔炼。

电子束加热技术某个分支的发展,不仅会促进另一个科学领域的发展,即高能束加热技术的发展,也促进了自身的完善和创新,如各种激光材料、高反射镀膜材料等。

此外,高能束加热技术为原子物理、分子物理、固体物理、化学、生物学、医学、材料科学、超精细加工、光刻、显微术及辐射、计算机等众多领域提供了不可替代的研究手段。

(2) 用途　高能束的类型很多,不同能束对材料表面的处理机理各不相同(见表7-40),其功率密度和处理能力见表7-41。其中,能量注入时间与电子束功率密度的关系如图7-97所示。

电子束的产生过程如图 7-98 所示。在电子枪里，灯丝 9 通电加热后，表面产生大量的热电子。在阴极 8 和阳级 7 之间的高压电场作用下，热电子加速向阳极方向高速移动，并获得很高的动能。其具体速度值取决于加速电压的高低，一般可以达到光速的 2/3 左右。在聚焦线圈 6 的作用下，可使电子束流聚焦。在偏转线圈 7 的作用下，可使电子束发生偏转，从而在一定范围内进行扫描，这就得到了能量密度极高的实用电子束流。

表 7-40　各类高能束对材料表面的作用及结果

高能束类型	原子	离子	晶格	位错	熔化	汽化	作用结果
超声波				√			强化
激光束	√	√	√	√	√	√	相变、熔敷、合金化冲击强化、非晶化等
电子束	√	√	√	√	√	√	
离子束	√	√	√	√			注入和沉积强化
电火花					√		熔敷、合金化
太阳能	√	√	√		√	√	相变、熔敷、合金化
超高频感应冲击				√	√	√	冲击硬化、合金化、非晶化
同步辐射						√	可准确汽化出 0.6～0.7 μm 线宽

表 7-41　各类高能束处理的功率密度和处理能力比较

类　型	供给材料表面的功率密度（实验平均值）/（W/cm²）	峰值功率密度（局部处理实验值）/（W/cm²）	材料表面吸收的能量密度（理论值）/（J/cm²）	处理能力/（cm³/cm²）	能源的产生类型
激光束	10^4～10^8	10^8～10^9	10^5	10^{-5}～10^{-4}	光
电子束	10^4～10^7	10^7～10^8	10^6	10^{-6}～10^{-5}	电子
离子束	10^4～10^5	10^6～10^7	10^5～10^6	1～10	在强磁场下微波放电
超声波	10^4～10^5	10^5～10^7	10^5～10^6	10^{-4}～10^{-5}	超声波振动
电火花	10^5～10^6	10^6～10^7	10^4～10^5	10^{-5}～10^{-4}	电气
太阳能	1.9×10^3	10^4～10^5	10^5	10^{-5}～10^{-4}	光
超高频冲击	3×10^3	10^4	10^4	10^{-4}～10^{-3}	电感应

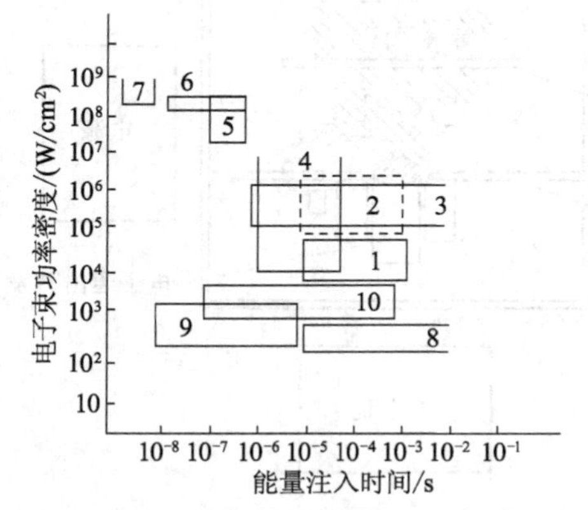

1—淬火；2—熔化；3—焊接；4—穿孔；5—钻铣；6—蚀剂；7—升华；8—聚合；9—抗蚀；10—塑料打孔

图 7-97　能量注入时间与电子束功率密度

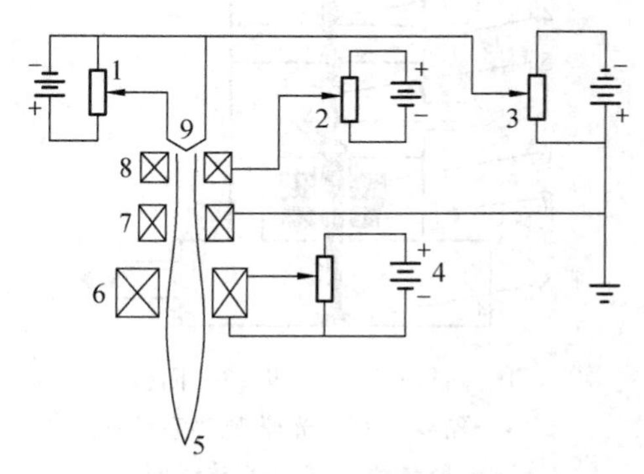

1—灯丝加热；2—偏转线圈电源；3—加速电压电源；4—聚焦线圈电源；5—电子束；6—聚焦线圈；7—阳极，兼做偏转线圈；8—阴极；9—灯丝

图 7-98　实用电子束的形成过程

激光涂覆的方式与激光合金化相似，如图 7-99 所示。

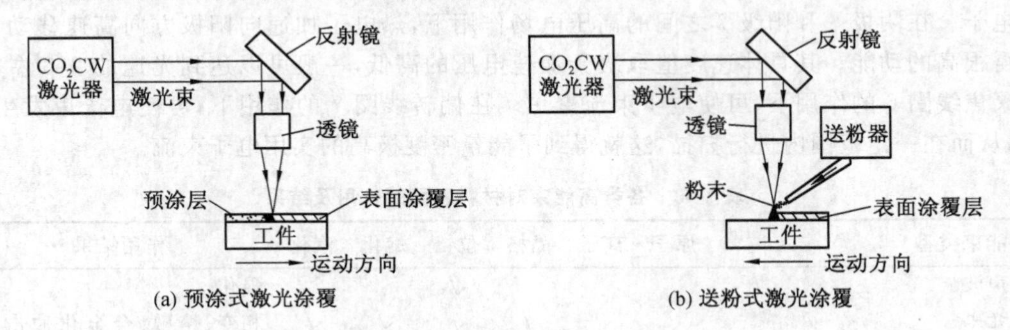

图 7-99　激光涂覆的过程示意

电子束相变硬化亦称为电子束固态相变硬化、电子束加热相变硬化或电子束淬火硬化，其相变原理类似于激光固态相变硬化原理。高真空电子束热处理是在高真空度的工作室内进行的，其工作室的压力可保持在 $1.33\times10^{-1}\sim1.33\times10^{-4}$ Pa 范围内。高真空度对电子束的物理性能和工件的热处理质量有很大的影响。高真空电子束热处理机的结构原理如图 7-100 所示。

离子束与材料交互作用技术的应用与注入离子的能量密切相关。当离子能量在 10～5 000 keV 范围内时，适合于离子束材料改性；当离子能量为 1～5 keV 时，适合于离子镀技术。

离子镀是等离子体中能量为 10～1 000 keV 的离子淀积工艺。在这个过程中，少数较高能量的离子进入到近表面 1～3 个原子层，而大部分离子都淀积到材料表面。虽然入射到材料表面的离子能量较低，但由于离子碰撞的结果，入射的原子仍然有足够的能量同基体原子化合而形成合金相或金属间化合物。离子镀的原理如图 7-101 所示。离子镀像蒸

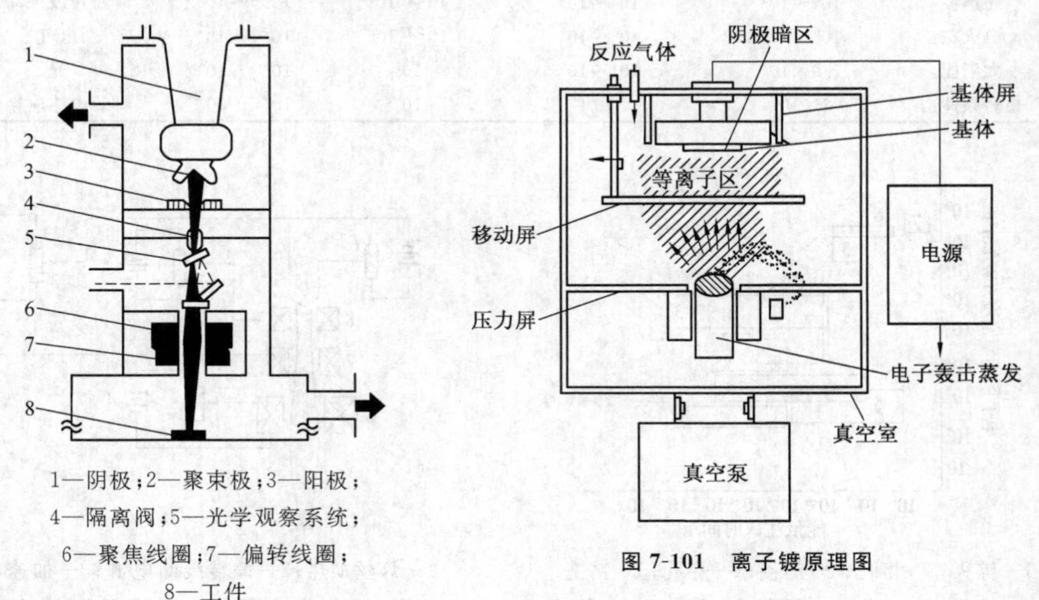

1—阴极；2—聚束极；3—阳极；4—隔离阀；5—光学观察系统；6—聚焦线圈；7—偏转线圈；8—工件

图 7-100　高真空电子束热处理机示意图

图 7-101　离子镀原理图

发镀膜一样，有镀膜材料的受热、蒸发、沉积过程，同时在工件（阴极）和蒸发源（阳极）之间有 1～5 kV 的电压，形成放电区。蒸发的镀膜材料原子在经过放电区时，一小部分发生电离，并经加速后以几千电子伏特的能量到达工件表面，它们能进入工件表面大约 1 mm 之内，这对提高镀层的附着力大有好处。其余大部分镀膜原子直接在工件表面上沉积成膜。离子镀时，一方面有镀膜原子沉积到基片上，另一方面有离子轰击表面，使一些原子溅射出来。所以，离子镀的先决条件是沉积速度必须大于溅射速度，只有当前者大于后者时，才能实现镀膜，才能使膜层增厚。

7.8.2　微/纳米热喷涂技术

(1) 热喷涂技术及其分类　热喷涂技术是材料表面强化与保护的重要技术，它在表面技术中占有重要地位。热喷涂是利用一种热源将喷涂材料加热至熔融状态，并通过气流吹动使其雾化并高速喷射到零件表面，以形成喷涂层的表面加工技术。该项技术在我国始于 20 世纪 50 年代，目前，在设备、材料、工艺、应用成果等方面都迅速发展与提高，已成为表面技术一个重要的组成部分。其发展趋势是：设备、喷涂枪方面向高能、高效、高速度发展；材料方面向系列化、标准化、商品化方向发展，以保证多功能高质量涂层的需要；工艺方面向机械化、自动化方向发展，如计算机控制、机械手操作等。当今，热喷涂技术在国民经济和国防各领域里都得到了广泛应用，推广应用前景广阔。

热喷涂以热源形式可简单分为四大类：火焰喷涂、电弧喷涂、等离子喷涂和特种喷涂。在此基础上必要时可再冠以喷涂材料的形态（粉材、丝材、棒材）、材料的性质（金属、非金属）、能量级别（高能、高速）、喷涂环境（大气、真空）等。常用热喷涂技术特点见表 7-42。

表 7-42　常用热喷涂技术的特点

技术特点	等离子喷涂（PS）	超音速火焰喷涂（HVOF）	电弧喷涂（AS）
熔粒速度/($m \cdot s^{-1}$)	＞400	＞600	＞100
温度值/K	10 000～12 000	3 000～4 000	4 000～5 000
涂层孔隙率/%	1～10	1～5	2～15
典型结合强度/MPa	30～70	40～90	15～40
喷涂特点	喷涂陶瓷颗粒材料，孔隙率低，结合性好，污染低，成本较高	喷涂一般颗粒材料，孔隙率低，结合性好，成本较高	成本低，效率高，喷涂导电金属丝材，孔隙率较高

(2) 热喷涂技术的应用特点　热喷涂技术与其他表面工程技术相比，在实用性方面有以下主要特点：

① 热喷涂技术的种类多。热喷涂细分有十几种，根据工件的要求在应用时有较大的选择余地。各种热喷涂技术的优势相互补充，扩大了热喷涂的应用范围，在技术发展中各种热喷涂技术之间又相互借鉴，增加了功能重叠性。

② 涂层的功能多。适用于热喷涂的材料有金属及其合金、陶瓷、塑料及它们的复合材料。应用热喷涂技术可以在工件表面制备出耐磨损、耐腐蚀、耐高温、抗氧化、隔热、导电、绝缘、密封、润滑等多种功能的单一材料涂层或多种材料的复合涂层。

热喷涂涂层中含有一定的孔隙，这对于防腐涂层来说应是避免的，如果能正确选择喷涂方法、喷涂材料及工艺，可使孔隙率减到 1%以下，也可以采用喷涂后进行封孔处理来解决。但是,还有许多工况条件希望涂层有一定的孔隙率,甚至要求气孔也能相通,以满足润滑、散热、钎焊、催化反应、电极反应及骨关节生物生长等需要。制备有一定气孔形态、一定孔隙率的可控孔隙涂层技术已成为当前热喷涂发展中一个重要的研究方向。

③ 适用热喷涂的零件范围宽。热喷涂的基本特征决定了在实施热喷涂时,零件受热小,基材不发生组织变化,因而施工对象可以是金属、陶瓷、玻璃等无机材料,也可以是塑料、木材、纸等有机材料。而且,将热喷涂用于薄壁零件、细长杆时,在防止变形方面有很大的优越性。施工对象的结构可以大到舰船船体、钢结构桥梁,小到传感器一类的元器件。

由于热喷涂涂层与基体之间主要是机械结合,因而热喷涂不适用于重载交变负荷的工件表面,但对于各种有润滑的摩擦表面、防腐表面、装饰表面、特殊功能表面等均可适用。

④ 设备简单、生产率高。常用的火焰喷涂、电弧喷涂及等离子喷涂设备都可以运到现场施工。热喷涂的涂层沉积率仅次于电弧堆焊。

⑤ 操作环境较差,需加以防护。

(3) 微/纳米热喷涂　随着纳米材料的研究开发与应用,微/纳米结构涂层(nanostructured coating)的制备成为热喷涂技术重要的发展方向。与传统涂层相比,纳米结构涂层在强度、韧性、抗蚀、耐磨、热障、抗热疲劳等方面有显著改善,且部分涂层可以同时具有上述多种性能。热喷涂技术是制备微/纳米结构涂层较好的技术之一,同时也是具有发展前景的技术。据文献报道,这些技术包括超音速火焰喷涂(HVOF)、真空等离子喷涂(VPS)、超音速等离子喷涂(HEPJ)、高能等离子喷涂技术(HEPS)、双丝电弧喷涂(TWAS)等其他先进热喷涂技术。

通常情况下,燃料种类(C_3H_6、C_2H_2、H_2 等)、燃气比、喷涂距离(以上对 HVOF 技术而言)、功率大小、电流电压值高低、等离子弧流速度、离子气和送粉气比例(以上是对 PS 技术而言)、喂料速度、基材温度等参数对纳米颗粒的氧化程度、颗粒长大、涂层致密度、结合强度等有影响。

纳米热喷涂涂层可分为三类:单一纳米材料涂层体系(纳米晶);两种(或多种)纳米材料构成的复合涂层体系(纳米晶+非晶纳米晶);添加纳米材料的复合体系(微晶+纳米晶)。目前大部分的研发集中在第三种,即在传统涂覆层技术基础上,喷涂纳米结构颗粒喂料,可在较低成本情况下,使涂覆层功能得到显著提高。

纳米热喷涂技术研究的关键技术与科学问题主要有:

① 纳米结构喂料的制备方法及其对涂层性能的影响;

② 纳米颗粒材料热喷涂层与基体间的界面问题;

③ 纳米颗粒材料在热喷涂层动态制备过程中的物理、冶金、化学等过程;

④ 热喷涂层中纳米颗粒材料与其他材料之间的协同效应。

(4) 电弧喷涂纳米结构涂层　电弧喷涂制备纳米结构涂层的设计思想如图 7-102 所示。首先将纳米粉体材料制备成微米级的纳米结构喂料,然后以喂料和其他合金元素为芯,以金属为外皮制备电弧喷涂用粉芯丝材,喷涂后获得纳米结构电弧喷涂层。

美国 D. G. Atteridge 和 M. Beckedr 等人进行了电弧喷涂(TWAS)纳米结构涂层的研究工作,喷涂粉芯丝材组成见表 7-43,其中外皮和芯材料的体积比为 1∶1,喷涂粉芯丝材的电压要比喷涂实芯丝材时低。

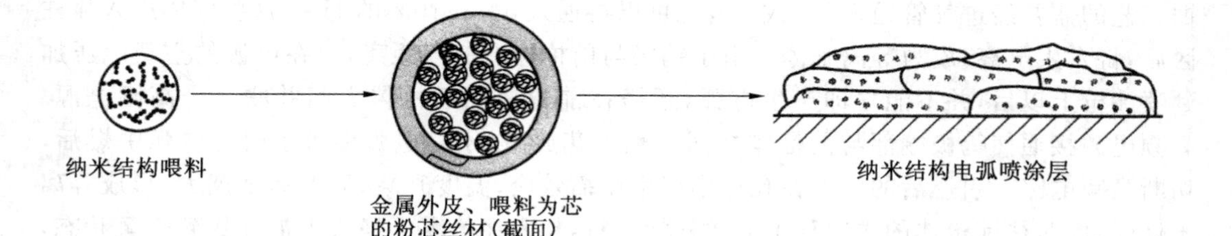

图 7-102　电弧喷涂纳米结构涂层的制备

表 7-43　喷涂粉芯丝材组成

编号	外皮材料	芯材料
1	Ni	6%(质量分数)WC/Co 微米级纳米结构喂料
2	Ni	15%(质量分数)WC/Co 微米级纳米结构喂料
3	430 不锈钢	6%(质量分数)WC/Co 微米级纳米结构喂料

采用 TWAS 技术将表 7-44 中三种丝材喷涂到经过喷砂预处理的碳钢基体上，喷涂电流 200 A，喷涂电压 25～35 V，喷涂厚度为 1 mm。对喷涂后的涂层成分分析表明，三种电弧喷涂层中，Co 含量为 15%(质量分数)时，喷涂层中纳米晶 WC 含量为 25%(质量分数)左右；Co 含量为 6%(质量分数)时，喷涂层中的纳米晶 WC 含量为 30%(质量分数)左右。随着 WC 含量的增加和电压的升高，涂层的耐磨性得到改善。冲蚀磨损实验表明，430 不锈钢-WC/6%(质量分数)Co 粉芯丝材纳米结构喷涂层的耐磨性能优于 Ni 基喷涂层。Ni 基纳米结构涂层的结合强度大于 60 MPa，涂层的结合强度也随着涂层中纳米晶 WC 含量的增加而略有增加。表 7-44 中三种涂层的结合强度测试分别为：编号 1，52 MPa；编号 2，63 MPa；编号 3，71 MPa。Ni 基纳米结构涂层的孔隙率为 3%，430 不锈钢基纳米结构喷涂层的孔隙率为 7%。电弧喷涂纳米结构涂层技术由于其相对较低的设备成本和涂层呈现出优异的性能，将会成为纳米粉体材料热喷涂技术开发的一个重要方向。

目前，国际用热喷涂方法研究开发的纳米结构涂层主要有：WC/Co 系列，Ti/Al 等金属化合物，ZrO_2，Al_2O_3/ZrO_2，Al_2O_3/TiO_2，316 不锈钢，Cr_2O_3，Si_2N_4，生物陶瓷等。其中，对热喷涂 WC/Co 系列纳米结构涂层研究最多，主要用于高温耐磨领域。

(5) 微/纳米热喷涂技术的应用前景　利用热喷涂技术组装纳米结构涂层是一项复杂的技术，由于研究开发时间较短，涂层还不能达到设计要求，涂层结构颗粒多为 100～200 nm的亚微颗粒，未真正达到纳米级，涂层致密度也不够高。由于颗粒在室温下产生小尺寸效应的颗粒尺寸是小于 100 mm，且颗粒强度总体上遵守 Hall-Petch 关系——颗粒越小，强度越高。从这个意义上讲，涂层性能还没有突破性进展，利用热喷涂技术生成纳米结构涂层的发展空间还很大。

(6) 等离子喷涂层原理及特点　等离子喷涂是以等离子弧为热源的热喷涂。等离子弧是一种高能密束热源，电弧在等离子喷涂枪中受到压缩，能量集中，其横截面的能量密度可提高到 105～106 W/cm^2，弧柱中心温度可升高到 15 000～33 000 K。在这种情况下，弧柱中气体随着电离度的提高而成为等离子体，这种压缩型电弧为等离子弧。

图 7-103 是等离子喷涂原理示意图。右侧是等离子体发生器，又叫等离子喷涂枪，根

据工艺的需要经进气管通入 N_2 或 Ar，也可以再通入 5%～10%的 H_2。这些气体进入弧柱区后，将发生电离，成为等离子体。由于钨极与前枪体有一段距离，故在电源的空载电压加到喷涂枪上以后，并不能立即产生电弧，还需在前枪体与后枪体之间并联一个高频电源。高频电源接通使钨极端部与前枪体之间产生火花放电，于是电弧便被引燃。电弧引燃后，切断高频电路。引燃后的电弧在孔道中产生压缩效应，温度升高，喷射速度加大，形成等离子体弧，此时往前枪体的送粉管中输送粉状材料，粉末在等离子焰流中被加热到熔融状态，并高速喷打在零件表面上。当撞击零件表面时熔融状态的球形粉末发生塑性变形，黏附在零件表面，各粉粒之间也依靠塑性变形而互相钩接起来，随着喷涂时间的增长，零件表面就获得了一定尺寸的喷涂层。

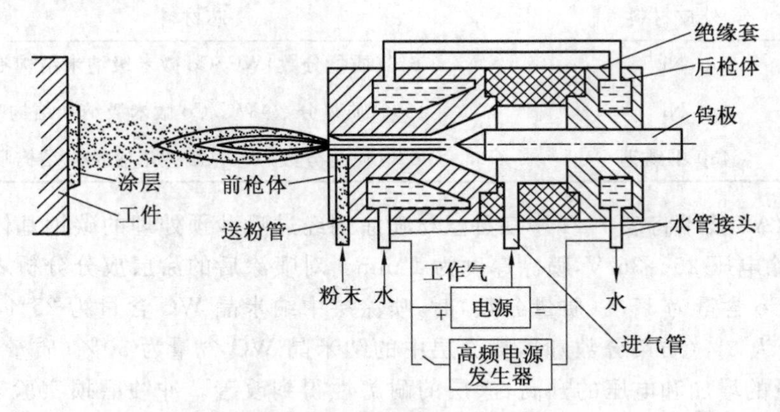

图 7-103　等离子喷涂原理示意图

等离子喷涂的主要特点如下：

① 零件无变形，不改变基体金属的热处理性质。因此，对一些高强度钢材及薄壁零件、细长零件可以实施喷涂。

② 涂层的种类多。由于等离子焰流的温度高，可以将各种喷涂材料加热到熔融状态，因而可供等离子喷涂用的材料非常广泛，也可以得到多种性能的喷涂层。特别适用于喷涂陶瓷等难熔材料。

③ 工艺稳定，涂层质量高。在等离子喷涂中，熔融状态颗粒的飞行速度可达 180～480 m/s，远比氧-乙炔焰粉末喷涂时的颗粒飞行速度 45～120 m/s 高。等离子喷涂层与基体金属的法向结合强度通常为 30～70 MPa，而氧-乙炔焰粉末喷涂一般为 5～10 MPa。

等离子喷涂还和其他喷涂方法一样，具有零件尺寸不受严格限制，基体材质广泛，加工余量小，可用于喷涂强化普通基材零件表面等优点。

等离子喷涂设备系统主要有电源、控制柜、喷涂枪、送粉器、循环水冷却系统、气体供给系统等。另外，等离子喷涂需要的辅助设备有空气压缩机、油水分离器和喷砂设备等。

(7) 电弧喷涂技术原理　电弧喷涂技术由于其设备、材料的发展与更新，成为目前热喷涂技术中最受重视的技术之一。电弧喷涂是以电弧为热源，将金属丝熔化并用气流雾化，使熔融颗粒高速喷到工件表面形成涂层的一种工艺。喷涂时，两根丝状金属喷涂材料用送丝装置通过送丝轮均匀、连续地分别送进电弧喷涂枪中的导电嘴内，导电嘴分别接电源的正、负极，并保证两根丝之间在未接触之前的可靠绝缘。当两金属丝材端部由于送进而互相接触时，在端部之间短路并产生电弧，使丝材端部瞬间熔化，压缩空气把熔融金属雾化成微熔滴，以很高的速度喷射到工件表面，形成电弧喷涂层。

电弧喷涂技术的特点如下：

① 应用电弧喷涂技术，可以在不提高工件温度、不使用贵重底层材料的情况下获得高的结合强度，结合强度可达 20 MPa。电弧喷涂层的结合强度是火焰喷涂层的 2.5 倍。

② 电弧喷涂的高效率表现在单位时间内喷涂金属的质量大。电弧喷涂的生产效率正比于电弧电流，比火焰喷涂提高 2～6 倍。

③ 电弧喷涂的节能效果十分突出，能源利用率显著高于其他喷涂方法，而能源费用降低 50%以上。除能源利用率很高外，电能的价格又远低于氧气和乙炔，其费用通常仅为火焰喷涂的 1/10。

④ 电弧喷涂技术仅使用电和压缩空气，不用氧气、乙炔等易燃气体，安全性高。

由于电弧喷涂具有上述特点，使它在近 20 年间获得迅速发展。据有关资料统计，到 21 世纪末，在所有热喷涂技术中，电弧喷涂的市场占比将处于第三位。

(8) 电弧喷涂设备　电弧喷涂设备由电弧喷涂枪、控制箱、电源、送丝装置及压缩气体系统等组成(见图 7-104)。现以 CMD-AS-3000 型电弧喷涂设备为例，介绍其主要机构。

电弧喷涂材料主要有有色金属材料(由铝、锌、铜、铬、镍等金属及其合金)、黑色金属线材(碳钢、不锈钢等)。目前，国内外试用 2～3 mm 的粉芯丝材，在粉芯丝内填充所需的合金粉末，以获得合金喷涂层。

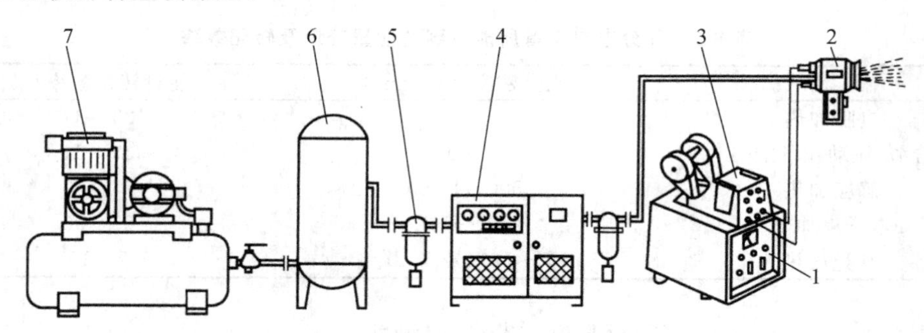

1—电弧喷涂电源；2—电弧喷涂枪；3—送丝机构；4—冷却装置；
5—油水分离器；6—储气罐；7—空气压缩机

图 7-104　电弧喷涂设备系统简图

常用电弧喷涂材料里最常见的为锌，锌为银白色金属，在大气中或中性水中具有良好的耐腐蚀性，并对钢铁基材有电化学保护作用，而在酸、碱、盐中不耐腐蚀，当水中含有二氧化硫时，它的耐腐蚀性能很差。在锌中加入铝可以提高喷涂后的耐腐蚀性能，因此，目前大量使用 Zn-Al 合金喷涂材料。锌喷涂层已广泛应用于室外露天的钢铁构件，如水门闸、桥梁、铁塔和容器等。

第 8 章　电热设备能耗改善研究

电热设备的电能利用率、设备利用率、操作者的工时利用率是能效的重要组成成分，部分电热设备所能达到的能量密度及转化效率见表 8-1。专家认为，设备负荷率低，装载量不合理，设备有效利用率低，加热元件技术性能落后，电热设备热效率很低，无效耗能高及加工工艺落后，是电热设备能效改善研究的方向与拓展空间。电热设备能效改善研究，是指在确保产品质量，做好生产（使用）原始记录的条件下，确立电热设备运用高质量、低能耗、无害化、低成本目标，按图 8-1 中方向研究节电技术、采用储能隔热耐火材料，使生产（使用）系统逐步科学化，电热设备的能耗效能比值将可达到最优数值。

表 8-1　部分电热设备所能达到的能量密度及转化效率

类型	能量密度/（W/cm²）	能量转换效率/%
电阻加热	10	33～34
盐浴，流动粒子加热	200	37～64
感应加热	500～1 000	55～90
电子束加热	10^6～10^8	75～90
激光加热	10^6～10^8（最高 10^{11}）	7～15

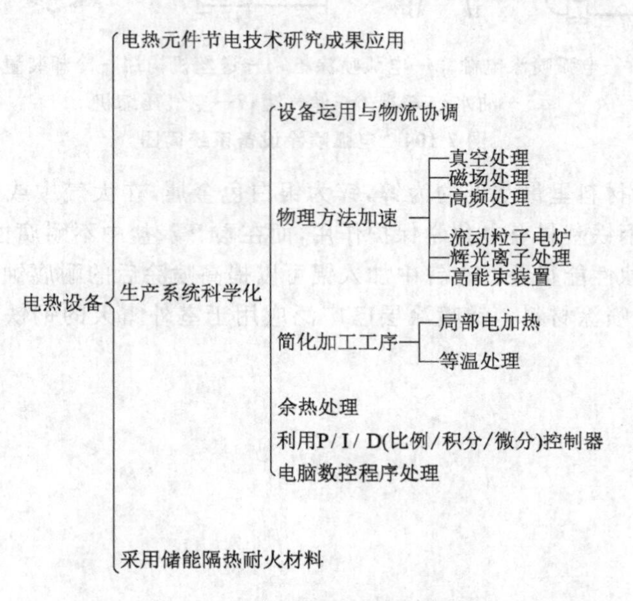

图 8-1　电热设备能效改善方向

8.1　性能试验

8.1.1　电加热设备的电能利用率 η

电能输入加热设备后转变成为热能，除了加热工件所需的有效热能外，存在大量的热损失，如炉体蓄热损失、炉壳散热损失、辐射热损失、辅助构件及冷却水等其他热损失等。

电加热设备的电能利用率

$$\eta=\frac{W_{yx}}{W_{sr}}\times 100\%=(1-\frac{\sum\Delta W}{W_{sr}})\times 100\%$$

$$W_{yx}=m(c_1t_1-c_0t_0)/3\ 600\ 000$$

式中，W_{yx} 为加热工件的有效电量，kWh；W_{sr} 为加热工件整个工艺周期的输入的电量，kWh，由各单台炉子上装有的电度表记录所得；$\sum\Delta W$ 为加热工艺周期中所有热损失所耗电量的总和，kWh；m 为加热工件的质量，kg；c_1，c_0 为加热工件终止和起始温度时的比热容，J/(kg·K)；t_1，t_0 为加热工件的终止和起始温度，K；3 600 000 为当量热值，J/kWh。

8.1.2　减少热损失，提高电能利用率的途径

减少电加热设备热损失的途径和方法，见表 8-2。

表 8-2　减少电加热设备热损失的途径和方法

减少热损失的途径	具体办法	备注
尽量使电加热满载、连续运行	(1) 应合理安排生产，加强计划调度，做好电加热炉的管理 (2) 在地区中，实现热处理专业化生产	如同一台电炉在同一退火工艺下，装炉量为 700 kg 时，η 为 37%；装炉量为 1 000 kg 时，η 为 41%
热工设计应该合理	电热炉的形式、形状、管道设计应力求合理，如圆筒形炉比箱式炉合理	圆筒形炉的表面积比箱式炉小，同样工效时炉衬散热量可减少 20%，炉衬蓄热量少 2%，炉壁外表面温度可降低 10 ℃，单位耗电降低 7%
改进加热工艺	在保证工件加热处理质量的前提下：① 选择最佳升温曲线；② 用局部加热代替整体加热处理。如采用感应加热淬火、渗碳件直接淬火等	
采用优良的保温材料	采用超轻质耐火砖和硅酸铝耐火材料代替重质黏土砖和硅藻土砖	可减少蓄热和散热损失，节电 30%左右
采用新型电热元件	电热元件的发热性能影响加热速度和电能，近年来电阻炉普遍采用远红外加热器或远红外辐射涂料	可明显提高电阻加热元件的热辐射性能
改革夹具、料筐	减小辅助构件的质量，减少数量	可减少因辅助构件吸热而造成的热能损失
盐浴炉采取快速启动，减少保温差	快速启动的措施有：盐渣启动法，自激启动法，双功能电极自动法，工业电压击穿导通启动法等。升温、保温采用硅酸铝纤维保温差	(1) 可缩短启动时间 50%～80%，减少启动电耗 30%～60% (2) 可比敞开式节电 2/3

8.1.3 电热元件冷态直流电阻与热态泄漏电流的测定

电热元件冷态直流电阻用直流双臂电桥测量。在单相接线时,测量总电阻;在三相接线时,测量并计算各相的电阻。各相的电阻值必须相等,否则各相功率也不一样,电阻值高的功率小,电阻值低的功率大,影响炉温的均匀度。潮态绝缘电阻,对带有接地的产品均应大于 1 MΩ,对不带接地的产品均应大于 7 MΩ。冷态时应能承受 50 Hz 交流电压 1 500 V (4 000 V)历时 1 min 的耐压试验,不应发生击穿或闪烁现象。潮态时,在经过湿热试验后,绝缘应能承受 50 Hz 交流电压 1 250 V(3 750 V)历时 1 min 的耐压试验,不应发生击穿或闪烁现象。

热态泄漏电流不应大于 0.25 mA。

测试方法:经温升试验后,使电热元件在 1.1 倍额定电压下工作,按图 8-2 电路测量接地端与电源线不同极性间的泄漏电流。

接地电阻测定按图 8-3 接线,要求降压变压器空载输出电压不超过 6 V,回路电流调节到 10 A,然后用交流电压表测量电热盘和电源插头接地极之间的电压降。

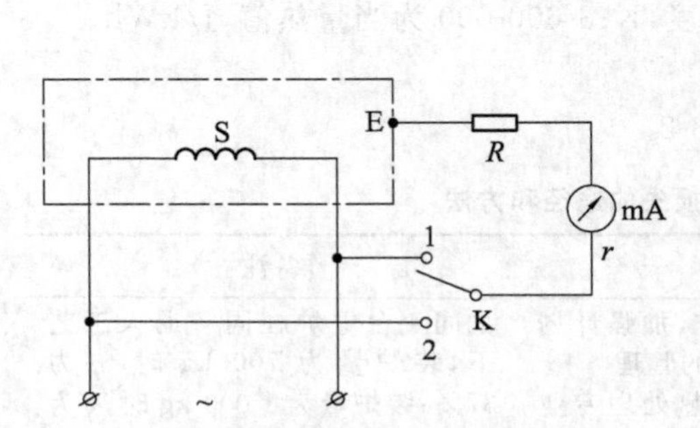

S—受测电阻体;K—单刀双掷开关;
mA—交流毫安表;r—毫安表内阻;
E—接地端;R+r—电阻(2 000±100) Ω

图 8-2 泄漏电流测试电路图

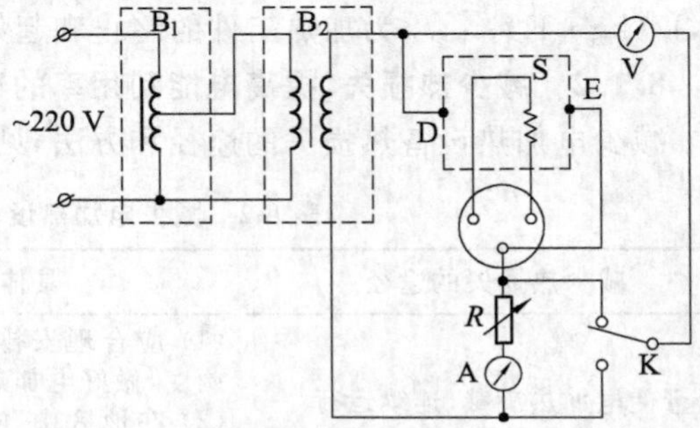

B_1—自耦变压器;B_2—降压变压器;V—交流电压表;
A—交流安培表;K—单刀双掷开关;R—可变电阻;
D—电热设备;E—接地端子;S—受测电阻体

图 8-3 电热设备接地电阻测试电路图

温升测定:温升 τ 可由下式求得:

$$\tau=\frac{R_2-R_1}{R_1}(235+t_1)-(t_2-t_1)$$

式中,t_1 为温升试验前的环境温度,℃;t_2 为温升试验结束时的环境温度,℃;R_1 为绕组在温度为 t_1 时的冷态电阻,Ω;R_2 为绕组在温度为 t_2 时的热态电阻,Ω。

风嘴、手柄温升测定:断电 5 min 内,测各部位最高温度值,它们与该时刻环境温度之差即为该部分温升。

8.1.4 额定功率的测定

(1) 对于用金属电热元件的电阻炉在额定电压下,当炉温达到额定温度的瞬间,用功率表可测量出额定功率。在测量时,如果接线端的电压并非额定电压,可用下式换算成额定功率

$$P=P_1\left(\frac{U_1}{U}\right)^2$$

式中,U_1 为测量时的电压,V;U 为额定电压,V;P_1 为测量电压时的输入功率,kW。

(2) 对于非金属电热元件的电阻炉在达到额定温度的瞬间,用功率表测量。额定电压

应能调节，以便使额定功率波动在规定的允许范围之内(一般为±10%)。

8.1.5　空炉升温时间的测定

经烘干的电阻炉，从冷态(室温)按上述额定电压(使用 Fe-Cr-Al 及 Ni - Cr 电热元件)或额定功率(使用碳化硅棒)，记录其达到额定温度所经历的时间(即空炉升温时间)。测定时，电压的波动不得大于±2%。

空炉升温时间的长短，对周期作业炉是一项重要的指标。若空炉升温时间太长，表明电阻炉的设计功率不够，或是电阻炉的炉衬设计不合理，炉子蓄热量太大。

8.1.6　空载功率的测定

空载功率是指电阻炉在额定温度下不装工件运行时所消耗的功率。空载功率小，说明炉子保温性能好，热损失少。

空载功率应在烘炉后，当电阻炉处于额定温度并已达到稳定热态时测量。

首先确定电阻炉的热稳定状态。每隔一定时间(至少 30 min)，用电度表测量一次电炉耗电量。若在 Δt_1 时间内耗电量为 E_1，在 Δt_2 时间内为 E_2，在 Δt_3 内为 E_3，则其平均值为

$$E_{m1}=\frac{1}{3}(E_1+E_2+E_3)$$

各段时间间隔应相同，即$\triangle t_1=\triangle t_2=\triangle t_3=\cdots=\triangle t_{n-1}=\triangle t_n=\triangle t$。

若 E_{max1} 和 E_{min1} 分别是 E_1，E_2 和 E_3 中的最大值和最小值，则

$$\Delta_1=\frac{E_{max1}-E_{min1}}{E_{m1}}\times 100\%$$

同样，E_2，E_3 和 E_4 的平均值为

$$E_{m2}=\frac{1}{3}(E_2+E_3+E_4)$$

$$\Delta_2=\frac{E_{max2}-E_{min2}}{E_{m2}}\times 100\%$$

式中，E_{max2} 和 E_{min2} 是 E_2，E_3 和 E_4 中的最大值和最小值。

重复类似测量计算，直到 Δ_{n-1} 和 Δ_n 等于或小于 3%为止，即

$$\Delta_{n-1}\leqslant 3\%及\ \Delta n\leqslant 3\%$$

这时可认为电阻炉已达到热稳定态。

电阻炉的空载功率可用下式计算

$$P_0=\frac{E_{mn}}{\Delta_t}$$

式中，E_{mn} 是最后一次时间间隔 Δt 内的平均耗电量。

对于多区段控温的电阻炉，上述耗电量 E_{t1}，E_{t2}，E_{t3}…按整台电阻炉耗电量的值计算。

8.1.7　炉温均匀度的测定

炉温均匀度是在电阻炉处于额定温度，并已达到热稳定状态，空载时测量。测温点的点数和位置按炉型确定。在同一时刻、在规定测温区域内最高与最低炉温的差作为均匀性的指标。共测五次，取五次最大温差的平均值。

20 世纪 60 年代起，国外在热处理生产中，为了确保产品质量，普遍推行了人、机(设备和仪表)、料(材料)、法(可追溯性文件)和环(环境)诸因素控制的全面质量管理。其中热处理炉有效加热区的测定就是非常重要的控制内容。如日本标准《热处理加热区测定方法》

(JISC－1)、美国军标《航空与航天用钢的热处理》(MIL－H－875F)和波音标准《生产过程的温度控制》(BAC 5621)等对热处理炉有效加热区的测定方法都有明确规定。

20世纪80年代后期，随着热处理工艺的发展，国内逐渐组织实施了热处理有效加热区的测定工作，如《航空制件热处理质量控制标准》(HB 5354—1986)、《热处理炉有效加热区测定方法》(GB/T 9452—1988)、《热处理工艺质量控制规范》(GJB 509—1988)、《航空制件热处理炉有效加热区测定方法》(HB 5425—1989)、《热处理炉温控制与测量)(QJ 1428—1988)、《热处理炉有效加热区测定程序)(GB/T 6049—1992)等标准，针对我国热处理炉的实际情况，对有效加热区的测定方法作了详细规定。但是，在热处理炉有效加热区的具体测定过程中，由于技术和经验的缘故，时常发生测量结果不准确的现象。下面根据国内外的有关规定和实际测定的经验，提出热处理炉有效加热区的测定方法，并对经检测不合格的热处理炉提出整改方案。

(1) 测试准备

① 确定假设有效加热区。在测定之前，根据待测热处理炉炉膛形状和大小，需预先假定装料区域的温度检测空间，这个空间称为假设有效加热区。没有假设有效加热区就无法布置检测温度点。

通常，箱式电炉的假设有效加热区距离左右炉壁、后壁和炉底均为50 mm，根据加热炉功率大小和炉门密封状况，距炉门可为200～400 mm。井式炉的假设有效加热区一般为炉罐容积尺寸。无炉罐的井式炉的假设有效加热区可定为距周围50 mm，距底部和风扇下沿50 mm。对于新购置的热处理炉，若制造厂或有关标准规定了工作空间尺寸，假设有效加热区也可参照所给定的尺寸。真空炉的假设有效加热区为距隔热屏内沿50 mm。盐浴炉的假设有效加热区以距四周和底部各50 mm为宜。

② 制造测温架。要求测温架在检测温度下不变形，以保证热电偶的测温端点不移位。根据所测温度高低，测温架一般可用高温合金、不锈钢、低碳合金钢或低碳钢管(或棒料)焊接而成。

测温架的大小和形状应根据所测热处理炉的假设有效加热区的形状尺寸及测量方法而定，原则上应能顺利地执行GB/T 9452规定的检测点的布置。井式炉的5点测温架如图8-4所示，箱式炉的测温架如图8-5所示。对于大型箱式炉或高温热处理炉，制造整体测温架有困难时，可以制造截面测温架，如图8-6所示。真空炉的测温架依加热室形状和尺寸可以参考井式或箱式炉的测温架来制造。

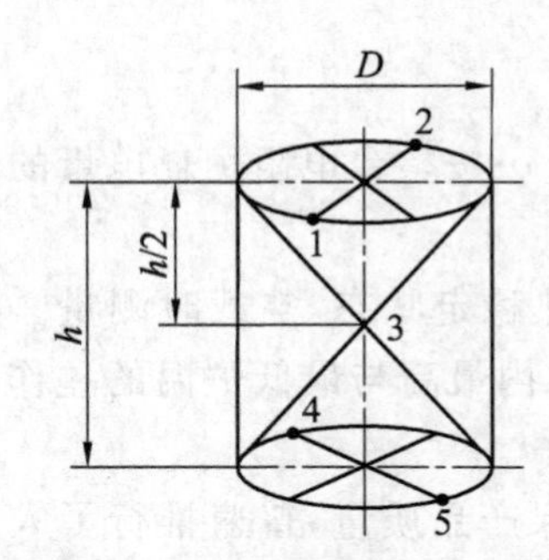

图8-4　井式炉5点测温架(1—5为测温点)

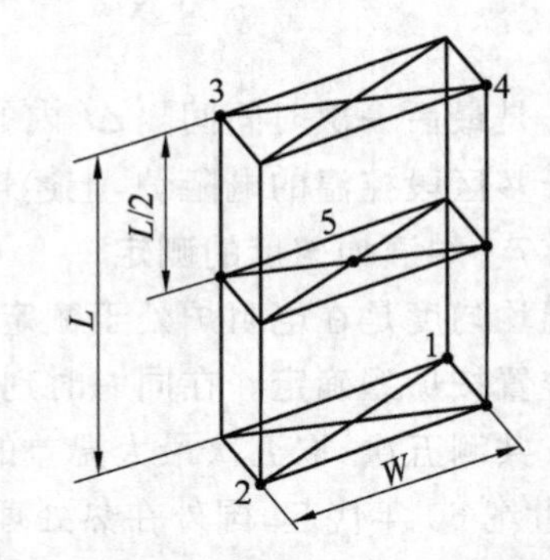

图8-5　箱式炉测温架(1—5为测温点)

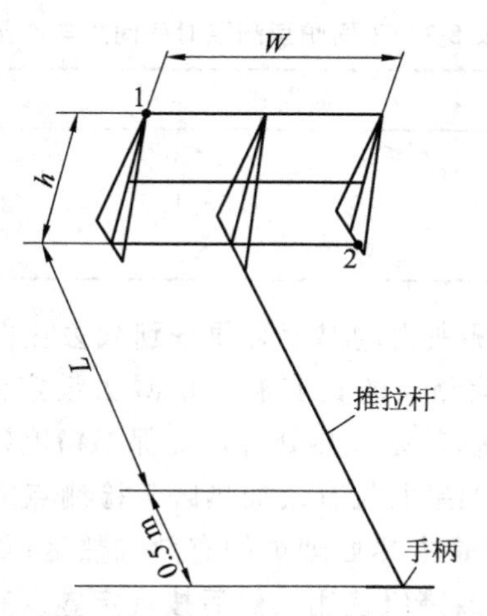

图 8-6　截面测温架(1,2 为测温点)

③ 准备热电偶。根据 GB/T 9452—2012 计算出的测温点数,确定热电偶的长度,应保证安放后在炉外有 1 m 以上的长度,以保证测温冷端接近室温。所有热电偶必须有检定合格证。应注意热电偶的类型必须与所测温度相匹配,不允许用 K 型热电偶(尤其 ϕ3 mm 以下)检测高温(如 1 300 ℃),用石墨布加热的真空炉不能用裸露的 S 型热电偶检测,必须用铠装热电偶,因为石墨蒸气容易污染铂丝造成断偶。

④ 检测仪表。检测仪表必须带有效检定合格证,检测仪表的精度可以高于或等于热处理炉所使用的仪表。通常可选用数字电压表,也可使用 UJ 型便携式电位差计。推荐采用微机巡回多点检测仪以保证准确可靠,并可省去转换开关。

⑤ 转换开关。转换开关应能灵活转换测温点,且操作方便。不允许转换开关产生附加热电势,因此,宜用油浸式转换开关。

⑥ 捆扎热电偶。用石棉绳或废偶丝将热电偶牢固地捆扎在测温架上,石棉绳或废偶丝应捆扎在热电偶的绝缘瓷管上,不允许直接接触热电偶丝,以免短路使测温失灵。注意热电偶测温端应处于欲测点上,边缘热电偶测温点的位置应尽量接近假设有效加热区的边线或尖角处。然后将热电偶的冷端通过补偿导线与转换开关和检测仪表连接。

(2) 检测步骤

① 安放测温架。将热处理炉温度升至待测温度,不允许温度超过待测温度,因为那样就人为地改变了炉温均匀性。打开炉门,将测温架送入炉内,关闭炉门,引出热电偶。箱式炉推荐从炉门下边引出热电偶,注意用硅酸铝纤维毡密封好。井式炉推荐在炉盖上预先打孔,引出热电偶,不宜压在炉盖四周引出,因为那样极易压碎瓷管,使热电偶短路失灵。也可以冷炉安放测温装置,但真空炉必须冷炉安放测温装置,因为真空炉热态不允许打开炉门或盖。在安放测温架时,应确保所捆扎热电偶的工作端均处于假设有效加热区之内。

② 检测。当温度回升到设定温度时开始测量,达到设定温度的标志以热处理炉本身的温度指示、自动记录所用的热电偶为准,而不能以炉温均匀性检测中测温架上的任何热电偶为准。测量一次要记录所有热电偶的测定值,其测量次数和两次测量之间的时间间隔见表 8-3。

表 8-3 不同炉型测温时间间隔与次数

炉型	周期式		连续式		
工艺要求保温时间/min	<30	≥30	<30	30～120	>120
两次测量时间间隔/min	3～5	5～10	3	5～10	10～15
测量次数	≥6	>6	≥3	≥6	≥6

③ 数据处理。每个点检测所得的温度必须分别减去热电偶、补偿导线及仪表的误差，求得该点的真实温度值。各检测点的真实温度值减去设定温度，即为各检测点的温度差值。最大差值即最大温度偏差，就是该热处理炉的保温精度(炉温均匀性)。

④ 有效加热区的评定。如果假设有效加热区各检测点的最大温度偏差在工艺要求的保温精度范围内，则该空间就是本热处理炉的有效加热区；如果超出了工艺要求的保温精度范围，应采取措施重新测定或降级使用。然后按规定签发有效加热区合格证。

(3) 问题讨论

① 超调。国内外标准都规定了要监视超调并进行调整，这是因为它对检测结果大有影响。目前有三种措施可解决超调问题：一是在市场购进一块解决超调的小仪器装进控温线路；二是在仪表指针通路上焊线通过电容接地，以消除感应电流；三是先调到设定温度以下 30～50 ℃，到此温度略保温后再调到设定温度。

② 装载检测。装载检测时不用测温架，载荷可用热处理材料或代用品，但必须保证热电偶的测温端固定或安放在预定测温点上。

③ 截面测温。用截面测温检测时，每测定一个截面后，将测温架推进(或拉出)一定距离，再测第二个截面，如此连续进行，直到测定完所有预定截面。截面测温架的推拉杆上应有明显的距离标记，以保证推拉距离。

④ 盐浴温度检测。盐浴炉(或槽)的检测点数量可为相应炉膛尺寸的井(或箱)式炉的1/3，其位置可对称分布。对于不便放入测温架的盐浴炉，可采用一支带保护管的热电偶单点检测，先固定在盐浴炉的一个位置，待温度稳定到设定温度之后进行检测，然后在不搅动的情况下变换热电偶的位置，逐个检测各测试点的温度。

(4) 故障分析与措施　根据近 8 年实际检测炉温过程中出现的故障情况，经过原因分析，采取行之有效的措施(见表 8-4)。

表 8-4 电加热设备加热区测温故障分析

故障名称	原因	措施
温度偏差为全正或全负	温度指示自动记录仪表用热电偶(工作热电偶)位置不合适	将工作热电偶重新定位后重新检测
靠近炉门温度偏低	(1) 炉门或盖处密封不好 (2) 炉门或盖处电热丝功率分布偏小	(1) 将炉门或盖处密封好 (2) 加大炉门或盖处电热丝功率
某一点温度偏高	电热丝轴功率分布偏大	拉稀靠近该处的电热丝
某一点温度偏低	该点近处炉衬破损	修复该处炉衬
个别或多个检测点温度偏差过大	如果查不出明显原因则属于炉子本身性能问题	缩小假设有效加热区，重复检测
一点或多点检测点温度偏差仍然过大	热处理炉本身性能欠佳	降低精度等级

8.1.8 表面温升的测定

表面温升是电阻炉外表面温度减去环境温度所得的温差值。测量的条件是电阻炉处于空载和额定温度下的热稳定状态。测温仪用半导体温度计、热电偶表面温度计或水银温度计。测量点的位置按具体炉型规定。

8.1.9 远红外加热

远红外加热是辐射加热的一种,具有消耗能源少、效率高、加热质量好、设备占地小、投资少、见效快等特点。其原理是:大多数有机材质或含水产品等被加热对象,对辐射的吸收波段在远红外范围内,当远红外射线频率与被加热物体的基本质点的固有动作频率相匹配时,被加热物体就会很好地吸收辐射热并能产生激烈的非振,使物体达到快速、均匀加热的目的。表8-5是远红外加热器的性状分类,表8-6是常见远红外辐射元件性能表。

表8-5 常用远红外加热器性状分类

项目	类型	项目	类型
温度	高温、中温、低温	表面辐射涂层工艺	涂料器、熔射器、烧结型、搪瓷型等
形状	灯状、管状、板状、圈状	加热方式	直热式、旁热式
能源	电、燃气、蒸汽	基体材料	金属、陶瓷、石英玻璃等

远红外辐射加热效率的高低,不仅取决于辐射涂料和辐射元件的选择,同时也决定于加热装置的设计。由于各行各业生产加热的对象与工艺要求不同,对加热装置的设计要求也不一样。设计理念服从于下述要点:

(1) 调查了解有关行业同类型远红外辐射加热装置的情况、资料,以及要设计的加热装置与加热对象的特征、要求、工艺流程、现场条件和现有生产方式等问题。

(2) 根据被烘烤物料的吸收波长,选择辐射材料、远红外加热器和加热器表面的温度。若不是改造而是新建,缺乏同类型远红外加热炉供参考,尚需测定被烘烤物料的吸收波长和加热器的辐射温度,并对各项设计参数进行模拟试验,对不同方案的加热方法做中间试验,以验证、积累大量可靠数据,提供设计参考。

(3) 进行加热炉的热平衡计算,求出总耗热量和所需总功率,确定加热器的数量和布置。

(4) 根据不同的加热炉进行结构设计、反射装置设计、电控设计、风控设计和机械传动设计等。

目前在油漆干燥、塑料成形加工、食品烤制、干燥、红外线医疗装置,以及在机电、纺织等30多个行业中广泛应用远红外加热技术,节电效果达20%～30%。

在采用远红外加热技术时应注意下列几点:

(1) 加热炉的形状和外形尺寸要根据工件的外形和工艺要求、挥发物的排放及辐射元件布置等统一考虑,做到紧凑、合理。表8-6列出常见远红外辐射元件技术性能。

表 8-6　常见远红外辐射元件技术性能

项目	灯状元件	管状元件	板状元件
元件功率/kW	0.15～10	0.2～4	0.5～5
辐射线前进方向	平行光线向前传播	散射和反射光线的复合光线	平行和扩散光线的复合
照射距离引起的温度差	能量强度几乎不随照射距离而变化，温差小	元件轴向两端和两侧辐射强度弱，照射距离越近，温差越大	元件边缘的辐射强度弱，有温差，但随照射距离的变化，温差变化小
反射罩	有反射罩	有反射罩	无反射罩
温度分布	温度分布均匀	温度分布不均匀，水平布置两元件间温度不均匀，垂直布置炉内上下温度不均匀	温度分布相对均匀，垂直布置时温度不均匀，平面布置温度均匀
适用场合及对象	适用于立体照射连续生产的炉，加热形状复杂、大小不同的立体物料，如汽车、电冰箱内壳涂层干燥等	适用于连续性生产的炉，加热薄料板和谷物等的干燥	适用于固定间歇作业和高温炉

图 8-7 至图 8-9 中列出几种应用较好的远红外加热炉型。

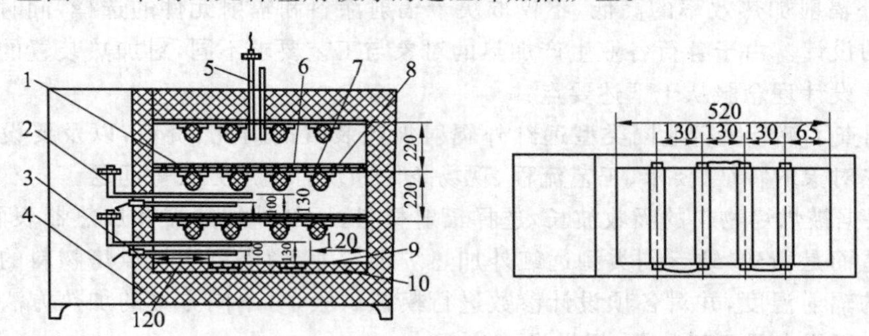

1—铝板；2—直角水银温度计；3—探头；4—保温层；5—水银温度计；6—搁板；7—骑马夹；8，9—远红外辐射器；10—绝热层

图 8-7　电烘箱结构示意图

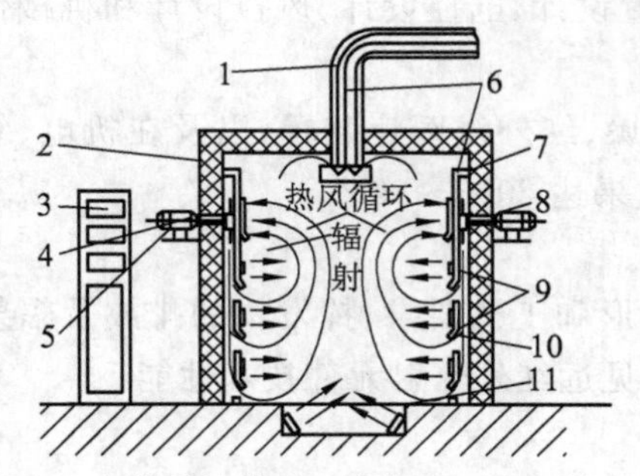

1—自然引风管；2—壳体；3—配电箱；4—热风进风口；5—电风机；6—活门；7—隔层板；8—叶轮；9—碳化硅板(40 块)；10—微风出风口；11—防水防漆挡板

图 8-8　大烘箱结构示意图

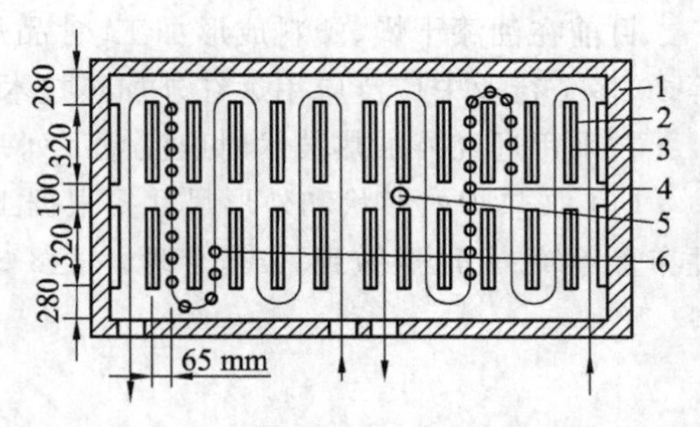

1—箱体；2—辐射板；3—石棉绝热板；4，6—印底牙膏；5—测温点

图 8-9　牙膏软管油漆烘房示意图

(2) 辐射器与工件的距离。根据逆二次方定律，距离越近辐射能力越强，条件是不影响均匀度。一般辐射器与工件相对静止，取 150～400 mm；辐射器与工件相对运动，取 10～150 mm。最好通过试验取得最佳距离。

(3) 选择远红外辐射涂料及辐射器的辐射波长与被加热体的吸收波长相匹配，提高辐射加热效率。

(4) 在远红外加热改造中，除要注意辐射这一加热方式外，还要注意对流传热和传导传热方式的合理配合，才能更有利于节能。

8.2　选用耐温、耐热、绝缘材料

电热设备从能效改善方面考虑，对周期式(设备)炉要求炉膛升温快、蓄热少，因而采用全耐火纤维炉衬最为理想，可获得最短的升温时间，最大的节能效果，最大限度地提高炉子的热效率。在这种情况下，即使采用体积密度为 0.6 g/cm^3 的轻质砖加保温材料作炉衬，较全耐火纤维也逊色得多。

对连续式炉，在炉子节能和热效率方面起决定影响的不是炉衬的蓄热，而是空炉损耗功率，即取决于炉子外壳的表面散热损失，所追求的炉衬结构保温性能要好。因此，炉衬可多样化，既可采用全耐火纤维，也可采用轻质砖加耐温材料，或这两种材料的混合结构。

8.2.1　耐温材料

(1) 保温材料　一般来说，热导率小于 0.2 kcal/(m・h・℃)的材料，称为耐温材料或保温材料。

轻质耐火材料均可作为高温保温材料。在低温下，隔热效果好的保温材料有石棉、硅藻土、蛭石、矿渣棉、膨胀珍珠岩和耐火纤维等。

近年来，保温材料硅酸铝纤维已广泛应用在各类电阻炉中。硅酸铝耐火纤维的特点如下：

① 热导率低，比其他保温材料的热导率至少小 30%，因而用这种材料做保温层，其厚度可减少近一半。它的热导率与密度有关，当密度在 400 kg/m^3 以上时，密度越大，热导率越大；而当密度在 400 kg/m^3 以下时，密度越大，热导率则越小。

② 密度小，炉子蓄热少，升温快。

③ 热稳定性、化学稳定性好，电绝缘性能好。

④ 炉膛温度在 1 300 ℃以下时，可兼作炉衬耐火层使用。

电热设备为了减少炉墙向外散热，要在耐温、耐火、隔热层外砌筑或填加一层保温材料。

常用的保温材料有硅藻土、蛭石、矿渣棉、石棉及高温超轻质珍珠岩等。它们常以散料或成形制品使用。

① 硅藻土　硅藻土的主要成分为非晶体二氧化硅，并含有少量黏土杂质，呈白色、黄色、灰色或粉红色，具有很好的保温能力，常以型砖和粉料砌筑或填充料作为炉子的保温层。最高使用温度为 900～950 ℃。砖的尺寸为 250 mm×123 mm×65 mm 和 230 mm×113 mm×65 mm。

② 石棉　石棉是一种纤维结构矿物质，主要成分为蛇纹石($3MgO \cdot 2SiO_2 \cdot 2H_2O$)。

其熔点大于 1 500 ℃,但在 500 ℃开始失去结晶水,使强度降低,700～800 ℃时变脆而粉化,所以长期使用温度应低于 500 ℃。石棉制品有石棉粉、石棉板及石棉绳等。

③ 矿渣棉　矿渣棉是用高压蒸气将熔融的冶金矿渣喷射成雾状后,迅速在空气中冷却而制成的人造矿物纤维。其特点是体积密度轻,热导率低,吸湿性小和不燃烧,但堆积过厚或受震动时,易被压实,使体积密度增加,保温能力下降。矿渣棉毡也可与陶瓷纤维毡配用作全纤维炉衬。最高使用温度为 700 ℃。

④ 蛭石　俗称黑云母或金云母,具有一般云母外形,易于剥成薄片。其大致成分为:SiO_2 12%～40%,Fe_2O_3 6%～23%,Al_2O_3 14%～18%,MgO 11%～20%,CaO 1%～2%。蛭石内含水 5%～10%,受热后水分蒸发而形成膨胀蛭石。一般 200 ℃开始膨胀,800 ℃膨胀达最大值。其熔点为 1 300～1 370 ℃,体积密度和热导率均很小,是一种很好的保温材料。膨胀蛭石可直接填入炉壳与炉衬之间,或者用水泥、水玻璃等做胶黏剂制成各种制品,最高使用温度为 1 000 ℃。

⑤ 高温超轻质珍珠岩制品　高温超轻质珍珠岩制品,是以膨胀珍珠岩为主要原料,分别以水玻璃、水泥、磷酸盐等为胶黏剂,按一定比例配合,成形、干燥、烧结制成的。它具有体积密度和热导率很小、耐火度高,最高使用温度达 1 000 ℃的特点,是一种很好的保温材料。

常用电阻炉保温材料的性能及用途见表 8-7。

表 8-7　电阻炉常用保温材料的性能及用途

名称	密度/(kg/m^3)	最高使用温度/℃	主要用途
硅酸土砖	0.5～0.7	900	电阻炉保温层用砖
石棉板	1.0～1.4	600	电阻炉炉底、炉壳、炉顶灯部分衬垫密封用材料
矿渣棉	0.15～0.25	750	电阻炉保温层填料
玻璃棉	0.02～0.2	450	低温电阻炉保温层填料
蛭石	0.08～0.17	1 100	电阻炉保温层填料
膨胀珍珠岩散料	0.04～0.12	800	电阻炉保温层填料
膨胀珍珠岩砖	0.2～0.35	600	电阻炉保温层用砖

为了提高电热元件的热效率,在电热器具中往往还要采用适当的绝热材料,同时它还起减少电热元件危及人身安全和防止失火的作用。因此,绝热材料的应用越来越广。对绝热材料的一般要求是:比热容和密度小;耐热、耐火;化学性能稳定;吸温性小;电导率低。

常用的绝热材料大体可分为三类:

① 保温材料——能耐 100 ℃以下的低热,如木材、软木、毛毡、泡沫塑料等。

② 耐热材料——能承受 150～500 ℃的中温,如石棉、石棉云母等。

③ 耐火材料——能承受 600～900 ℃甚至更高的温度,如矿渣棉、硅藻土等。

绝热材料的选取要根据电热元件的需要、材料的来源及价格的高低来定。其性能规格见表 8-8。

表 8-8　常用绝热材料性能及规格

材料名称	容量/(kg/m³)	热导率/[W/(m·K)]	抗压强度/10^4Pa	抗拉强度/10^4Pa	使用温度/℃	制品规格/mm
膨胀蛭石	150	0.07(20～25 ℃)			−20～1 000	1～25
水泥蛭石	<500	0.128(20～25 ℃)	>19.6		<800	板：500 × 250 ×（50，80，100） 管：根据要求制作

常用电热设备使用的耐热保温材料主要性能见表 8-9。

表 8-9　常用耐热保温材料主要性能

材料名称	体积密度/(g/m³)	耐压强度/MPa	最高使用温度/℃	热导率/[W/(m·℃)]	比热容/[kJ/(kg·℃)]
硅藻土砖 A 级	0.50	0.490	900	$0.105+0.23\times10^{-3}t_{均}$	
硅藻土砖 B 级	0.55	0.686	900	$0.131+0.23\times10^{-3}t_{均}$	
硅藻土砖 C 级	0.65	1.078	900	$0.159+0.31\times10^{-3}t_{均}$	$0.8374+0.251\times10^{-3}t_{均}$
泡沫硅藻土砖	0.4～0.5	0.392～0.686	900	$0.11+0.23\times10^{-3}t_{均}$	
硅藻土	0.55		900	$0.093+0.24\times10^{-3}t_{均}$	
膨胀蛭石	0.25		1 000	$0.077+0.25\times10^{-3}t_{均}$	0.657 3
石棉粉(3 等)	0.34		500	$0.087+0.24\times10^{-3}t_{均}$	0.816 4
石棉板	0.9		500	$0.162+0.18\times10^{-3}t_{均}$	0.816 4
石棉绳	0.8		300	$0.07+0.31\times10^{-3}t_{均}$	0.816 4
矿渣棉(2 等)	0.2		700	$0.06+0.157\times10^{-3}t_{均}$	
膨胀珍珠岩	0.031～0.135		1 000	0.035～0.046(常温)	
磷酸盐珍珠岩制品	0.22		1 000	$0.052+0.029\times10^{-3}t_{均}$	0.753 6
水泥珍珠岩制品	0.4		800	0.127	
水玻璃珍珠岩制品	0.25		650	0.069 8	
红砖	1.4～1.6	4.9～14.7		$0.814+0.465\times10^{-3}t_{均}$	$0.879+0.23\times10^{-3}t_{均}$

(2) 陶瓷耐温、耐火纤维　近几年的实践表明，电热设备广泛使用耐温、耐火纤维炉衬，取得了很好的节能效果。陶瓷耐火纤维分成非晶质和晶质两大类。目前广泛使用的是非晶质耐火纤维。

① 非晶质耐火纤维。非晶质耐火纤维包括普通硅酸铝纤维、高纯硅酸铝纤维、含铬硅酸铝纤维和高铝纤维四种。

普通硅酸铝纤维是使用最为广泛的耐火纤维，它以天然焦宝石为原料，经煅烧，在电弧炉或电阻炉内熔化，以细股流出，用压缩空气高速吹出或用高速旋转轮甩成散状纤维，获得耐火纤维原棉(纤维直径为几微米，纤维长度为几毫米至几十毫米)，除去渣球(未加工成纤维的凝固液滴)，加入 0.3%～0.5%的结合剂(无钠甲基纤维素、天然橡胶乳液)，加工成毡、毯、板、纸和绳等各种耐火纤维制品。另外还可利用真空成形(见图 8-10)，将纤维真空成形加工成板、毡、硬质制品等，按所需尺寸切裁出售。

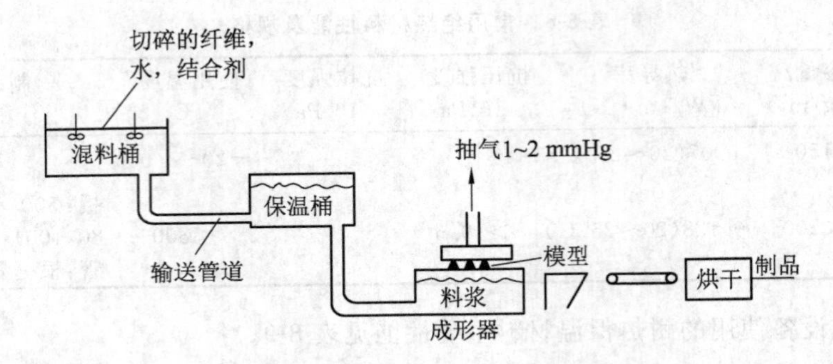

图 8-10　真空成形制品工艺示意图

普通硅酸铝纤维的厚度为3,5,10,20,30,50 mm,其长和宽可根据需要而订制。

普通硅酸铝纤维是一种玻璃质纤维,属于介稳定结构,在加热过程中有方石英和莫来石晶体析出,特别是方石英有多种晶形转变,伴随很大体积变化,微晶易集聚长大,对纤维性能有极坏的影响。随着使用时间的延长,析晶量增加,晶粒尺寸长大,致使纤维密度增加,纤维收缩,变得松脆,失去弹性,引起纤维粉化,失去使用价值。碱金属 Fe_2O_3,TiO_2 等杂质会降纸纤维熔点和促进纤维再结晶,因此,这些杂质含量愈少愈好。

普通硅酸铝纤维毡的牌号为PXZ-1000,使用温度不超过1 000 ℃,于无腐蚀的中性或氧化性气氛下使用,Al_2O_3 含量不少于45%,$Al_2O_3+SiO_2$ 含量不少于98%。杂质含量:Fe_2O_3 不大于1.2%,TiO_2 不大于1%,K_2O+Na_2O 不大于0.3%,B_2O_3 不大于0.2%。纤维毡体积密度为100,130,160,190 kg/m³。毡的标准尺寸为600 mm×400 mm×20 mm,600 mm×400 mm×10 mm 和1 000 mm×600 mm×20 mm 三种。

为了提高纤维使用温度和化学稳定性,减少纤维析晶量,必须尽量减少纤维中的钠含量,适当提高 Al_2O_3 含量,为此,采用工业原料 Al_2O_3 和 SiO_2,各按50%配方所制得的纤维称为高纯硅酸铝纤维,这种纤维的使用温度可达1 200 ℃。

同样用工业原料,在 Al_2O_3/SiO_2 接近于1,加入 Cr_2O_3 3%~6%,所制得的纤维称为含铬硅酸铝纤维。加入 Cr_2O_3 可抑制析晶量和晶粒长大倾向,因此,含铬纤维的使用温度可达1 200 ℃。

高铝纤维的原料配方 Al_2O_3/SiO_2 比例接近莫来石组成,从而使方石英析晶量减少,析晶主要为莫来石。析出的莫来石晶体长大倾向小,故高铝纤维的使用温度可达1 200~1 300 ℃。

② 晶质耐火纤维。硅酸铝纤维都是玻璃质纤维,长期使用温度在1 000~1 200 ℃之间。为了提高纤维使用温度,应使纤维的微观结构在高温下稳定。晶质耐火纤维主要有多晶莫来石纤维和多晶氧化铝纤维两种。

多晶莫来石纤维的组成为 $Al_2O_3$72%~74%,$SiO_2$20%~22%,其余为杂质。在高温下,这种微晶莫来石稳定,不易长大,因而仍具有柔软性和弹性。多晶莫来石纤维的最高使用温度为1 300 ℃。

多晶氧化铝纤维的组成是 $Al_2O_3$95%,其余为 SiO_2 和杂质。微晶为 α-Al_2O_3,最高使用温度可达1 600 ℃,长期使用温度为1 400 ℃。多晶氧化铝纤维是各种高温炉窑的良好耐火材料。

晶质纤维能防止电磁波(热辐射)穿透,而玻璃态纤维则能通过电磁波,所以在高温下晶质纤维的隔热性能比玻璃态纤维好。

耐火纤维的特性如下：

① 耐高温，热导率小，故可兼做炉衬的耐火层和保温层。其热导率为一般轻质砖的1/1.5～1/5。

纤维毡的热导率具有方向异性：导热方向与纤维方向一致时(所谓叠板式炉衬)，热导率较大；相反，导热方向与纤维方向垂直时(层铺式炉村)，热导率较小。前者与后者之比为1.1～1.5。

耐火纤维的热导率随温度上升增加很快，因此，它在低温时是良好的保温材料，而在高温和中温范围内保温性能就差些。在体积密度 400 kg/m³ 以内，随体积密度的增加热导率反而减小。表 8-10 示出了硅酸铝纤维制品的部分理化指标，热导率见表 8-11。

表 8-10　硅酸铝纤维毡部分理化指标

型号	物理性能		化学成分/%	
PXZ-1000 普通纤维毡	体积密度/(kg/m³)	120～140,150～170,180～200	SiO_2	≥48.5
	厚度/mm	10,15,20,25,30,40,50	Al_2O_3	46～52
	规格/mm	600×400×(10～50)	Fe_2O_3	<1.2
	渣球含量	≤5%	TiO_2	<0.85
	重烧收缩	1 150 ℃,6 h≤4%	CaO MgO	<0.4 <0.6
	抗拉强度	24.5 kPa	Na_2O	<0.25
	长期使用温度	≤1 000 ℃	K_2O	<0.15
CXZ-1000 高纯纤维毡	渣球含量	≤4%	Al_2O_3	48～52
	重烧收缩	1 260 ℃,6 h≤4%	$Al_2O_3+SiO_2$	99
	长期使用温度	1 100 ℃	Fe_2O_3	≤0.2
	纤维直径	2～5 μm	K_2O+Na_2O	≤0.2
	纤维长度	20～100 mm	B_2O_3	≤0.1
GLXZ-1200 高铝纤维毡	渣球含量	≤5%	Al_2O_3	≥60
	重烧收缩	1 400 ℃,6 h≤4%	$Al_2O_3+SiO_2$	≥94
	长期使用温度	1 200 ℃	Fe_2O_3	≤0.2
	纤维直径	1.5～3 μm	K_2O+Na_2O	≤0.2
	纤维长度	20～100 mm	B_2O_3	≤0.1
CXZ-Cr-1200 含铬硅酸 铝纤维毡	渣球含量	≤5%	Al_2O_3	47～52
	重烧收缩	1 400 ℃,6 h≤4%	$Al_2O_3+SiO_2$	≥94
	长期使用温度	1 250 ℃	Fe_2O_3	≤0.2
	纤维直径	2～5 μm	K_2O+Na_2O	≤0.2
	纤维长度	20～100 mm	Cr_2O_3	3.5～5.5

表 8-11　硅酸铝纤维热导率

体积密度/(kg/m^3)	热导率/[W/(m·℃)]				
	300 ℃	500 ℃	700 ℃	900 ℃	1 200 ℃
105	0.062	0.081	0.107	0.148	0.238
168	0.055	0.067	0.093	0.121	0.179
210	—	—	(600℃)0.083	0.087	0.127

与一般耐火材料相比，硅酸铝纤维具有质量小、热容小、耐高温、热导率低、热稳定性好、耐机械振动等优点，是良好的隔热、保温材料。可采用这种保温材料对原有设备进行改造。

改造的方法大致有以下三种，其中以内贴法和夹层法效果较好：

a. 内贴法：内壁贴 40 mm 厚的纤维毯。

b. 夹层法：在两种耐火砖之间夹一层纤维制品。

c. 外包法：在炉体与钢板之间包一层纤维。

图 8-11 是 RJX-8-B 箱式电炉采用内贴法改造炉体的截面图。表 8-12 是采用的几种硅酸铝纤维的主要成分和使用温度数据。

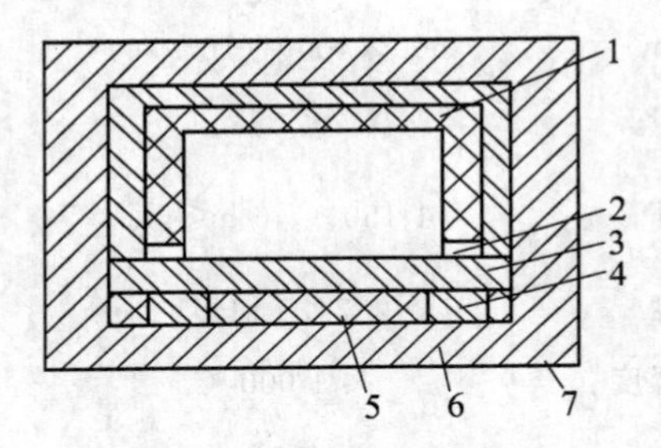

1—含铬纤维毯，40 mm；2—含铬纤维镶条，20 mm×20 mm；3—黏土砖 22 mm；
4—支撑块黏土砖，40 mm×40 mm×20 mm；5—含铬纤维毯，40 mm；
6—保温层，硅藻土砖，55 mm；7—石棉板，5 mm

图 8-11　采用内贴法改造炉体后的截面

表 8-12　各种硅酸铝纤维的主要成分及使用温度

名称	一般硅酸铝纤维	含铬硅酸铝纤维	高纯硅酸铝纤维	高铝硅酸铝纤维
主要化学成分	Al_2O_3 45%～50% Fe_2O_3≤1%	Al_2O_3 45%～50% Cr_2O_3 3%～5%	Al_2O_3＞62% Fe_2O_3＜0.2%	Al_2O_3＞95%
最高使用温度/℃	1 260	1 480	1 400～1 450	1 500
长期使用温度/℃	950～100	1150～1 200	1 250～1 300	1 300～1 400

② 非晶质耐火纤维的比热容基本是相同的。例如当温度为 100，540，1 090 ℃时，其比热容分别为 0.837，1.047，1.130 kJ/(kg·℃)。

③ 体积密度小，约为轻质砖的 1/10～1/5。炉子从室温升至工作温度，处于不稳定导热状态。热导率小，纤维炉衬加热深度浅。体积密度与比热容的乘积，叫体积比热容[kJ/(m^3·℃)]，其值小，这样炉衬在升温过程中吸热就少。正因为这样，耐火纤维炉衬使炉膛升温快。炉衬蓄热少，这对周期式炉的节能起着极为明显的效果。

④ 具有良好的热振稳定性，不会因温度急变而剥蚀。

⑤ 纤维柔软，有弹性，具有良好的抗振动能力，但由于纤维毡的强度低，不能经受直接的撞击。

⑥ 在高温下，纤维从玻璃态析出晶体，逐渐失去透明性。纤维析晶量超过60%，就失去使用价值。一般规定，纤维毡的长期使用温度比试验加热收缩4%的温度低200 ℃。PXZ-1000纤维毡在1 150 ℃加热6 h的线收缩，不应大于4%，因而PXZ-1000纤维毡长期使用温度为950～1 000 ℃。根据国外经验，纤维毡的使用寿命可达5～10年。

(3) 憎水复合硅酸盐耐热保温涂料　迄今为止，还没有发现在国际上有同样的产品出现。

① 用途：该产品广泛用于石油、化工、船舶、轻纺、食品、建筑、建材等工业部门的设备及管道隔热保温、绝冷、吸声、防火，也可以作为生活锅炉、生活炉灶、沼气池等的节能材料。

② 施工办法：a. 清除设备及管道上的灰尘、锈、油污等杂质；b. 充分均匀搅拌待用产品；c. 经纬交叉轻涂、轻刷；d. 逐层涂抹(第一层1～2 mm，以后每层涂5～10 mm厚至达到表面温度要求为止)。

③ 新型憎水复合硅酸盐节能保温材料的性能特点。

a. 热导率低，干燥容重轻，保温性能好，节能效益显著。保温材料的热导率是一个重要的热物性参数，是保温材料和设计保温层厚度的基本依据，保温材料及其制品的常温热导率低于0.05 W/(m·K)或高温热导率低于0.13 W/(m·K)就是较好的保温材料，新型的憎水复合硅酸盐保温材料，经国家建筑材料工业局硬质保温材料质检中心测试，常温热导率为0.040 W/(m·K)，高温热导率为0.1 W/(m·K)，大大超过了GB 4272—84《设备及管道保温技术通则》中对保温材料及制品在平均温度等于或低于623(350 ℃)的热导率值不得大于0.14 W/(m·K)的规定指标。

干燥容重(即密度)是保温材料的又一指标，既关系到保温性能的好坏，又关系到设备及管道的承载能力，容重轻，设备管道负载就小，因而支架费用就低，同时保温性能也好，新型憎水复合保温涂料经国家建筑材料工业局硬质保温材料质检中心检测，干容重为120 kg/m^3，超过了GB 4272—84规定的密度不大于500 kg/m^{3}的标准，上述指标和传统保温材料的密度相比当然就算“最佳”了。

由于该产品热导率低，干燥容重轻，加之本身集封闭微孔结构和网状纤维结构为一体，所以保温性能优于单一封闭微孔结构的保温材料和单一纤维结构的保温材料，节能效果显著，使用本产品，可节约燃料25%～30%，对节约能源具有重要意义。

b. 承受温差大，绝冷又防火。新型憎水复合硅酸盐保温涂料，经国家建筑材料工业局硬质保温材料质检中心检测，最高使用温度为800 ℃，最低使用温度为－40 ℃。同时按GB 5464—85《建筑材料不燃性试验方法》测试，各项指标均超过国家标准，被确定为“不燃性材料”，故该产品既是隔热保温绝冷材料，又是较好的防火材料。

c. 可塑性强，黏结性好，使用寿命长。该产品系膏体，可采用喷涂、刷涂等方法随设备形状造型，解决了异型设备及管道保温的难题，产品采用高、中、低温的复合黏合剂和化学添加剂，所以黏结性强、不脱胶，根据国家建筑材料工业局硬质保温材料质检中心检测，其黏结力达2 000 N以上。另外，产品呈封闭微孔和网状纤维结构，同设备及管道的热胀冷缩“同步”，具备不开裂、不起皱、不变形的特点，产品原料主要是无机矿物，并经过改性处理，因此，不存在老化和粉化现象，只要本产品所做保温层无意外损坏，其寿命可长达5年以上。

d. 涂覆层薄，用量小，施工方便，综合造价低。该产品保温层厚度薄，一般在 100～2 000 ℃涂刷 10～20 mm 就可达到国家规定的保温效果。按正规方法施工 1 m^3 产品涂刷 10 mm 厚度，可涂刷 70～80 m^2 面积，用量只有传统保温材料的 1/5。该产品施工简便，只涂刷在设备或管道上，不受温度限制，不需停产，不需包裹缠绕，不需加固辅助材料，经济效益显而易见：(a) 用量少，可节省材料费；(b) 容重轻，可节省支架费；(c) 施工方便，可节省施工费；(d) 涂覆层薄，便于探伤和检修，可节省检修费；(e) 保温效果好，比其他保温材料更节能；(f) 使用寿命长，可达传统保温材料使用寿命的 3 倍，这笔费用的节约就更加可观。所以，使用本产品保温综合造价低；(g) 无尘无毒，不伤害人体，不腐蚀设备，不污染环境。

该产品原材料均为无毒腐蚀材料，经新技术、新工艺处理更加安全可靠，对人体、设备都无损害，避免了传统保温材料经常脱落，打伤人和粉尘纤维乱飞，刺激人体皮肤及污染环境的缺陷，特别是对于保温材料要求很严的食品工业、丝绸工业、高科技工业，用该产品保温是再好不过了。

e. 憎水性能好。传统的保温材料及其制品具有强烈的吸水性，吸水后材料的孔隙被水占据，空气被置换出来，由于水的热导率(为空气的 24 倍)和冰的热导率(为水的 4 倍)均远大于空气的热导率，因而使得保温材料的热导率增大，保温效果明显下降。新型憎水复合硅酸盐保温涂料可以在表面形成一种不吸水的保护层，能使水在涂层上接触角大于 100°而不能渗入保温层，据国家建筑材料工业局硬质保温材料质检中心测定，其憎水度大于 98%。实践证明，该产品是一种很好的憎水保温材料。

8.2.2　不定形耐火材料

不定形耐火材料是近年来研制的新型耐火材料，特点是可制成各种预制块，便于机械化施工；可在加热炉上整体浇捣，从而加强炉体的整体性，又便于改进炉型结构。

按制作或施工方法来分，不定形耐火设备材料有耐火混凝土(浇注料)、可塑料、喷涂料、捣打料、涂抹料、投射料等。其中耐火混凝土在电热设备中的应用有很大进展。例如，制造盐浴炉盐槽坩埚，制造炉顶与炉衬的预制件。

耐火混凝土由胶结料、骨料、掺和料三部分组成，有时还要加入促凝剂。

① 骨料是主要的耐火基体，应具有高的耐火度，它与胶结料不能生成较多的低熔物。另外骨料的颗粒大小对制品的质量有很大的影响，所以对骨料的颗粒大小除有一定限制外，各种颗粒大小在数量上还有一定的比例。热处理炉用的耐火混凝土的骨料，可由各种耐火熟料或废耐火砖破碎而成，如高铝矾土熟料、黏土砖、高铝砖的破碎颗粒(2～20 mm)等。

② 胶结料(结合剂)起胶结硬化作用，使制品有一定的强度。常用的胶结料有矾土水泥、硅酸盐水泥、水玻璃、磷酸盐耐火混凝土及硅酸盐混凝土等耐火水泥。

胶结料用量在 10%～25%，用量过多，会使制品耐火度降低并增加制品的收缩。用水玻璃及磷酸盐做胶结料时，在未经高温煅烧时，强度很低，搬运吊装困难，因此要加入适量的促凝剂如氟硅酸钠；用磷酸盐作胶结剂时常用的促凝剂为矾土水泥。

③ 掺和料的原料与骨料相同，只是颗粒度较小。掺和剂可使制品的气孔率降低，密度增加，耐压强度提高，抗渣性提高，但收缩增加，耐急冷急热性降低。

矾土水泥用作胶结剂的不定形耐火材料配方比例与性能见表 8-13。

表 8-13　耐火混凝土的配比和性能

性能指标	矾土水泥（胶结剂）/%	高铝矾土熟料砂粉（掺合料）/%	高铝矾土熟料砂 0.15～5 mm（细骨料）/%	高铝矾土熟料 5～20 mm（粗骨料）/%
	10～20	0～15	30～35	35～40
水灰比[水/(水泥+掺合料)]/%	0.35～0.45			
湿密度/(kg/m^3)	2 500～2 800			
荷重软化开始点/℃	1 300			
耐火度/℃	1 710			
热导率/[W/(m·℃)]	0.93～1.63			
热振稳定性(850 ℃,水冷)/次	>25			
混凝土标号	400～500			

8.2.3　耐火材料

电热设备用耐火材料基本上由耐火层（多为耐火材料）和保温层（多为保温材料）组成，如图 8-12 所示。低温热处理炉往往只有一层保温层，而无耐火层设备。炉子耐火层直接承受炉内高温并应具有一定机械强度，能抵抗炉内介质或熔渣的破坏作用，以便保持炉膛形状和尺寸。保温层的作用是降低炉壳温度，减少炉子热损失。

(1) 耐火材料的技术性能指标

① 耐火度。耐火度是耐火材料抵抗高温作用的性能，指耐火材料受热后软化到一定程度时的温度。

耐火度是测定一定尺寸的三角形锥体在规定的加热条件下，试锥顶部因受温度及本身重量影响而弯倒刚接触底平面时的温度，如图 8-13 所示。耐火度大于 1 580 ℃的材料才称为耐火材料。

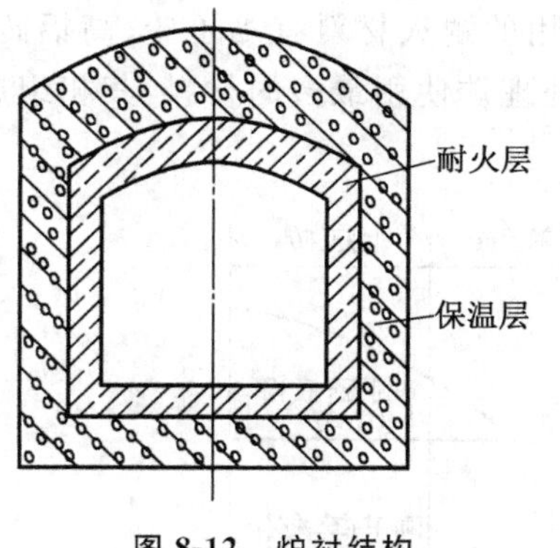

图 8-12　炉衬结构

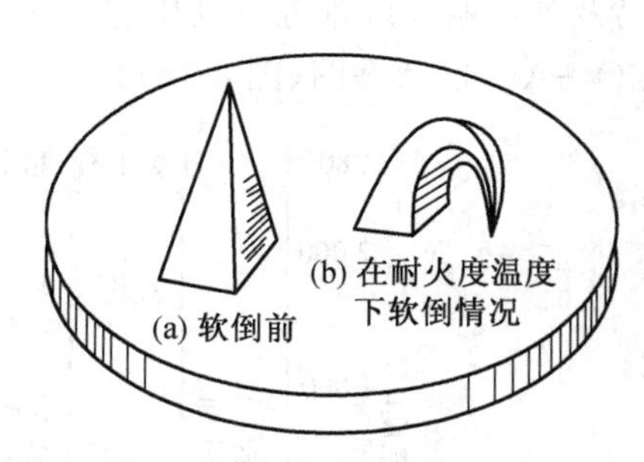

图 8-13　耐火锥软倒情况

耐火材料的耐火度，主要取决于它的化学成分和材料中易熔杂质如 FeO 和 N_2O 等含量。耐火度并不代表耐火材料实际使用温度，因为在高温荷重下耐火材料的软化温度会降低，实际使用温度一般说来要比材料的耐火度低。

按温度的高低，耐火材料分为：普通耐火材料耐火度为 1 580～1 770 ℃；高级耐火材料耐火度为 1 770～2 000 ℃；特级耐火材料耐火度大于 2 000 ℃。

② 高温结构强度。高温结构强度用荷重软化点来评定。荷重软化点是指在一定压力(196 kPa,轻质的为 98 kPa)条件下,以一定的升温速度加热,测出样品开始变形的温度和压缩变形达 4%或 40%的温度。前者称荷重软化开始点,后者称荷重 4%或 40%的软化点。

③ 高温化学稳定性。高温化学稳定性是指耐火材料在高温下,抵抗炉气、熔盐和金属氧化物等侵蚀作用的能力,包括化学侵蚀和物理溶解。

高温化学稳定性常用抗渣性来评定,它取决于组成物的化学性质及其物理结构(如与密度有关的结合强度)。目前多数仅以定性指标表示,比如,黏土砖和高铝砖对酸性和碱性熔渣都具有一定的抗蚀作用,而硅砖只能起抗酸性熔渣作用,而不能起抵抗碱性熔渣作用,镁砖只能起抗碱性熔渣作用。

④ 热振稳定性(耐急冷急热性)。热振稳定性是指耐火制品对急热急冷的温度反复变化,抵抗破坏和剥落的能力。耐急冷急热性与耐火制品的化学成分和组织结构等因素有关。测定方法是:将试样加热至 850 ℃,然后在流动的冷水中冷却,反复进行直至破碎或剥落至其重量损失 20%为止,其所经历次数作为耐火制品的热振稳定性指标。冷炉的升温、电极盐浴炉的启动都要经受温度的急变,如果耐火材料没有足够的耐急冷急热性能,就会过早地损坏。

轻质耐火制品热振稳定性的测定,是将标准砖加热至 1 000 ℃,在静止空气中冷却,反复进行,直至砖体的重量损失 20%,此时的加热—冷却次数作为热振稳定性指标。

⑤ 高温体积稳定性。高温体积稳定性是指耐火制品在高温下使用时,相成分继续变化,产生再结晶和进一步烧结现象,所产生的不可逆残余膨胀或收缩。通常以线胀系数和重烧线收缩来表示。耐火制品的体积变化过大会影响砌体强度,严重时将造成砌体倒塌。一般要求各种耐火制品的残余胀缩不超过 0.5%~1.0%。黏土砖和高铝砖的重烧线收缩为 0.5%(1 350 ℃),硅砖的重烧线膨胀为 0.8%。

此外,还有体积密度、比热容、热导率和电绝缘等特性指标。

(2) 电热设备常用的耐火材料　电热设备常用的耐火材料有黏土砖、高铝砖、抗渗碳砖、碳制品及各种耐火纤维等。其中黏土砖为热处理炉使用最多的材料,其相组成与成分关系见 SiO_2-Al_2O_3 状态图(图 8-14)。

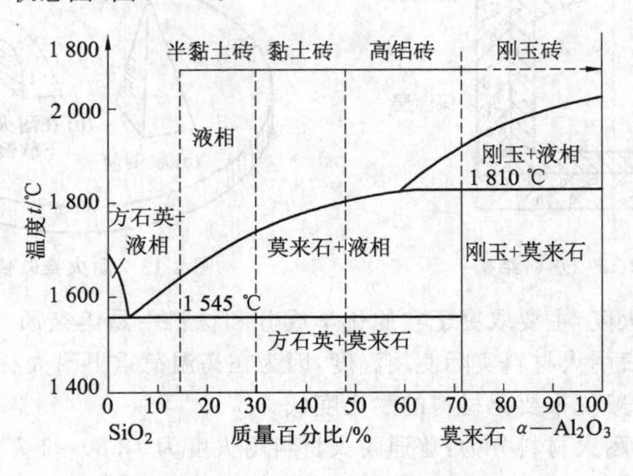

图 8-14　SiO_2-Al_2O_3 二元系状态图

① 工黏土质耐火材料。黏土砖的原料主要是耐火黏土和高岭土，其主要矿物成分是高岭石($Al_2O_3 \cdot 2SiO_2 \cdot 2H_2O$)，其余部分为金属氧化物(6%～7%)。黏土砖是以软质的生黏土(结合剂)与熟料黏土混合成形后，在 1 300～1 400℃下烧结成的制品。黏土砖的化学成分为 Al_2O_3 0%～40%，SiO_2 50%～65%，其他为各种金属氧化物(K_2O，Na_2O，CaO，MgO，TiO_2，Fe_2O_3)。

普通黏土砖是弱酸性的耐火材料，其线胀系数、热导率、比热容均小于其他耐火材料，热振稳定性也较好，其荷重软化点比其他耐火材料低，最高使用温度为 1 300～1 400 ℃。普通黏土砖资源丰富，成本低廉，在热处理炉中使用最多。

② 高铝质耐火材料。高铝砖是含 Al_2O_3 48%以上的耐火制品，其余为 SiO_2 和少量的其他氧化物杂质。普通高铝砖按 Al_2O_3 含量分为>48%，>55%，>65%三等。此外，尚有莫来石砖($Al_2O_3 \cdot 2SiO_2$)和刚玉砖($\alpha - Al_2O_3$)等品种。

高铝砖具有耐火度高、高温结构强度较好和化学稳定性好等优点，但价格比较贵，广泛用于冶金工业。

电极盐浴炉往往用高铝砖来砌筑。电热元件搁砖也常用高铝制品(Fe_2O_3 含量应小于 1.5%)，因为在高温下铁铬铝电阻丝会受黏土砖中的 SiO_2 和 Fe_2O_3 化学作用生成熔渣而被侵蚀。热处理炉上所采用的各种瓷管，多数也是高铝制品。

电熔纯刚玉制品和纯氧化铝制品，其氧化铝含量可高达 98%或以上。在高温下，这种制品的绝缘性能好(在常温下，黏土砖为绝缘体，但在 1 200 ℃以上就成为导电体了)，不易与电热元件起化学反应，抗还原作用强。因此，高温真空炉、氢气炉多采用纯刚玉制品或氧化铝制品做耐火材料和电绝缘材料。

③ 抗渗碳砖。Fe_2O_3 含量在 1%以下的黏土砖或高铝砖，一般称为抗渗碳砖。

在含 CO 和 H_2 的还原性气氛下，Fe_2O_3 可按下式反应生成金属铁。而铁可作为催化剂，加速 CO 的分解，析出炭黑，沉积于砖体内部。

$$Fe_2O_3 + 3CO = 2Fe + 3CO_2$$

$$Fe_2O_3 + 3H_2 = 2Fe + 3H_2O$$

$$2CO = CO_2 + C$$

Fe_2O_3 本来是以复杂的硅酸盐的形式存在于砖内，在渗碳气氛下生成了金属铁，因而破坏了砖体的组织结构和颗粒间的牢固结合，使砖体变疏松；砖体内炭黑的沉积，使砖的体积胀大；当 Fe_2O_3 还原成 Fe 并形成 Fe_3O_4 时，进一步使砖体变得疏松，这将导致普通黏土砖或高铝砖炉衬过早损坏。

实践证明，在渗碳气氛下，砖的 Fe_2O_3 含量在 1.5%～3%时，经 300 h 渗碳后，黏土砖砌体表面将产生严重脱落，深度可达 20～40 mm；未脱落部分质地很松，一捏即碎。当黏土砖的 Fe_2O_3 含量在 1%左右时，在渗碳气氛下，强度几乎不降低，没有剥落现象。所以，Fe_2O_3 含量在 1%左右的黏土砖或高铝砖具有抗渗碳能力，适用于无罐可控气氛渗碳炉的内衬。

提高砖的烧成温度，氧化铁便以 $2FeO \cdot SiO_2$ 形态存在，使氧化铁不易还原，可提高抗渗碳砖的使用寿命。

④ 碳化硅制品。制造碳化硅制品的基本原料是碳化硅。碳化硅质耐火制品的机械强度大，抗磨性能极好，热稳定性好，荷重软化开始温度在 1 600 ℃，导热性能好，比一般耐火材料大 5～10 倍。在热处理电阻炉中，可用来制造炉底板、导轨和各种类型的马弗罩。

还有一种无结合剂的再结晶碳化硅制品，其导电性能好，用来制造电热元件（碳化硅棒）。

⑤ 轻质耐火材料。耐火材料通常采用不同的工艺方法制成重质、轻质和超轻质耐火制品。一般重质黏土砖的体积密度为 2.1～2.2 g/cm^3，重质高铝砖的体积密度为 2.3～2.75 g/cm^3，轻质黏土砖的体积密度为 0.4～1.3 g/cm^3，轻质高铝砖的体积密度为 0.4～1.0 g/cm^3。体积密度小于 0.4 g/cm^3 的称为超轻质耐火制品。

轻质耐火材料的主要特点是气孔多、体积密度小，所以其热导率小，保温性能好，蓄热量也小。因为每个气孔很小，在制品中分布均匀，故仍具有一定的耐压强度。因此，采用轻质耐火制品作炉子耐火层砌体时，可以缩小炉子体积，减轻重量，减小蓄热损耗，尤其对间歇式炉意义更大，可以显著缩短升温时间，节约能源，提高炉子的热效率和经济效益。在热处理温度范围内，主要采用各种轻质砖来砌筑炉子的耐火层。轻质耐火制品的耐压强度较低，荷重软化点也较低，残存体积变化较大，化学稳定性也较差，这是它的不足之处。

除上述常用的耐火材料以外，还有碳化硅、氮化硅和石墨等制品。在一些情况下可用于制作电热设备的炉底板、马弗罩、电热元件、炉底轨道、隔热屏和炉内其他高温结构件。

常见电热设备基本使用耐火材料如前述表中的代表部分。

耐火材料性质的主要含义如下：

a. 气孔率。耐火材料内有许多大小不同、形状不一的气孔。和大气相通的叫开口气孔，亦称显气孔率，但它不能反映真气孔率的大小。贯穿的气孔叫连通气孔，不和大气相通的气孔叫闭口气孔。

设制品的总体积（包括全部气孔）为 V，重量为 W，开口气孔的体积为 V_1，闭口气孔的体积为 V_2，连通气孔的体积为 V_3，则

真气孔率 $$B_1=\frac{V_1+V_2+V_3}{V}\times 100\%$$

即制品中全部气孔体积（包括开口、闭口和连通的气孔）占总体积的百分率，称真气孔率，也称总气孔率。

显气孔率 $$B_2=\frac{V_1+V_3}{V}\times 100\%$$

即制品中外通气孔（包括开口和连通的气孔）体积占总体积的百分率。

闭口气孔率 $$B_3=\frac{V_2}{V}\times 100\%$$

即制品中闭口气孔体积占总体积的百分率。

b. 密度。即包括全部气孔在内的每 1 m^3 制品体积(V)的质量(W)。

密度 $$\rho=\frac{W}{V}$$

c. 真相对密度。不包括气孔的单位体积制品体积的质量。

真相对密度 $$d_1=\frac{W}{V-(V_1+V_2+V_3)}$$

d. 假相对密度。包括闭口气孔在内的单位体积制品的质量。

假相对密度 $$d_2=\frac{W}{V-(V_1+V_3)}$$

e. 吸水率。制品中开口气孔和连通气孔吸满水后，水重 G 占制品重 W 的百分率。

吸水率
$$x=\frac{G}{W}\times 100\%$$

f. 透气系数(透风度)。指在常温和一定压差下,空气透过耐火制品的性能。

在压力差为1 mmH_2O柱下,每小时通过面积为1 m^2、厚为1 m的制品的空气量,称为制品的透气系数(其值不大于30)。

透气系数
$$k=\frac{\nu\delta}{0.78d^2\tau\Delta\rho}$$

式中,k为试样透气系数,$(L\cdot m)/(m^2\cdot h\cdot mmH_2O)$;$\nu$为通过制品的空气量,L;$d$为试样直径,m;$\delta$为试样厚度,m;$\tau$为通过空气的时间,h;$\Delta\rho$为操作压力差,$mmH_2O$。

耐火制品透气系数的大小和气孔的特性、大小、制品结构的均匀性、气体的压力差有关。此外,它还随着气体温度升高而降低,但变化不大。

g. 力学性质。耐火材料的力学性质有常温耐压强度、断裂模量、高温扭转弹性、弹性模量等。常用的是常温耐压强度。

常温耐压强度表示制品在室温下单位面积上所能承受的最大压力。它反映制品的组织结构、均匀致密程度和烧成情况,并在一定程度上说明制品对撞击、磨损、冲刷及其他机械作用的抵抗能力。

$$P=\frac{F}{S}$$

式中,P为常温耐压强度,kgf/cm^2;F为压碎试样的总压力,kgf;S为试样的受压面积,cm^2。

根据一般经验,耐压强度值约为抗折强度值的2～3倍,为抗张强度值的5～10倍。

h. 热学性质。热膨胀指制品在加热过程中发生的长度变化,可用线胀系数或线膨胀率表示。平均线胀系数是指由室温升至试验温度时,平均每升高1 ℃,试样长度的相对变化率。

$$\alpha_m=\frac{L_t-L_{t0}}{L_{t0}(t-t_0)}$$

式中,α_m为平均线胀系数,$℃^{-1}$;L_t为加热至试验温度时试样的长度,mm;L_{t0}为在室温下试样的长度,mm;t为试验温度,℃;t_0为室温,℃。

线胀系数是指由室温升至试验温度时,试样长度相对变化的百分率。

$$\alpha=\frac{L_t-L_{t0}}{L_{t0}}\times 100\%$$

式中,α为线膨胀率,%。

如线胀系数不大,则体积膨胀系数约为线胀系数的3倍。

黏土砖、高铝砖、镁砖等的热膨胀随着温度升高变化较均匀,而硅砖的热膨胀则随温度做不均匀的变化(因有多相晶型转变发生)。

热膨胀对砌体确定膨胀缝大小有重要意义。

热膨胀对热稳定有直接影响,热膨胀愈大,热振稳定性越差。温度发生急剧变化时,易遭到破损。

热导率表示制品导热能力的大小。耐火制品的热导率用λ表示。

热导率的物理意义是指当试样的厚度为1 m,两面的温度差为1 ℃,在1 m^2的面积上,

1 h内所通过的热量。

$$\lambda=\frac{Q}{\frac{F(t_1-t_2)\tau}{\delta}}$$

式中，λ 为热导率，kcal/(m·h·℃)；Q 为通过试样的总热量，kcal；t_1，t_2 为试样两面的温度，℃；τ 为通过热量的时间，h；F 为试样的面积，m^2；δ 为试样的厚度，m。

耐火材料的热导率除和本身的化学组成有关外，还随着温度变化而变化。大部分耐火材料的热导率随温度升高而加大，但镁砖和碳化硅砖及 Al_2O_3 含量高于60%的高铝砖则相反。此外，热导率也随着制品的气孔率的增大和体积密度的降低而减少。

耐火材料的热导率是计算炉墙散热损失的重要数据。热导率和稳定性有着密切关系。

i. 耐火度(见P259①)。

中国耐火锥号与温度对照见表8-14。

表8-14　中国耐火锥号与温度对照 ℃

锥号	温度	锥号	温度	锥号	温度
123	1 230	146	1 460	167	1 670
125	1 250	148	1 480	169	1 690
128	1 280	150	1 500	171	1 710
130	1 300	152	1 520	173	1 730
132	1 320	154	1 540	175	1 750
135	1 350	158	1 580	177	1 770
138	1 380	161	1 610	179	1 790
141	1 410	163	1 630	183	1 830
143	1 430	165	1 650		

三角锥的标号英、美、日等国都采用塞格锥号“SK”来表示。

j. 高温结构强度。

(a) 荷重软化点。荷重软化温度是表示制品对高温和荷重共同作用的抵抗性能。在固定压强0.2 MPa(轻质材料在0.1 MPa)下，不断升高温度，测定试样在发生一定变形量(4%)时的温度。这个温度称为荷重变形温度或荷重软化点。

(b) 高温耐用强度。即在一定的高温下测定其抗压极限强度。

对于某些不烧制品，如耐火混凝土，根据其使用条件选择测定不同温度下的高温耐压强度，借以了解某些高温使用性能的变化规律，这对材质的选择和使用都具有一定的指导意义。

k. 高温体积稳定性。耐火材料在高温下长期使用时，可能有进一步烧结和物相的继续变化(如再结晶和玻璃化等)，使体积发生不可逆的变化性能，称为高温体积稳定性。通常用重烧收缩(或重烧膨胀)来表示，亦称残余收缩(或残余膨胀)。

过大的残余收缩会使炉墙砌体的砖缝增大，降低热振稳定性和抗压性，尤其是拱形炉顶，这种残余收缩会引起自炉顶下沉变形。一般情况下，残余膨胀危害较小。

l. 热振稳定性。烧成耐火制品，对于急冷急热温度变动的抵抗性能，称为热振稳定性。过去亦称为耐急冷急热性或温度急变抵抗性。由于耐火材料为低导热性物体，当受到急剧的温变变化作用时，使得砖内部由热骤变而产生应力，当这种应力超过砖本身的结构强度时，就产生开裂、剥落，甚至造成砌体崩裂。

热振稳定性的测量方法一般可将标准砖一端在炉内迅速加热至 1 100 ℃，并保温一定时间，取出后浸入流动的冷水中，如此反复进行热冷处理，至损失砖总重的 50%以上为止。将失重 50%的前一次作为热振稳定性指标。

影响耐火制品热振稳定性的主要因素为制品的热膨胀、导热性和组织结构等。

m. 抗渣性。耐火材料在高温下对于炉渣侵蚀作用的抵抗力，称为抗渣性。

影响耐火制品抗渣性的主要因素为制品和炉渣的化学成分、工作温度、炉渣黏度及制品的致密程度等。

耐火材料的工作温度在 800～900 ℃时，受炉渣侵蚀情况一般不太明显，但到 1 200～1 400 ℃或更高温度时，化学反应活跃，侵蚀亦较快。此外，在高温下，炉渣的黏度显著降低，流动性增加，结果就容易渗入耐火材料的气孔和砌缝中，增加了反应接触面，因而也就加剧了对耐火材料的侵蚀作用。

耐火材料的致密度愈高，则炉渣愈不容易侵蚀。因此，提高耐火材料的致密程度，降低其气孔率是改善抗渣性的主要措施。

熔剂、金属和气氛对耐火制品的影响见表 8-15，不同种类的耐火制品间的反应见表 8-16。

表 8-15　熔剂、金属和气氛对耐火制品的影响

耐火制品名称	碱性熔剂	酸性熔剂	无氧化的熔融金属	氧化气氛	还原气氛
黏土砖	有作用，其毁损速度根据化学成分、颗粒度、气孔率而定	作用微弱	不使用于 1 750 ℃以上	不毁坏	1 400 ℃以下抵抗较好，因砖中铁化合物的影响，CO 在 400～500 ℃时损坏耐火材料
半硅砖	有作用，其毁损速度根据化学成分、颗粒度、气孔率而定	作用微弱	不使用于 1 700 ℃以上	不毁坏	1 400 ℃以下抵抗较好
高铝砖	抵抗较好	抵抗较好	抵抗较好	不毁坏	1 800 ℃以下抵抗较好
硅砖	作用激烈	抵抗较好，与氟化合物作用较烈	对 Zn，Cd，Sn 抵抗较好	不毁坏	1 050 ℃以下抵抗良好，温度至 900 ℃时，H_2 和 SiO_2 作用，形成 SiH_4 和 H_2O
碳化硅砖	与 FeO 作用激烈，于 1300℃开始反应；与 MgO 于 1 300 ℃，与 CaO 于 1 000 ℃开始反应	于 1 200 ℃开始反应，抵抗液态和气态酸类作用良好	渐渐毁坏	遭受毁坏	抵抗较好

续表

耐火制品名称	碱性熔剂	酸性熔剂	无氧化的熔融金属	氧化气氛	还原气氛
碳块(包括石墨砖)	抵抗较好	抵抗较好,因形成 SiO 面渐次损坏	抵抗较好,尤其对 Cu,Sb,Al 等。在 1 400～1 500 ℃熔铁中渐次使之损坏。与熔融金属氧化物有作用	遭受激烈损坏	抵抗较好
镁砖	抵抗较好	有作用	抵抗较好,对 Fe,Ni,Cr 的碳化物作用	不作用	1 450 ℃以下抵抗较好
刚玉	抵抗较好	抵抗较好	抵抗较好	不作用	1 800 ℃以下抵抗较好

表 8-16 不同种类的耐火制品间的反应

耐火制品名称	黏土砖				高铝砖(Al_2O_3 70%)				高铝砖(Al_2O_3 90%)			
	反应温度/℃											
	1 500	1 600	1 650	1 710	1 500	1 600	1 650	1 710	1 500	1 600	1 650	1 710
黏土砖					不	不	不		不	不	不	
高铝砖(Al_2O_3 70%)	不	不	不						不	不	不	
高铝砖(Al_2O_3 90%)	不	不	不		不	不	不					
硅砖	中	严	严		不	中	中	中	不	不	中	
烧结镁砖	严	整	整		中	中	中	严	不	中	严	严

耐火制品名称	硅砖				烧结镁砖			
	反应温度/℃							
	1 500	1 600	1 650	1 710	1 500	1 600	1 650	1 710
黏土砖	中	严	严		严	整	整	
高铝砖(Al_2O_3 70%)	不	中	中	中	中	中	中	严
高铝砖(Al_2O_3 90%)	不	不	不		不	中	严	严
硅砖					中	严	整	
烧结镁砖	中	严	整					

注:不——不起反应;中——中等反应;严——严重反应;整——整个破坏反应。

（3）常见电热设备使用的耐火材料品种主要用途及其主要性能，见表 8-17、表 8-18。

表 8-17　常见电热设备使用的耐火材料品种及主要性能

名称	密度/(kg/m³)	耐火度/℃	容许使用温度/℃	主要用途
耐火砖土砖	1.8～1.9	1 610～1 730	1 350	电阻炉的炉底用砖、受负荷的砖等；盐浴炉的盐槽
轻质黏土砖	1.3	1 670～1 710	1 300	1 200 ℃电阻炉的炉膛内层
轻质或泡沫黏土砖	1.0 0.6～0.8	1 670 1 670	1 250 1 200	1 000 ℃电阻炉炉膛内层 1 200～1 400 ℃电阻炉砖体的中间层
抗渗碳砖	1.0～1.3	约 1 700	1 250～1 300	渗碳用电阻炉直接接触渗碳气体的炉衬内层
高铝砖	2.2～2.5	1 750～1 790	1 500	1 300 ℃以上电阻炉炉膛内层；高温盐浴炉的盐槽
氧化铝和刚玉制品	2.2～2.9	1 780～2 000	1 500～1 700	高温电阻炉炉用耐火零件
碳化硅制品	2.3～2.6	2 000～2 200	1 400～1 500	1 200 ℃及以上电阻炉的炉底板；实验室用电炉的成形炉芯；其他炉用耐火零件
石墨制品	2.2	＞3 000	＞2 000	高温电阻炉炉用耐火零件

表 8-18 电热设备常用耐火材料的主要性能

名称	牌号	Al_2O_3 含量/%	耐火度/℃	荷重软化开始点/℃	最高使用温度/℃	热振稳定性/次	常温耐压强度/MPa	密度/(g/cm³)	热导率/[W/(m·℃)]	比热容/[kJ/(kg·℃)]
黏土砖	(NZ)−40	>40	1 730	1 300	1 400	好	14.7	1.8～2.2	$0.837+0.58\times10^{-3}t_{均}$	$0.879+0.23\times10^{-3}t_{均}$
	(NZ)−35	>35	1 670	1 250	1 300		14.7			
	(NZ)−30	>30	1 610	—	1 250	(5～10)	12.25			
高铝砖	(1Z)−65	65～75	1 790	1 500	1 500	好（几十次）	39.2	2.3～2.75	$2.09+1.86\times10^{-3}t_{均}$	$0.794\ 2+0.418\times10^{-3}t_{均}$
	(LZ)−55	55～65	1 770	1 470	1 450					$0.919\ 6+0.25\times10^{-3}t_{均}$
	(LZ)48	48～55	1 750	1 420	1 400					$0.919\ 6+0.25\times10^{-3}t_{均}$
轻质黏土砖	RNG−1.3a	$Fe_2O_3<3$	1 710	1 320	1 400	16	4.93	1.3	$0.407+0.35\times10^{-3}t_{均}$	$0.836+0.263\times10^{-3}t_{均}$
	RNC−1.0		1 670	1 300	1 300	12	2.94	1.0	$0.290+0.26\times10^{-3}t_{均}$	
	RNG−0.8		1 670	1 250	1 250	5	2.45	0.8	$0.294+0.21\times10^{-3}t_{均}$	
	RNG−0.6		1 670	1 200	1 200	5	1.96	0.6	$0.165+0.19\times10^{-3}t_{均}$	
	RNG−0.4		1 670	1 100	1 150	3	1.18	0.4	$0.081+0.22\times10^{-3}t_{均}$	
轻质高铝砖	RLG−1.0	>50	1 750	1 320		>4	3.92	1.0	<0.5(350 ℃时)	$0.919\ 6+0.25\times10^{-3}t_{均}$
	RLG−0.8		1 750	1 300		>4	2.94	0.8	<0.35(350 ℃时)	
	RLG−0.6	$Fe_2O_3<2.0$	1 730	1 250		>3	1.96	0.6	<0.30(350 ℃时)	
	RLC−0.4		1 730	1 200		>2	0.98	0.4	<0.20(350 ℃时)	
刚玉砖		>95	1 950	1 770	1 700	30	137.2	2.96～3.1	$2.09+1.86\times10^{-3}t_{均}$	$0.795+0.418\ 6\times10^{-3}t_{均}$
碳化硅砖		SiC 87 SiO_2 10	1 800	1 620	1 450	>30	68.6	2.4	$20.93-10.467\times10^{-3}t_{均}$	$0.962+1.465\times10^{-3}t_{均}$
轻质氧化铝砖	RYG−0.8	>90					1.96	0.8		
	RYG−0.6						0.98	0.6		
	RYG−0.4	$Fe_2O_3<0.5$					0.9	0.4		

8.2.4　绝缘材料

绝缘材料又称电介质，是一种不导电的材料。所谓“绝缘”就是不导电材料将带电部分隔离，使电流限制在特定的电路里流动。因此，绝缘材料的好坏直接影响着电热元件工作的可靠性，掌握绝缘材料的性能，合理选用绝缘材料，再加上科学、完善的绝缘方法，是保证家用电热器具安全工作的重要环节。

电热器具所采用的绝缘材料一般都应具有绝缘强度大、耐热温度高、吸湿度小、化学性能稳定、导热性好、机械强度高等特点。

表 8-19(a)为家用电热器具中常用的几种绝缘材料的绝缘性能，可供制造和维修时参考。其中，云母具有很好的绝缘性能，在家用电热器具中最常使用。此外，表 8-19(b)给出了几种常用电绝缘材料的工作温度，可供制造与维修时参考。

表 8-19(a)　常用绝缘材料的绝缘性能

绝缘强度	云母	玻璃	瓷	电木	绝缘纸	大理石	氧化镁
$E_{击穿}$/(kV/cm)	800～2 000	100～400	80～150	100～200	70～100	25～35	30

表 8-19(b)　几种常用绝缘材料的工作温度

材料名称	一般陶瓷制品	云母及云母胶合板	电工陶瓷及耐火黏土	氧化镁和石英砂
温度范围	500 ℃以下	700～800 ℃	1 400～1 600 ℃	1 500～1 700 ℃

耐高温绝缘层材料可根据电热带的不同使用条件和温度，选用不同的材料。绝缘层材料大致有如下几种：

(1) 聚氯乙烯——耐温 100 ℃，能防潮。

(2) 硅橡胶——耐温 200 ℃，能防水。

(3) 聚四氟乙烯——耐温 250 ℃，不怕暴露在腐蚀性液体中。

(4) 玻璃纤维浸渍硅橡胶——耐温 250 ℃，能防潮。

(5) 金属(铜镍或不锈钢)铠装镁粉——耐温 350 ℃，能防爆。

(6) 玻璃纤维(无碱)或玻璃纤维石棉——耐温 450 ℃，不能防潮。

绝缘材料部分物料耐温使用温度见表 8-20。

表 8-20　部分绝缘材料耐温使用条件

材料名称	容重/(kg/m³)	热导率/[W/(m·K)]	抗压强度/10^4 Pa	抗拉强度/10^4 Pa	使用温度/℃	制品规格/mm
沥青蛭石	<400	0.105 (20～25 ℃)	>11.8 (抗折)		−20～80	板：500×250×(50,100,120) 管：根据要求制作
沥青矿渣棉毡	<120	0.040～0.047 (20～30℃)		>1.18	−40～250	毡：1000×750×(30～50)
散状矿渣棉	120～150	0.040～0.048			−40～700	

续表

材料名称		容重/(kg/m³)	热导率/[W/(m·K)]	抗压强度/10^4 Pa	抗拉强度/10^4 Pa	使用温度/℃	制品规格/mm
硅藻土石棉灰(鸡毛夹)							
	特级	280~300	≤0.085			<900	
	甲级	320~380					
	乙级	380~450					
硅藻土绝热砖	生料	680	0.605+0.000 24t				保温层砌筑砂浆
	熟料	600	0.0825+0.000 21t				保温充填料
	A级	50 050	0.0628+0.000 14t	49		900	250×123×65(长春)
	B级	50 050	0.072+0.000 20t	69		900	
	C级	65 050	0.100+0.000 228t	108		900	230×113×65(抚顺)
酚醛玻璃纤维板		60~80	0.038 4~0.040 7			−35~220	
酚醛玻璃纤维管		70~90	0.038 4~0.040 7			−35~220	
软木砖		240	0.07	11.8(抗弯)		常温	1 000×500×(25,38,50,65)
木屑		596	0.11	19.6		常温	
聚苯乙烯泡沫塑料		20~50	0.029~0.035	12~18(压缩 10%)		−80~75	
聚氯乙烯泡沫塑料		≤45	≤0.043	>17.6	>39.2	−80~80	510×610×45 510×510×75 520×520×75 480×480×50
聚氨基甲酸酯泡沫塑料		<40	≤0.085		>7.8	−30~80	长:4 500~5 000 宽:900~1 000 最大厚度:250~300
石棉绳			≤0.087			<450	13,16,19,22,25,28,32,38,45,50
普通石棉泥		<500	0.6~0.22(平均温度 50℃)			<600	
碳酸镁石棉板		180	0.09~0.11(平均温度 50℃)			<300	
碳酸镁石棉砖石棉管		≤280	0.07~0.09(平均温度 50℃)			<300	砖的规格: 25×152×305 38×152×305 50×152×305 50×152×457
		≤360	0.09~0.11(平均温度 50℃)				

8.3　温度控制

电热设备的温度控制，指根据炉温对给定温度的偏差自动接通或断开供给炉子的热源能量，或连续改变热源能量的大小，使炉温稳定在给定温度范围，以满足热处理工艺的需要。炉温自动控制系统可由基地式仪表或单元组合仪表组成。

8.3.1　基地式仪表组成的炉温自动控制系统

基地式仪表是指同时具有几种功能的仪表。基地式仪表组成的炉温控制系统（见图 8-15），仪表数量及投资较少，便于维护和使用，但体积较大，不能互换，使用上不如单元组织仪表灵活，适用于简单调节系统。测温元件可利用表 8-21 中的元件。

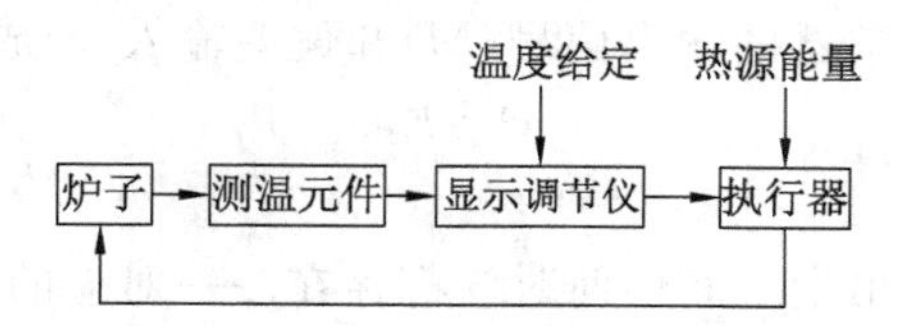

图 8-15　基地式仪表组成的炉温自动控制系统

表 8-21　常用测温元件的特点和应用范围

分类	工作原理	测温范围/℃	特点	应用范围
热电阻（电阻温度计）	导体、半导体的电阻值变化与温度有关	−200～+500	精度最高，便于自动记录、控制	碱浴、油浴、硝盐浴、发蓝液、淬火液、冰冷处理、回火炉等低温设备的温度自动控制
热电偶（热点高温计）	利用热电效应	0～1 600	精度高，便于自动记录、控制	各种热处理设备的温度自动控制
辐射感温器（辐射高温计） 光电感温器（光电高温计） 比色感温器（比色高温计）	热源辐射能量的大小与温度有关	600～6 000	受灰尘、水汽、烟雾等影响较大，能自动记录、控制 受灰尘、水汽、烟雾等影响较小，能自动记录、控制	高温浴炉和感应加热的温度测量和控制

注：括号内的名称是测温元件与显示仪表配套后的名称。

显示调节仪由显示仪表和调节器组成，显示仪表（见表 8-22）用来指示、记录被测参数的数值，或对生产过程的不正常状态发出警报。

表 8-22　常用显示仪表的种类和特点

种类	典型产品	工作原理	精度级	特点
磁电式	比率计、动圈式仪表	磁电原理	1.0～1.6	结构简单，成本低，体积小，灵敏
电子平衡式	自动电位差计、自动平衡电桥	自动平衡原理	0.5	灵敏度高，使用和维修方便，品种多，用途广，体积较大，价格较贵

8.3.2 控制温度的调节器

调节器的作用是当温度测定值偏离给定值时，对执行器发出某一调节规律的信号，从而自动控制温度。

热处理温度自动控制常用调节规律有二位式、三位式、比例、比例积分和比例积分微分等。

(1) 二位式调节　二位式调节只有开和关两种状态。当炉温低于给定值时，执行器全开；当炉温高于给定值时，执行器全闭。

(2) 三位式调节　调节器有上、下限两个给定值。当炉温低于下限给定值时，执行器全开；当炉温在上、下限给定值之间时，执行器部分开启；当炉温超过上限给定值时，执行器全闭。

(3) 比例(P)调节　调节器的输出信号(M)和偏差输入(e)成比例：

$$M=Ke$$

式中，K 为比例系数。

比例调节器的输入、输出量之间任何时候都存在一一对应的比例关系，因此，炉温变化经比例调节达到平衡时，炉温不能回复到给定值，这种偏差称静差。

(4) 比例积分(PI)调节　为了克服静差，在比例调节中添加积分(I)调节。积分调节是指调节器的输出信号与偏差对时间的积分成比例。积分调节器在接受偏差信号后，其输出信号随着偏差存在时间的增长而增强，直到偏差消除才无输出信号，故能消除静差。比例调节和积分调节的组合称比例积分调节，其输出与偏差输入的关系如下：

$$M=K\left(e+\frac{1}{T_I}\int e\,\mathrm{d}t\right)$$

式中，T_{I} 为积分时间。

(5) 比例积分微分(PID)　比例积分调节会使调节过程延长，温度的波动幅值增大，为此再引入微分(D)调节。微分调节是指调节器的输出与偏差对时间的微分成比例。微分调节器在温度有变化的“苗头”时，就有调节信号输出，变化速度越快，输出信号越强，故能加快调节速度，降低温度波动幅度。比例调节、积分调节和微分调节的组合称比例积分微分调节，其输出与偏差输入的关系如下：

$$M=K\left(e+\frac{1}{T_I}\int e\mathrm{d}t+T_D\,\frac{\mathrm{d}e}{\mathrm{d}t}\right)$$

式中，T_{D} 为微分时间。

常用调节规律的适用范围见表 8-23。

表 8-23　常用调节规律的适用范围

调节规律	适用对象情况
位式	容量大，滞后小，负荷变化小，调节精度要求不高
比例	滞后小，负荷变化小，允许有静差
比例积分	滞后较小，负荷变化不大且慢，不允许有静差
比例积分微分	滞后较大，负荷变化大而快，不允许有静差

常用调节器的特点见表 8-24。

表 8-24　常用调节器的特点

特点	电动调节器	气动调节器
结构	复杂	一般
信号传递	速度快，距离不受限制	速度较慢，距离受限制
信号运算	方便	一般
工作环境	要求高，不太适于高温、易燃、易爆、振动等场合	要求不高，能防爆、防燃、耐高温和振动
可靠性	较差	较可靠，寿命长
维护水平	高	一般
附加装置	不要	需供电设备

8.3.3　调节温度的执行器

执行器(见表 8-25)的用途是接受调节器或手动操作器的输出信号，按某一规律驱动调节机构，改变供应电源的能量，以达到自动控制温度的目的。

表 8-25　电炉常用执行器的特点

特点	执行器				
	交流接触器	饱和电抗器	磁性调压器	可控硅调压器	可控硅调功器
输出功率能否连接调节	不能	能	能	能	连续性较差
输出波形	正弦波	波形畸变	波形畸变	波形畸变	正弦波
耐过载能力	弱	强	强	弱	弱
有无机械触点	有	无	无	无	无
寿命	短	最长	最长	长	长
体积	小	大	最大	小	小
能执行的调节规律	位式，时间比例①，断续 PI②，断续 PID③	位式，时间比例，断续 PI，断续 PID，连续比例 PI，连续 PID			

注：① 时间比例调节：在比例带内(能起比例调节作用的范围占据刻度的百分数)调节器输出“开”“关”信号，“开”“关”时间与温度偏差成比例。

② 断续 PI 调节：调节器输出“开”“关”信号，“开”“关”时间与温度偏差呈 PI 关系。

③ 断续 PID 调节：调节器输出“开”“关”信号，“开”“关”时间与温度偏差呈 PID 关系。

8.3.4　单元组合仪表组成的炉温自动控制系统

单元组合仪表是将自动控制的整套仪表划分成若干能独立完成某项功能的典型单元，各单元之间的联系都采用统一的信号。这样，就能将较少的有关单元组合成多种调节系统，各单元间便于联系，且便于与电子计算机及数字化装置联用，适用于大规模生产的自动化和复杂调节系统。但调节系统使用仪表的数量比基地式仪表要多，投资大，维护技术水平要求较高(见图 8-16)。

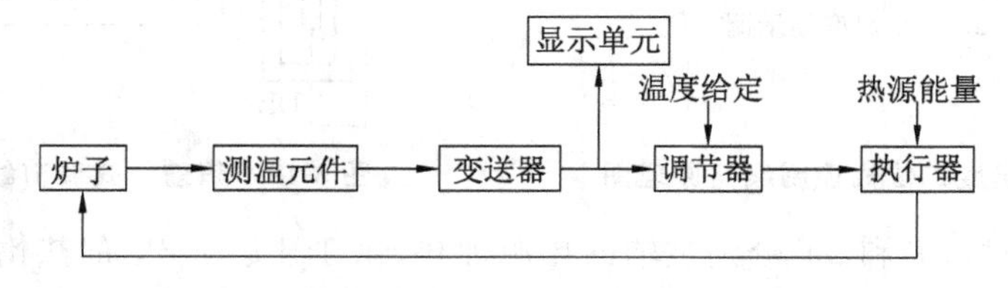

图 8-16　单元组合仪表组成的炉温自动控制系统

变送器是用来将测温元件测得的温度信号转换成与之相应的统一标准信号(气动单元组合仪表为0.2～1.0 kgf/cm^2,电动单元组合仪表为0～10 mA或0～±5 mA),传给显示单元或调节器,进行指示、记录或调节。其他各环节的功用与基地式仪表组成的炉温自动控制系统相同。

8.3.5 电热设备温度的位式控制

位式控制系统(见图8-17),可通过显示调节仪实现闭环自动控制,也可手动开环控制。

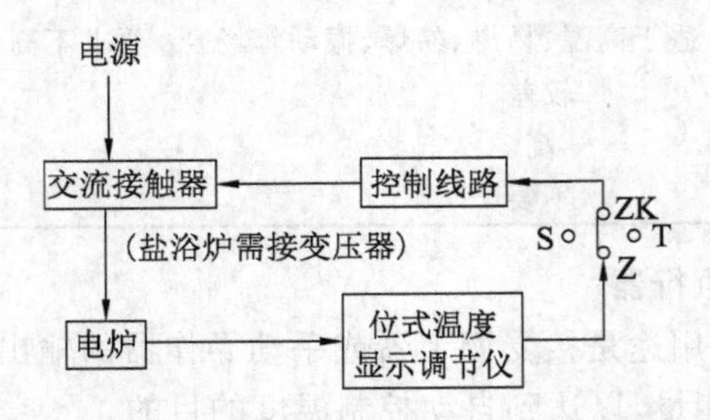

图8-17 电炉温度位式控制方框图

(1) 二位式控制(见图8-18) 转换开关ZK接至Z(自动),当指示温度低于给定温度时,仪表定值电接点2K(或灵敏继电器触点)接通,中间继电器J线圈通电,使交流接触器动作,主触头C闭合,电炉通电升温,当指示温度高于给定值时,2K断开,电炉断电降温。

(2) 超前位式控制 超前位式控制是在二位式控制基础上增加两支辅助热电偶和辅助热源组成的。图8-19所示是超前位式调节线路原理图。1T是ϕ0.1～0.2 mm热电丝焊成的裸露热电偶,它惰性小;2T是有套管的热电偶,惰性大。两支热电偶反向连接后和测温热电偶串联。1H和2H分别为1T和2T的加热灯泡。

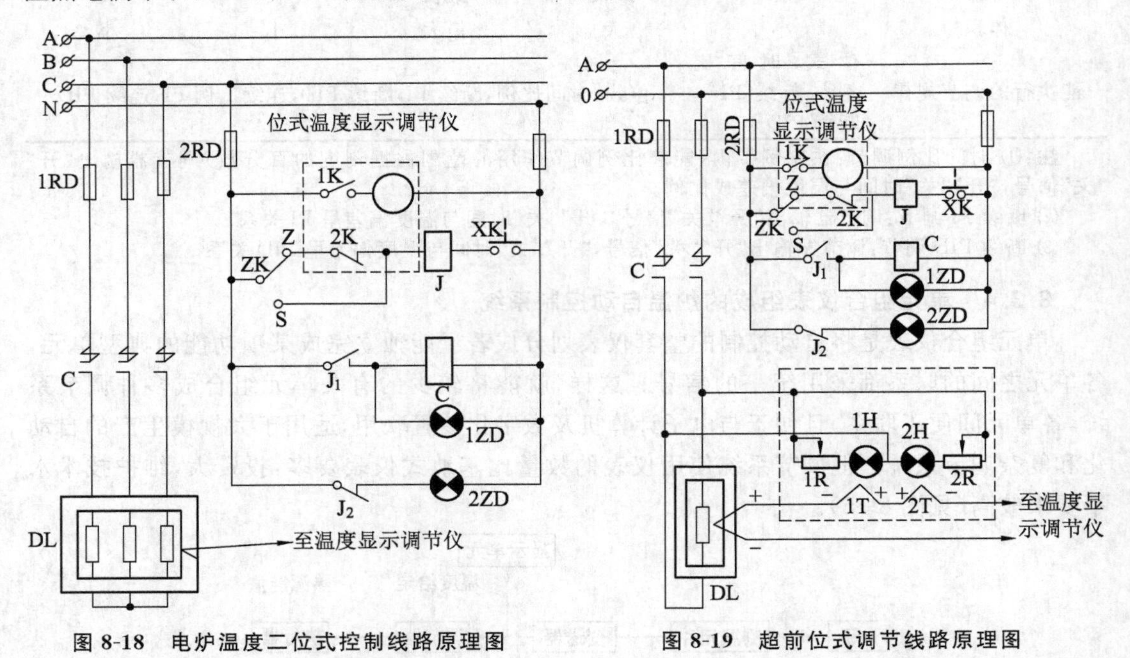

图8-18 电炉温度二位式控制线路原理图　　图8-19 超前位式调节线路原理图

当电炉加热时,1T和2T分别被辅助热源加热,由于1T和2T的热惰性不同,在温度检测回路中增加了一个附加热电势ΔE_1,因此,显示调节仪指示提前到达给定值,电炉提前断电，炉温下降，辅助热源也停止加热；同理，降温时在温度检测回路中增加一个附加热电势 ΔE_2，显示调节仪指示提前低于给定值，电炉提前通电。ΔE 的数值应等于无超前控制时波动温度相应热电势值的 1/2。

（3）三位式控制（见图 8-20）　当电炉升温时（低于下限给定值），2K，3K 接通，中间断电器线圈 1J，2J 通电，交流接触器 1C，2C 动作，加热元件△形接法，电炉输入最大功率；当显示调节仪指示温度接近给定温度时（处于上、下限给定值之间），3K 断开，交流接触器 2C 线圈断电，交流接触器 3C 动作，加热元件变成 Y 形接法，输入电炉功率降低，指示温度超过给定温度时（上限给定值），电炉断电。

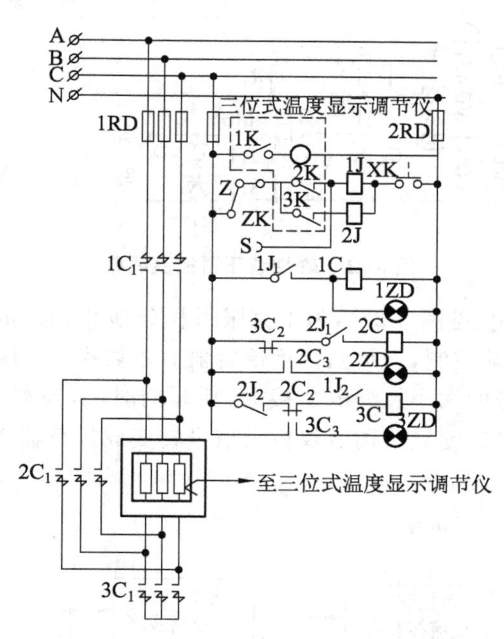

图 8-20　三位式控制线路原理图

此种控温方法温度波动的幅度比二位式控制小，它适于加热元件能改变接法的电阻炉。上、下给定值整定不恰当时会出现炉温静差。

8.3.6　电炉温度的时间比例控制

采用交流接触器为执行器时，用时间比例温度显示调节仪置换图 8-20 中的位式温度显示调节仪，就能组成时间比例控制系统。当炉温低于给定值且处在比例带外时，交流接触器接通，电炉升温；炉温进入比例带后，交流接触器的接通、断开时间与温度偏差成比例，电炉保温；炉温超过给定值且越出比例带时，交流接触器断开，电炉降温。时间比例控制的控温精度与比例带的整定、接触器通断周期及炉子特性有关。一般说，比例带小，炉温回复时间短，静差小，但炉温波动大；比例带大，炉温回复时间长，静差大，但炉温波动小。接触器通断周期长，炉温不稳定，周期短，接触器易损坏。

为了克服交流接触器使用寿命短的缺点，可根据不同控温对象分别选用可控硅调功器、调压器或磁性调压器作为执行器。图 8-21 为采用磁性调压器的盐浴炉控温线路图。采用磁性调压器控温的优点是主电路没有机械触点，维护方便，缺点是电流全闸时调压器直流控制绕组有 1 000 V 左右电压，体积较大。

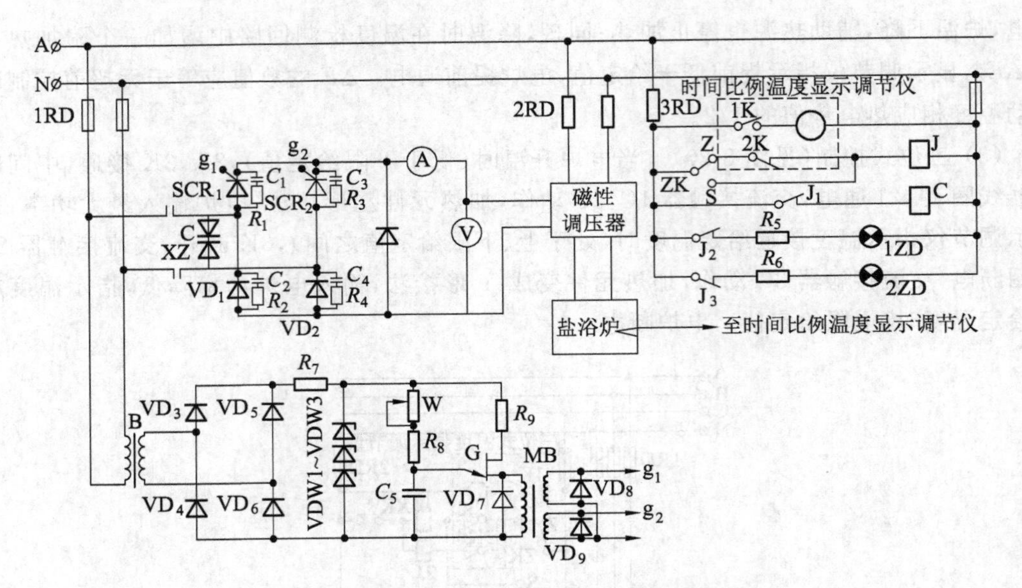

图 8-21　磁性调压器控温线路

电炉温度的 PID 控制(见图 8-22),为了克服因积分饱和和造成较大的动态偏差,在开炉升温过程中,常采用手动控制,当炉温接近给定值时才切换为 PID 自动控制。此时,温度显示调节仪输出直流信号的大小及继电器接通、断开的时间,与温度偏差呈 PID 关系。可控硅触发器或控制线路将温度显示调节仪输出信号转变成执行器动作,使通入电炉的功率增量与温度偏差呈 PID 关系。

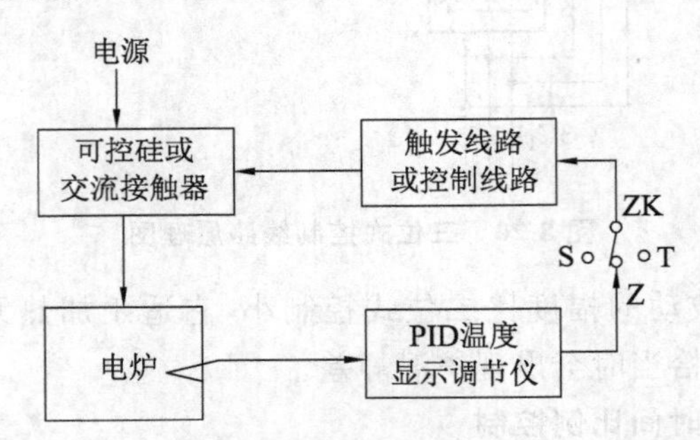

图 8-22　电炉温度的比例积分微分控制方框图

炉温的 PID 控制精度与对象特性、PID 参数整定有关,配合恰当时控制精度可达 ±0.5 ℃。

电炉温度连续 PID 控制的执行器一般选用可控硅调压器或可控硅调功器。采用可控硅执行器控温精度高,无噪声,能以弱电控制强电,便于与电子计算机联用。

8.3.7　可控硅调压器温度自动控制系统

用于自动控制流动粒子炉和离子氮化炉温度的是 ZK 型阻容移相触发器的组成及可控硅交流调压控温系统,如图 8-23 所示。

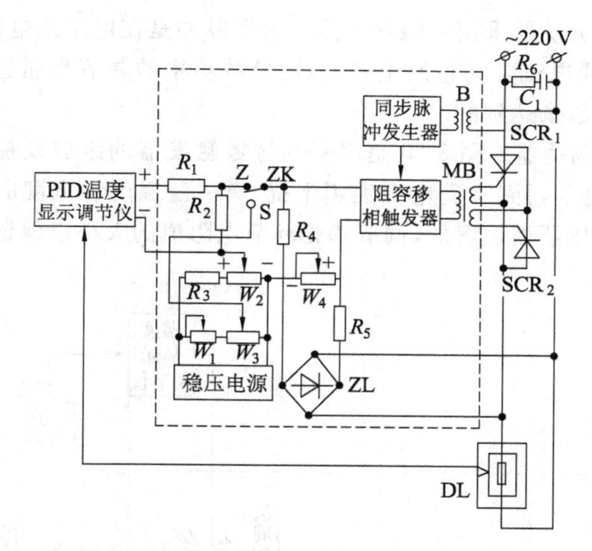

图 8-23　ZK 型阻容移相触发器的组成及可控硅交流调压控温系统示意图

可控硅调压器采用阻容移相触发器，它能根据温度显示调节仪输出直流信号的大小调节触发脉冲的相位，使可控硅导通角发生相应的变化，即使调压器输出电压发生相应的变化。若输入信号与温度偏差呈 PID 关系，就能达到负载电压 PID 调节。这种调压器适用于电阻炉调压；当负载为电感性时，触发脉冲相位不能超前负载电流相位，否则变压器会产生涌流现象，使可控硅过流损坏。采用可控硅调压器，线路简单，调压平稳，但负载上得到的电压是缺角正弦波，负载主电路需加滤波器，否则产生电源畸变，干扰使用同一电源变压器的其他电子设备。

8.3.8　调功器调波（频）形式对电热设备控温的影响

周波连续式适用于热惯性较大的负载控温，周波间隔式适用于热惯性较小的负载控温。电阻温度系数较大的电阻炉不应选用调功器控温。图 8-24 所示是周波连续式和周波间隔式两种调功方式负载波形图。

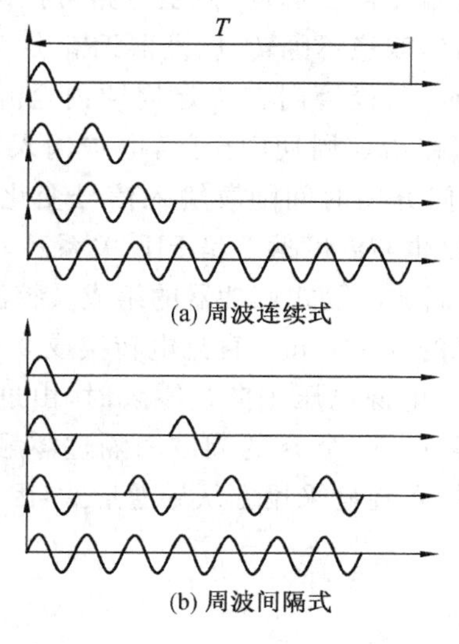

图 8-24　调功器控制方式

可控硅调功器的触发器采用零触发线路。触发脉冲是在电压或电流过零时(0°～5°)触发可控硅,负载电压或电流是完整的正弦波,而负载功率的调节是通过改变在给定周期内电压或电流导通周波数来达到的。

(1) 周波连续式调功器　图 8-25 是 ZK-0 过零触发器的组成及控温系统示意图。滤波、放大检零环节是为了得到不受电源尖刺干扰、有一定幅度和宽度的过零脉冲。移相环节是为了配盐浴炉变压器而设置的,调节移相环节电阻值的大小以保证负载电流过零时触发可控硅。

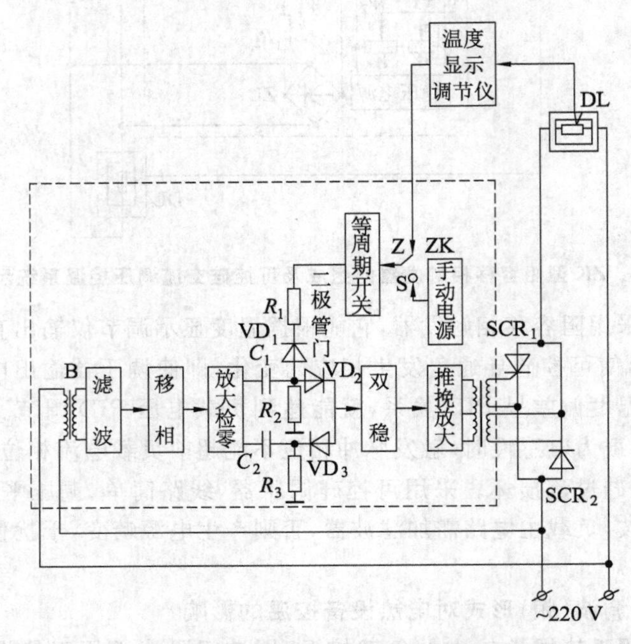

图 8-25　ZK-0 过零触发器的组成及控温系统示意图

等周期开关输出有 0 和 −12 V 两种电压。0 V 时二极管门开,同步正、负脉冲交替输入双稳,双稳不断翻转,触发器输出触发脉冲,使主电路可控硅过零导通。−12 V 时,二极管门关闭,只有负脉冲输入双稳,双稳不翻转,触发器无输出,主电路可控硅截止。

当输入信号等于 10 mA 时,二极管门在给定周期内全开,电炉输入功率为 100%;相反,输入信号为零时,二极管门在给定周期内全闭,电炉输入功率为零;当输入信号在 0～10 mA 范围内变化时,二极管门开闭时间随着输入信号变化。若输入信号与温度偏差呈 PID 关系,电炉输入的功率增量也与温度偏差呈 PID 关系。

(2) 周波间隔式调功器　周波间隔式调功器的组成及控温系统如图 8-26 所示。模-数转换器将温度显示调节仪传来的 0～10 mA 直流电转换成 0～50 个/s 的脉冲信号,这些脉冲使记忆单元翻转成“0”状态。电源电压正向过零瞬时,由过零检测器发来的过零脉冲使记忆单元翻转成“1”状态,获得 0～50 个/s 的周波间隔过零触发脉冲。周波间隔过零触发脉冲经整形放大后触发可控硅,可控硅采用主从导通形式,因而获得间隔导通的正弦波。

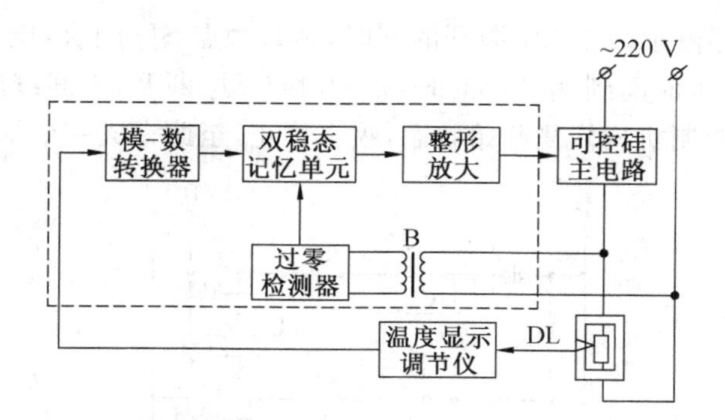

图 8-26　周波间隔式调功器的组成及控温系统示意图

8.3.9　炉温程序控制

炉温程序控制(见图 8-27)是使温度按给定热处理温度-时间曲线变化,以满足工艺要求。程序给定器的作用是将热处理温度-时间曲线转变为随时间变化的电信号或直接带动温度给定指针,以控制温度按工艺要求变化。温度程序调节仪由温度显示调节仪表和程序给定器组成,程序控制控温精度与所采用的调节规律、执行器、电炉特性有关。程序控制适用于生产周期长、重复性好的场合。空气调节器输出信号在伺服放大器中与阀门位置反馈信号相比较,其差值经放大后驱动电动执行器调节空气阀门的开度,使烟气含氧量维持在给定值,即空气过剩系数控制在给定值,以保证煤气在最佳配比下完全燃烧,以提供维持炉温在给定值所需的热量。

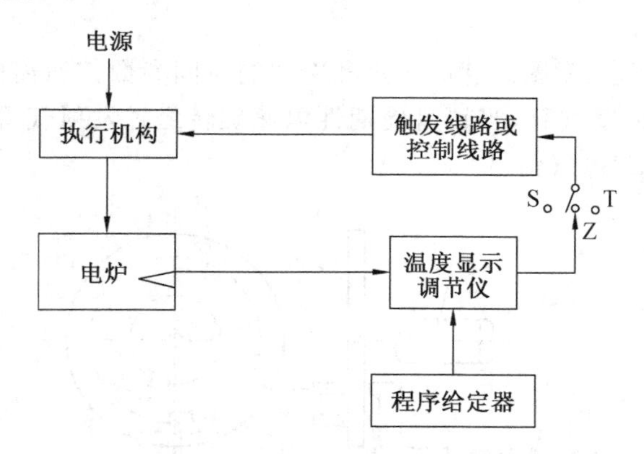

图 8-27　炉温程序控制方框图

这种方法适用于辐射管加热炉或炉门开启对烟气成分影响很小的场合。

8.3.10　感应加热温度的自动控制

感应加热过程中,工件表面的温度变化极为迅速,可通过定时控制、栅流控制、光电控制及程序控制等方法来实现温度的自动控制。

(1) 定时控制　在电参数稳定时,工件感应加热的温度与加热时间成对应关系,故大批量生产时可采用定时控制法来自动控制温度。

① 时间继电器定时法。图 8-28 是时间继电器控制加热、预冷和喷水冷却全过程的自动控制线路。将开关 1K 闭合,按下加热启动按钮 QA,加热接触器 1C 动作,工件加热开始,同时中间继电器 1ZJ 动作,带动 2ZJ,使多回路时间继电器的电磁离合器吸引线圈 SJ 接通,同步电动机带动计时控制机构动作,当时间到达给定值时(工件已加热到淬火温度),延

时触点 SJ_1 断开，加热停止。在 SJ_1 断开的同时，延时触点 SJ_3 闭合，电磁阀 DF 动作，工件即行淬火冷却。当喷水时间到达给定值时，延时触点 SJ_2 断开，中间继电器 2ZJ 断电，使电磁离合器脱开，计时控制机构恢复起始状态，喷水停止，至此完成一个加热和冷却过程。

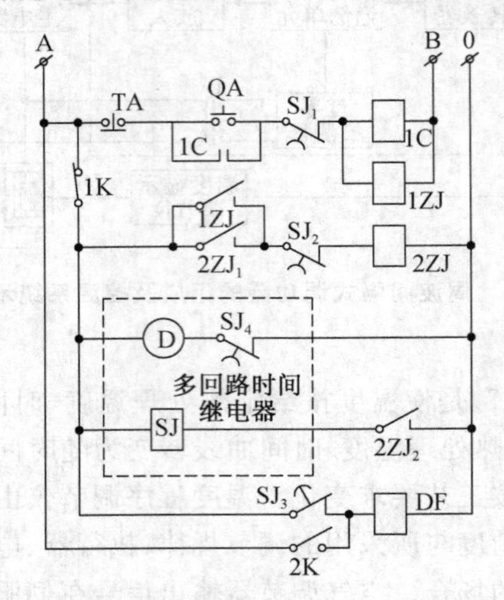

图 8-28　时间继电器定时法控制线路图

通过调节 SJ_1，SJ_2，SK_3 时间给定值，可获得不同的加热、预冷和喷水冷却时间。

② 射流控制定时法。射流控制定时法的控制系统由气源、自动发讯转盘、射流元件、气-电转换开关等组成。

图 8-29 为发讯转盘示意图。感应加热和冷却的时间参数按所需的处理程序在圆形转盘上刻出不同半径的弧度气孔，当转盘周期性恒速旋转经过发射气管时，接收气管按弧孔长短获得相应的时间信号（气信号）。

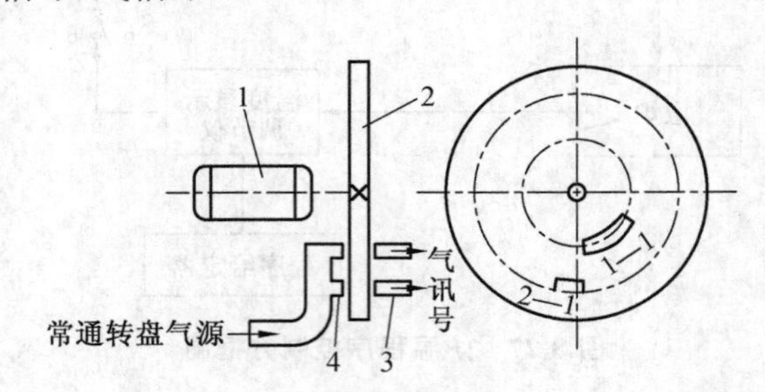

1—同步电机；2—发讯转盘；3—接收气管；4—发射气管

图 8-29　发讯转盘示意图

图 8-30 为射流控制气-电原理图。当按下加热启动按钮 QA 时，同步电动机 D 带动发讯转盘旋转，当转盘转至第一个讯号弧孔时，发出信号 1-1，使射流元件 ON_1 从 4 号气路输出，气-电转换开关 PT_1 接通，加热接触器 1C 闭合，工件加热开始；当 1-1 信号消失时，1C 断开，加热终止，此时 2-1 信号开始，射流元件 ON_2 从 6 号气路输出，气-电转换开关 PT_2 接通，电磁水阀 DF 动作，工件即行喷水冷却；当气信号 2-1 消失时，喷水冷却停止。如用几个发讯转盘与多台淬火机床配合，可实现多工位感应加热程序控制。

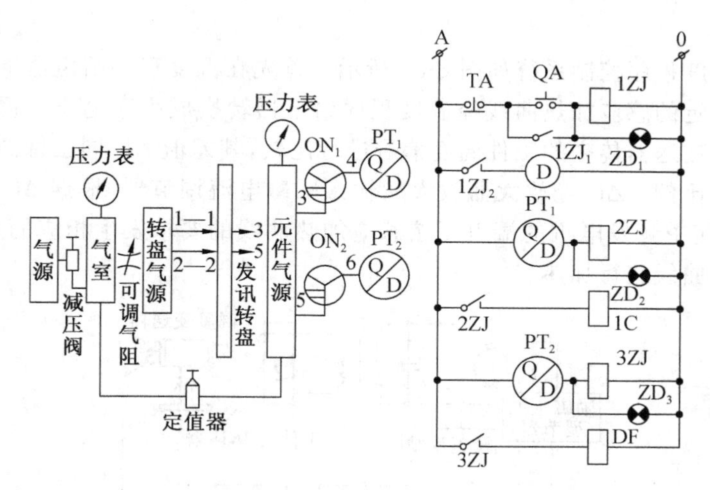

图 8-30　射流控制气-电原理图

高频感应加热工件表层温度升高时，高频振荡器的负载发生变化，振荡管栅流也随之变化。当工件加热到淬火温度时，栅分压（栅流表两接线柱间的电压）的上升显著减慢，出现“停滞点”（见图 8-31 点 4）。因在电流透入深度范围内已转变成奥氏体，导磁率变为 1，故可利用栅分压变化的停滞点来确定加热终了温度；若配备动圈式温度显示调节仪，就可实现成批工件加热的自动控制。

利用栅流的变化实现高频加热自动控制线路如图 8-32 所示，将给定指针拨到与“停滞点”（经试验测定）相对应的位置，即可实现加热温度的自动控制。加入电阻、电容能减轻启动时显示指针的冲前现象。此法不需感温元件，因而不受油烟和水蒸气的影响，也不用制造特殊感应器。

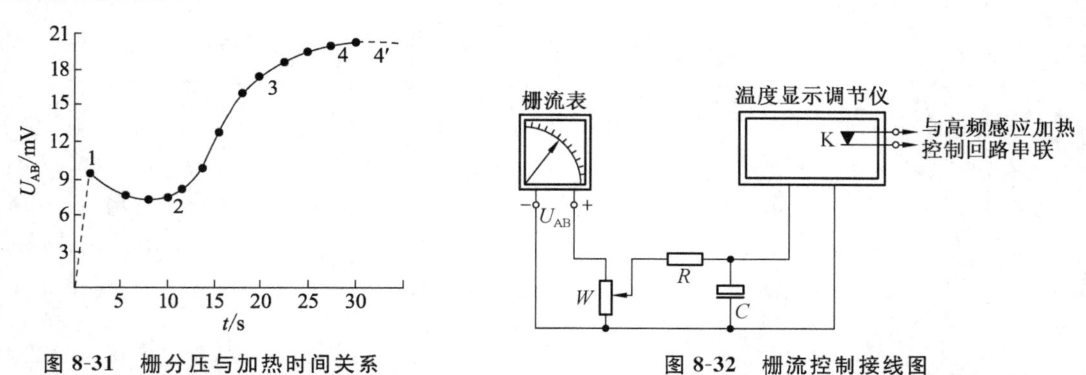

图 8-31　栅分压与加热时间关系　　　　图 8-32　栅流控制接线图

栅分压曲线的形状与工件加热的表面积有关，加热表面积越大，越与图 8-31 相似；加热表面积较小时，停滞点不明显。

（2）光电高温计控制　将光电高温计的温度定值电接点与感应加热控制回路串联，即可实现加热温度的自动控制。

光电感温器应安装在无振动、磁场尽可能小的地方。感温器镜头至被测物体之间应尽可能排除烟雾、水蒸气、尘埃等吸收介质。感温器温度超过 35 ℃时，需通水冷却。

（3）感应加热温度的程序控制　在成批生产中，采用温度程序控制能减轻工件结构和尺寸、热传导条件、网路频率变化等对给定加热曲线的影响，保证热处理质量能获得良好的重复性。

感应加热温度程序控制系统如图 8-33 所示。首先在温度程序给定器上编排出工件最佳加热曲线。给定的感应加热曲线经温度程序给定器转换成程序电压。程序电压在比较电路中与从温度变送器传来的工件温度信号进行比较，其差值 ΔU 同工件的要求温度与实际温度的差值成比例。ΔU 经放大器放大后输入励磁电流调节器，根据 ΔU 的大小和极性调节励磁电流，使中频发电机的端电压按感应加热曲线的要求发生相应的变化，即工件按给定的感应加热曲线进行加热。

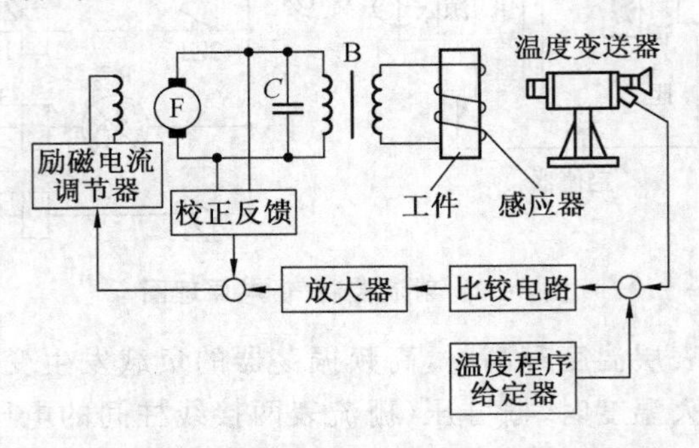

图 8-33　感应加热温度程序控制系统示意图

附录 A

常用材料的比热容、相对密度、热导率

材料名称	相对密度 γ	热导率 λ/[kcal/(m·h·℃)]	平均比热容 c/[kcal/(kg·℃)]	材料名称	相对密度 γ	热导率 λ/[kcal/(m·h·℃)]	平均比热容 c/[kcal/(kg·℃)]
花岗石	2 700	2.5	0.22	麻袋片		0.04	
大理石	2 700	1.12	0.10	干松木	448	0.092	0.65
碎石	1 900	1.1	0.20	软木板	240	0.06	0.50
石灰石	2 700	0.6～0.8	0.14	刨花板	350～550	0.1～0.3	0.60
砾石	1 800	1.0	0.20	胶合板	600	0.15	0.65
干砂	1 400～1 600	0.25～0.50	0.20	隔热木丝板	400	0.04～0.05	
湿砂	1 650	0.97	0.50	干草泥	1 300～1 500	0.25～0.5	
锅炉渣	700～1 000	0.18	0.18	锯木屑	250	0.08	0.60
水渣	500～550	0.1～0.15	0.18	普通玻璃	2 500	0.65	0.20
煤渣	700～1 000	0.18～0.30	0.18	泡沫玻璃	500	0.14	0.20
普通混凝土	2 000～2 200	1.1～1.33	0.20	玻璃棉	200	0.04～0.05	0.20
钢筋混凝土	2 200～2 500	1.33	0.20	生石灰	900～1 300	0.105	0.216
泡沫混凝土	400～600	0.1～0.18	0.20	熟石灰	1 150～1 250		
普通黏土砖	1 700～1 800	0.7	0.21	石灰灰浆	1 600	0.70	0.20
土坯砖		0.6		水泥沙子灰浆	1 800	0.80	0.20
碎红砖	1 350	0.7		石棉板	900～1 200	0.1	0.195
湿石棉	470	0.095	0.195	无烟煤	1 400～1 700	0.20	0.217
石棉白云石	450	0.084		焦炭块	1 000～1 200		0.203
云母	290	0.5	0.21	焦炭粉	450	0.164	0.29
石膏板	1 100	0.35	0.20	镁质耐火泥	1 900～2 100		
铁精矿粉	3 000			高铝质耐火泥	1 860		
长石粉	1 600			石墨粉	1 640		
辉绿岩粉	2 500			硅质耐火泥	1 400		
滑石粉	1 450			黏土质耐火泥	1 350		
铬矿粉	2 300～2 600			黏土生料	1 210		
石英砂	1 600			黏土颗粒	1 300		
铁矾土	1 700～1 860			碳素糊	1 500		
白垩	1 520	0.60	0.21	阳极糊	1 600		
石蜡	890	0.20		氯化铵	350		
氧化铁粉	3 000			沥青	1 200～1 250	0.62	0.40
钢板	7 850	50		油毡	600	0.15	0.36
铸铁切屑	3 500			马粪纸	700～800	0.15	0.35
稻草席子	120	0.065	0.36	麻刀	160	0.04	0.40
麦秸芭	120	0.06	0.36	棉花	100	0.042	0.40
芦苇芭	200～600	0.06	0.36	密闭空气	1 293	0.02	
防雨布墙		5.55		水	1 000	0.50	1.0
稻草麦秸板	300	0.00	0.33	冰	920	2.0	0.5

附录 B

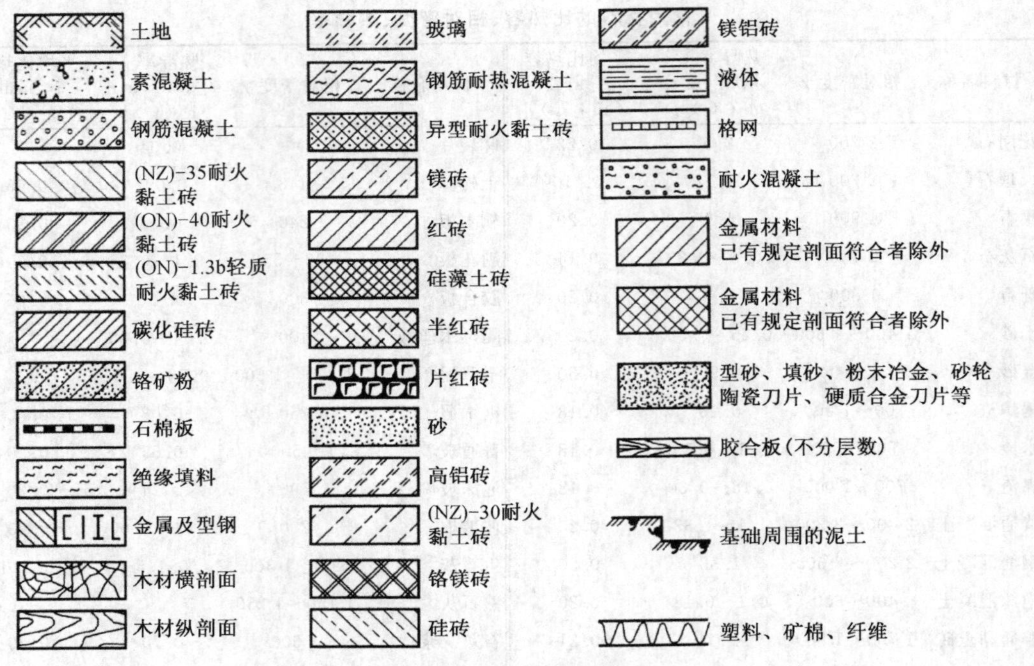

常用材料制图剖面标示图样

附录 C

世界各大洲主要城市用电的相数电压和频率

	国名	城市名	频率/Hz	电压/V	相数	线数	其他城市
亚洲	缅甸	仰光	50	230/440	1,3	2,4	
	柬埔寨	金边	50	220/380	1,3	2,4	120/208
	中国	北京	50	220/380	1,3	2,4	
		香港	50	200/346	1,3	2,3,4	
		台北	60	110/220	1,3	2,3,4	
	印度	新德里	50	230/400,230/415	1,3	2,4	230/460,220,380
	印尼	雅加达	50	220/380	1,3	2,4	127/220
	伊朗	德黑兰	50	220/380	1,3	2,4	
	伊拉克	巴格达	50	220/380	1,3	2,4	
	以色列	特拉维夫	50	230/400	1,3	2,4	
	韩国	汉城	60	100/200,220/380	1,3	2,3,4	
	朝鲜民主主义人民共和国	平壤	60	220/380	1,3	2,3	
	马来西亚	吉隆坡	50	240/415	1,3	2,4	
	尼泊尔	加德满都	50	220/400	1,3	2,4	
	巴基斯坦	伊斯兰堡	50	230/415	1,3	2,3,4	
	菲律宾	马尼拉	50	115/230	1,3	2,3	220
	沙特阿拉伯	利雅得	50	127/220,220/380	1,3	2,3,4	50Hz
	新加坡	新加坡市	50	230/400	1,3	2,4	
	斯里兰卡	科伦坡	50	230/400	1,3	2,4	
	叙利亚	大马士革	50	115/200,220/380	1,3	2,3,4	
	泰国	曼谷	50	220/380,230/400	1,3	2,3,4	
	土耳其	安卡拉	50	220/380	1,3	2,3,4	
	越南	胡志明市	50	120/208,220/380	1,3	2,4	

续表

	国 名	城市名	频率/Hz	电压/V	相数	线数	其他城市
非洲	阿尔及利亚	阿尔及尔	50	127/220,220/380	1,3	2,4	
	埃塞俄比亚	亚的斯亚贝巴	50	220/380	1,3	2,4	127/220
	肯尼亚	内罗毕	50	240/415	1,3	2,4	
	摩洛哥	拉巴特	50	115/200	1,3	2,4,5	220/380,127/220
	南非共和国	开普敦	50	220/380	1,3	2,4	230/400,250/430
	埃及	开罗	50	220/380	1,3	2,3,4	110/220
大洋洲	澳大利亚	堪培拉	50	240/415	1,3	2,3,4	250/440
	新西兰	惠灵顿	50	230/400	1,3	2,3,4	
南美洲	阿根廷	布宜诺斯艾利斯	50	220/380	1,3	2,4	
	巴西	巴西利亚	60	220/380	1,3	2,3,4	50Hz,127/220,110/220
	智利	圣地亚哥	50	220/380	1,3	2,3,4	
	哥伦比亚	波哥大	60	150/240	1,3	2,3,4	110/220,120/208
	厄瓜多尔	基多	60	115/208,120/220	1,3	2,3.4	110/220
	秘鲁	利马	60	220	1.3	2.3	
	委内瑞拉	加拉加斯	60	120/240	1.3	2,3.4	
北美洲	加拿大	渥太华	60	120/240	1,3	3	
	危地马拉	危地马拉城	60	120/240	1,3	2,3,4	
	墨西哥	墨西哥城	60	127/220	1,3	2,3,4	
	巴拿马	巴拿马城	60	120/240,120/208	1.3	2,3,4	110/220,120/240
	美国	华盛顿	60	120/240,120/208	1,3	2,1	240/480,115/230,265/460
欧洲	奥地利	维也纳	50	220/380	1,3	2,4	
	比利时	布鲁塞尔	50	127/220,220/380	1,3	2,3,4	
	塞浦路斯	尼科西亚	50	240/415	1,3	2,4	
	捷克	布拉格	50	220/380	1,3	2,3,4	
	丹麦	哥本哈根	50	220/380	1,3	2,3,4	
	法国	巴黎	50	220/380	1,3	2,4	127/220
	德国	柏林	50	220/380	1,3	2,4	
	希腊	雅典	50	220/380	1,3	2,4	
	意大利	罗马	50	125/220,220/380	1,3	2,3,4	
	荷兰	海牙	50	220/380	1,3	2,4	
	挪威	奥斯陆	50	230	1,3	2,3	
	波兰	华沙	50	220/380	1,3	2,4	
	西班牙	马德里	50	127/220,220/380	1,3	2,3,4	
	瑞典	斯德哥尔摩	50	220/380	1,3	2,3,4	
	瑞士	伯尔尼	50	220/380	1,3	2,3,4	
	英国	伦敦	50	240/415	1,3	2,3,4	
	俄罗斯	莫斯科	50	127/220	1,3	不明	

参考文献

[1] 张培寅:《电热设备》, 化学工业出版社 , 2006 年。
[2] 李书常:《简明典型金属材料热处理实用手册》,机械工业出版社,2010 年。
[3] 周敬恩:《热处理手册》第 3 卷第 4 版,机械工业出版社,2013 年。
[4] 王忠诚:《真空热处理技术》,化学工业出版社,2015 年。
[5] 马开道, 鲁毅, 马琨:《稀有金属真空熔铸技术及其设备设计》,冶金工业出版社,2011 年。
[6] 金荣植:《实用热处理节能降耗技术 300 种》,电子工业出版社,2016 年。
[7] 刘移民:《职业病防治理论与实践》,化学工业出版社,2005 年。
[8] 吕如良:《电工手册》, 上海科学技术出版社,2014 年。
[9] 朱照红:《企业供电系统与安全用电》,机械工业出版社,2012 年。
[10] 方大千,方亚平:《家庭电气安装・维修・用电》,化学工业出版社,2016 年。
[11] 王秉铨:《工业炉设计手册》第 3 版,机械工业出版社,2012 年。
[12] 吉泽升,许红雨:《热处理炉》,哈尔滨工程大学出版社,2016 年。
[13] 侯爱民:《家用电热电动器具原理与维修项目教程》,外语教学与研究出版社,2011 年。
[14] 林春方:《电热电动器具原理与维修》第 3 版,电子工业出版社, 2013 年。
[15] [德]伊利希:《热成型实用指南》,张丽叶,彭响方, 等译,化学工业出版社,2007 年。
[16] 中国标准出版社 :《热处理与工业加热设备标准汇编》,中国标准出版社,2014 年。
[17] 刘承斌,唐艳红:《石墨烯基功能材料在环境中的应用》, 科学出版社, 2015 年。